食品科学与工程类系列教材

粮油加工学

主　　编　路　飞　马　涛

副 主 编　刘天一　郑煜焱　汪振炯

编写人员　（按姓氏汉语拼音排序）

边媛媛　高　路　李　哲　罗松明

解铁民　杨　慧　杨　强　杨玉民

张　亮　张　振

科学出版社

北　京

内 容 简 介

本书对主要粮油原料的加工工艺原理、工艺方法和操作要点等进行了较为全面的阐述。本书内容涵盖粮油原料的初加工及深加工，主要包括稻谷加工、小麦加工、玉米加工、油脂制取与加工、豆类薯类食品加工、淀粉生产及深加工、植物蛋白的加工生产、大麦等其他谷物的加工。

本书可作为食品科学与工程专业、粮食工程专业等相关专业本科学生的教材，也可作为相关专业的研究生、科技人员、粮食加工企业管理人员的参考书。

图书在版编目(CIP)数据

粮油加工学/路飞，马涛主编. —北京：科学出版社，2018.3

食品科学与工程类系列教材

ISBN 978-7-03-055718-6

Ⅰ. ①粮…　Ⅱ. ①路…②马…　Ⅲ. ①粮油加工–高等学校–教材②油料加工–高等学校–教材　Ⅳ. ①TS210.4 ②TS224

中国版本图书馆 CIP 数据核字(2017)第 294092 号

责任编辑：席　慧　刘　晶/责任校对：彭　涛

责任印制：张　伟/封面设计：铭轩堂

科学出版社 出版

北京东黄城根北街 16 号

邮政编码：100717

http://www.sciencep.com

北京凌奇印刷有限责任公司 印刷

科学出版社发行　各地新华书店经销

*

2018 年 3 月第　一　版　开本：787×1092　1/16

2022 年 7 月第五次印刷　印张：16

字数：400 000

定价：55.00 元

(如有印装质量问题，我社负责调换)

前　　言

粮食和油料是人们赖以生存的基本食物来源。中国人饮食中大约有90%的热能和80%的蛋白质由粮食提供，中国人的食用油也绝大多数来自植物油料。然而各种粮食和油料都必须经过加工才能达到食用或工业利用的要求。我国自改革开放，尤其是进入21世纪以来，随着国民经济的快速发展和人民生活水平的不断提高，人们对粮油加工制品的要求也越来越高，因此对粮油加工业提出了更高的要求。

本书涵盖粮油原料的初加工及深加工内容，涉及工艺原理、工艺方法和操作要点等。加工对象包括稻米、小麦、玉米、油脂、豆类、薯类及小宗杂粮。全书共9章：第一章绪论、第二章稻谷加工、第三章小麦加工、第四章玉米加工、第五章植物油脂制取与加工、第六章豆类薯类食品加工、第七章淀粉生产及深加工、第八章植物蛋白的加工生产、第九章其他谷物的加工。

本书由路飞（沈阳师范大学）、马涛（渤海大学）担任主编，刘天一（东北农业大学）、郑煜焱（沈阳农业大学）、汪振炯（南京晓庄学院）担任副主编，参加编写工作的有：边媛媛（沈阳农业大学）、高路（沈阳师范大学）、李哲（沈阳师范大学）、罗松明（四川农业大学）、解铁民（沈阳师范大学）、杨慧（沈阳农业大学）、杨强（沈阳农业大学）、杨玉民（吉林工商学院）、张亮（吉林工商学院）、张振（锦州医科大学）。作者均为从事相关课程教学与研究的教师及专家。

本书力求全面、系统、新颖，突出原料加工品质对加工工艺、设备和产品品质的影响，将国内外粮油加工最新技术和设备融入到书中，注重理论与实践的结合，可操作性强。本书可作为食品科学与工程专业、粮食工程专业等相关专业本科学生的教材，也可作为相关专业的研究生、科技人员、粮食加工企业管理人员的参考书。

在本书编写过程中，各位老师和专家们同心协力，参阅了国内外有关专家学者的论著，认真细致地完成了编写工作。但由于内容庞杂，编写水平有限，书中难免存在不足之处，敬请读者批评指正，以便进一步修改、补充和完善。

编　者

2018年1月

《粮油加工学》教学课件索取单

凡使用本书作为教材的主讲教师，可获赠教学课件一份。欢迎通过以下两种方式之一与我们联系。本活动解释权在科学出版社。

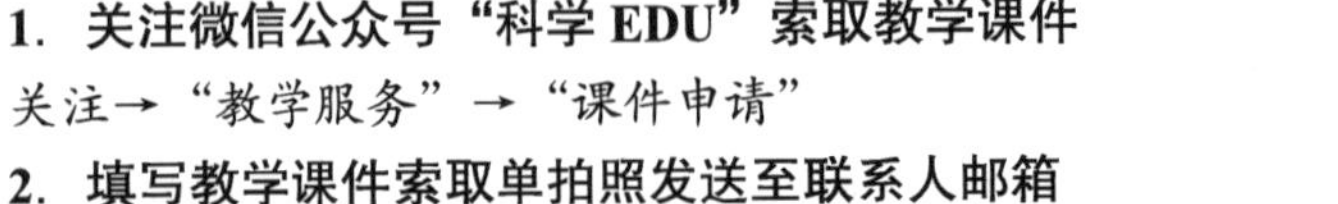
1. 关注微信公众号“科学 EDU”索取教学课件

关注→“教学服务”→“课件申请”

2. 填写教学课件索取单拍照发送至联系人邮箱

姓名：	职称：	职务：
学校：	院系：	
电话：	QQ：	
电子邮件（重要）：		
所授课程 1：	学生数：	
课程对象：□研究生 □本科（____年级）□其他____	授课专业：	
所授课程 2：	学生数：	
课程对象：□研究生 □本科（____年级）□其他____	授课专业：	
使用教材名称 / 作者 / 出版社：		

联系人：席慧　　咨询电话：010-64000815　　回执邮箱：xihui@mail.sciencep.com

目　　录

第一章 绪　　论

第一节　粮油加工学的范畴及种类

一、粮油加工的范畴

种植业所收获的产品统称为农产品，包括粮、棉、油、果、菜、糖、烟、茶、菌、花、药等，种类繁多。粮食油料是农产品的重要组成部分，是人类赖以生存的基础。狭义的农产品，一般指粮油原料。粮油原料主要是农作物的籽粒，也包括富含淀粉和蛋白质的植物根茎组织，如稻谷、小麦、玉米、大豆、花生、油菜籽、甘薯、马铃薯等。粮油原料的化学组成以碳水化合物(主要是淀粉)、蛋白质和脂肪为主。粮油原料经过初加工成为粮油成品，是人们食物的主要来源。对粮油原料进行精深加工和转化，可制得若干种高附加值的食品、工业和医药等行业应用的重要原辅料。

以粮食、油料为基本原料，采用物理机械、化学、生物工程等技术进行加工转化，制成供食用及工业、医药等各行业应用的成品或半成品的生产领域统称为粮油加工业。按加工转化程度的不同，可分为粮食油脂加工业、粮油食品制造业、粮油化工产品制造业。在传统意义上，粮油加工主要是指谷物的脱皮碾磨和植物油的提取，加工产品主要是米、面、油及各种副产品。随着社会发展和科技进步，粮油加工不断向高水平、深层次扩展，粮油食品制造业的比例增加，粮油化工产品加工业正在兴起，从原料到各种产品的加工转化是一个不可分割的系统，粮油加工的内涵已经扩大。综上所述，以粮食、油料为基本原料加工成为粮食、油脂成品，进一步制得各种食品和工业及化工产品的过程都属于粮油加工的范畴。以化学、机械工程和生物工程学为基础，研究粮油精深加工和转化的基本原理、工艺和产品质量的科学即为粮油加工学。

粮油加工是以主要粮油作物为基本原料，从初加工到深加工和综合利用。在新的意义上来说，粮油加工学的内容非常多。根据加工方法和加工产品的不同，粮油加工主要包括以下6个方面。

1. 粮食的碾磨加工

包括稻谷制米、小麦制粉、玉米及杂粮的粗制品，如玉米粉、玉米渣等。粮食的碾磨加工，既要减少营养损失，又要精细加工，为食用和进一步加工新的食品打基础。

2. 以米、面为主要原料的食品加工

包括挂面、方便面、焙烤食品、米粉，以及以玉米、豆类等杂粮为原料的早餐食品等。

3. 植物油脂的提取、精炼和加工

包括各种植物油的提取，如大豆、花生、油菜籽、棉籽、玉米胚芽、米糠等油脂的提取方法、油脂的精炼和加工等。

4. 淀粉生产及深加工与转化

包括从玉米、马铃薯及豆类等富含淀粉类的原料中提取天然淀粉，并得到各种副产品的生产工艺过程，以及淀粉制糖、变性淀粉的生产、淀粉的水解再发酵转化制取各种产品的过程。

5. 植物蛋白质产品的生产

包括传统植物蛋白质食品和新蛋白食品，如豆腐、豆奶、浓缩蛋白、分离蛋白和组织蛋白的制备。

6. 粮油加工副产品的综合利用

包括麦麸、稻壳、米糠、胚芽、皮壳、废渣、废液、糖蜜等的加工和利用。

二、粮油加工的种类

粮油食品不仅由于其组成成分、浓度、组织、构造等在化学和物理方面是极为复杂的物质，而且还是极易受到温度、湿度、光线、空气(氧气)、机械外力(冲击、震动、压缩)、酶和微生物等影响的易变物质。对于这样一种复杂的易变物质，在加工时需要考虑以下几个方面的问题：充分利用各种食品的特性来满足消费者的嗜好和饮食需求，并且确保加工食品的安全性，提高原料的附加值及满足消费者的需求；不仅在加工时要保持食品的品质，而且还要有益于储藏及流通，保证制品的安全流通；在加工时，加工过程要合理化，并且高效、节能；降低生产成本，制定适当的产品价格；在加工过程中，必须做到环境友好，尽量减少废水、废物的排放，必要时要从废弃物中进一步提取有效成分，防止环境污染，保证资源的有效利用。

一般情况下，按照加工对象来分，加工大致可以分为农产品加工、林产品加工、畜产品加工、水产品加工等。若按照所加工食品的种类来分，可分为冷冻食品、干燥食品、罐藏食品、腌制食品、熏制食品等。同时，还可以按食品加工的意义分为强化食品、方便食品等。粮油加工还可以按对原料加工的层次来分类，对原料的直接加工称为一次加工，若将一次加工后的物料作为原料再进行加工称为二次加工。例如，小麦的制粉为一次加工，利用小麦粉加工面条为二次加工，利用面条再加工成方便面为深加工。粮油食品加工方法的分类如 表1-1 所示。另外，还可按照单元操作来分，如表 1-2 所示。

表 1-1 粮油食品加工方法的分类(按照加工方法来分)(引自李里特和陈复生，2009)

加工方法	加工内容	加工举例
物理、机械加工方法(既不发生化学变化，也不改变食品的成分，仅仅是食品的形状和物理性质发生变化)	加工过程中仅对原料进行物理的或机械的处理，如清选、分级、清洗、粉碎、混合、分离、干燥、冷却、加热、结晶和成型等操作	大米、面粉、淀粉、炼乳、食用油等
化学加工方法(利用化学制剂、酶等方法通过改变食品的化学成分来改变食品的物理性质)	加工过程中原料发生了化学变化，如水解、中和、氧化、还原等	葡萄糖、味精、氨基酸酱油、硬化油等
生物加工方法	利用生物特别是微生物对食品原料进行发酵加工	酒、豆酱、醋、酱油、泡菜等

表 1-2 粮油食品加工方法的分类(按照食品加工过程的各单元操作来分)(引自李里特和陈复生，2009)

原料预处理	输 送	输送机械，输送容器
	储 藏	储藏环境(温湿度、气压、气体成分、冷冻、减压)
	清 洗	干式(筛分、摩擦研磨、旋风分离)，湿式[浸渍、搅拌、振荡、射流、鼓风、洗涤剂、电生功能水(酸性水或碱性水)]
	分选、检验	气流，旋风分离，筛分，辊式分选，带式分选，滚筒分选，重量分选，光学(遮光、图像处理、透过光、反射光) 无损检测[紫外线、可见光、近(远)红外线、激光、X 射线、γ 射线、核磁共振(NMR)、电子自旋共振(ESR)、电阻抗、声波]
加工操作	粉 碎	粉碎，超微粉碎(冲击、气流、冷冻、磨碎-陶瓷磨、球磨)
	混 合	搅拌，均质，乳化
	凝 集	超声波，电化学(凝结剂)
	分 离	过滤，沉降，离心分离，膜分离(细微粒子、溶质、气体)、吸附
	提 取	超临界气体萃取(超临界流体、临界点和临界压力)，溶剂
	浓 缩	真空，膜分离技术，冷冻浓缩
	加 热	液体食品的热交换加热(直接、间接)，烘烤，挤压电磁波加热(高频波、微波加热、诱导加热、红外线加热) 通电加热
	冷却、冷冻	真空冷却、冷冻，循环气流快速冷冻 液化、固化气体快速冷冻，电子冷冻
	解 冻	加热升温，加压，真空，高频波，微波和电场
	成 型	制粒，压实 挤出，纤维化、组织化，包膜
储藏操作	干 燥	带式干燥，旋转式干燥，气流，喷雾，流化床，加压，真空及冷冻干燥
	杀 菌	热交换，加压加热(蒸馏、过热蒸汽)，通电加热，射频加热电磁波(微波、紫外线、辐射)，臭氧，双螺杆挤压 高压脉冲电场杀菌、光脉冲杀菌 电生功能水(酸性水)，超高压，双螺杆挤压，臭氧
	除 菌	膜利用技术(精密过滤、超滤)
	包 装	真空包装，气体置换包装，干燥剂，脱氧剂，无菌包装，活性包装
	杀 虫	熏蒸，微波，辐射
其他操作	促进反应	金属催化剂，固定化酶，微生物
	低温处理	冷冻变性，脱水，浓缩，粉碎

三、粮油加工的地位及意义

国家标准《国民经济行业分类与代码》(GB/T 4754—2011)中，农产品加工业主要包括农副食品加工业、食品制造业、酒饮料和精制茶制造业、烟草制造业、纺织业、纺织服装服饰业、皮革毛皮羽毛及其制品和制鞋业、木材加工和木竹藤棕草制品业、家具制造业、造纸和纸制品业、印刷和记录媒介复制业等产业部门。其中，属于食品工业的有农副食品加工业、食品制造业、酒饮料和精制茶制造业、烟草制造业 4 个产业部门。目前，食品工业已经成为世界上的第一大产业，每年的营业额已远远超过汽车、航天及电子信息工业。同世界上许多发达国家一样，近年来，食品工业在我国国民经济中的地位和作用日益突出，并且已成为我国国民经济新的重要增长点。2016年，食品工业规模以上企业主营业务收入11.1万亿元，同比增长6.8%；实现利润总额7247.7亿元，同比增长6.5%。规模以上企业固定资产投资额：农副食品加工业11 786亿元，同比增长9.5%；食品制造业5825亿元，同比增长14.5%；酒、饮料和精制茶制造业4106亿元，同比增长0.4%。

然而，食品工业在我国的地位与其对国家的贡献极不相称，多年来一直定位在被动地加工、消化农副产品上，一直被认为是农业的延伸和继续。随着我国农村产业结构特别是种植业结构的调整，农产品不仅在数量上出现飞跃，而且在品质上也有了巨大的提高。目前，我国的温饱问题已根本解决并进入小康发展阶段，我国食料生产的重点也开始从田头转向了餐桌。人们迫切需要丰富自己的餐桌，节省自己的家务劳动时间，这为食品工业的发展提供了巨大的发展空间。市场需要什么，食品业就加工什么，反过来再要求农业生产什么。因此，随着我国整体步入小康发展阶段，为了能够保证农业的可持续发展和农民收入的提高，必须在调整好农业与食品业关系的基础上，进一步调整农业种植结构，不能再把食品工业仅仅看成是农业的延伸和继续，更不能把它看成是农业的补充，而是农业生产必须满足食品加工业和食品制造业的需求。

第二节 粮油加工的历史、现状和发展趋势

一、粮油加工的历史

粮食和油料是人们赖以生存的基本食物来源，对于中国这样一个以农村人口为主要人口构成的农业大国，尤其如此。中国人饮食中大约有90%的热能和80%的蛋白质由粮食提供。中国人的食用油也绝大多数来自植物油料。而各种粮食和油料都必须经过加工才能达到食用或工业利用的要求。粮油加工主要是生产食品，随着社会发展和科技进步，粮油原料加工成为食品的方法和手段不断改进，水平不断提高，加工范围不断扩大，同时又不断向除食品之外的其他方向扩展。

大约8000年前，中国就开始栽种稷黍稻谷和驯养猪羊，以精耕细作著称的传统农业也有了3000～4000年的历史。中国的粮油加工与中国的农业发展同步，有着悠久的历史，如制米、制粉及豆制品的生产，从古代劳动人民运用杵臼法、石臼法开始到水磨加工，再到近代的机械化、自动化生产，经历了漫长的历史过程。我国劳动人民在长期的生产实践中，积累了宝贵的经验，形成了一系列传统的具有中国特色的粮油加工技术。源于殷商时期的粮食酿酒、发明于西汉时期的豆制品生产等，都是我国劳动人民智慧的结晶。

然而，旧中国几千年封建半封建的社会制度，极大地制约了生产力的发展，农业发展缓慢，农产品单位面积产量一直处于较低的水平。在粮油原料供给不足的情况下，粮油加工必然是低层次的初加工，中国的粮油加工业在低水平的状态下徘徊了几千年。

中华人民共和国成立以后，在中国共产党的领导下，中国的农业有了较快的发展，特别是改革开放以来，农业和农村的面貌发生了根本性的变化。在人口总数不断增加、耕地面积有所减少的情况下，依靠相关政策的支持和科学技术的普及，农产品产量大幅度提高，实现了基本自给、丰年有余，人民生活基本步入小康水平。农业生产的喜人形势，给农产品

加工的发展带来了机遇。

近 20 年来，我国引进国外先进的小麦制粉设备生产线 200 多条，使我国的制粉技术提高到一个新的水平，自行研究制定了多种专用粉标准，大大地缩小了与世界发达国家的差距。在碾米工业方面，除积极引进国外先进设备外，还自行研制开发了达到国际先进水平的免淘米、营养米生产技术及相应的大米抛光机、色选机等高科技设备。在引进方便面生产线的基础上，积极研制国产化设备，现已拥有 3000 多条方便面生产线，年产方便面 120 亿包，成为世界上生产方便面的第一大国。油脂工业完成了制油工艺方法的更新和技术改造，溶剂萃取法已基本上取代了传统的压榨法，精炼油已经普及。淀粉工业自 20 世纪 80 年代初期以来，进入快速发展阶段，从当时的年产 30 万吨到现在的年产 1000 多万吨，年增长率在14%以上。淀粉生产引进了国际上先进的生产设备，并进行消化、吸收，研制出了具有较高水平的国产设备，淀粉生产工艺技术水平已接近或达到国际先进水平，正进一步向大规模、高水平方向发展。

20 世纪 90 年代以来，粮油工业随着经济体制的转变，逐渐向规模化、集约化、现代化方向发展，粮油加工的重心开始向精加工、深加工、食品加工转移，并向其他行业延伸。高新技术、计算机技术、生物工程和现代化管理模式的应用推动了粮油工业的进一步发展。当前，主要面粉工业企业已普遍开始通过配麦和配粉技术实现专用粉的批量生产，以专用粉为主要原料，各种面制食品的质量有了明显的改善。碾米工业从选用优质水稻品种入手，合理配置工艺，优质米、精洁米正以品牌的优势占领市场。在淀粉工业快速发展的同时，淀粉糖、变性淀粉、发酵制品、乙醇等淀粉深加工与转化产品产量正逐年增加。植物蛋白质产品生产和应用正悄然兴起，粮油方便食品和主食品的工业化生产发展迅速，粮油工业已经进入了一个新的发展时期。

中国加入世界贸易组织(WTO)和经济全球化，给粮油工业带来新的发展机遇，同时也面临着巨大的挑战。应该看到，我国的粮油工业从装备到技术水平与发达国家相比还存在着很大的差距。要参与国际竞争，就必须全面提高我国粮油工业的装备水平和技术水平，提高粮油原料质量和加工产品的质量，粮油工业的发展和技术进步还面临着繁重的任务。

二、粮油加工的现状

改革开放以来，尤其是进入 21 世纪以来，为适应我国国民经济快速发展和人民生活水平不断提高的需要，我国粮油加工业取得了突飞猛进的发展，其发展速度、发展规模和发展质量，在我国历史上，乃至世界历史上都是前所未有的。现在，我国粮油加工业的技术水平、装备水平、主要经济技术指标及产品品种和质量等诸多方面已经接近世界先进水平。

“十二五”期间，我国粮油加工业总体保持平稳较快发展。一是产业规模和经济效益平稳增长。2015 年，全国粮油加工业总产值 2.5 万亿元，比 2010 年增长 59.5%。大米、小麦粉、食用植物油、淀粉等产量保持稳步增长。二是产业发展内生动力持续增强，形成了以民营企业为主体、多元化市场主体充分竞争发展的市场格局。民营企业所占比例为 91%，外资企业 3%，国有企业 6%。三是产业规模化集约化水平不断提高、产业结构和布局逐渐优化。食用植物油、玉米深加工业前十位企业产业集中度超过 45%，稻谷、小麦加工业前十位企业产业集中度在 10%左右。16 家企业集团主营业务收入达到 100 亿元以上，其中 2 家企业集团达千亿元以上，跨区域龙头企业融合发展趋势加快，竞争力显著提升。湖北、山东、江苏、安徽、广东、河南、湖南、四川8省粮油加工业主营业务收入超过千亿元。粮油加工园区建设推进较快，布局加速向粮食主产区集聚。四是产品结构及质量安全水平明显提高。河南、山东、安徽、广西、陕西、四川等省(自治区)主食产业化快速推进。“十二五”期间制(修)订了一批粮油产品质量标准，建立了较为完善的质量保障技术标准体系。五是粮食科技创新能力显著增强。中央财政加大粮食行业公益性科研投入，企业研发投入稳步增长，科技创新能力显著增强，大米、小麦粉、食用油和饲料等加工成套装备居于国际先进水平。

为深入推进粮食行业供给侧结构性改革，满足全面建成小康社会城乡居民消费结构升级的需要，充分发挥粮油加工业对产业发展的引擎作用和对粮食供求的调节作用，加快发展现代粮食产业经济，推动加工业转型升级，促进粮食“产购储加销”一体化和一、二、三产业融合发展，保障国家粮食安全，2016年由国家粮食局联合印发了《粮食行业“十三五”发展规划》。

三、粮油加工的发展趋势

1.粮油产品的需求将呈刚性增长，粮油加工业将进一步发展

随着人们生活方式和习惯的逐步改变，城乡居民直接消费的口粮总量呈下降趋势。食用植物油的年人均消费量已达 22.5 kg，超过了世界人均约 20 kg 的水平。尽管如此，随着我国人口增长(每年全国新增人口600万～700万人)、人民生活水平提高、城镇化进程加快(目前我国城市人口已达7.1亿之多，据测算，城市人口的粮食消费量要比农村人口增加30%以上)、饲料和工业用粮油不断增长，我国对粮食和食用油消费需求在总量上其增长速度虽然不会像以前那样快了，但仍将继续保持刚性增长的趋势。这一发展趋势，预示着粮油加工业在“十三五”期间仍将保持较快且平稳的发展态势，规模以上粮油加工企业总产值年均增长10%左右是有可能的。

2. 坚持安全质量第一，继续倡导“营养健康消费”和“适度加工”

粮油产品是人们一日三餐都离不开的最重要的食物，也是食品工业的基础原料，其安全与质量直接关系着人民群众身体健康和生命安全。为此，粮油加工企业不论在任何时候、任何情况下，都必须把粮油产品的“安全”与“质量”放在第一位，要严格按国家标准组织生产，严把粮油产品质量关，以确保粮油产品及其制品的绝对安全。

在粮油产品安全的基础上， 粮油加工企业仍要把“优质、营养、健康、方便”作为今后的发展方向；要继续倡导“适度加工”，提高纯度、合理控制精度、提高出口率，最大限度保存粮油原料中的固有营养成分，防止“过度加工”；要加强科普宣传，引导消费者科学消费、健康消费。

3. 要利用好两种资源、两个市场，满足我国粮油市场的需求

近年来，国家及相关部门发布了一系列支持发展粮食和油料生产的规划及措施，取得了举世瞩目的粮食生产“十连增”和油料生产的快速发展，粮食和油料产量双创历史最高纪录。但其增长速度仍然跟不上我国粮油消费快速增长的需求，需要利用国内外两种资源、两个市场来进行调节，以满足我国粮油市场的需要。2015年我国进口粮食12 477万吨，同比增加了24.2%；我国粮食产量为62 143.4万吨，进口量占到我国粮食产量的20.1%。2015年粮食出口量为164万吨，同比降低22.6%，进口量为出口量的70倍。大豆的进口量最高，高达8169万吨，同比增加 14.4%。如此大的粮油进口数量是我国粮油进口史上从未见过的，尤其是油料油脂，其进口数量之大，致使我国国产食用油的自给率仅为38.5%。为确保国家粮食安全，中共中央、国务院在我国粮食连年丰收，市场供应充足、平稳的情况下，高瞻远瞩，居安思危，在2013年中央经济工作会议和中央农村工作会议上，提出了“确保谷物基本自给、口粮绝对安全”和“以我为主、立足国内、确保产能、适度进口、科技支撑”的国家粮食安全战略。

4. 把节能减排、实行清洁生产作为粮油加工企业发展的永恒主题

根据国家节能减排的总要求，粮油加工业要把节能减排的重点放在节电、节煤、节气、节水等降耗上，放在减少废水、废气、废渣、废物等产生和排放上，并按照循环经济的理念，千方百计采取措施加以利用和处置，变废为宝，实现污染物的零排放。

为防止粮油产品在加工过程中的“再度污染”，我们要推行清洁生产，通过对工艺、设备、过程控制、原辅材料等革新，确保粮油产品在加工过程中不受“再度污染”，进一步提高粮油产品质量与安全。

5. 推进结构调整、淘汰落后产能

在今后一段时间里，粮油加工企业仍将会加快组织结构的调整，引导企业通过兼并重组，通过产业园区建设，进一步提高企业集中度，发展拥有知名品牌和核心竞争力的大型企业与企业集团，改造提升中小型企业发展的质量和水平，形成大中小企业分工协作、各具特色，协调发展的格局。

要进一步加大对粮油加工企业技术改造的力度，通过采用先进实用、高效低耗、节能环保和安全的技术，开发新产品，实施节能减排，降低成本，提高工效。与此同时，充分发挥市场机制，强化卫生、环保、安全、能耗的约束作用，加快淘汰一批工艺落后、设备陈旧、卫生质量安全和环保不达标、能耗物耗高的落后产能。

要积极调整产品结构，加快对“系列化、多元化、营养健康”粮油产品食品的开发；提高名、优、特、新产品的比重；大力发展米、面主食品工业化生产；扩大专用米、专用粉、专用油的比重；积极发展全麦粉、糙米、杂粮制品和特种油脂；进一步发展有品牌的米、面、油小包装产品，尤其是要加快发展小包装食用油，以加快替代市场上的散装食用油。

6. 重视资源的综合利用

粮油加工企业在生产米、面、油产品的同时，还生产出大量的副产物，诸如稻谷加工中生产出的稻壳、米糠、碎米等，小麦加工中生产出的麦麸、小麦胚芽等，油料加工中生产出的饼粕、皮壳、油脚、馏出物等。这些副产物都是宝贵的资源，充分利用这些宝贵资源，为社会创造更多的财富是粮油加工企业义不容辞的责任。当前，对这些资源利用的重点放在大力推广米糠和玉米胚的集中制油、稻壳和皮壳用作供热和发电、提高碎米、胚芽和麸皮等副产物的综合开发利用以及饼粕的最佳有效利用上。

7. 大力推进主食品工业化生产

为适应城乡居民生活节奏不断加快的需要，方便百姓生活，逐步做到家务劳动社会化。国家对发展米、面主食品工业化生产高度重视。为此，粮油加工企业要积极发展以大米、小麦粉和杂粮为主要原料制成的各类食品，如以大米为主要原料生产的方便米饭、方便粥、米粉、米糕和汤圆等；以小麦粉为主要原料生产的馒头、挂面、饺子、馄饨等；用杂粮或杂粮与大米、小麦粉搭配为主要原料生产的上述有关主食品。因为这些是可以直接食用，或只要稍加加工即能食用的半方便食品，是最适合中国百姓传统饮食习惯的健康方便粮油食品。

8. 严格控制利用粮油资源生产生物能源

解决中国13多亿人口的吃饭问题是历届政府最大的事。随着我国人民生活水平进一步提高和人口增加带来的粮油需求刚性增长，以及饲料和工业用粮油需求的强劲增长，在当前乃至今后相当长的时期内，中国的粮油供应并不宽裕。为确保国家粮食安全，我们要按照确保口粮和饲料用粮的要求，根据“不与粮争地，不与人争粮”的原则，从国家粮食安全和保护环境出发，对利用小麦粉生产谷朊粉出口的项目，以及利用食用油和粮食生产生物能源的项目继续予以严格控制。

9. 进一步提高我国粮油机械的研发和制造水平

我国粮油工业的发展促进了粮机装备制造业的发展，反之，粮机装备制造业的发展保证了我国粮油工业的快速健康发展。由此可见，我国粮机装备制造业的发展是我国粮油工业快速发展和实现现代化的根本保证，粮机装备制造业的技术水平是粮油工业技术水平高低的集中体现。

为满足和促进粮油加工业的进一步发展的需要，我国的粮机装备制造业在今后的发展中要在“重质量、重研发、强创新、上水平”方面进一步下工夫，并着重在以下几个方面做出成效。

第一，要重视关键技术装备的基础研究和自主创新。目前，我国不少粮机产品仍处于仿制阶段，缺乏基础研究和自主创新，致使部分重大关键技术和装备仍然需要进口。例如，大、中型码头的装卸输送装备，高速离心分离设备，大型粮油原料干燥装备及米面油深加工装备等都有待研发创新，尽快改变目前状况。为适应粮油加工业不断发展的需要，我们要通过自主创新，把粮机装备制造业的重点放在大型化、专用化、自动化和智能化上。

第二，要进一步提高粮机产品的质量。目前，我国粮机产品的总体质量较好，但与世界一流设备相比，仍有较大差距。在外表质量方面，米、面、饲料加工设备在外资企业进入中国市场的冲击下，设备的制造水平和外表质量大有提高，与世界一流设备相差不大；制油设备的外表质量近年来也有提高，但改变不大，与米、面、饲料设备相比有差距，与世界一流设备相比差距更大。在内在质量方面，我国粮机产品的内在质量尽管有了很大提高，但有些设备的稳定性、可靠性仍然不如世界一流水平的设备，仍然需要进一步提高。

第三，要重视开发节能降耗的设备。我国粮油加工业的电耗、水耗和蒸汽消耗等指标与国际先进水平相比仍有一定的差距，造成这一状况的原因除了粮油加工企业自身的经营管理等因素外，粮机产品的先天性不足是造成各项能源消耗大的重要因素。为此，粮机企业要千方百计改进设备，早日生产出单位能耗低的粮机产品，以符合节能降耗的时代要求。

第四，研究开发粮机产品适合粮油加工企业实行清洁生产和“适度加工”的需要。要研究设备材质和传动部分“润滑剂”的选用，严防在加工过程中对粮油产品产生“再度污染”。

第五，要加快研究开发主食品工业化生产、杂粮加工和木本油料加工等装备。国家对发展主食品工业化生产、杂粮加工及其制品的生产、以油菜籽和核桃等为代表的木本油料的生产与加工高度重视，发展势头很好。目前最为担心的是加工设备跟不上发展的需要，并有可能成为制约上述新兴产业发展的瓶颈。为此，希望粮机企业，要像重视研究开发米、面、油、饲料加工设备一样，积极研究开发主食品工业化生产、杂粮加工和木本油料加工等装备，以满足粮油加工业发展的需要。

第六，要进一步实施“走出去”战略。我国的粮机产品的性能、设备门类的齐全和多样性，以及价格的合理性是任何国家难以比拟的，理应在国际市场上有很强的竞争能力。为此，粮机行业应该放眼世界，拓宽市场，走出国门。

第三节 开创粮油加工业的新局面

一、粮油加工科技发展的重点任务

在稻谷加工、小麦加工、油料加工、杂粮加工等领域，从基础应用研究、技术开发与产业化推广三个层面，提出粮油加工科技发展的重点任务。

1. 加强粮油主产品的原料标准化、专用化，产品的精准化、营养化、方便化、优质化和工程化的技术研究力度

针对粮油原料加工性质和加工产品的质量要求，研究原料配置技术、原料预处理技术、科学加工方法、质量控制体系技术，加强粮油主食品精准化环节的技术开发和研究，实现粮油产品的绿色、营养、优质、安全，加强对粮油主食品工程化研究，以规模化、集约化扩大产业链条，实现循环经济。依赖粮油加工科技支撑及国家良好的产业政策，稳定粮油加工快速发展的步伐。

2. 利用高新技术提升中国传统粮油加工产业

我国传统粮油加工产业有着得天独厚的市场优势，但投入大、成本高。利用高科技和新技术，依托自主创新，开发关键加工技术，研究现代、科学的加工方法，实现传统粮油加工业的产业升级，加强传统粮油加工业的市场竞争优势，摆脱国外企业的垄断。

3. 建立主食品工业化和集约化生产配送连锁营销体系

按照到 2020 年，粮油精加工产品所占比例提高到 90%，其中优质大米占总产量的 85%以上，专用粉占总产量的 80%以上，一级油和二级油占总产量的 90%以上的发展目标要求，必须加大对主食品工业化集成技术的研究力度，研究集约化生产工艺和装备技术，研究科学的生产、配送、连锁营销的质量控制技术，实现粮油产品的营养和安全。

4. 加强对特色粮油资源开发利用的科研投入

针对我国丰富的杂粮资源和特种谷物长期以来一直处于粗放式加工与流通、品质安全得不到保障、增值水平低、方便化食品缺乏等问题，开展特色杂粮清洁加工技术装备及方便化食品产业化加工关键技术的研究，从而提升我国杂粮加工产业的整体科技水平。

5. 加强对国产传统粮油加工装备的科研扶持

要达到粮油加工的国产技术和装备水平到 2020 年基本达到 20 世纪末发达国家的水平，部分装备达到同期国际先进水平的目标，必须加大对传统粮油加工装备的科研投入力度，鼓励技术创新，促使一批具有自主知识产权的粮油加工装备制造企业实现规模化、国际化，做到装备精良化、生产现代化、技术先进化、经营信息化。

二、开创我国粮油加工业的新局面

我国的粮油加工业经过中华人民共和国成立后近 70 年特别是改革开放近 40 年来的发展，已经取得了巨大的成就，现已拥有制米、制粉、油脂提取和精炼、淀粉生产、制糖、焙烤、酿酒、调味品、糖果、氨基酸、抗生素、维生素、酶制剂和饲料等门类齐全的粮油加工工业体系。生产设备绝大部分已实现机械化和自动化，作坊式生产已成为历史。但在整体发展上，我国的粮油加工业距世界先进水平还有相当大的差距，主要表现在品种数量少、质量标准低、加工深度不够、综合利用差。应对入世的挑战，缩小与世界先进水平的差距，开创粮油加工的新局面，是当前的重要任务。

开创我国粮油加工业的新局面，要做好以下几个方面的工作。

(1)积极开展适合加工的优质、专用型粮油原料品种的选育工作，加快粮油原料的优质化和专用化进程，完善和制定质量标准，尽快改变我国粮油加工原料参差不齐的现状，为粮油加工业提供优质原料，从根本上保证加工产品质量。

(2)进一步加快高新技术在粮油工业上的应用，提高生产效率，降低生产成本，保证产品质量。推广膜分离技术、超临界萃取技术、挤压膨化技术、微波技术、超微磨技术、无菌生产和包装技术、高压、光、电、气、磁效应和计算机控制技术等高新技术。进一步引进和消化国际先进设备，全面实现粮油加工与转化的机械化和自动化。

(3)积极开展生物技术在粮油加工中的应用研究，通过基因工程、细胞工程、发酵工程、酶工程等途径，进行品种选育，提高加工转化效率，保证产品质量和开发新产品，提高粮油加工产品的附加值。

(4)研究开发粮食与食品色、香、味及营养素的保存和使用品质改良与提高的新工艺、新技术，在分子水平上研究食品稳定性、加工可能性，提高营养及感官质量。

(5)应用现代营养学的最新成就，研究提高米、面、油的营养效价和改善膳食结构的食用技术，开发功能食品、方便食品、运动食品、婴儿食品、老年保健食品等，积极推进传统主食品生产的工业化。

(6)研究粮食与食品在储藏和流通过程中品质变化的规律，科学合理地选择最佳的储藏条件，保持粮食、油料和食品的品质与新鲜度，研究粮食和食品保藏与保鲜相应的包装技术和包装材料。

(7)认真研究粮油加工副产品的综合利用，对皮壳、胚芽、渣滓、纤维、废液等副产物要提高回收利用率，只要加工利用合理，副产品都是宝贵的资源，是企业降低生产成本、提高经济效益的重要途径。

(8)积极开展以玉米为主的粮油深加工与转化技术研究，发展淀粉糖、变性淀粉、功能性低聚糖、氨基酸、抗生素等高附加值产品的生产，使粮油加工向食品以外的其他行业延伸，解决玉米产地农民买粮难的问题。

(9)面向国际市场，在生产、管理、产品标准和产品质量上尽快与国际接轨，关注食品安全，增强产品在国际市场上的竞争力。

(10)加强粮油加工的科学研究和人才培养，不断推出新的科研成果，提高粮油工业的科技贡献率，提高我国粮食资源的利用率，提高粮油工业的科技水平和效益水平。

思考题

1. 粮油加工的范畴主要有哪些方面？
2. 粮油食品加工方法分类有哪些？
3. 粮油加工业的发展趋势有哪些方面？

参考文献

陈志成. 2009. 未来我国粮油加工科技发展的任务与目标. 粮食加工, 34(3): 7-10.
李里特, 陈复生. 2009. 粮油贮藏加工工艺学(2 版). 北京: 中国农业出版社: 1-7.
李新华, 董海洲. 2009. 粮油加工学(2 版). 北京: 中国农业大学出版社: 1-5.
刘晓庚, 徐明生, 鞠兴荣. 2002. 高新技术在粮油食品中的应用. 食品科学, 23(8): 335-342.
王瑞元. 2007. 我国粮油工业的现状及今后的发展趋势. 河南工业大学学报(社会科学版), 3(2): 1-5.
王瑞元. 2007. 中国粮油工业的基本情况及今后的发展趋势. 粮食与食品工业, 14(4): 1-4.
王瑞元. 2014. 我国粮油加工业的发展趋势. 粮食加工, 39(5): 1-4.
朱永义. 2002. 谷物加工工艺与设备. 北京: 中国农业出版社: 1-5.

第二章 稻谷加工

第一节 概 述

稻谷是中国最重要的粮食作物之一，中国稻谷产量居世界首位，总产量约占全球稻谷产量的 1/3，中国粮食产量的 40%以上是稻谷。同时，中国又是世界上最大的大米消费国，稻谷加工得到的大米，既是我国 2/3 人口的主要食粮，又是食品工业主要基础原料之一。此外，稻谷加工得到的副产品有着广泛的用途。

常规的稻谷加工主要包括加工前处理、清理、砻谷及砻下物分离、碾米、成品及副产品的整理、加工副产品的综合利用及特种米的生产等。

一、稻谷加工前处理的目的和要求

稻谷加工前需要进行干燥与储藏，而储粮通风系统是仓房建设中的必要设施，在安全储粮过程中发挥着极其重要的作用，通过通风降温散湿，可以对影响稻谷安全储藏的两个主要因素——水分与温度进行控制，即降低粮食温度与水分含量，提高储粮稳定性，抑制粮食的呼吸和虫霉生长，阻止粮堆的发热霉变，从而确保储粮的安全。

粮食水分大小与储粮安全有密切关系，高水分的粮食储藏稳定性差，极易发热霉变。高水分粮可以通过干燥降水、低温冷却、气调储藏和化学保藏等技术进行保管或应急处理。

干燥技术是保管高水分粮最经济、有效的方法。它通过干燥降水方式，降低粮食水分，在粮油储藏期间形成一个抑制粮食呼吸、不利于微生物生长的干燥环境。因此，粮食干燥是保管稻谷和大米的一项重要技术。做好稻谷储藏工作的关键是控制入仓的粮质，达到“干、饱、净”的要求，坚持做到“四分开”的原则(即水分高低、质量好次、虫粮与无虫粮、新粮与陈粮分开储藏)，加强粮情检查和储粮管理，做好仓房的隔热防潮、粮堆的防虫与防霉等工作，并根据常年的粮情变化与季节变化，采取适当措施确保储粮安全。

二、稻谷清理的目的和要求

稻谷在生长、收割、储藏和运输过程中，都有可能混入各种杂质。在加工过程中，为了不降低产品的纯度，提高大米质量和设备的工作效率，延长设备寿命，避免尘土飞扬污染车间的环境卫生、堵塞输送管道等，清除杂质是稻谷加工的一项重要任务。

在稻谷所含杂质中，以稗子和并肩石最难清除。稻谷清理后，含杂总量不应超过 0.6%。其中含沙石不应超过 1 粒/kg，含稗不应超过 130 粒/kg。清除的大杂质中不得含有谷粒，稗子含谷不超过 8%，石子含谷不超过 50 粒/kg。

三、砻谷及砻下物分离的目的和要求

人体不能消化稻谷的颖壳，应先除去颖壳，才能碾成食用米。清理后的稻谷必须去除稻谷壳，这一工艺过程称为砻谷。砻谷后的混合物称为砻下物。用于砻谷的机械称为砻谷机。由于砻谷机机械性能的限制，稻谷经砻谷机一次脱壳后，不能完全成为糙米，而是包括尚未脱壳的稻谷和已经脱壳的糙米及谷壳等混合物(通称砻下物)。砻下物不能直接进入下一工段进行碾米，必须将它们分开，将谷壳与谷糙分开的过程称为谷壳分离，将稻谷与糙米分开的过程称为谷糙分离，谷壳分离和谷糙分离统称为砻下物分离。

稻谷经砻谷机脱壳后的垄下物是糙米、稻壳和稻谷的混合物。稻壳体积大、相对密度小、摩擦系数大、流动性差，若不及时将其从垄下物中分离出来，会影响后道工序的工艺效果。在谷糙分离过程中，如果谷糙混合物中含有大量的稻壳，谷糙混合物的流动性将会变差，谷糙分离工艺效果会显著降低。同样，回砻谷中若混有大量的稻壳，将会降低砻谷机产量、增加能耗和胶耗。稻壳分离的工艺要求稻壳分离后谷糙混合物中含稻壳率不超过 0.8%、稻壳中含饱满粮粒不超过 30 粒/100 kg、糙米中稻壳含量不超过 0.1%。

四、碾米的目的和要求

碾米的目的主要是碾除糙米的皮层。糙米皮层虽含有较多的营养素，如脂肪、蛋白质等，但粗纤维含量高，吸水性、膨胀性差，食用品质低，不耐储藏。糙米去皮的程度是衡量大米加工精度的依据，即糙米去皮越多，成品大米精度越高。碾米是应用物理(机械)或化学的方法，将糙米表面的皮层部分或全部剥除的工序。碾米的基本要求是在保证成品米符合规定质量标准的前提下，提高纯度，提高出米率，提高产量，降低成本，保证安全生产。

五、成品及副产品整理的目的和要求

经碾米机碾制得到的大米，其中还混有一些米糠、碎米及异色米粒，还不能直接作为商品上市，还需要进行成品整理。成品整理可以提高商品价值，有利于储藏、改善食用品质、提高经济效益，其主要工序包括擦米、凉米、分级、抛光、色选、配米等。擦米工序紧接碾米工序之后，可借助装有橡皮条、牛皮条、鬃毛刷的转筒或铁辊，对米粒进行搅动和擦刷，擦去黏附在米粒表面的细糠粒。

在米糠中常会混入少量整米和碎米，如果通过副产品整理，可把这些整米和碎米分离出来，就能提高碾米机的出米率。在糠粞混合物中主要是米糠、米粞及少量碎米、整米等，虽然是副产品，但它们大有利用价值。以米糠为原料开发出来的产品有上百种之多；米粞可用作制糖、制酒的原料；碎米可用于生产高蛋白粉，制作饮料、酒类等。

成品、副产品及下脚整理的要求是：成品的纯度和外观性能应符合国家标准或目标市场的特殊要求，经过整理后副产品和下脚中的含粮数量达到规定标准。

六、特种米生产的目的和要求

特种大米是相对普通大米而言，它是以稻谷、糙米或普通大米为原料，经过再次加工制成的。特种米的种类很多，大致可分为以下几种：营养型，如蒸谷米、留胚米、强化米；方便型，如免淘洗米、易熟米；功能型，如低变应原米、低蛋白质米；混合型，如配合米；原料型，如酿酒用米等。特种米生产的要求是成品应符合国家标准的质量需求及卫生要求。

第二节 稻谷的品质

稻谷主要以籽粒形式供给人类食用消费，食用的比率占89%，是所有谷物中食用比例最高的。因此，稻谷品质的优劣与提高人民生活水平密切相关。目前，国内外对稻谷品质的评价还没有形成统一标准，评价的标准主要依据稻谷用途(食用、饲用和工业用途)的不同而不同。例如，食用则要求外观品质、加工品质、食用品质和营养品质好；饲用则以营养储藏品质而定；工业用则要求有良好的工艺品质，如制作粉丝要求直链淀粉含量高等。

一、稻谷的分类

稻谷是我国的主要粮食作物之一，具有数千年悠久的种植历史，其种类很多。

(一)按粒形和粒质的不同分类

1. 籼稻谷

籼稻谷籽粒细而长，呈长椭圆形或细长形，米粒强度小，耐压性能差，加工时容易产生碎米，出米率较低。

2. 粳稻谷

粳稻谷籽粒宽而短，较厚，呈椭圆形或卵圆形，米粒强度大，耐压性能好，加工时不易产生碎米，出米率较高。

3. 糯稻谷

糯稻谷分为籼糯稻谷和粳糯稻谷，米粒均呈蜡白色，不透明或半透明。

(二)按稻谷加工精度分类

我国稻谷根据加工精度的不同，将大米分为四个等级，即特等米、标准一等米、标准二等米和标准三等米。

1. 特等米

特等米的背沟有皮，米粒表面的皮层除掉在85%以上。由于特等米基本除净了糙米的皮层和糊粉层，所以粗纤维和灰分含量很低，因此，米的胀性大，出饭率高，食用品质好。

2. 标准一等米

标准一等米的背沟有皮，米粒面留皮不超过1/5的占80%以上。加工精度低于特等米，食用品质、出饭率和消化吸收率略低于特等米。

3. 标准二等米

标准二等米的背沟有皮，米粒面留皮不超过1/3的占75%以上。米中的灰分和粗纤维含量较高，出饭率和消化吸收均低于特等米和标准一等米。

4. 标准三等米

标准三等米的背沟有皮，米粒面留皮不超过1/2的占70%以上。由于米中保留了大量的皮层和糊粉层，从而使米中的粗纤维和灰分增多。虽然出饭率没有特等米、标准一等米和标准二等米高，但其所含的大量纤维素对人体生理功能起到很多的有益功能。

(三)按籽粒长度分类

稻谷是一种假果，一般为细长形或椭圆形，其色泽呈稻黄色、金黄色，还有黄褐色、棕红色等。稻谷籽粒由稻壳(颖)和糙米(颖果)组成。稻壳(颖)由内颖、外颖、护颖和颖尖(颖尖伸长为芒)四部分组成。稻壳的厚度为25～30 μm，表面粗糙，生有许多针状或钩状的茸毛；稻壳内外的边缘卷起成钩状，以互相勾合的形态将糙米包在其内。糙米(颖果)由稻谷脱壳后而得，是指除了稻壳之外都保留的部分，它是完整的果实，其形状和稻谷粒相似，一般为细长形或椭圆形。联合国粮食及农业组织按稻粒长度，将稻谷分为如下四类。

1. 特长粒稻

特长粒稻，代号EL，粒长大于7.5 mm。

2. 长粒稻

长粒稻，代号L，粒长6.6～7.5 mm。

3. 中粒稻

中粒稻，代号M，粒长5.5～6.6 mm。

4. 短粒稻

短粒稻，代号S，粒长小于5.5 mm。

(四)按品质分类

我国按稻谷品质，将稻谷分为如下两类。

1. 普通稻谷

普通稻谷是常见的、数量最多的一种稻谷，标准由《GB/T 1350—2009稻谷》规定，其中又以其出糙率和出米率来分等。

2. 优质稻谷

优质稻谷标准由《GB/T 17891—1999优质稻谷》规定，其中规定以其出米率、腹白度、直链淀粉含量、食味品质作为定级指标。

二、稻谷的感官品质

稻谷感官品质主要是指通过检验者的感觉器官和实践经验对稻谷的色泽、外观、气味、滋味等项目进行鉴定来判断稻米的品质，主要有色泽鉴定、外观鉴定、气味鉴定等。正常的稻谷具有固有的色泽、气味和口味。通过对其的鉴定，可以初步判断粮食、油料的新陈度和有无异常变化。

(一)色泽鉴定

通常情况下，稻谷的颜色(有色稻谷除外)呈鲜黄色或金黄色，表面富有光泽。稻谷的色泽同其气味一样，都是反映稻谷质地好坏的表观指标，通过色泽的变化，可以初步判别稻谷品质的好坏。进行稻谷色泽的感官鉴别时，将样品在黑纸上撒成一薄层，在散射光下仔细观察；然后将样品用小型出臼机或装入小帆布袋揉搓脱去稻壳，看有无黄粒米，如有拣出称重。

优质稻谷：外壳呈黄色、浅黄色或金黄色，色泽鲜艳一致，具有光泽，无黄粒米。

次质稻谷：色泽灰暗无光泽，黄粒米超过2%。

劣质稻谷：色泽变暗或外壳呈褐色、黑色，肉眼可见霉菌菌丝，有大量黄粒米或褐色米粒。

(二)外 观 鉴 定

在市场上，消费者首先是根据外观来判断稻米品质的，虽然不同地区和民族，对外观品质有不同的爱好，但国内外，衡量外观品质的指标是相同的，进行稻谷外观的感官鉴别时，可将样品在纸上撒一薄层，仔细观察各粒的外观，并观察有无杂质。

优质稻谷：颗粒饱满、完整，大小均匀，无虫害及霉变，无杂质。

次质稻谷：有未成熟颗粒，少量虫蚀粒、生芽粒及病斑粒等，大小不均，有杂质。

劣质稻谷：有大量虫蚀粒、生芽粒、霉变颗粒，有结团、结块现象。

(三)气 味 鉴 定

稻谷有一种特有的香味，特别是新稻谷，香气清新宜人，无不良气味。如气味不正常，说明稻谷变质或吸附了其他物质的气味。稻谷陈化后，其香味也会明显变化，有时会带有明显的陈稻味。进行稻谷气味的感官鉴别时，取少量样品于手掌上，用嘴哈气使之稍热，立即嗅其气味。

优质稻谷：具有纯正的稻香味，无其他任何异味。

次质稻谷：稻香味微弱，稍有异味。

劣质稻谷：有霉味、酸臭味、腐败味等不良气味。

三、稻谷的加工品质

稻米加工品质主要是反映稻谷加工的特性，其评定的主要指标有：谷壳率、出糙率、出米率、整精米率、大米加工精度检验、大米中碎米含量的检验等指标。

(一)谷 壳 率

稻谷的谷壳率是指稻壳占净稻谷质量的百分率，它的大小随稻谷的类型、品种、粒形、成熟度和饱满度等不同而不同。

(二)出 糙 率

净稻谷脱壳后的糙米质量(其中不完善粒折半计算)占试样质量的百分率称为出糙率。稻谷的主要用途是碾米供做食用，稻谷的出糙率高低不仅直接反映了稻谷的工艺品质——碾米产量的潜力，而且还可体现稻谷的食用品质。一般出糙率高的稻谷，籽粒成熟、饱满，极少受病、虫害的影响，因此，加工出米率高，食用品质也较好。

(三)出 米 率

稻谷的出米率是指净稻谷经砻谷、碾米后所得大米质量占稻谷质量的百分率。稻谷的谷壳率、出糙率、出米率都是评定稻谷工艺品质的重要指标。

(四)整 精 米 率

整精米率是指一定量净稻谷脱壳后，糙米再经碾制成标一米(精度)，除去糠粉后整精米占稻谷质量的百分率。整精米率是衡量稻谷品质好坏的重要尺度之一。整精米率与稻谷垩白粒、未熟粒、裂纹粒等含量有关，也与稻谷的粒形、含水量、陈化度等有关。

(五)大米加工精度检验

大米加工精度是指籽粒皮层被碾磨的程度，即背沟和粒面留皮的程度。大米加工精度的高低直接影响出米率和食用品质，精度高则出米率低，相应地营养价值也较低，但口感和蒸煮品质往往较好，因此，在稻谷加工过程中，通常要求在保证产品质量和精度的前提下，尽可能地提高出米率。

(六)大米中碎米含量的检验

稻谷在加工过程中产生的低于允许长度和规定筛层下的破碎粒称碎米。它是大米等级标准中不可缺少的一个标准项目。碎米的产生与稻谷品质、裂纹粒及加工工艺不当等因素密切相关。碎米的存在不仅对米的外观品质有很大的影响，同时严重影响米的蒸煮品质、食用品质和储藏品质。

四、稻米的蒸煮及食用品质

稻米的蒸煮及食用品质主要取决于米的外观、食味及营养价值三个主要因素。对其评定的主要指标有：直链淀粉含量、糊化温度、蒸煮特性、胶稠度、碱消度和稻米的食用品质试验等。

(一)直链淀粉含量

直链淀粉含量是影响稻米食用品质的重要因素，它指的是直链淀粉占精米粉干重的百分率。国际水稻研究所(IRRI)将稻米直链淀粉含量分为四个等级：①高直链淀粉稻米，直链淀粉含量大于25%，其米胀性好，米饭干而松散，冷后变硬，较难消化；②中直链淀粉稻米，直链淀粉含量20%～25%，其米饭有一定黏性、较蓬松而软；③低直链淀粉稻米，直链淀粉含量10%～20%，其米粒胀性小，米饭很黏，含水多而软，较易消化；④极低直链淀粉稻米，直链淀粉含量小于9%，其米胀性差，饭较湿黏而有光泽。

(二)糊 化 温 度

糊化温度是指稻米淀粉在加热的水中，开始发生不可逆的膨胀，丧失其双折射性和结晶性的临界温度。糊化温度直接影响煮饭时米的吸水率、膨胀容积和伸长程度。高的糊化温度的米比低的糊化温度的米蒸煮时间要长。

(三)蒸 煮 特 性

稻米的蒸煮特性是指稻米在蒸煮过程中表现出的一系列特性，对其评定的主要指标有：大米的吸水率、膨胀体积、米汤 pH、米汤碘蓝值等。

(四)胶　稠　度

胶稠度是指稻米淀粉经糊化、冷却后，用胶的长度表示淀粉糊化和冷却的回升趋势。它是一种简单、快速而准确地测定米淀粉胶凝值的方法。

(五)碱　消　度

碱消度是指米粒在一定碱溶液中膨胀或崩解的程度。它是一种简单、快速而准确地间接测定稻米糊化温度的方法。

(六)稻米的食用品质试验

稻米的食用品质试验是指稻米蒸煮后，利用人的感官对其色、香、味进行评定，以判断其食用品质的好坏。稻米的食用品质试验评定方法主要包括稻米蒸煮方法、品质品尝评定内容、评定顺序、评定要求及评分结果表示等内容。另外，还可借助于质构仪测定米饭的硬度与黏度，然后使用其比值表示米饭的食味品质，一般情况下，其比值越大，食味越好。

五、稻米的营养品质

稻米的营养品质主要体现在稻谷的淀粉、脂肪、蛋白质、维生素及对人体有益的微量元素的含量，它们的含量高低主要取决于稻谷自身的基因和生长环境中外源物的含量。主要的评价指标有淀粉、蛋白质、脂类、维生素和矿物质的含量等。

(一)淀　　粉

淀粉是稻谷中重要的化学成分，其含量高达80%以上。淀粉按其分子结构可分为两种：直链淀粉和支链淀粉，它们具有不同的理化特性，这两种淀粉的含量比例能反映稻谷不同的品质特性。

(二)蛋　白　质

稻米蛋白质是易被人体消化和吸收的谷物蛋白质。它的含量和质量反映该品种营养品质的高低，一般稻谷中蛋白质的含量为7%～10%，其含量仅次于碳水化合物，是稻谷中重要的含氮物质。稻谷中蛋白质含量的高低，影响了稻谷籽粒强度的大小。稻谷籽粒的蛋白质含量越高，籽粒强度就越大，耐压性能越强，加工时产生的碎米越少。许多研究表明：稻米中蛋白质的赖氨酸、苏氨酸、甲硫氨酸含量，决定稻米蛋白质的质量优劣。

(三)脂　　类

稻谷脂类包括脂肪和类脂，脂肪由甘油与脂肪酸组成，称为甘油酯。天然脂肪一般是甘油酯的混合物。脂肪最主要的生理功能是供给热能。类脂是指那些类似脂肪的物质，严格来讲，是特指脂肪酸的衍生物，主要包括蜡、磷脂、固醇等。类脂这一类物质对新陈代谢的调节起着重要的作用。稻谷脂类含量是影响米饭可口程度的主要因素，脂类含量越高，米饭光泽越好。

（四）维　生　素

稻谷中维生素含量较少。维生素是人体正常生理活动所必需的物质，维生素的不足或缺乏都能引起疾病，因此，维生素对人体特别重要。人体所需要的维生素一般不能在人体内合成，通常从植物性食品中获得。

（五）矿 质 元 素

稻谷的矿物元素有铝、钙、氯、铁、镁、锰、钾、硅、钠、锌等。谷物经高温灼烧后所得的白色粉末即为灰分，它间接表示谷物的矿物质（无机盐）含量。

六、稻米的储藏品质

稻米的储藏品质是指稻米在储藏期间所表现的品质，对其储藏品质的评价主要依据国家粮食局2004年颁布的储存品质判断规则，主要指标有：色泽与气味、脂肪酸值和品尝评分值。

稻谷脂肪酸值是以中和100 g干物质中游离脂肪酸所需氢氧化钾毫克数来表示。稻谷中含有一定的脂肪，而这些脂肪中的脂肪酸特别是不饱和脂肪酸，很容易在外界因素的影响下发生氧化及水解反应而引起酸败，氧化可能产生低碳链的酸，水解产物便有游离脂肪酸产生。因此，通过脂肪酸值的测定，可以判断粮食品质的变化情况。

第三节　稻谷加工前处理

一、稻谷的通风

稻谷加工前需要进行干燥与储藏，因而仓房建设中必须要有储粮通风系统。通过通风、降温、散湿，可以对影响稻谷安全储藏的两个主要因素，即水分与温度进行控制，降低粮食的温度与水分含量，抑制粮食的呼吸和虫霉生长，阻止粮堆的发热霉变，提高储粮稳定性，从而确保储粮的安全。

（一）通风降温散湿的作用

所谓通风降温散湿就是通过风机把一定条件的外界气体通入粮堆，置换出粮堆的湿热空气，从而改变粮堆内气体介质的参数，调整粮堆温度、湿度等，达到使粮食安全储藏或改善加工工艺品质的目的。

储粮通风主要用于改善储粮条件，具有以下作用。

(1) 利用低温季节进行粮堆通风，可以降低粮温，在粮堆内形成一个低温状态。这样不仅对保持粮食的品质有利，而且可以有效防虫，抑制螨类和微生物的生长与发展，减少熏蒸次数与用药量，使储粮性能大为改善。

(2) 通过通风降温散湿，均衡粮温，消除粮堆内的积热，防止水分转移而形成的粮堆结露或产生结顶、挂壁现象。

(3) 通风可以排除高水分粮堆的积热，大风量通风还有较好的降水效果，避免粮食发热霉变。此外，还可用作烘干机的冷却系统，降低烘后粮的温度，使之安全储藏。

(4) 仓房的通风系统还能用于排除粮堆异味、环流熏蒸、谷物冷却，或者增湿调质、改进粮食的加工品质。

（二）储粮通风方式

储粮通风分为自然通风与机械通风两大类。自然通风是利用粮堆内部和外部空气密度差引起的热压差或风力造成的风压差促使外部空气进入粮堆内部，置换粮粒间的气体，实现通风换气的技术，但受到地理、天时的限制，常用于小粮堆、露天存放的包粮或散粮通风。机械通风是利用风机产生的压力，将外界低温、低湿的空气送入粮堆，促使粮堆内外气体进行湿热交换，降低粮堆的温度与水分，增进储粮稳定性的一种储粮技术，它降温速度快、风量大、通风效果好，可以处理全仓或局部发热粮，已在全国推广应用。

1. 机械通风降温

(1) 机械通风是促进仓内外及粮堆内外的气体交换，达到降温散湿的目的。在外温低、粮温高的秋冬季节可以充分利用机械通风。

(2) 机械通风对粮食水分的影响依据的是粮食平衡水分规律。外界湿度高于当时粮食平衡湿度时，不宜使用机械通风。

(3) 根据温度、湿度的日变规律，下半夜仓外温度虽低，但湿度一般较高，因而下半夜不宜通风。

(4) 在雨季，对一般密闭性能不好的仓房或粮堆，当仓内温度、湿度高于外界时，也可适当通风换气，使储粮少受仓内高温、高湿的不良影响。

(5) 对来自粮堆内部的热量(粮食呼吸旺盛、虫霉大量繁殖等)所造成的发热粮，应针对发热的起因，分别采取治本的措施。

(6) 进行通风之前，应先扒平粮面，以减少通风不均匀的可能性。在通风过程中，必须注意将整个粮堆的温度均匀降低，防止因分层温差过大而造成结露。

(7) 单管、多管通风时，要合理布置通风点。通风点过少，则达不到通风效果；过多则浪费电力。

(8) 通风降温过程中，应打开全部门窗，以加快仓内换气。粮堆以外的通风管道都应保持密闭，以免漏风而增加风量的消耗。

(9) 吸出式通风的特点是上中层降温快，而底层降温效果较差。在底层粮温未降到符合要求时，不能停止通风。

(10) 如有通风死角出现，可在死角处插入导风管，以缩短空气路径，加强死角部位的通风效果。

(11) 机械通风时，要加强管理，严格遵守操作规程，注意防止风机倒转、电机发热、风管接头漏气，随时检查通风效果，做好原始记录。

2. 机械通风降水

多数粮库在处理高水分粮时采用的通风降水实际上就是就仓干燥。所谓的“就仓干燥”或“在储干燥”是指将高水分粮堆放在配有通风系统的仓内，工作时外界空气或加热空气通过风机送入粮堆，空气在流经粮堆的同时，带走粮食的水分，干燥后的粮食直接放在仓内储存。

(1) 粮食水分含量与储粮温度之间存在着相关关系，对不同水分的谷物在不同储粮温度条件下存在一个安全储存时间，高水分粮必须在安全储存时间内完成。

(2) 由于常温空气、通风干燥方式本身携带的热量有限，决定了它降水慢且处理时间长的特性，常温下不同粮食通风降水存在不同的最大水分值。

(3) 具有漫长低温、干燥季节的地区，在冬季可适当提高粮食通风干燥的水分上限值，到气温回升后，通风降水才明显。

(4) 原有仓房中的风道布置是为通风降温设计的，若用通风降水则需增加风道数量，降低粮层厚度，以保证通风降水的效果。

(5) 当气温较低、干燥效果差、水分高、干燥时间较长或气温较高不能通风时，需采用辅助加热方式，加快干燥进程，缩短干燥时间。

(6) 当较高水分粮食(15%左右)直接入仓后，应严格控制粮食的杂质含量。入仓后应首先进行平衡通风，均衡仓内粮食的水分与温度，稳定粮情；抓紧时机通风降温散湿，降低粮食水分，提高储粮稳定性。

3. 机械通风增湿调质

长期多次通风或在较低湿度的环境中，储粮水分会散失，出仓时粮食水分可能会降至11%以下，远低于粮食储藏安全水分值。因此，粮库可在出仓前采取增湿方式，提高粮食含水量1%～2%。

通风调质是指将湿度较高的空气吹入粮堆，利用粮食本身吸湿性较强的特性，吸收水汽，使粮食水分升高的通风方式。增湿的方法有多种：一是采用雨后、清晨和夜晚湿度较高的空气；二是对空气进行加湿，其方式分为等温加湿和等焓加湿。等温加湿是利用外界热源产生的蒸汽对空气加湿，在相同空气温度下加湿量大，空气温度基本不变，但加湿成本较高；等焓加湿是水通过与空气接触，吸收空气的热而蒸发，从而提高空气湿度，在相同空气温度下的加湿量小，空气温度下降，受自然条件影响大，但加湿的成本较低。生产中增加粮食水分的方法如下。

(1) 利用自然湿空气进行通风调质。利用现有的仓内风道，采用自然湿空气通风调质的粮堆，可选在粮温较高、气温逐渐下降的环境条件下进行。

(2) 利用蒸汽加湿进行通风调质。利用蒸汽通风增湿，粮粒间和籽粒表面受湿基本均匀。

(3) 利用机械定量加水进行增湿调质。按照粮食的原始水分和增水幅度，计算出所需的加水量，对进仓粮流进行加水，增湿较为均匀。

(4) 利用水汽雾化进行通风增湿调质。水汽雾化法可通过湿膜、高压喷嘴、超声波振荡等方式使液态水雾化，增湿后的空气被送入粮堆。

二、稻谷的干燥

粮食水分大小是影响储粮安全的重要因素。高水分的粮食极易发热霉变，储藏稳定性差。可以通过干燥降水、低温冷却、气调储藏和化学保藏等技术对高水分粮食进行保管或应急处理。干燥技术通过干燥降水方式，降低粮食水分，在粮油储藏期间形成一个抑制粮食呼吸、不利于微生物生长的干燥环境，是保管高水分粮最经济、有效的方法。因此，粮食干燥是保管稻谷和大米的一项重要技术。

(一) 干燥降水的方法

干燥就是根据粮食的吸湿平衡原理，在自然或人工条件下，通过加热的方式，使粮食水分汽化并向空气中转移，达到降低粮食水分的目的。粮食干燥的方法有日光晾晒、机械通风降水和机械干燥三种。

日光晾晒是农村和基层粮库广泛运用的方法，利用太阳光的热量和自然风力，降低粮食水分，具有较好的降水、杀虫、灭菌的效果，设备简单，费用较低。

机械通风降水实际上是一种就仓干燥技术的应用，它将常温空气或加热 2～11℃的空气送入粮堆，湿粮在通风过程中得到干燥。该法节省能源，烘后粮质好，设施简单。

机械干燥实际是使用烘干机处理高水分粮。它将 40～150℃的热风送入烘干机内加热湿粮，带走汽化的水分，降低粮食水分，达到安全储藏的要求。

(二) 干燥常用设备

为了解决稻谷烘干后爆腰率高和蒸米率低的问题，在采用不同的干燥方法时会选用不同的干燥设备，且由于所用烘干机结构不同，所采用的干燥工艺也是不用的。

低温慢速干燥机可分为低温循环干燥机、逆流低温干燥机、径向通风干燥仓和垂直通风干燥仓四种设备。高温快速烘干机是一种采用高温气体加热粮食，短时间内把粮食水分降至安全范围的干燥设备。常用的烘干机有移动床烘干机、疏松床烘干机和流化床烘干机等三大类型。

三、稻谷的储藏

确保入仓的粮质达到“干、饱、净”的要求，坚持做到“四分开”的原则(即水分高低、质量好次、虫粮与无虫粮、新粮与陈粮分开储藏)是做好稻谷储藏工作的关键。同时，还要加强粮情检查和储粮管理，做好仓房的隔热防潮及粮堆的防虫防霉等工作，并根据常年的粮情变化与季节变化采取适当措施确保储粮安全。

第四节　稻谷的清理

一、概　　述

(一) 杂质的种类

稻谷在收割、干燥、储藏和运输的过程中，难免混有一定数量的杂质。稻谷中的杂质是多种多样的，有的比稻谷大，有的比稻谷小，有的比稻谷重，有的比稻谷轻。原料中的杂质可以按以下两种方法分类。

根据相关国家标准规定，可将杂质分为以下几种。

1) 筛下物　通过直径 2.0 mm 圆孔筛的物质。

2) 无机杂质　泥土、沙石、砖瓦块及其他无机物质。

3) 有机杂质　无食用价值的稻谷、异种粮粒及其他有机物质。

在稻谷加工厂，通常根据杂质的某些特征和清理作业的特点将其分为以下几种。

1) 大杂质　留存在直径 5.0 mm 圆孔筛上的杂质。

2) 中杂质　穿过直径 5.0 mm 圆孔筛，而留存在直径 2.0 mm 圆孔筛上的杂质。

3) 小杂质　穿过直径 2.0 mm 圆孔筛的杂质。

4）轻杂质　相对密度较稻谷小的杂质。

5）磁性金属杂质　具有导磁性的金属杂质。

6）并肩石　同稻谷粒度相近的石子、泥块等。

7）稗子　稻谷在收割时混入的一种杂草种子。

在这些杂质中，以稗子和并肩石等最难清除。

（二）清理的目的与要求

1. 清理的目的

稻谷中所含的杂质，如得不到及时清除，将会给稻谷加工带来很大的危害。其中稻秆、稻穗、杂草、纸屑、麻绳等体积大、质量轻的杂质，在加工过程中，容易造成输送管道和设备喂料机构的堵塞，进料不匀，降低设备的工艺效果和加工能力。

稻谷中所含的泥沙、尘土等轻、小杂质，在进料、提升、溜管输送等过程中易造成尘土飞扬，污染车间的环境卫生，危害操作人员的身心健康。

稻谷中所含的石块、金属等坚硬杂质，在加工过程中，容易损坏机械设备的工作表面和机件，影响设备工艺效果，缩短设备使用寿命，严重的甚至会酿成重大设备事故和火灾。

杂质如得不到及时清除而混入产品中，还会降低产品纯度，影响成品大米和产品的质量。因此，清理是稻谷加工过程中一个非常重要的环节。

2. 清理工艺要求

稻谷清理后，其含杂总量不应超过0.6%，其中含沙石不应超过1粒/kg，含稗不应超过130粒/kg。

3. 净谷的概念

净谷是原料稻谷（又称毛谷）经清理后，其含杂符合清理工艺要求的稻谷。

（三）清理的基本方法

稻谷中的杂质种类很多，在物理特性上总存在不同程度和不同方面的差异，因此可以根据稻谷与杂质物理特性的差异特点，采用相应的分离技术将杂质分离，以达到稻谷清理的要求。

目前，清除原粮稻谷中杂质的方法很多，主要包括风选（利用空气动力学特性差异）、筛选（利用粒形粒度差异）、去石（利用相对密度的差异）、磁选（利用磁性的差异）等。

（四）清理工艺效果的评定

评定清理工艺效果的目的在于了解设备的工作情况，以便正确指导生产。稻谷清理工艺效果的评定指标主要有稻谷提取率和杂质去除率。稻谷提取率是指单位时间内提出稻谷的质量与进机物料中所含稻谷质量的百分比。杂质去除率是指单位时间内分出的杂质与进机物料中所含杂质的重量百分比。

二、风　选

（一）风选的基本原理

风选法是利用稻谷和杂质之间空气动力学性质的不同，借助气流的作用进行除杂的方法。按照气流的方向，风选可分为垂直气流风选、水平气流风选和倾斜气流风选三种。

生产经验证实，倾斜气流的运动方向角取30°为宜。

（二）典型风选设备

风选设备主要用于轻杂的分离，如皮壳、瘪粒、草屑、泥沙及灰尘等，对保证车间的环境卫生及提高后道设备的除杂效率有着重要的作用。风选设备可单独用于原粮清理，也可与其他设备组合使用。风选设备类型很多，包括垂直吸风道、循环风选器等。

（三）影响风选设备工艺效果的因素

1. 原料特性

原料所含的轻杂与粮粒之间悬浮速度差异的大小是影响风选工艺效果的重要因素。差异越大，则越易风选；差异越小，风选效果越差。

2. 结构尺寸

吸风道的结构尺寸对物料沿风道的分布与气流作用于物料的时间有密切关系，并直接影响风选分离效率。风道的宽度与设备生产能力和单位流量密切相关，应根据生产能力和单位流量来确定，以确保风选工艺效果。一般来说，单位流量为40 kg/(cm·h)较合理。

3. 风速和风量

一般情况下，风选的分离效率同风道内的平均风速成正比，但风速过大，吸出物中含完整粮粒增多，风量增加，动力消耗也增加。所以，风速应根据物料与待分离杂质的悬浮速度及风选工艺要求来确定。一般以不吸出完整粮粒为原则，常用风速为4～7 m/s。风量与风选风速及吸口截面尺寸有关。当风速和吸口截面尺寸确定以后，风量即可确定。

4. 流量

流量大小对风选效率有很大影响。在其他条件一定的情况下，流量增大，物料层则变厚，轻杂被气流吸出的机会就减少，从而使风选效率降低；反之，风选效率提高，但设备产量降低。

三、筛　选

（一）筛选的基本原理

1. 筛选的基本条件

筛选法是利用稻谷和杂质间粒度（宽度、厚度、长度）的差别，借助于合适筛孔的筛面进行除杂的方法。物料经筛选后，凡是留在筛面上的未穿过筛孔的物料称为筛上物，穿过筛孔的物料称为筛下物，通过一层筛面，可以得到两种物料。筛选必须具备以下三个基本条件：

(1) 应筛下物必须与筛面接触。

(2) 选择合理的筛孔形状和大小。

(3) 保证筛选物料与筛面之间具有适宜的相对运动速度。

2. 筛选工作面

筛面是筛选设备最主要的工作部件。稻谷清理工艺对筛面的要求是：具有足够的强度、刚度和耐磨性，筛孔面积百分率（筛孔总面积占整个筛面面积的百分率）最大，筛孔不易堵塞，物料在筛面上运动时与筛孔接触机会较多。前一种要求关系到筛面工作的可靠性和使用寿命，后三种要求影响筛选的工艺效果。

1) 筛面的种类　常用的筛面有栅筛、冲孔筛和编织筛三种。

2) 筛孔形状　常用的筛孔形状有圆形、方形、长方形、三角形等。选用时，应根据被筛物料的断面形状及物料的穿筛方式来选择筛孔的形状。

3) 筛孔大小　筛孔的大小可限制物料穿筛的尺寸，因此，筛孔大小的选配应按照被筛物料粒度大小来确定，分为冲筛面和编织筛网筛孔两种。筛孔尺寸的表示方法因筛面种类的不同而异。

4) 筛孔排列　筛孔排列是指筛孔在筛面上的分布规律。就圆形(方形)孔的冲孔筛面而言，筛孔排列形式有正列和错列两种。对长形孔的冲孔筛面而言，筛孔排列形式有直行排列、直行纵向交错、直行横向交错和顺序旋转排列等。而对三角形孔的冲孔筛面而言，筛孔排列形式有同向交错排列和异向交错排列等。

5) 筛孔面积百分率　筛孔面积百分率是指筛面上筛孔总面积占整个筛面面积的百分率，也称筛面利用率。筛孔面积百分率越大，物料穿过筛孔的机会越多，但不宜过大，否则会减小筛面强度。另外，筛孔排列和筛孔形状对筛孔面积百分率也有影响。

6) 筛面组合方法　筛面组合是筛选工艺流程的组合。常用筛面组合方法可分为筛上物法、筛下物法和混合法三种。

7) 筛面运动形式　筛面的运动形式主要有静止、往复振动、高速振动、平面回转运动和旋转等几种。

(二)典型筛选设备

筛选是稻谷加工厂使用最广泛的一种清理方法，其作用是清除原料中的大杂、中杂和小杂。常用的筛选设备有圆筒初清筛、振动筛和平面回转筛等。筛选设备常与风选相结合，在清除大、中、小杂质的同时，也清除了轻杂。典型的筛选设备有圆筒初清筛、平面回转筛、振动筛等。

(三)影响筛选设备工艺效果的因素

1. 原料特性

稻谷的粒度、均匀度、含杂种类和数量，以及稻谷与杂质间粒度差异的大小，都直接影响筛选设备的工艺效果。如果稻谷品种混杂、均匀度低、含杂质多，而且其粒度与稻谷相近，筛孔配备困难，清理效率就会大大降低。

2. 筛孔形状和大小

筛孔形状和大小，宜根据待筛理物料的粒度、设备的产量和清理工艺要求等来确定。清理大杂时，筛孔配备过大，除杂效率降低；过小，虽除杂效率较高，但下脚含粮也会增多。清理小杂质时，筛孔配备太小，除杂效率降低；放大筛孔虽可提高除杂的效率，但下脚中含粮粒也会增多。清理稗子时，筛孔越大除稗效率越高，但筛上物提取率低。

3. 筛面尺寸

筛面宽度和长度与设备的生产能力和筛理效率有密切的关系。一般情况下，在其他条件相同时，生产能力主要取决于筛面宽度，筛选效率取决于筛面长度。当单位筛宽流量一定时，筛面越宽，产量越大，但筛面过宽，难以确保均匀喂料，而使筛理效率降低，同时还会增大设备的体积，不便于操作维修。

4. 筛面倾角、转速和振幅

筛面倾角、转速和振幅是决定物料运动状态及速度的主要因素，三者密不可分，相互制约。在其他条件确定的情况下，物料的流动速度与筛面倾角、转速和振幅成正比。筛面倾角越大，或转速越高，或振幅越大，物料流动速度就越快。物料流动的速度增大，虽有利于提高设备的生产能力，但物料在筛面上停留时间过短，筛理不充分，筛理效率下降。物料流速过慢，容易造成筛面上物料堆积，物料层过厚，从而减少物料接触筛面的机会，筛理效率降低，同时不利于设备生产能力的提高。

5. 流量

流量影响筛上物料的厚度，在筛体转速、振幅和筛面倾角等一定的情况下，增加流量，会使料层加厚，影响物料的自动分级，使物料接触筛面的机会减少，导致筛理效率降低。流量过小，料层过薄，物料容易产生跳动，不利于物料的自动分级，不仅影响筛理效果，而且降低设备的产量。清理大杂时，单位筛宽流量为 40 kg/(cm·h)；清理稗子时，单位筛宽流量为 17～21 kg/(cm·h)。

6. 筛面清理

在筛选过程中，良好的筛面清理，是确保较高筛选效率的重要条件之一。因此，在生产操作中，应经常检查筛面清理机构的效果，并进行定期人工清理，确保筛孔畅通。对于高速除稗筛而言，定期检查筛面张紧程度是防止筛孔堵塞的有效措施。

四、比 重 分 选

(一)比重分选的基本原理

比重分选是利用稻谷和砂石等杂质间相对密度及悬浮速度或沉降速度等物理特性的不同，借助于适当的设备进行除杂的方法。根据所使用介质的不同，比重分选可分为干法和湿法两类。湿法是以水为介质，利用粮粒和砂石等杂质的相对密度及在水中沉降速度的不同进行除杂。干法比重分选是以空气为介质，利用粮粒和砂石等杂质相对密度及悬浮速度的不同进行除杂。稻谷加工厂广泛应用干法去除并肩石，相应设备为比重去石机。比重分选的工作面可分为鱼鳞孔板工作面和编织筛网工作面两种。

(1)鱼鳞孔板工作面。用厚 0.8～1.5 mm 的薄钢板冲压成单面凸起或双面凸起的鱼鳞孔即鱼鳞孔板工作面。单面凸起的鱼鳞孔与双面凸起鱼鳞孔相比，有效进风面积小，阻力较大，磨损后不能翻面使用，但气流导向作用好，有利于石子沿工作面上行。

(2)编织筛网工作面。用直径为 1 mm 的圆钢丝或边长为 1 mm 的方钢丝编织而成的工作面即为编织筛网工作面。纵向钢丝为直线，横向钢丝为曲线，形成凹凸不平的筛面，增加了筛面摩擦因数，且进风面积大，所以，物料在工作面上易产生自动分级，利于去石效率的提高。

(二)典型比重分选机

比重分选机是稻谷加工厂最常用的设备，主要用于清除粮粒中所含的并肩石等杂质。比重分选机按供风方式的不同分为吹式比重去石机、吸式比重去石机和循环气流去石机三种。

(三)影响比重分选设备工艺效果的因素

1. 原料特性

原料含杂的种类和数量是影响去石设备工艺效果的重要因素，如果进机物料中含大杂，会影响进料机构的正常喂料，使料层厚度不一。如果物料中含小杂，筛孔则容易堵塞，破坏物料的自动分级，使去石效率下降。

2. 去石筛面倾角

去石筛面倾角与物料的流动速度有关，其他参数一定时，增大倾角，稻谷容易下滑，而石子上行的阻力增大，进入精选室的速度减小，石子不易排出，因而降低去石机的去石效率。另外，由于稻谷在去石筛面上流速增大，石子易被冲向出料口。减小倾角，石子上行阻力虽然小，但谷粒在筛面上向下流动的速度也减小，不但影响设备产量，而且石子中含粮量也会增加。

3. 振幅与振动频率

振幅与振动频率都是影响物料在去石筛面上运动速度的重要因素。振幅大、频率高，物料运动速度就快，自动分级作用强，有利于去石效率及设备产量的提高，但振幅过大、频率过高，筛面振动剧烈，物料易产生跳动，破坏物料的自动分级而降低去石效率。反之，物料在筛面上运动缓慢，料层加厚，不利于物料的自动分级，不仅影响去石效率，而且影响设备的产量。

4. 流量

物料在去石筛面上应具有一定的料层厚度，料层太薄，不易产生良好的自动分级，且易被气流吹穿，使气流在去石筛面上分布不匀，降低去石效率。料层太厚，气流阻力增加，物料分级不充分，石子不易下沉，减少与筛面的接触机会，同样降低去石效率。

5. 气流速度

一般情况下，气流穿过去石筛面的风速平均1.2～1.3 m/s。气流速度过小，会降低气流对物料的作用力，物料在去石筛面上不易形成悬浮状态，石子不能充分地分离出来，同时检查区反向气流速度也减少，导致石子中含粮量增加。气流速度过大，去石筛面上的料层易被吹穿，气流分布不匀，破坏物料的自动分级，同样使去石效率降低。

五、磁　选

(一)磁选的基本原理

稻谷中除了有机、无机杂质外，还有一类磁性的金属杂质。虽然也属于无机杂质，但其危害性大，所以需要作为一类特殊的杂质单独处理。因其来源不同，大小和形状也不一样，有粒状、片状、粉状等，大多是在收割、脱粒、翻晒、保管、运输和加工的各个环节混入粮食中的。

利用磁力清除稻谷中磁性金属杂质的方法称为磁选。当物料通过磁场时，由于稻谷为非导磁性物质，在磁场内能自由通过。其中，磁性金属杂质被磁化，同磁场的异性磁极相互吸引而与稻谷分开。磁性金属杂质与稻谷分离的条件，是磁场作用于磁性金属杂质的吸力大于与其方向相反的各种机械力。

(二)典型磁选设备

典型磁选设备包括磁力分选器、永磁筒、永磁滚筒等。

(三)影响磁选设备工艺效果的因素

1. 磁体的性能与材料

常用的永磁材料有永磁合金(镍钴磁钢、铝镍钴磁钢等)、永磁铁氧体和锶钙铁氧体等。永磁合金的磁性受温度影响较小，结构坚实，但不宜做多极磁系，且价格较贵。永磁铁氧体受振动影响较小，适用于大平面多极磁系，且价格便宜，但性脆易碎，不宜直接与磁性杂质相接触。

2. 物料与磁面的距离

在开放性磁场中，磁场强度和磁场梯度越大，磁性杂质所受的磁力越大。磁场强度最大的部位在磁极面附近，因此，磁性杂质与磁极面的距离越近就越易被吸住。所以，磁性杂质距磁极面不宜过远，物料在磁极面上的流层不宜过厚，当使用永磁滚筒时，料层厚度不宜超过 16 mm。

3. 物料流过磁面的速度

物料运动速度越快，所需磁力就越大，因此，磁体吸力一定的条件下，物料流过磁面的速度过快，则磁性杂质分离效率低。因为物料在斜面上的流速与倾斜角度有关，常用控制溜管倾角来控制物料的流速。

4. 磁面的清理

磁筒的磁面上，磁性杂质积集过多，不及时清理，易被料流冲走，重新混入物料中，影响分选效果，因此，应定时清理磁面，每班至少清理两次，清理出来的磁性杂质应妥善处理，避免再混入物料中。

第五节　砻谷及砻下物分离

一、砻　谷

人体不能消化稻谷的颖壳，应先除去颖壳，才能碾成食用米，这一工艺过程称为砻谷。砻谷过程中使用的机械称为砻谷机。由于目前的砻谷机机械性能的限制，稻谷经砻谷机一次脱壳后，还不能完全成为糙米，而是包括尚未脱壳的稻谷和已经脱壳的糙米及谷壳等混合物，通称砻下物。砻下物不能直接进入下一工段进行碾米，必须将它们分开。通常将谷壳与谷糙分开的过程称为谷壳分离，将稻谷与糙米分开的过程称为谷糙分离，谷壳分离和谷糙分离统称为砻下物分离。

(一)稻谷脱壳的原理

稻谷脱壳是用外力将谷壳分开而与籽粒分离。稻谷籽粒由颖(谷壳)和颖果(糙米)组成。颖又分内颖、外颖、护颖和颖尖。内颖、外颖的边缘卷起或呈钩状，以互相勾合的方式将颖果包裹在内，也可以说，谷壳是由两瓣(内颖和外颖)勾合而成的，颖的表面粗糙，生有许多针状或钩状的茸毛。而砻谷就是要让颖和颖果分离，也就是要将勾合处打开。一般来说，颖和颖果之间是没有结合力的，在谷粒的两端，颖和颖果之间存在少许间隙。另外，在稻谷内、外颖结合线的顶端比较薄弱，受力后易于从这里破裂，这也是砻谷分离谷壳的原理。

根据稻谷砻谷时受力和脱壳方式的不同，脱壳通常分为以下几种。

(1)端压撕搓脱壳。这是指对谷粒顶端施压，使其两个顶端受到两个不等速运动工作面的挤压、撕搓作用而脱去颖壳。

(2)挤压撕搓脱壳。挤压撕搓脱壳是指对谷粒两侧施压，使其两个侧面受到两个具有不同工作速度的工作面的挤压、撕搓作用而脱去颖壳的方法。

(3)撞击脱壳。撞击脱壳是利用撞击力作用使颖与颖果分离而脱壳。它是先让谷粒高速运动起来，然后使其与固定的粗糙工作面撞击，在撞击的瞬间，谷粒的一端受到较大的撞击力和摩擦力，当这一作用力超过谷壳的结合强度时，谷壳就被破坏而与糙米分离。

(二)典型的砻谷脱壳设备

脱壳设备又叫砻谷机，种类很多。根据其工作原理，砻谷机主要包括胶辊砻谷机、砂轮砻谷机、离心砻谷机等。

(三)影响胶辊砻谷工艺效果的主要因素

1. 稻谷的含水量

稻谷的含水量主要影响糙米的结构强度、稻壳结合的紧密程度和表面粗糙度。稻谷含水量过高，糙米的结构强度下降，糙碎增加，胶耗上升，工艺效果差；稻谷含水量过低，糙米的脆性增加，糙碎增加，工艺效果也不好。

2. 稻谷品种

稻谷的品种很多，不同品种的稻谷形状、粒度、稻壳厚薄、稻壳结构强度等均不尽相同，砻谷时产生的工艺效果也有一定差异。

3. 稻谷的含杂量

稻谷中含杂量过高，易使砻谷机的进料机构发生堵塞，并使胶辊表面受到损伤、胶耗增加，因此应控制稻谷的含杂量。

4. 胶辊的硬度

胶辊的硬度对脱壳有很大的影响。合适的胶辊硬度，具有良好的脱壳率；而胶辊硬度过高，易使米粒破碎和爆腰；胶辊硬度过低，则弹性好，不易产生碎米，但胶辊易于发热、发软，寿命短。胶辊硬度一般为邵氏 80°～90°。

5. 胶辊的轧距

轧距过小，胶辊对稻谷的正压力和摩擦力会增加，撕搓作用增强，脱壳率会增加，但爆腰率也会增加；而轧距过大，又会使脱壳率大大下降。通常，轧距控制在 0.6～0.8 mm。

6. 胶辊的辊压

合适的辊压对脱壳率有很大的影响，它使稻谷有较高的脱壳率，糙米表面损伤小，爆腰率也低，胶辊损耗也小。通常，辊压为 5000～6000 N/m(表示单位长度所受的力)，压砣质量一般为 10～20 kg。

7. 胶辊安装

胶辊的安装对砻谷的工艺效果也有一定影响，安装时要求两辊轴线平行，两辊端面要对齐，否则易产生脱壳率降低、生产率下降、胶辊大小头、飞边、胶耗增加等现象。

8. 线速度

在流量一定的情况下，线速度主要影响生产率。适当提高线速度，可提高脱壳率；但线速度过高，会使胶耗增加，振动也会加大；线速度过低，则会导致生产率降低，糙碎率上升，胶耗增加，工艺效果降低。另外，稻谷品种不同，脱壳的难易程度不同，其线速度也不同。通常，快辊的线速度为 14～26 m/s。

9. 线速比

线速比是指两辊线速度之比。它是确保脱壳率的重要参数，它决定着撕搓长度的大小，线速比大，撕搓长度长；反之，撕搓长度就短。线速比过小，则难以进行正常脱壳，或脱壳率很低；而线速比过大，会增加爆腰率、胶耗率、糙碎率，使糙米质量降低。通常，胶辊砻谷机的线速比为 1.14～1.24。

10. 线速差

线速差是指两辊线速度之差，它直接影响稻谷的脱壳率。合理地选择线速差对提高产量、提高出率、降低消耗十分重要。线速差与稻谷的品种、含水量、物理性质、粒形及饱满程度有关，由此可见，线速差应根据具体情况合理选定，一般为 2.0～3.2 m/s。

11. 吸风量

合适的吸风量既可保证有较高的效率，同时也能减少跑粮现象，吸风量过大，会导致粮食的损失；而吸风量过小，又会使得吸稻谷效率下降。通常，吸风量应根据不同的砻谷机来配备。

12. 稻谷流量

流量对稻谷的脱壳率、胶耗、糙米损伤及生产率有很大影响，流量大小应根据颖壳的结构来决定，如稻壳易脱壳，流量可小些；如稻壳难脱壳，则流量可大些。

二、稻壳的分离与收集

稻谷经砻谷机脱壳后的垄下物是糙米、稻壳和稻谷的混合物。由于稻壳体积大、相对密度小、摩擦系数大、流动性差，若不及时将其从垄下物中分离出来，会影响后道工序的工艺效果。在谷糙分离过程中，如果谷糙混合物中稻壳的含量较高，将会导致谷糙混合物的流动性变差，使谷糙分离的工艺效果显著降低。同样，回砻谷中若混有大量的稻壳，不但会降低砻谷机产量，而且会增加能耗和胶耗。稻壳分离的工艺要求稻壳分离后谷糙混合物含稻壳率不超过 0.8%、稻壳中含饱满粮粒不超过 30 粒/100 kg、糙米中稻壳含量不超过 0.1%。

(一) 稻壳分离和收集的原理

稻壳的悬浮速度与稻谷、糙米有较大的差别，因此可用风选法将稻壳从垄下物中分离出来。此外，稻壳与稻谷、糙米的密度、容重、摩擦系数等也有较大的差异，也可以利用这些差异，先使垄下物产生良好的自动分级，然后再与风选法相配合，这样更有利于风选分离效果的提高和能耗的降低。通过稻壳分离，可以提高谷糙分离的生产率，提高砻谷机产量，同时还可提高碾米的效率。

稻谷垄下物经风选分离后，稻壳收集是稻谷加工中不可忽视的工序。稻壳收集，不仅要求把全部稻壳收集起来，而且要求空气达标排放，以减少大气污染。稻壳收集原理主要有重力沉降法和离心沉降法。重力沉降法是让含稻壳的气流借助重力的作用使稻壳自然沉降下来，达到可分离的目的；离心沉降法是使带稻壳的气流直接进入离心分离器(刹克龙)内，利用离心力和重力的综合作用使稻壳沉降。

(二)典型的稻壳分离设备

稻壳分离风选机械一般都安装在胶辊砻谷机的底座内，与砻谷机组成一体，胶辊砻谷机常用的稻壳分离装置主要有吸式稻壳分离器和循环式稻壳分离器两种。稻壳收集机械主要有重力沉降装置、离心分离器等。

(三)影响稻壳分离效果的主要因素

1. 风速

风速对稻壳分离效果有较大的影响，如风速过大，除了稻壳外，谷糙混合物也会随着气流一起流出；若风速过小，又难以将稻壳全部吸走。

2. 自动分级

自动分级是使砻下物按密度大小分层，使密度小的稻壳浮于上面，这样才便于稻壳分离。如没有良好的自动分级，夹杂在砻下物下层的稻壳便难以分离，会随谷糙混合物一起流走。

3. 流量

砻下物的流量对分离效果的影响颇大，流量过大，淌板上料层厚，气流难以穿过料层，也就难以将稻壳吹散而分离；流量过小，料层太薄，又会把谷糙一起吸走。砻下物的流量应合适，且应稳定。

4. 分离区长度

分离区是进行稻壳分离的地方，稻壳在分离区中得以分离，若分离长度太短，谷壳在气流作用下不能充分分离出来，也就不能将其分离，因此，分离区的长度应适当。

三、谷糙分离

(一)谷糙分离的基本原理

从垄下物中分离出稻壳后便是稻谷和糙米的混合物，简称谷糙混合物。谷糙分离的基本原理是充分利用稻谷和糙米的粒度、密度、摩擦系数、悬浮速度等在物理、工艺特性方面的差异，使之在运动中产生良好的自动分级，即糙米“下沉”、稻谷“上浮”。采用适宜的机械运动形式和装置将稻谷和糙米进行分离及分选。谷糙分离是稻谷加工工艺中一个非常重要的环节，也是实际生产过程中出现问题较多的部位，所以充分了解各方面的因素是确保良好谷糙分离效果的必要条件。目前，常用的谷糙分离方法有筛选法、密度分离法和弹性分离法三种。

(二)典型谷糙分离设备

1. 谷糙分离平转筛

谷糙分离平转筛具有结构紧凑、占地面积小、筛理流程简短、筛理效率高、操作管理简单等特点。按筛体外形的不同，谷糙分离平转筛分为长方形筛型和圆形筛型两种。

2. 重力谷糙分离机

重力谷糙分离机对品种混杂严重、粒度均匀性差的稻谷原料的加工具有较强的适应性，具有谷糙分离效率高、操作管理简单等特点。它的工作原理是利用稻谷与糙米的相对密度和表面摩擦系数的不同，借助双向倾斜往复运动的分离板作用（分离板表面冲制有马蹄形、鱼鳞形的凸点），使谷糙混合物在分离板上形成良好的自动分级。密度大、表面较光滑的糙米下沉，在分离板凸台的作用下，使下沉于料层底面紧贴分离板的糙米向上移，从上出口分离出去。密度小、表面较粗糙的谷粒则浮在料层上部，不接触分离板面，得不到凸台的作用，在重力和粮流推力的作用下，往下倾移，由下出口排出，从而实现谷糙分离。重力谷糙分离机分为单筛体型重力谷糙分离机和双筛体型重力谷糙分离机。

3. 撞击谷糙分离机

撞击谷糙分离机(俗称弹性谷糙分离机，又称巴基机)是一种典型的弹性分离设备，既可以用于谷糙分离，也可用于燕麦等谷物的谷米分离。它是根据稻谷与糙米的弹性、比重和摩擦系数等物理特性不同，将谷糙分开，因此，它不受品质和籽粒大小的影响。同时，它只有净糙和回砻谷两个出口，可减少提升次数，但其产量低、造价高，目前国内使用的不是很多。

(三)影响谷糙分离工艺效果的因素

1. 稻谷的类型、品种和均匀度

稻谷品种不同，其粒度、表面性状等也就不同，因此，谷糙分离也有难易之别。一般来说，粳稻表面较粗糙，籼稻表面较光滑。在自动分级过程中，粳稻比籼稻容易上浮，自动分级效果好，所以籼稻的谷糙分离要比粳稻困难。稻谷均匀度好，稻谷与糙米粒度的相互交叉区域小，谷糙分离的效果就好；反之，稻谷均匀度差，谷糙分离困难且分离效果差。

2. 水分

谷糙混合物的水分含量高，其流动性较差，影响物料在分离工作面上的自动分级。稻谷不易上浮，难以按应有的轨迹运动而降低谷糙分离工艺效果。

3. 谷糙比

混合物中稻谷与糙米比例的大小，影响物料在自动分级过程中稻谷接触分离工作面的机会。当混合物中糙米的比例大时，稻谷接触分离工作面的机会少，所以，谷糙分离效果就比较好；反之，谷糙分离效果就较差。

4. 稻壳含量

谷糙混合物中含稻壳量增大时，谷糙混合物的流动性变差，不利于物料的自动分级，使谷糙分离效率降低。因此，应尽可能地将谷糙混合物中的稻壳除净。

5. 转速

对于谷糙分离平转筛而言，转速高、回转半径大，物料在筛面上的运动速度快，有利于物料的自动分级和分离效率的提高。但转速过快，会使糙米穿孔困难，不仅会使分离效率下降，还会影响糙米的产量。速度慢、回转半径小、物料在筛面上的运动速度慢，自动分级作用较差，而物料尤其是稻谷的穿孔机会大大增加，因此影响净糙的质量。对于重力谷糙分离机而言，转速(振摇频率)高，物料的运动速度快，自动分级作用强，有利于分离效率的提高。但转速过高时，易使物料在分离板上产生剧烈的跳动，从而破坏物料的自动分级，反而会使分离效果大大下降。转速过低时，物料在分离板上的运动速度缓慢，料层厚度增加，不利于物料的自动分级，这不仅会降低谷糙分离效率，而且还会减少设备处理量。

6. 筛孔

筛孔是谷糙分离平转筛的一个极为重要的工作参数，其作用主要是控制糙米的穿孔速度。选择筛孔大小时，不仅要考虑稻谷和糙米的粒度及分布，还应与谷糙混合物在筛面上的自动分级速度适应。筛孔过大，稻谷容易与糙米一起穿孔，影响糙米质量；筛孔过小，应过筛的糙米留存在筛面上的时间过长，造成回流物料过多和回垄谷中含糙率超标，同样影响分离效果。

7. 工作面

工作面倾斜角的大小对净糙、回垄谷和回流物料的流量与质量有较大的影响。一般增大倾斜角可以提高净糙纯度，但回垄谷数量与含糙量增多，糙米产量降低。通常在保证糙米质量的前提下，可适当减小工作面倾斜度，以提高设备产量，减少回垄谷糙米含量。

8. 流量

进机物料的流量与工作面上料层的厚度有密切关系。在其他条件一定的情况下，流量越大，工作面上的料层就越厚。适宜的料层厚度有利于物料的自动分级，但料层过厚时，稻谷难以上浮，糙米也不易下沉与工作面接触，使分离效果降低；反之，料层太薄，物料难以形成良好的自动分级，稻谷接触工作面的机会增加，同样会降低谷糙分离的工艺效果。一般进机流量宜控制在料层厚度为 15 mm 左右。

第六节 碾 米

糙米皮层虽含有较多的营养素，如脂肪、蛋白质等，但粗纤维含量高，吸水性、膨胀性差，食用品质低，不耐储藏，因而要通过碾米过程去除。糙米去皮的程度是衡量大米加工精度的依据，即糙米去皮越多，成品大米精度越高。碾米是应用物理(机械)或化学的方法，将糙米表面的皮层部分或全部剥除的工序，同时要在保证成品米符合规定质量标准的前提下，提高出米率和产量，降低成本，保证安全生产。

一、碾米的原理

碾米是应用物理(机械)或化学的方法，将糙米表面的皮层部分或全部剥除的工序。物理碾米具有悠久的历史，但就其基本理论研究而言，还是一门年轻的科学。国内外专家学者虽然对糠米理论进行过不少研究和论述，但由于碾米过程的机械物理作用比较复杂，至今还未建立一套完整的碾米理论体系。而在复杂的诸多作用中，碰撞、碾白压力、翻滚和轴向输送是最基本的，因此称为碾米四要素。

碰撞运动是米粒在碾白室内的基本运动之一，有米粒与碾辊的碰撞、米粒与米粒的碰撞、米粒与米筛的碰撞。米粒与碾辊碰撞，获得能量，增加了运动速度，产生摩擦擦离作用和碾削作用。

碰撞运动在碾白室内建立起的压力，称为碾白压力。碰撞剧烈，压力就大；反之就小。不同的碾白形式，其碾白压力的形成方式也不尽相同。在进行摩擦擦离碾白时，碾白室内的米粒必须受到较大的摩擦擦离碾白压力，即碾白室内的米粒密度要大。碾削碾白时，米粒在碾白室内的密度较小，呈松散状态，受到碾削碾白压力，所以在碾削碾白过程中，碾白室内米粒与碾辊、米粒与米粒、米粒与米筛之间的多种碰撞作用比摩擦擦离碾白过程中的碰撞作用强，米粒主要靠与碾辊的碰撞而吸收能量，并产生切割皮层和碾削皮层的作用。

米粒在碾白室内碰撞时，本身有翻转，也有滚动，这就是米粒的翻滚。米粒翻滚不够时，会使米粒局部碾得过多(称为“过碾”)，造成出米率降低，也会使米粒局部碾得不够，造成白米精度不符合规定要求。

轴向输送是保证米粒碾白运动连续不断的必要条件。米粒在碾白室内的轴向输送速度，从总体来看能稳定在某一数值，但在碾白室的各个部位，轴向输送速度是不相同的，速度快的部位碾白程度低，速度慢的部位碾白程度高。

二、碾米的基本方法

碾米的基本方法可分为物理方法和化学方法两种。目前世界各国普遍采用物理方法碾米(亦称常规碾米)，只有极个别米厂采用化学方法碾米。

(一)化学碾米法

化学碾米法包括酶法、碱法和溶剂浸提法等，前两种方法还处于探索阶段，工业化生产的只有溶剂浸提碾米法(solvent extractive milling，SEM)。清理、砻谷及砻下物分离和糙米精选等工序与常规碾米法相同，不同之处在于碾米及副产品处理工序。常规碾米用摩擦擦离作用或碾削作用直接将糙米皮层碾除，而溶剂浸提碾米首先用米糠油将糙米皮层软化，然后在米糠油和(正)己烷混合液中进行湿法机械碾制。去除皮层后的白米需经脱溶工序，利用过热己烷蒸汽和惰性气体脱去己烷溶液，然后分级、包装，最终得到成品白米。从碾米装置排出的米糠、米糠油和己烷浆经沉淀，实现米糠油和固体米糠分离。沉淀后的米糠浆被泵入离心机脱去混合液，再用新鲜己烷浸渍抽提剩余米糠油，经再一次离心分离后，米糠被送入脱溶装置脱去溶剂，得到脱脂米糠。米糠油与己烷的混合液经蒸馏工序将米糠油与己烷分离，得到米糠油。由 SEM 加工的产品有成品米、米糠毛油和脱脂米糠三种。

溶剂浸提碾米与常规碾米相比较有很多优点。例如，破碎少，整精米率高出 4%～5%，加工不良品质的稻米时尤为显著；碾米过程中米温低，大米品质不受损伤；成品米脂肪含量低，储藏稳定性较好，并改善白米的酿造特性；成品米色较白，外观具有相当的吸引力；直接生产出脱脂米糠，其脂肪含量仅为 1.5%，且色白、稳定、清洁，可供食用。但溶剂浸提碾米也有它不利的方面。例如，投资费用和生产成本较高，对操作者技术要求较高等，因此难以推广应用，目前仅美国建有溶剂浸提碾米厂。

(二)物理碾米法

物理碾米法是运用机械设备产生的机械作用力对糙米进行去皮碾白的方法，所用的机械设备称为碾米机。碾米机的主要工作部件是碾辊。根据制造材料的不同，碾辊分为铁棍、砂辊(臼)和砂铁结合辊三种类型。而根据碾辊轴的安装形式，碾米机则分为立式碾米机和横式碾米机两种。依据碾辊的数量，碾米机可分为单辊、双辊或三辊组合碾米机。

三、典型的碾米设备

碾米的设备根据碾米的原理主要有摩擦擦离型碾米机、碾削型碾米机、混合型碾米机等几种。混合型碾米机结合了擦离型碾米机和碾削型碾米机的优点，具有较好的工艺效果。

四、影响碾米工艺效果的因素

影响碾米工艺效果的因素很多，如糙米的工艺品质，碾米机碾白室的结构、机械性能和工作参数，碾白道数，脱糠比例及操作管理等。这些因素有动态的，有静态的，它们互相联系、相互制约。

1. 糙米的类型和品种

粳糙米籽粒结实、粒形椭圆，抗压强度和抗剪、抗折强度较大，在碾米过程中能承受较大的碾白压力。因此，碾米时产生的碎米少，出米率较高。籼糙米籽粒较疏松，粒形细长，抗压强度和抗剪、抗折强度较差，只能承受较小的碾白压力，在碾米过程中容易产生碎米。同时，粳糙米皮层较柔软，采用摩擦擦离型碾米机碾白时，得到的成品米色泽较好，碎米率不高；而籼糙米皮层较干硬，不适宜采用摩擦擦离型碾米机。粳糙米的皮层一般比籼糙米的皮层厚，因此，碾米时碾米机的负荷较重，电耗较大。同一品种类型的稻谷，早稻糙米的腹白大于晚稻，早稻糙米的结构一般比较疏松，故早稻糙米碾米时产生的碎米比晚稻糙米多。

2. 水分

水分高的糙米皮层比较松软，皮层与胚乳的结合强度较小，去皮较容易，但米粒结构较疏松，碾白时容易产生碎米，且碾下的米糠容易和米粒粘在一起结成糠块，从而增加碾米机的负荷和动力消耗。水分低的糙米结构强度较大，碾米时产生的碎米较少。但糙米皮层与胚乳的结合强度也较大，碾米时需要较大的碾白作用力和较长的碾白时间。水分过低的糙米(13%以下)，其皮层过于干硬，去皮困难，碾米时需较大的碾白压力，且糙米籽粒结构变脆，因此碾米时也容易产生较多的碎米。糙米的适宜入机水分含量为14.5%～15.5%。

3. 爆腰率与皮层厚度

糙米爆腰率的高低，直接影响碾米过程中产生碎米的多少。一般来说，裂纹多而深、爆腰程度比较严重的糙米，碾米时容易破碎，因此不宜碾制高精度的大米。糙米皮层厚，去皮困难，碾米时需较高的碾白压力，碾米机耗用功率大，碎米率也较高。

4. 碾辊的直径与长度

碾辊的直径和长度直接关系到米粒在碾白室内受碾次数及碾白作用面积的多少。用直径较大、长度较长的碾辊碾米时，产生的碎米较少，米温升高较低，有利于提高碾米机的工艺效果。一般碾辊长度与直径的比值为：碾辊直径 140 mm 时长径比为 2.5～2.7；碾辊直径 150 mm 时长径比 2.7～3.1；碾辊直径 180 mm 时长径比 3.1～3.6；碾辊直径 215 mm 时长径比 3.6～4.1。

5. 碾辊的表面形状

碾辊表面的筋或槽在碾米过程中对米粒具有碾白和翻滚的作用，斜筋、斜槽和螺旋槽对米粒还具有轴向输送的作用。一般情况下，高筋或深槽的辊形，米粒的翻滚性能好，碾白作用较强。但筋过高或槽过深都会使碾白作用过分强烈而损伤米粒，影响碾米效果。所以，一般筋高控制在 4～8 mm，槽深控制在 8～12 mm。筋、槽的斜度 α 角(筋、槽轴线与碾辊轴线的夹角)主要影响米粒的轴向运动速度及碾白室内米粒流体的密度。α 角一般在 60°～70°，较小的 α 角有利于米粒的充分碾白。碾辊表面螺旋槽的前向面(顺着碾辊旋转方向的一面)与碾辊半径之间的夹角 β 对米粒的碾白、翻滚和轴向输送也都有一定的影响。随着 β 角的增大，碾白和翻滚作用加强，但轴向推进速度减小。根据不同的辊形，β 角一般选择 0～70°。

6. 碾白室间隙

碾白室间隙是指碾辊表面与碾白室外壁之间的距离。碾白室间隙大小要适宜，不宜过大或过小。过大，会使米粒在碾白室内停滞不前，产量下降、电耗增加；过小，易使米粒折断，产生碎米。碾白室间隙应大于一粒米的长度。

7. 碾白压力

碾米工艺效果与米粒在碾白室内的受压大小密切相关。不同的碾白形式具有不同的碾白压力，而且碾白压力的形成方式也不尽相同，摩擦擦离碾白压力主要由米粒与米粒，以及米粒与碾白室构件之间的互相挤压而形成，并随米粒流体在碾白室内密度大小和挤压松紧程度的不同而变化。碾削碾白压力主要由米粒与米粒，以及米粒与碾白室构件之间的相互碰撞而形成，并随米粒流体在碾白室内密度大小和米粒运动速度的不同而变化，尤以米粒的运动速度影响最为显著。碾白压力的大小决定了摩擦擦离作用的强弱和碾削作用的深浅，故碾白室内必须具有一定的碾白压力，才能达到米粒碾白的目的。因此，应合理配置碾白室构件，选择适当的工作参数，尽量保持碾白压力均匀变化，并在操作中防止碾白压力突然变化，同时注意适当减轻碾白室后段及出口处的碾白压力，以减少碾米过程中碎米的产生。

8. 碾辊转速

碾辊转速的快慢，对米粒在碾白室内的运动速度和受压大小有密切的关系。在其他条件不变的情况下，加快转速，则米粒运动速度增加，通过碾白室的时间缩短，碾米机流量提高。对于摩擦擦离型碾米机，米粒运动速度增加，碾白室内的米粒流体密度减小，使碾白压力下降，摩擦擦离作用减弱，碾白效果变差。对于碾削型碾米机，适当加快碾辊转速，可以充分发挥碾辊的碾削作用，并能增强米粒的翻滚和推进，提高碾米机的产量，碾白效果也比较好。碾米机类型不同，碾辊的转速控制范围也不同。摩擦擦离型碾米机的转速一般在 1000 r/min 以下，碾削型碾米机的转速一般控制在 1300～1500 r/min。

9. 向心加速度

碾米机碾辊具有一定的向心加速度，是米粒均匀碾白的重要条件。同类型碾米机碾制同品种、同精度大米，在辊径不同、线速相差较大时，只有当其向心加速度相接近，才能达到相同的碾白效果。

10. 单位产量碾白运动面积

单位产量碾白运动面积是指碾制单位产量白米所用的碾白运动面积，它将碾米机的产量同碾白运动面积联系起来，综合体现了碾辊的直径长度和转速对碾米机效果的影响。当米粒以一定的流量通过碾白室时，碾米机单位产量碾白运动面积大，则米粒受到的碾白作用次数就多，米粒容易碾白，需用的碾白压力可小些，从而可以减少碎米的产生，米温较低，出米率较高。但单位产量碾白运动面积过大时，碾白室的体积也过分增大，不仅经济性差，而且还会产生过碾现象，反而使出米率下降。如果单位产量碾白运动面积过小，则碾米时碎米较多，米温高，排糠不畅，动力消耗增加。

11. 碾白道数

碾白道数应视加工大米的精度和碾米机的性能而定。碾白道数多时，各道碾米机的碾白作用比较缓和，加工精度均匀，米粒温升低，米粒容易保持完整，碎米少，出米率较高，加工高精度大米时效果更加明显。

12. 出糠比例

采用多机碾白时，各道碾米机的出糠比例应合理分配，以保证各道碾米机碾白作用均衡，否则会使出碎率和动耗都增加。

13. 流量

在碾白室间隙和碾辊转速不变的条件下，适当加大物料流量，可增加碾白室内的米粒流体密度，从而提高碾白效果。适宜的流量应根据碾白室的间隙、糙米的工艺性质、碾辊转速和动力配备大小等因素决定。

第七节　成品及副产品的整理

一、成品大米整理

经碾米机碾制得到的大米，其中还混有一些米糠、碎米及异色米粒，还不能直接作为商品上市，还需要进行成品整理。成品整理可以提高商品价值，有利于储藏、改善食用品质、提高经济效益。其主要工序包括：擦米、凉米、分级、抛光、色选、配米等。擦米工序原来紧接碾米工序之后，可借助装有橡皮条、牛皮条、鬃毛刷的转筒或铁辊，对米粒进行搅动和擦刷，擦去黏附在米粒表面的细糠粒。但现在在大米生产中多有抛光工序，因此实际生产中常用抛光来取代擦米，而不另设擦米工序，在此也不再介绍擦米设备。

(一)凉　米

凉米的目的是为了降低米温、散湿和除糠，以利于储藏。米粒在碾米机内，经碾削后米温升高，会使成品容易产生爆腰、变色，影响成品的外观，也降低了产品的商品价值。米粒不经降温而直接进入储藏，容易使成品发霉变质。稻米在碾米时需要着水，因此米粒表面会黏附一些水分，水分含量过高将对储藏不利。而在米粒降温的同时，会散发掉多余的水分。降温的同时，米粒上黏附的浮糠也随气流吸走，因此可以提高产品的纯净度，改善米粒的外观，也就提高了成品的商品价值。经凉米后米温一般应降低4～7℃，爆腰率不超过4%。若是加工高精度大米，出机米温要更高些，这时降温也会更多些。凉米是利用室温空气为工作介质，与米粒进行热交换，带走米粒上的热量。降低米温的方法很多，如喷风碾米、气力输送、自然冷却等。凉米的设备都比较简单，目前用得较多的凉米设备是凉米箱、流化床凉米器等。

(二)白 米 分 级

在大米的生产工艺中，由于经过了各种机械的碾压，大米不可避免地会发生破碎，这些同品种的大米密度相同，但米粒的粒度不同，因此可利用粒度的不同来进行白米分级。白米分级的目的是根据产品的质量要求，分离出不同等级的碎米。我国白米分级设备主要有分级平转筛、分级回转筛、滚筒精选机等。

(三)大 米 抛 光

将大米抛光就是一种制得高品质大米的方法。大米抛光是生产优质精制白米的必不可少的一道工序，抛光的目的可以清除米粒表面的浮糠，能提高大米的储藏性能和食用品质。抛光实质上是湿法擦米，即将适量的水加于大米表面，使米粒表面形成一层薄薄的水膜，然后由抛光辊对米粒表面进行摩擦。加水的方法有多种，常用的有滴定管加水、压缩空气喷雾、水泵喷雾，超声波喷雾、喷风加水，其中较好的是超声波喷雾，它雾滴直径小、着水均匀、控制简单、调节方便、噪声小、操作容易。抛光设备主要有卧式单辊抛光机、卧式双辊抛光机、立式双辊抛光机等种类。

(四)色　　选

色选是利用米粒表面颜色的差异，即色差对大米进行鉴别、精选、提纯的工艺过程。它将某一单颗粒置于一个光照均匀的地方，使其两侧受到光电探测器的照射，即可以测量颗粒反射光的强度，并与基准色板反射光的强度相比较，将其差值信号放大处理，当信号大于额定值时，驱动喷射系统吹出异色粒，从而达到色选的目的。通过色选可以保障消费者的身体健康，提高大米的商品价值，延长大米的储藏期。

色选机是一种高精技术的集光、机、电一体化设备，其光电测试鉴别、色差检测与气体喷射剔除完全由计算机控制。它色选精度高，可靠性好，能得到所谓的“清一色”大米。基本结构主要由进料装置、振动喂料器、分选室、料槽通道、气流喷射器、气动系统、信息处理箱、出料口和机架等组成。

二、副产品整理

在米糠中常会混入少量整米和碎米，它们混在米糠中，如通过副产品整理，可把这些整米和碎米分离出来，就能提高碾米机的出米率。在糠粞混合物中主要是米糠、米粞及少量碎米、整米等，虽然是副产品，其实它们大有利用价值。米糠虽只占谷粒质量的5%～7%，但它却是其精华所在，集中了稻谷中64%以上的营养成分。它除了含有丰富的蛋白质、脂肪、碳水化合物、食物纤维、维生素、矿物质以外，还含有生育酚、脂多糖、生育三烯酚、二十八烷醇、α-硫辛酸、γ-谷维醇等多种生物活性物质。以米糠为原料开发出来的产品更是有上百种之多。米粞可用作制糖、制酒的原料。碎米可用于生产高蛋白粉、饮料、酒类等。

第八节　特种米的生产

特种大米是相对普通大米而言，它是以稻谷或糙米或普通大米为原料，经过再次加工制成的。特种米的种类很多，大致可分为以下几类：营养型(蒸谷米、留胚米、强化米)，方便型(不淘洗米、易熟米)，功能型(低变应原米、低蛋白质米)，混合型(胚米)，原料型(酿酒用米)等。

一、蒸谷米加工

蒸谷米是以稻谷为原料，经清理、浸泡、蒸煮、干燥与冷却等水热处理后，再按常规稻谷加工方法生产而得的产品。蒸谷米实际上是一种营养强化米，它通过水热处理，使皮层、胚中的一部分水溶性营养素向胚乳转移，达到营养强化目的。加工后的蒸谷米可以改善稻米籽粒结构的力学性质和加工品质；改善成品米的蒸煮及食味品质；改善成品米的储藏品质；提高成品米的营养品质；提高米糠的出油率等。但蒸谷米存在色泽较深、气味较重、能耗大、水耗大、须干燥、废水废气排放等问题。

蒸谷米的生产主要包括原料稻谷清理与分级、浸泡、蒸煮、干燥、冷却、砻谷、谷壳分离、谷糙分离、碾米、成品整理等工序。与普通大米加工相比，只是增加了浸谷、汽蒸、干燥和冷却等工序。蒸谷米的加工工艺流程如下：

原料稻谷→清理、分级→浸泡→汽蒸→干燥与冷却→砻谷及砻下物分离→碾米及成品整理→成品包装→成品蒸谷米

以下仅就浸泡、汽蒸、干燥与冷却工序加以简要介绍。

1. 浸泡

浸泡的目的是使稻谷内部淀粉充分吸水达到在蒸谷过程中能全部糊化所要求的水分。因此，浸泡是稻谷水热处理的重要工序。稻谷浸泡可采用常温水和高温热水。国内外蒸谷米生产多采用浸泡法和喷水法，以便稻谷充分吸收水分。根据所使用的水的温度不同，稻谷浸泡可分为常温浸泡和高温浸泡两种方法。

影响浸泡效果的工艺条件主要是水、热和时间三因素。浸泡后稻谷含水量应不低于30%，一般控制在34%～36%为宜。含水量不足会产生稻谷蒸煮不透而造成成品米白心。浸泡稻谷吸水量过多会使谷粒膨胀过度，米粒暴露，不利于保证成品质量，米粒营养成分的损失也较大。浸泡水温度，籼稻为72～74℃，最高不超过76℃；粳稻不超过70℃。相应的浸泡时间为3～4 h。在水温低于65℃时，水温增加，吸水速度就加快，而当稻谷含水量达到30%后，吸水量几乎不再增加。当水温超过稻谷淀粉的糊化温度（约70℃，因品种而异）时，稻谷吸水量增加，浸泡时间缩短。如果水温降低10℃，则浸泡时间需延长约1倍。过高的水温和过长的浸泡时间不仅会使米粒变成饭粒，而且容易使稻谷发酵，应加以避免。

浸泡水温高，虽能加快稻谷的吸水速度，缩短浸泡时间，但稻壳和糠层内的色素也容易溶解并渗透到米粒中去而加深米粒的颜色。米色随浸泡水温提高和浸泡时间增加而加深，在生产中应根据稻谷品种严格掌握浸泡水温和浸泡时间，以减轻米粒变色程度。

浸泡水的pH也影响米粒变色，在pH为5时变色较少，米色较浅；pH升高，则米色加深。

浸泡设备常用罐组式浸泡器和平转式浸泡器。

2. 汽蒸

稻谷经过浸泡以后，胚乳内部充分吸水，汽蒸可使淀粉充分糊化，杀灭微生物，改善储藏性能。汽煮对蒸谷米的色泽、形态、气味、口感、整米率、滋味、维生素B_2的含量都有显著的影响。

稻谷在汽蒸过程中进一步受到水、热和时间三因素的作用，继续吸收水分，可溶性营养成分继续向种仁内部渗透，淀粉产生凝胶化(糊化)。为了保证米粒中所有淀粉凝胶化，必须提供足够的水分和热量。在生产中必须掌握好汽蒸的温度和时间，使淀粉能达到充分而又不过度的凝胶化，并注意汽蒸的均一性。汽蒸时间过长，会使淀粉凝胶化过度，米色加深。蒸煮温度主要取决于蒸汽压力，根据蒸汽压力的不同，蒸煮的方法有两种：一种是常压蒸煮，即在开放式容器中通入蒸汽进行加热；另一种是在密闭容器中加压蒸煮。汽蒸所用的饱和蒸汽压力在0.13 MPa以下较好，蒸汽消耗量约为1000 kg稻谷消耗80 kg蒸汽为宜。

汽蒸设备很多，除手工蒸煮的炉灶外，常用机械设备有蒸汽绞龙、常压蒸煮筒、立式汽蒸器和卧式蒸煮干燥器等。

3. 干燥

干燥是为减少稻谷的水分，使稻谷适于后续工序加工及成品的储藏。一般将稻谷的水分降低到 14%，尽量避免干燥过程中稻谷籽粒产生爆腰。

高温快速干燥方法使用的干燥介质温度较高，降水速度快，干燥时间短。一般采用高温炉气作为干燥介质直接干燥经浸泡和汽蒸后的高水分稻谷(含水量一般为 34%～36%)。炉气温度为 400～650℃。其缺点是炉气易使稻谷受到污染，米色变深。稻谷经高温快速干燥。当水分降到 18%时必须停止干燥，经过一段热缓苏时间，使稻谷籽粒内部和外部的水分趋于平衡，再用低温慢速干燥方法恢复干燥。热缓苏处理在缓苏仓内进行，缓苏时间不少于 4 h。经缓苏处理的稻谷爆腰少，砻谷碾米时碎米较少。

低温慢速干燥方法的干燥介质一般为蒸汽间接加热空气或电加热空气，干燥温度较低，作用较缓和，热空气对稻谷无污染，蒸谷米质量易得到保证，但干燥时间较长。蒸汽间接加热空气介质温度一般为 120～140℃，电加热空气介质温度不超过 300℃。

常用的干燥设备有流化斜槽烘干机和滚筒干燥机。

4. 冷却

冷却又称调温，是将干燥后的稻谷经自然通风或机械通风降温，使稻谷温度降至接近室温，以适于后续工序加工。要求冷却过程中产生的稻谷爆腰率尽量小，并进一步降低稻谷的水分。若冷却降温速度过快，容易增加爆腰率，所以应控制冷却温度，不宜过大。

自然通风降温，是将干燥后的稻谷装在高而小的筒仓内，采用自然通风或机械翻动，使稻谷的热量自然散失，这样可获得最高的出米率。自然通风降温约需 48 h 才能使稻谷温度降至室温。

用冷却塔处理干燥后的稻谷，在塔内冷却时间约 2.5 h，温度可降低 30～40℃，水分可降低 1%～2%。

稻谷皮层和胚中的水溶性维生素、矿物盐等营养物质通过溶解、渗透被蒸谷米的胚乳部分所吸收，因此，蒸谷米的营养价值比普通白米要高。经过水热处理后的稻谷，降低了谷壳和米皮的结合程度，易于脱壳，胚乳部分的淀粉经过糊化、回生硬度增大，碎米少，米糠出油率高。稻谷经过蒸煮过后，酶的活性降低，虫卵被杀死，延长了食品的货架期。但是蒸谷米颜色比普通白米黄，带有特殊的味道，黏性较差。

二、免淘米的加工

免淘洗米也叫清洁米，是指达到国家卫生标准，不经淘洗就可蒸煮食用的大米。其具有杂质少、表面光洁、清洁卫生，以及防污染和保质包装等特点。此类产品基本要达到“四断”，即断石、断谷、断稗、断糠，还需在无污染的环境下加工和包装，并有在保质期内不易受环境污染的有效措施。

传统稻米加工工艺主要包括清理、除杂、砻谷、谷糙分离、碾米及成品处理序，该工艺已难以满足现代精米工业的发展及消费市场的需要，应该加强糙级、精选和纯化，调质处理，精碾抛光，白米精选、纯化和色选，大米保鲜装等工序。加工免淘洗米的技术关键在于除杂、除糠粉以保持米粒表面洁净米精选，需要有相应完备的清理工艺和设备，精良的碾米技术和装备及白米精选设备，其中精选分级、抛光、色选等是不淘洗米加工的重要环节。

1. 渗水法或渗水碾磨法

渗水法或渗水碾磨法是我国早期常用的一种典型的免淘洗米加工方法。利用该法生产的免淘洗米，具有含糠粉少、米质纯净、米色和光泽度好等优点。渗水法免淘洗米加工是将糙米碾白后(达到一定加工精度)，再擦米时，采用渗水碾磨以去净米粒表面附着的糠粉的方法。其工艺流程如下所示：

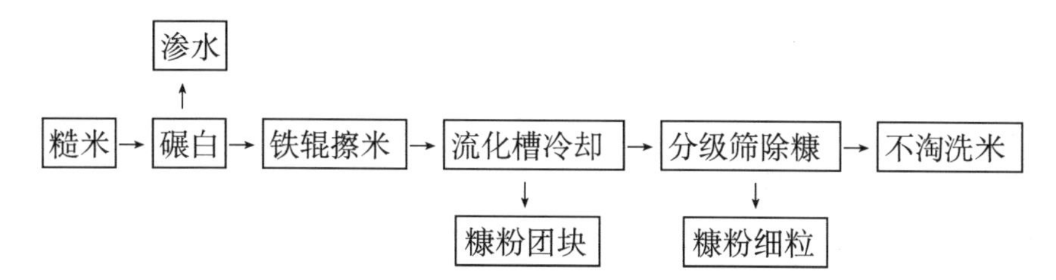

渗水碾磨不同于碾米机对米粒的碾白作用，它只对米粒表面进行抛光，因此作用力极为缓和。碾磨中渗水的目的主要是利用水分子在米粒与碾白室构件之间、米粒与米粒之间形成一层水膜，有利于碾磨使米粒产生光滑和细腻的表面，如同磨刀加水一样。另外，借助水的作用对米粒表面进行“水洗”，使附着在米粒表面的糠粉去净。

为了提高渗水碾磨的工艺效果，碾磨时最好渗入热水。因为热量可以加速水分子的运动，促使水分子迅速渗透到米粒与碾磨室工作构件之间、米粒与米粒之间，起到良好碾磨作用。此外，热量有助于水分的蒸发，使分布在米粒表面的水分迅速蒸发，缩短水分向米粒内部渗透作用的时间，以保证大米不因渗水碾磨而增加其水分和破碎率。

渗水碾磨目前尚无定型的专用设备，一般使用铁辊碾米机进行改造，可将其出料口压力门拆除，退出米刀，转速调至 800～830 r/min。也可以在双辊米机下部擦米室进行改造，在擦米室出口端米筛的中部偏上 1/3 处，钻一个圆孔，插入内径为 3～4 mm 铜管，铜管的一端用胶管与高位水箱相连，胶管装一个医疗用的输液器，以调节渗水流量。擦米室前段进行擦米，后段进行渗水碾磨。碾磨时，渗水必须使用洁净卫生的饮用水，渗水量可依据大米品种与含水量而定，一般为大米流量的 0.5%～0.8%。

2. 膜化法

白米在上光机内，用碾磨过程中产生的热湿气流的作用，在完全去除粒粉的同时将大米表面的淀粉颗粒通过预糊化作用转变成包裹米粒表面的胶质粉膜(表面 α 化)，使米粒表面光滑洁净，呈现晶莹如珠的光泽，这种生产淘洗米的方法称为膜化法。膜化法不淘洗米生产要求加强糙米精选与大米抛光。另一种较为典型的膜化法不淘洗米生产工艺如下所示：

标一米 → 精选除杂 → 碾白 → 去糠上光 → 分级 → 不淘洗米

上光剂（↑ 加入去糠上光）

这种生产不淘洗米的关键工序是去糠上光。上光的实质，就是利用白米表层淀粉粒在抛光机内产生预糊化作用，使米粒表面形成一层极薄的胶质化淀粉膜。上光的原理是：白米在抛光机内受到剧烈搅拌作用，米温上升，同时将上光剂加入抛光机内，米粒表面淀粉粒就不可逆地吸收一定量水分，并有一定量淀粉糊渗出，从而使米粒表面形成一层薄膜。常用上光剂有糖类、蛋白质类、脂类三种。

糖类上光剂主要有葡萄糖、砂糖、麦芽糖和糊精等。这种上光剂与温水配成一定浓度的水溶液，用导管滴加到抛光机的抛光室内，增加米粒与抛光辊之间的摩擦阻力，除尽米粒表面的糠粉，同时使部分糖溶液涂在米粒表面，加快表层淀粉糊化，形成保护层，提高光洁度。

蛋白质类上光剂一般采用可溶性蛋白质，如大豆蛋白、明胶等，使用方法同糖类上光剂。蛋白质类上光剂的独特之处在于具有较好的涂膜性，使米粒表面形成保护层，呈现蜡状光泽；此外，这种保护层保持时间长，耐摩擦和温度、湿度变化，储存一年以上米粒依然晶莹发亮。

脂类上光剂采用的是不易酸败的高级植物油，它能使大米表面产生油亮光泽，并能推迟陈化时间及水分蒸发速度，且有一定防虫作用，可长期保持大米的滋味和新鲜状态。

三、营养强化米加工

稻米中具有营养价值的维生素、脂肪、微量元素等大部分蓄积于胚与皮层之中，随着大米加工精度的提高，营养物质含量相对降低。为了解决大米美味与营养之间的矛盾，提高精米的营养价值，补充人体必需的蛋白质、维生素及矿物质等营养素，有必要生产营养强化米。

营养强化米的生产方法有外加法和内持法。外加法是将各种营养素配制成溶液，然后将米粒浸渍在溶液中吸收其营养成分，或将溶液喷涂于米粒表面，再经干燥而制成。内持法一般是设法保存米粒皮层或胚芽所含的多种维生素、矿物质等营养成分，通过保存大米自身营养素而达到营养强化的目的，如前所述蒸谷米的加工。

外加法强化米的生产根据工艺过程的不同又分为浸吸法、涂膜法和强烈型强化法等。

1. 浸吸法

将大米浸渍在营养素配制成的溶液中充分浸吸，经初步干燥后再喷涂保护层，再经干燥处理后二次浸吸和表面喷涂保护酸液，最终干燥后即完成强化。

首先配制一定浓度的营养素溶液，将大米浸渍其中，并置于带有水蒸气保温夹层的滚筒，溶液温度保持在30～40℃，浸泡 6 h以上，水分饱和度达30%后沥水，通入40℃热空气，转动滚筒，使米粒稍稍干燥。然后将未吸尽的溶液再由滚筒上方的喷嘴喷洒在米粒上，不断翻动米粒使之全部吸收，再次鼓入热空气，使米粒干燥至正常水分，整个过程完成一次浸吸。二次浸吸操作方法与一次浸吸相同，但最后不进行干燥。经过二次浸吸后的潮湿米粒，还需进行汽蒸，使米粒表面糊化，蒸汽温度100℃，汽蒸时间为20 min。米粒表面糊化对防止米粒破碎及淘洗时营养素的损失均有好处。最后将汽蒸后的米粒仍置于上述滚筒中，边转动边喷入量质量分数为5%的乙酸溶液，然后鼓入40℃的低温热空气进行干燥，使米粒水分降至13%，最终得到强化米产品。

2. 涂膜法

将营养强化剂溶液通过真空吸附入大米，再经过三次涂膜和干燥处理后，制得营养强化大米。此法生产的强化米，淘洗时营养素的损失比不涂膜产品减少一半以上。涂膜法强化工艺先将大米干燥至含水率为7%，置于真空罐中，并注入按一定浓度配制的营养强化剂溶液，在80 kPa真空度下搅拌10 min，进行真空浸吸，当米粒中空气被抽出时，各种营养素即被吸入内部。取出米粒，待冷却后放入蒸煮器中汽蒸7 min，再用冷空气冷却。然后使用分粒机将黏结在一起的米粒分散，送入热风干燥机，使含水率降至15%，完成汽蒸糊化与干燥工序。采用一定量的果胶与马铃薯淀粉溶于50℃的热水中，作为第一次涂膜溶液。将干燥后的米粒置于分粒机中，与第一次涂膜溶液共同搅拌混合，使溶液涂敷在米粒表层。涂膜后汽蒸 3 min，通风冷却，接着送入热风干燥机内干燥，先以 80℃热空气干燥 30 min，然后降温至 60℃连续干燥 45 min，至此，第一次涂膜结束。整个涂膜工艺需要进行三次，基本涂膜方法相同。第二次涂膜时，先用阿拉伯胶溶液将米粒润湿，再与马铃薯淀粉及蔗糖脂肪酸酯溶液混合浸吸；第三次涂膜时，喷入火棉胶乙醚溶液，干燥后即得强化米。

3. 强烈型强化法

强烈型强化法是利用两台大米强化机将各种营养素强制渗入米粒内部或涂敷于米粒表面而达到强化米粒的目的。生产时，将白米和配制好的营养素溶液分次送入各道强化机内，在米粒与强化剂混合并受强化机剧烈搅拌过程中，使各种营养素迅速渗入米粒内部或涂敷于米粒表面，经适当缓苏静置，水分蒸发，即得强化米。这种强化工艺不需要水蒸气保温和热空气干燥，所需设备少，投资小，比浸吸法和涂膜法强化工艺简单。

四、留胚米加工

留胚米又称胚芽米，是指留胚率在 80%以上，每 100 g 大米胚芽重量在 2%以上的大米。留胚米属于用内持法加工的营养米。留胚米由于保留了富含多种维生素、优质蛋白质及脂肪等营养物质的大米胚芽，因而比一般的大米营养价值高，尤其是维生素 B_1、维生素 B_2、维生素 E 等绝大部分被保留下来。长期食用留胚米，能降低血清胆固醇、软化血管，对预防冠心病和糖尿病、抑制肥胖等疾病有良好作用，并有助于清除自由基、延缓细胞衰老、活化脑功能、防止老年性痴呆症等。留胚米的营养素和生理活性成分含量略逊于食用糙米(减少较多的是膳食纤维)，但是，其蒸煮品质和食用品质远胜于食用糙米，并好于同类品种稻谷加工的精米。留胚米炊煮的米饭有油润的光泽感，吃口软，食味好。留胚米与蒸谷米相比，加工工艺简单，成本低，米饭的口感好，但糙米的出白率略低。

留胚米的生产方法与普通大米基本相同，需经过清理、砻谷、碾米三个工段。

加工留胚米时一定要注意糙米的优选，为了使留胚率在 80%以上，糙米应该选择收获后自然干燥，切忌机械干燥，以免降低胚与胚乳的结合力，糙米胚的完整率最好在 98%以上。糙米水分应适中，水分过高与过低均会影响留胚率。若水分过低，籽粒强度大，皮层与胚乳的结合力强，难以碾制，如果加大碾削力，势必损伤胚芽，使其脱落；水分过高时，由于胚与胚乳的吸水率不同，膨胀速度不同，导致它们之间结合力减弱，碾制时胚芽容易脱落。适宜的水分含量应在 13.5%～15.5%，糙米要用当年产且保管状态良好的稻谷加工。

加工留胚米碾米流程组合不同于常规工艺组合，其特点是须采用多机出白、砂铁结合、砂辊碾米、铁辊擦糠、轻碾轻擦、喷风喷湿等工艺，立式碾米机优于卧式碾米机。碾米机的碾白压力要低，砂辊碾米机的金刚砂粒应较细(46 号、60 号)，碾辊的工作转速不宜过高，否则胚芽容易脱落。应根据碾白的不同阶段，使转速由高向低变化。碾白室间隙尽量放大，米刀及压筛条的应用要适当，以使内部局部阻力平缓。碾米时采用立式碾米机较好，因为立式碾米机碾白时，特别是喷风或强负压吸风碾米时，米流在碾白室内呈“流化态”，米粒在立式的碾米机中受碾削作用力均匀缓和，尤其当采用上进料方式的立式碾米机时，正压喷风喷湿。米流运动方向与重力一致，多数米粒在碾白室内呈竖直状态，即米粒的长度方向与碾辊轴线平行，米粒在这种状态下碾制对胚芽的损伤最小，所以立式米机加工的大米留胚率高于卧式碾米机。垂直振动流动层凉米机的降温散湿除糠的工艺效果优于流化床凉米器。

留胚米因保留胚芽较多，含有丰富的酶系，会使胚中脂肪分解，使酸价、过氧化值增高，在温度、水分含量适宜的条件下，微生物容易繁殖。因此，为防止留胚米品质降低，留胚米成品应采用真空包装或充气(二氧化碳或氮)包装。蒸煮食用留胚米时，加水量为普通大米加水量的1.2倍，且预先浸泡1 h(也可用温水浸泡30 min)。蒸煮时间长一些，做出的米饭食味良好。

五、大米配制技术

依据最终大米产品的用途及其品质要求，利用不同类型及不同品种普通大米、营养强化米、留胚米、天然有色米、天然香米等特种大米，碎米及其他粮食原料如玉米、脱皮小麦等，按一定的比例配合混合均匀而制成的大米产品的过程，称其为大米配制，又称配米。配米是大米加工过程中的一个环节。不同品种、品质的稻谷加工成的基础米存放在散装仓库中备用，根据市场需要，再按比例配制成大米产品。由于多种大米的品质的互补作用，使大米食用品质得以改善，食味更符合消费者的嗜好，产品更稳定。

日本已经有较长的采用配米技术的历史和应用基础研究。各种大米的成分、蒸煮特性和食味评价方法与指标等已积累了大量资料，经过多年实践技术已经相当完善。而我国配米技术的研究尚处于初级阶段，我国南方沿海城市也在20世纪90年代中期开始利用配米技术开发产品，并获得消费者青睐。

我国大米资源丰富，品种繁多，其食用品质和营养品质各异，这为大米配制技术的研究开发应用奠定了坚实的基础。随着人们生活水平的提高，消费者对大米的食味品质要求也在提高，通过对各种大米食品品质的分析和根据产品最终用途的不同，按不同配方混配成配米，其色泽、香味、口感、蒸煮特性、营养水平优于单一品种的普通米，可满足消费者的不同需求。目前，配制大米已成为一种新型大米产品，在国内正获得消费者的认可和喜爱，有很大的发展潜力和市场空间。

1. 大米配制依据

(1)依据同品种、同等级、不同碎米含量进行配制。利用各种白米分级设备将白米分成若干个等级，如大粒完整米、小粒完整米、大碎米、中碎米、小碎米，分别存入成品仓。然后根据市场对大米质量的要求，在整粒粒中配制适当比例的大碎米，准确控制好成品的含碎率。

(2)根据大米新陈度进行配制。陈米具有米色暗，米饭的黏性、弹性差，米香味消失等不足。因此，陈米需搭配一定数量的米香浓、适口性好的大米来改善陈米的食品品质。

(3)根据大米食品食用品质特性进行搭配。在普通大米里加入一定比例的特色名贵米进行配制，改善其食用品质。

(4)根据大米颜色、气味进行配制。普通大米和特色大米(香米、色米)进行配制，如用有色米、米香进行优化配制成色、香、味俱佳的特色米。

(5)营养强化米、强化人造米与普通大米进行配制。

(6)高浓度增香大米与普通大米进行配制。

2. 配米工艺

大米配制工艺流程为：

配方基础米→配米仓→配制系统→混合系统→包装→成品

配制米的关键工序是配料和混合。一般要求按设定的配方准确配料，具有良好的混合均匀度，并要求作业过程不增碎、不损伤米粒表面。具体技术指标为：配料精度误差不超过 1.0%，混合均匀变异系数不超过 5.0%，增碎率不超过 1.0%。

思考题

1. 综述稻谷的工艺品质与加工工艺的关系。
2. 论述稻谷制米的工艺流程及各工序中影响成品大米质量的主要因素。
3. 综述国内外稻谷加工技术的新进展。
4. 稻谷脱壳有几种方法？胶辊砻谷机是怎样脱壳的？
5. 简述影响胶辊砻谷机工艺效果的因素。怎样才能保证较高而又稳定的脱壳率？
6. 谷壳分离的基本原理是什么？怎样收集和整理谷壳？
7. 谷糙分离平转筛、重力谷糙分选机和巴基机的工作原理是什么？
8. 何谓摩擦擦离、碾削、混合碾白？各有哪些特点？
9. 简述稻谷清理的目的和要求。
10. 简述稻谷清理的主要机理和方法。
11. 简述稻谷砻谷的主要目的、原理及常见设备。
12. 稻谷砻谷的砻下物有哪些？为什么要进行分离？
13. 影响谷糙分离的因素有哪些？
14. 碾米机分为几种类型？
15. 如何评定碾米的工艺效果？
16. 简述碾米的主要方法和基本原理。碾米中的喷风有哪些作用？
17. 综述影响碾米工艺效果的主要因素。多机碾白有何特点？
18. 怎样检测和评定碾米工艺指标？如何计算糙出白率、碾减率？
19. 稻谷成品及副产品整理包括哪些步骤？
20. 成品整理的方法和设备有哪些？
21. 目前国内外市场上常见的特种米包括几种类型？简述其加工原理。
22. 蒸谷米有何特点？简述其生产工艺过程。
23. 简述营养强化米的两种主要加工工艺流程。
24. 简述不淘洗米、营养强化米、留胚米的特点及其生产方法。
25. 简述配制米生产的必要性、种类和影响因索。

参考文献

刘永乐．2010．稻谷及其制品加工技术．北京：中国轻工业出版社．
马涛，肖志刚．2009．谷物加工工艺学．北京：科学出版社．
肖志刚，许效群．2008．粮油加工概论．北京：中国轻工业出版社．
杨杨．2011．稻谷加工设备使用与维护．北京：中国轻工业出版社．
周显青．2006．稻谷精深加工技术．北京：化学工业出版社．
周显青．2011．稻谷加工工艺与设备．北京：中国轻工业出版社．

第三章 小 麦 加 工

第一节 概　　述

小麦经过清理及水分调节等加工前处理工序，达到净麦的要求。小麦制粉是利用研磨、筛理、清粉等设备，将净麦的皮层与胚乳分离，并把胚乳磨细成粉，再经过配粉等处理，制成各种不同等级和用途的成品小麦粉。

一、小麦工艺品质

(一)小麦的分类与质量标准

小麦是世界上主要粮食作物之一。世界上30%～40%的人口以小麦为主要粮食。我国小麦种植范围分布很广，生长地域差别很大，不同条件下生长的各种不同品种的小麦，其外表和特性都有着很大的差异。

1. 小麦品质基本概念

(1)不完善粒。受到损伤但尚有使用价值的小麦颗粒。包括虫蚀粒、病斑粒、破损粒、生芽粒和霉变粒。①虫蚀粒：被虫蛀食，伤及胚或胚乳的颗粒。②病斑粒：粒面带有病斑，伤及胚或胚乳的颗粒。其中包括：黑胚粒，即籽粒胚部呈深褐色或黑色，伤及胚或胚乳的颗粒；赤霉病粒，籽粒皱缩，呆白，有的粒面呈紫色或有明显的粉红色霉状物，间有黑色子囊壳。③破损粒：压扁、破损，伤及胚或胚乳的颗粒。④生芽粒：芽或幼根突破种皮但不超过本颗粒长度的颗粒，以及芽或幼根虽未突破种皮但已有芽萌动的颗粒。⑤霉变粒：粒面生霉或胚乳变色变质的颗粒。

(2)小麦硬度。小麦籽粒抵抗外力作用下发生变形和破碎的能力。

(3)小麦硬度指数。在规定条件下粉碎小麦样品，留存在筛网上的样品占试样的质量分数，用HI表示。硬度指数越大，表明小麦硬度越高；反之，表明小麦硬度越低。

(4)色泽、气味。一批小麦固有的综合颜色、光泽和气味。

(5)杂质。除小麦粒以外的其他物质，包括筛下物、无机杂质和有机杂质。

(6)筛下物。通过直径1.5 mm圆孔筛的物质。

(7)无机杂质。砂石、煤渣、砖瓦块、泥土等矿物质及其他无机类物质。

(8)有机杂质。无使用价值的小麦、异种粮粒及其他有机类物质。常见无使用价值的小麦有霉变小麦、生芽粒中芽超过本籽粒长度的小麦、线虫病小麦、腥黑穗病小麦等颗粒。

2. 小麦的分类

按国家标准GB1351—2008《小麦》规定，我国小麦分为5类。

（1）硬质白小麦。种皮为白色或黄白色的麦粒不低于90%，硬度指数不低于60的小麦。

（2）软质白小麦。种皮为白色或黄白色的麦粒不低于90%，硬度指数不高于45的小麦。

（3）硬质红小麦。种皮为深红色或红褐色的麦粒不低于90%，硬度指数不低于60的小麦。

（4）软质红小麦。种皮为深红色或红褐色的麦粒不低于90%，硬度指数不高于45的小麦。

（5）混合小麦。不符合（1）～（4）规定的小麦。

3. 小麦的质量标准

国家标准GB1351—2008《小麦》规定，各类小麦按体积质量分为6个等级。杂质总量小于或等于1.0%、矿物质小于或等于0.5%、水分小于或等于12.5%、色泽气味正常的小麦，不完善粒小于或等于6.0%时，容重大于或等于790 g/L，为一级，容重每降低20 g/L，则等级降低一级。容重（g/L）为定等指标，不完善粒（%）为辅助定等指标。当容重小于710 g/L时，小麦为等外品。

（二）小麦籽粒的结构

1. 皮层

皮层包括表皮、中果皮、内果皮、种皮、珠心层等，这些皮层组织中主要含纤维素、半纤维素，以及少量的植酸盐，这些物质均不能被人体消化吸收。皮层对面制食品的食用品质也产生负面影响，在小麦制粉过程中应除去。

2. 糊粉层

糊粉层含有蛋白质、B族维生素、矿物质及少量纤维素。从营养的角度分析，糊粉层是小麦籽粒中极富营养成分的部分，特别是B族维生素为人体所必需，缺乏则会产生脚气病。但从面制食品的食用品质看，糊粉层中的蛋白质不参与面筋蛋白的组成，同时对面包、面条、饼干、饺子等面制食品的口感、外观等均产生不利影响，所以，在制粉过程中原则上应除去。在磨制低精度等级面粉时，可以考虑将部分糊粉层磨入面粉中，以增加面粉的营养，提高出粉率。

3. 胚

小麦胚营养极为丰富，同胚乳面粉相比，它提供3倍的高生物价蛋白质、7倍脂肪、15倍糖及6倍矿物质含量。小麦胚还是已知含维生素E最丰富的植物资源，且富含硫胺素、核黄素及尼克酸。小麦胚所含脂肪主要是人体必需的不饱和脂肪酸，其中1/3是亚油酸。此外，还含有少量的植物固醇、磷脂等。从营养的角度考虑，应将小麦胚保留。但小麦胚中脂肪酶和蛋白酶含量高，活力强，新鲜麦胚一周后酸价会直线上升，以致不能食用。如将胚磨入面粉中，将会大大缩短面粉的储藏期限。同时，胚混入面粉中，对面制食品的食用品质会产生一定的负面影响，所以在制粉过程中应将胚除去。

4. 胚乳

胚乳中主要含有面筋蛋白、淀粉及少量的矿物质和油脂。从营养的角度考虑，以上物质均应保留。从食用品质的角度考虑，面筋蛋白和淀粉是组成具有特殊面筋网络结构面团的关键物质，正是有了这样特殊结构的面团，小麦粉才能制出品种繁多、造型优美、可口并符合世界各国人民不同习惯的各种面制食品。所以，胚乳部分是小麦制粉要提取的。

（三）小麦的加工品质

1. 小麦品质的概念

小麦品质是由多因素构成的综合概念。根据小麦粉的用途不同，衡量品质的标准有所变化。通常所说的小麦品质包括小麦籽粒品质(外观品质)、营养品质和加工品质(制粉品质)。

2. 小麦籽粒品质

小麦籽粒品质主要包括以下几个方面。

1) *千粒重*　千粒重反映籽粒的大小和饱满程度。千粒重适中的小麦籽粒大小均匀度好，出粉率较高；千粒重低的小麦籽粒较为秕瘦，出粉率低；千粒重过高的小麦籽粒整齐度下降，在加工中也有一定缺陷。

2) *容重*　容重是指每升小麦的绝对质量。容重与籽粒的形状、大小、饱满度、整齐度、质地、杂质、腹沟深浅、水分等多种因素有关。容重大的小麦出粉率较高。

3) *角质率*　角质率是角质胚乳在小麦籽粒中所占的比例，与质地有关，角质率高的籽粒硬度大，蛋白质含量和湿面筋含量高。

4) *籽粒硬度*　籽粒硬度反映籽粒的软硬程度。角质率高的籽粒质地结构紧密，硬度较大。硬度可反映蛋白质与淀粉结合的紧密程度。硬度大的小麦在制粉时能耗也大。

5) *籽粒形状*　小麦籽粒形状有长圆形、卵圆形、椭圆形和短圆形。籽粒形状越接近圆形，磨粉越容易，出粉率越高。

6) *腹沟深浅*　腹沟深的小麦籽粒，皮层比例较大，易沾染杂质，加工中难以清理，从而降低出粉率和面粉质量。

7) *种皮颜色*　白皮小麦一般皮层较薄，出粉率较高。

3. 小麦营养品质

小麦的营养品质主要是指小麦籽粒中碳水化合物、蛋白质、脂肪、矿物质和维生素，以及膳食纤维等营养物质的含量及化学组成的相对合理性。一般在籽粒的外果皮和内果皮中含有大量的粗纤维、戊聚糖和纤维素；在麦胚的盾片和胚轴内含有丰富的脂肪；在糊粉层内含有较高的灰分；胚和糊粉层均为蛋白质的密集部位。小麦蛋白质中赖氨酸为第一限制性氨基酸，苏氨酸是第二限制性氨基酸。小麦籽粒中脂质含量很低，但脂肪酸组成好，亚油酸所占比例很高。小麦籽粒中的维生素主要是复合维生素 B、泛酸及维生素 E，维生素 A 含量很少，几乎不含维生素 C 和维生素 D。小麦籽粒中含有多种矿物质元素，多以无机盐形式存在，其中钙、铁、磷、钾、锌、锰、钼、锶等对人体作用很大。

4. 小麦加工品质

加工品质好的小麦出粉率高，碾磨简便，筛理容易，能耗低，粉色洁白，灰分含量低。磨粉特性与小麦籽粒大小、形状、整齐度、腹沟深浅、粒色、皮层厚度、胚乳质地、容重等有关。

1) *出粉率*　出粉率是指单位重量籽粒所磨出的面粉与籽粒重量之比。在比较同类小麦出粉率时，应制成相似灰分含量的面粉来比较。籽粒圆大、皮白皮薄、吸水率较高、籽粒较硬都是出粉率高的有利条件。腹沟深的籽粒，种皮面积大，皮厚，出粉率较低。容重与出粉率关系密切，容重高，胚乳组织致密，籽粒饱满整齐，出粉率高。硬质小麦胚乳在磨粉时易与麸皮分离，出粉率高。小麦出粉率高低直接关系到制粉业的经济效益，最受面粉厂重视。

2）面粉灰分　灰分是矿质元素、氧化物等占面粉的百分含量，是面粉精度的重要指标。籽粒外层灰分多于内部，种皮（皮层和糊粉层）灰分含量居籽粒各部分之首。在磨粉时，要单纯取其糊粉层，又不让麸皮混入面粉中是比较困难的，糊粉层常伴随麸皮一起进入面粉中，在增加出粉率的同时，也增加了灰分含量。小麦清理不彻底，会有一定量泥沙等杂质，也会提高灰分含量。栽培条件对灰分含量也有一定影响。

3）白度　白度是指小麦面粉的洁白程度，是磨粉品质的重要指标。白度与小麦类型（红、白、软、硬），以及面粉粗细度、含水量有关。软麦比硬麦粉色浅。面粉过粗、含水量过高会使白度下降。在制粉过程中，小麦心粉在制粉前路提出，色白，灰分少，质量高，后路出粉的粉色深，灰分多。由于粉色深浅反映了灰分的多少、出粉率的高低，常用白度确定面粉等级。

4）能耗　从经济角度考虑，能耗低，其经济价值高。小麦硬度与动力消耗有关。在粉路长的大车间，硬麦能耗低于软麦；对中小型设备，二者差别不大；对于小型机组，则硬麦耗能大于软麦。

二、小麦加工前处理工序

小麦加工前处理工序——清理杂质、水分调节和搭配混合是在清理车间进行的。所谓清理流程是指小麦从开始清理到入磨之前，按入磨净麦的质量要求进行连续处理的生产工艺流程，也称“麦路”。在设备完善的工厂中，清理流程中还包括小麦的计量和下脚处理。

（一）清 理 杂 质

由于目前技术条件的限制，小麦在生长、收割、储存、运输等过程中都会有杂质混入。因此，在制粉前必须将小麦进行清理，把小麦中的各种杂质彻底清除干净，这样才能保证面粉的质量，确保人民的身体健康，达到安全生产的目的。

小麦清理设备的基本原理是利用杂质不同的物理性能进行分离，去除杂质。分离的基本依据是磁性、在空气中的悬浮速度、密度、颗粒大小、形状、内部的强度和颜色等。小麦清理常用的方法有以下几种。

1. 风选法

利用小麦与杂质的空气动力学性质的不同进行清理的方法称为风选法。空气动力学性质一般用悬浮速度表示。风选法需要空气介质的参与。常用的风选设备有垂直风道和吸风分离器。

2. 筛选法

利用小麦与杂质粒度大小的不同进行清理的方法称为筛选法。粒度大小一般以小麦和杂质厚度、宽度不同为依据。筛选法需要配备有合适筛孔的运动筛面，通过筛面与小麦的相对运动，使小麦发生运动分层，粒度小、密度大的物质接触筛面成为筛下物。常用的筛选设备有振动筛、平面回转筛、初清筛等。

3. 密度分选法

利用杂质和小麦密度的不同进行分选的方法称为密度分选法。密度分选法需要介质的参与，介质可以是空气和水。利用空气作为介质的方法称为干法密度分选；利用水作为介质的方法称为湿法密度分选。干法密度分选常用的设备有密度去石机、重力分级机等，湿法密度分选常用的设备有去石洗麦机等。

4. 精选法

利用杂质与小麦的集合形状和长度不同进行清理的方法称为精选法。利用几何形状不同进行清理需要借助斜面和螺旋面，通过小麦和球形杂质发生的不同运动轨迹来进行分离。常用的设备有抛车(又称螺旋精选机)等，利用长度不同进行清理需要借助有袋孔的旋转表面，短粒嵌入袋孔被带走，长粒留于袋孔外不被带走，从而达到分离的目的。常用的设备有滚筒精选机、碟片精选机、碟片滚筒组合机等。

5. 撞击法

利用杂质与小麦强度的不同进行清理的方法称为撞击法。发芽、发霉、病虫害的小麦、土块及小麦表面黏附的灰尘，其结合强度低于小麦，可以通过高速旋转构件的撞击使其破碎、脱落，利用合适的筛孔使其分离，从而达到清理的目的。撞击法常用的设备有打麦机、撞击机和刷麦机等。

6. 磁选法

利用小麦和杂质铁磁性的不同进行清理的方法称为磁选法。小麦是非磁性物质，在磁场中不被磁化，因而不会被磁铁所吸附；而一些金属杂质(如铁钉、螺母、铁屑等)是磁性物质，在磁场中会被磁化而被磁铁所吸附，从而从小麦中被分离出去。磁选法常用的设备有永磁滚筒、磁钢、永磁箱等。

7. 碾削法

利用旋转的粗糙表面(如沙粒面)清理小麦表面灰尘或碾刮小麦麦皮的清理方法称为碾削法。碾削法常用于剥皮制粉。通过几道砂辊表面的碾削可以部分分离小麦的麦皮，从而可以缩短粉路，更便于制粉。碾削法常用的设备有剥皮机等。

8. 光电分离法

利用谷物及杂质对光的吸收和反射、介电常数的不同进行的分离方法称为光电分离法。色选法是一种根据颜色不同进行分离的光电分选法。色选法常用的设备为色选机。

(二)调 质 处 理

小麦的调质处理包括小麦着水、润麦等综合处理方式。影响小麦调质的因素主要有润麦加水量、调质时间和调质温度。在实际生产中，小麦的加水量、调质时间及调质温度都会对小麦制粉有重要的影响。对小麦进行调质能有效地提高皮层的韧性，减少皮层与胚乳之间的结合力，降低胚乳的强度，使其处于最佳的制粉状态。小麦调质不仅能最大限度地剥刮皮层上的胚乳而提高出粉率，而且能使皮层在加工过程中尽量完整。除此之外，调质还能使不同批次小麦的水分达到一致均匀，满足水分质量等要求，同时，还能改善面粉的加工特性及食用特性。调质是确保小麦粉质量稳定、生产连续，实现高效优质生产，提高小麦加工企业经济效益的重要保证。因此，小麦调质处理是小麦加工工艺中重要的环节。

(三)搭　配

将多种不同类型的小麦按一定配比混合的方法称为小麦搭配。将不同小麦分别先加工成面粉，再按相应比例搭配混合的方法称为面粉搭配。搭配是小麦制粉生产中的一个重要环节，与生产的稳定、加工成本的高低、产品的质量及质量的稳定，以及经济效益的好坏等密切相关。小麦制粉厂均可进行小麦搭配，而只有具备散装配粉仓的制粉厂方可在后处理工序进行灵活的面粉搭配。

第二节 小麦制粉的原理

一、制粉生产过程

小麦粉的生产过程包括破碎、分级、在制品整理、同质合并及面粉后处理等过程。所谓在制品，就是制粉过程中的中间产品，而同质合并就是将不同系统中质量相同的在制品合并在一起进行处理。

1. 破碎

破碎过程的任务有两点：其一是破碎小麦，剥刮皮层上的胚乳，使皮层和胚乳分离，该过程中要尽可能保证小麦麦皮的粒度，防止麦皮过碎混入面粉中，从而降低面粉的品质；其二是将胚乳破坏成粒度符合要求的面粉。破碎过程中用到的主要设备有辊式磨粉机、撞击磨等。

2. 分级

分级过程的任务主要有两点：其一是及时分离出粒度达到要求的面粉，目的是减少后路的负荷，防止面粉由于过度研磨而使质量降低；其二是对在制品按粒度进行分级，目的在于使磨粉机对不同粒度的物料进行分类破碎。分级过程中使用到的主要设备有高方平筛、振动圆筛、离心圆筛、打板圆筛等。

3. 在制品整理

在制品整理的任务：为了提高面粉的质量，对重要的在制品按质量进行分级，该任务主要由清粉机来完成；为了减轻磨粉机的负荷，提高面粉质量，对质量好的在制品进一步破碎，该任务主要由强力清粉机来完成；为了提高分级效果，对研磨后的物料进行松散，该过程由打板松粉机来完成；为了提高工艺效果和出粉率，对黏附在后路皮层上的胚乳及时进行分离，该过程主要由打麸机或刷麸机来完成。

4. 同质合并

同质合并的任务是对不同品质的在制品进行分类合并，以便分别研磨，从而提高工艺效果。同质合并使用到的设备主要有各种输送设备和溜管。

5. 面粉后处理

面粉后处理是非常重要的过程，通过该过程，可以生产出符合消费者要求的面粉，根据消费者的要求，可以对面粉进行搭配、品质改良和增白。

面粉后处理有以下三个任务。

1）*配粉* 所谓配粉，就是利用不同品种的小麦及粉路中不同部位生产出的面粉进行搭配，从而生产出符合要求的面粉。配粉过程中使用的设备有配粉仓、仓底振动卸料器、配粉称、混合机、输送设备、卧式圆筛等。

2）*品质改良* 品质改良包括两个方面的内容。其一是对面粉品质特性进行改善。通过添加维生素C、复合酶制剂等强筋剂强化面筋的筋力；通过添加L-半胱氨酸、亚硫酸氢钠、蛋白酶等减筋剂减弱面筋的筋力；通过添加脂肪酶、戊聚糖酶等改善剂改善面团的烘焙特性。其二是添加面粉中缺少的营养成分，如在面粉中添加铁、锌、钙，以及B族维生素、大豆粉等补充面粉营养成分的物质。品质改良可以和配粉同时进行。

3）增白　增白的目的是添加氧化剂，释放原子态的氧，使面粉中的β-胡萝卜素被氧化，从而改善面粉的色泽。

6. 制粉过程中各系统及其作用

按照生产顺序中物料的种类和处理方式，可以将制粉系统分成皮磨系统、渣磨系统、清粉系统、心磨系统和尾磨系统，各系统分别处理不同的物料，并完成各自不同的功能。

皮磨系统的作用是将麦粒剥开，从麸片上刮下麦渣、麦心和粗粉，并保持麸片不过分破碎，以便使胚乳和麦皮最大限度地分离，并提出少量的小麦粉。

渣磨系统的作用是处理皮磨及其他系统分离出的带有麦皮的胚乳颗粒——麦渣，通过渣磨系统，可以使麦皮和胚乳得到第二次分离。麦渣分离出麦皮后生成质量较好的麦心和粗粉，送入心磨系统磨制成粉。

清粉系统的作用是利用清粉机的风筛结合作用，将皮磨和其他系统获得的麦渣、麦心、粗粉、连麸粉粒及麸屑的混合物分开，送往相应的研磨系统处理。

心磨系统的作用是将皮磨、渣磨、清粉系统取得的麦心和粗粉研磨成具有一定细度的面粉。

尾磨系统位于心磨系统的中后段，其作用是专门处理含有麸屑、质量较次的麦心，从中提出面粉。

二、在制品的分类

在制品是制粉过程中各研磨系统中间物料的总称。小麦经逐道研磨后的物料，含有大小不同的颗粒（从微米到毫米），这些在制品用筛理设备进行分类，主要通过不同规格的筛网来实现。

（一）筛　网

筛网是用于物料分级和提取小麦粉的重要材料，筛网的规格、种类及质量对控制各在制品的比例和小麦粉的粗细度有着决定性的影响。筛网按制造材料的不同可分为金属丝筛网和非金属丝筛网。

1. 金属丝筛网

金属丝筛网通常由镀锌低碳钢丝、软低碳钢丝和不锈钢钢丝制成。金属丝筛网具有强度大、耐磨性好、不会被虫蛀等特点，因而经久耐用。但其缺点也很明显：金属丝没有吸湿性，很容易被水汽与粉粒糊住筛孔，并容易生锈。此外，金属丝筛网的筛孔容易变形，同时金属很难拉成很细的丝，所以金属丝筛网一般为筛孔较大的筛网。

金属丝筛网的规格，以一个汉语拼音字母和一组数字来表示具体型号。字母表示金属丝材料，如字母 Z 表示镀锌低碳钢丝筛网，R 表示软低碳钢丝筛网。字母后面的数字表示每 50 mm 筛网上的筛孔数，如 Z20 表示每 50 mm 上有 20 个孔的镀锌低碳钢丝筛网。

小麦制粉厂习惯用每英寸（1 in=0.0254 m）筛网长度上的筛孔数表示筛网规格，并以字母 W 表示金属丝筛网，如 20W 是指每英寸筛网长度上有 20 个筛孔。

2. 非金属丝筛网

非金属丝筛网是指由非金属材料制成的筛网，目前小麦面粉厂使用的非金属丝筛网主要有尼龙筛网、化纤筛网、蚕丝筛网和蚕丝与锦纶交织筛网。

非金属丝筛网的筛网编织方法有全绞织(Q)、半绞织(B)和平织(P)三种，前面加上筛网材料的符号。蚕丝用C表示，锦纶用J表示，锦纶、蚕丝用JC表示，后面加上一个数字表示每厘米筛网长度上的筛孔数。例如，CB33表示每厘米筛网长度上有33个筛孔的半绞织蚕丝筛网，JCQ25表示每厘米筛网长度上有25个筛孔的全绞织蚕丝锦纶筛网。旧的表示方法为GG，表示每一维也纳英寸(相当于1.0375 in或0.0264 m)长度上的筛孔数目，如30GG表示每一维也纳英寸上有30个孔。XX表示双料筛网，规格用号数表示，如10XX表示10号蚕丝双料筛网，每英寸长度上有109个筛孔。

(二)在制品的分类

1. 按物料分级要求的分类

使用平筛筛理在制品时，按物料分级的要求，可分为以下几种筛面。

(1)粗筛。从皮磨磨下的物料中分出麸片的筛面，一般使用金属丝筛网。

(2)分级筛。将麦渣、麦心按颗粒大小分级的筛面，一般使用细金属丝筛网或非金属丝筛网。

(3)细筛。在清粉前分离粗粉的筛面，一般使用细金属丝筛网或非金属丝筛网。

(4)粉筛。筛出成品小麦粉的筛面，一般采用非金属丝筛网。

2. 按粒度大小的分类

在制品按粒度大小可分为麸片、粗粒(麦渣和麦心)及粗粉(硬粗粉和软粗粉)。

(1) 麸片。连有胚乳的片状皮层，粒度较大，且随着逐道研磨筛分，其胚乳含量将逐道降低。

(2) 麸屑。连有少量胚乳呈碎屑状的皮层，此类物料常混杂在麦渣、麦心之中。

(3) 麦渣。连有皮层的大胚乳颗粒。

(4) 粗麦心。混有皮层的较大胚乳颗粒。

(5) 细麦心。混有少量皮层的较小胚乳颗粒。

(6) 粗粉。较纯净的细小胚乳颗粒。

(三)在制品的表示方法

在制粉流程中，物料的粒度常用分式表示，分子表示物料能穿过的筛号，分母表示物料留存的筛号。例如，18W/32W，表示该物料能穿过18W，留存在32W筛面上，属麦渣。

在编制制粉流程的流量与质量平衡表时，在制品的数量和质量用分式表示，分子表示物料的数量(占1皮的百分比)，分母则表示物料的质量(灰分百分比)。例如，1皮分出的麦渣，在平衡表中记为17.81/1.67，表示麦渣的数量为17.81%，灰分为1.67%。

三、小麦制粉的粉路图

制粉流程是将各制粉工序组合起来，对净麦按规定的产品等级标准进行加工的生产工艺流程。制粉流程简称粉路。

粉路图是一种表示制粉流程的示意图，通常用图形符号表示各种设备，再用线条把各种设备连接起来，表示物料的流向。

粉路图中主要包括下列内容：①各种设备的数量、规格、技术特性和各系统设备的分配；②工艺流程中各种设备间的联系和在制品的流向；③各系统所得成品的分类及其检查。

图 3-1 表示的是粉路图中磨粉机和平筛的图形符号。图中圆圈中有斜线的表示齿辊(无斜线的表示光辊)。2×800 表示该系统有 2 对 800mm 长的磨辊；3.8 表示齿数，即每厘米磨辊圆周长度上有 3.8 牙；1∶10 表示磨齿斜度；2.5∶1 表示快辊与慢辊的速比；30°/60°表示磨齿齿型；D—D 表示磨辊的排列为钝对钝(锋对锋排列标记为 F-F)。

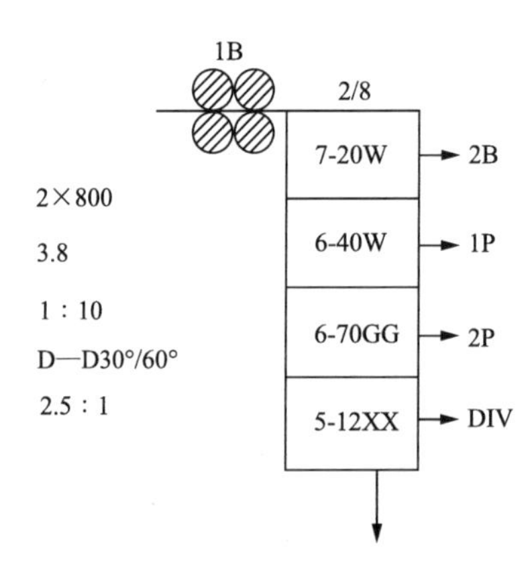

图 3-1　磨粉机与平筛的图形符号

第三节　研　　磨

小麦的研磨是制粉过程中最重要的环节，研磨效果的好坏将直接影响整个制粉的工艺效果。现代的制粉一般以辊式磨粉机作为主要研磨设备。物料在通过一对以不同速度相向旋转的圆柱形磨辊时，依靠磨辊的相对运动和磨齿的挤压、剥刮、剪切作用，物料被粉碎。

一、研磨的基本方法

研磨的任务是通过磨齿的互相作用将麦粒剥开，从麸片上刮下胚乳，并将胚乳磨成具有一定细度的面粉，同时还应尽量保持皮层的完整，以保证面粉的质量。研磨的基本方法有挤压、剪切、剥刮和撞击四种。

(一)挤　　压

挤压是通过两个相对的工作面同时对小麦籽粒施加压力，使其破碎的研磨方法。挤压力通过外部的麦皮一直传到位于中心的胚乳，麦皮与胚乳的受力是相等的，但是通过润麦处理，小麦的皮层变韧，胚乳间的结合能力降低，强度下降。因而在受到挤压力之后，胚乳立即破碎而麦皮却仍然保持相对完整，因此挤压研磨的效果比较好。含水率不同的小麦籽粒，麦皮的破碎程度及挤压所需要的力会有所不同。一般而言，使小麦籽粒破坏的挤压力比剪切力要大得多，所以挤压研磨的能耗较大。

(二)剪　切

剪切是通过两个相向运动的磨齿对小麦籽粒施加剪切力，使其断裂的研磨方法。磨辊表面通过拉丝形成一定的齿角，两辊相向运动时齿角和齿角交错形成剪切。比较而言，剪切比挤压更容易使小麦籽粒破碎，所以剪切研磨所消耗的能量较少。在研磨过程中，小麦籽粒最初受到剪切作用的是麦皮，随着麦皮的破裂，胚乳也逐渐暴露出来并受到剪切作用。因此，剪切作用能够同时将麦皮和胚乳破碎，从而使面粉中混入麸皮，降低了面粉的加工精度。

(三)剥　刮

剥刮在挤压和剪切的综合作用下产生。小麦进入研磨区后，在两辊的夹持下快速向下运动。由于两辊的速差较大，紧贴小麦一侧的快辊速度较高，使小麦加速，而紧贴小麦另一侧的慢辊则对小麦的加速起阻滞作用，这样在小麦和两个辊之间都产生了相对运动及摩擦力。由于两辊拉丝齿角相互交错，从而使麦皮和胚乳受剥刮分开。剥刮的作用能在最大限度地保持麸皮完整的情况下，尽可能多地刮下胚乳粒。

(四)撞　击

通过高速旋转的柱销对物料的打击，或高速运动的物料对壁板的撞击，使物料在物料和柱销、物料和物料之间反复碰撞、摩擦，从而使物料破碎的研磨方法称为撞击。一般而言，撞击研磨法适用于研磨纯度较高的胚乳。同挤压、剪切和剥刮等研磨方式相比较，撞击研磨生产的面粉中破损淀粉含量减少。由于运转速度较高，撞击研磨的能耗较大。

研磨就是运用上述几种研磨方法，使小麦逐步破碎，从皮层将胚乳逐步剥离并磨细成粉。研磨的主要设备为辊式磨粉机和撞击磨。撞击磨研磨时温度较高，物料冷却后容易产生水汽，筛理时易产生糊筛现象，因此，撞击磨的使用逐步减少。目前，辊式磨粉机被绝大多数厂家采用。

二、研磨设备

辊式磨粉机一般为复式磨粉机，即一台磨粉机有两对以上的磨辊。目前，我国面粉企业所采用的磨粉机基本上为复式磨粉机。复式磨粉机有四辊磨和八辊磨两种。辊式磨粉机主要由磨辊、机身、喂料机构、控制系统、轧距调节机构、传动机构、轧距吸风装置、磨辊清理机构、出料系统等组成。按照控制机构的控制方式，磨粉机一般可分为液压控制(液压磨)和气压控制(气压磨)两种。液压磨存在漏油等现象，容易污染生产环境，因此，目前大多数面粉厂使用的是气压磨粉机。

三、影响研磨效果的因素

影响研磨效果的因素较多，包括：被研磨物料的因素(小麦的工艺品质)，研磨设备的因素(磨辊的表面技术参数、研磨区的长度、磨辊的圆周速度和速比等)，操作因素(轧距、磨辊的吸风与清理、磨粉机的流量等)。

(一)被研磨物料的因素

1. 物料的硬度

由于物料硬度不同，物料在粉碎过程中便呈现出不同的特性(脆性和韧性)。硬度高的小麦，在磨齿钝对钝排列时，立即被破碎成数块。硬度低的小麦，具有一定的韧性，即使采用锋对锋排列时，破碎的一瞬间是先产生塑性变形，然后才被破碎。因此，加工硬麦时，粗粒粗粉多、面粉少、麦皮易轧碎，同时动力消耗较高，设备的生产率较低。加工软麦时，渣、心比例较少，粉较多，麸片较完整。

2. 物料的水分

小麦在磨粉时应有适宜的水分和润麦时间，这样，在研磨过程中由于表皮韧性增加，麦皮与胚乳间的结合力减弱，使得胚乳与麦皮容易分开，麸片保持完整，以提高小麦粉质量和出粉率。另外，由于胚乳强度的降低，在研磨时容易成粉，可以减少心磨道数，从而也降低了动力消耗。如研磨小麦的水分过多，则麸片上的胚乳不易刮净，导致出粉率降低、产量下降、动力消耗增加；水分过少则导致麦渣多，小麦粉少，麸皮碎而小麦粉质量变次。

(二)研磨设备的因素

1. 磨辊的表面技术参数

1)齿数　研磨物料的粒度、物料的性质及要求达到的粉碎程度决定磨辊的齿数。一般而言，入磨物料的颗粒大或磨出物较粗，齿数就少；入磨物料的颗粒小，齿数就多。这主要是因为，磨辊齿数少，则两磨齿间的距离大，齿槽较深。如用它研磨细小的物料，则细小的颗粒容易嵌入磨齿内，不但得不到应有的研磨，而且会影响产量，因此适宜研磨颗粒大的物料。磨辊齿数多，则磨齿间距就小，齿槽浅。如用较密的磨齿研磨颗粒大的物料，流量少时，麦皮磨得过碎；流量多时，物料的中间部分研磨不充分，磨齿易磨损，动力消耗高而产量低，因此适宜研磨颗粒小的物料。

磨齿数的多少与物料流量有关，研磨物料的流量大，选用的齿数可稍少；流量小，选用的磨齿可稍密。

2)齿角　一般而言，在入磨流量和其他参数不变的情况下，齿角增大，剥刮率增加，能耗增加，面粉的品质提高。

3)斜度　在其他参数不变的情况下，磨齿斜度越大，磨齿交叉点之间的距离越小，交叉点越多，物料在研磨时受到的剪切作用则会增加，粉碎作用也会增强。随着斜度的增加，剥刮率有所下降，产品质量下降，但单位耗电量降低。对于研磨干而硬的小麦，为防止麦皮过碎，应比研磨软而湿的小麦所采用的磨齿斜度要小。

4)排列　采用钝对钝排列，物料落在慢辊钝面上，同时受到快辊钝面的剥刮作用。因此研磨作用较缓和，物料受剪切力小而挤压力大，磨下物中麸片多，麦渣和麦心少而面粉多，面粉的颗粒细含麸星少，但动力消耗较高。

采用锋对锋排列，磨齿对物料的剪切作用力强，粉碎程度高，麸片易碎，麦心多而细粉少，但是动力消耗低。

一般情况下，加工干而硬的小麦时，采用钝对钝排列；加工湿而软的小麦时，采用锋对锋排列。

2. 磨辊的圆周速度和速比

如果一对相向转动的磨辊是同一线速，那么物料在研磨工作区域内，只能受到两辊的挤压作用而压扁，不会得到粉碎。因此，在制粉过程中，一对磨辊应有不同的线速度，并结合磨辊表面的技术特性，使研磨物料达到一定的研磨程度。

通常磨辊快辊转速在 450～600 r/min，最低为 350 r/min，前路皮磨系统采用较高的转速，后路心磨系统的转速最低。

小麦在研磨时，从麸片上剥刮胚乳的作用主要是依靠快辊磨齿进行的。

快辊线速 V_k 与慢辊线速 V_m 之比称为速比 K，即

$$K = \frac{V_k}{V_m}$$

若其他条件不变，速比增加，剥刮作用加强，研磨效果提高；但麸片易碎，麦渣、麦心、小麦粉的灰分增加，动力消耗也随之增加。所以速比的选用必须与工艺、原料性质、研磨要求等相适应。一般在磨制高等级粉时，皮磨系统速比为 2.5∶1、渣磨系统为 1.5∶～2∶1、心磨系统为 1.25∶1～1.5∶1。在磨制出粉率 85%左右的小麦粉时，各研磨系统都采用速比 K=2.5∶1。磨制全麦粉时可取较大的速比 K=3∶1。磨制玉米粉时可取更大的速比 K=3.5∶1。

3. 研磨区域长度

研磨区域是指物料落入两磨辊间(开始被两磨辊攫住)，到物料被研磨后离开两磨辊为止，即从起轧点到轧点之间的区域。物料在研磨区内才能受到磨辊的研磨作用，研磨区域的长短与研磨效果的关系很大，研磨区域长，物料受两磨辊研磨的时间就长，破碎的程度就越强。

(三)操 作 因 素

研磨过程中的轧距、磨辊的吸风与清理、磨粉机的流量等操作因素对研磨效果也有较大的影响。

在两磨辊中心连线上，两磨辊表面之间的距离即为轧距。改变轧距是磨粉机生产操作的主要调节方法。轧距对粉碎程度的影响最大，轧距越小，研磨作用越强，动力消耗越高，磨粉机的流量越小。

磨粉机在研磨过程中要产生大量的热量、水汽和粉尘，所以必须要进行吸风除尘。另外，磨辊表面清理不良，特别是研磨物料的水分较高、磨辊间的压力较大，就会使物料黏结在磨辊的表面或齿辊的齿槽内，影响研磨效果。

磨粉机的单位流量是指该道磨粉机每厘米磨辊接触长度、单位时间内研磨物料的重量。各道磨粉机的单位流量，因制粉方法和每道磨粉机的作用而有较大差异。

四、研磨效果的评定

物料经过磨粉机研磨后，研磨效果可根据剥刮率、取粉率或者直接通过粒度曲线来进行评定。

(一)剥 刮 率

剥刮率是指物料由某道皮磨系统研磨且经高方平筛筛理后，穿过粗筛的数量占物料总量

的百分比。生产中常以穿过粗筛的物料流量与该道皮磨系统的入磨物料流量或一皮磨物料流量的比值来计算剥刮率。

例如，取 100 g 小麦，经一皮磨研磨之后，用 20W 的筛格筛理，筛出物为 40 g，则一皮磨的剥刮率为 40%。

测定除一皮磨以外其他皮磨的剥刮率时，由于入磨物料中可能已含有可穿过粗筛的物料，所以实际剥刮率应按下式计算：

$$K = \frac{A - B}{1 - B} \times 100\%$$

式中，K 为该道皮磨系统的剥刮率，%；A 为研磨后粗筛筛下物的物料量，%；B 为物料研磨前，已含可穿过粗筛的物料量，%。

测定皮磨系统剥刮率的筛号一般为 20W。

剥刮率的高低，主要反映皮磨的操作情况，也将影响粉路的流量平衡状态，若某道皮磨的剥刮率高于指标，下道皮磨的流量就会减少，而后续渣磨、心磨系统的流量则会增加，造成后续设备工作失常。

(二) 取　粉　率

取粉率是指物料经某道系统研磨后，粉筛的筛下物流量占本道系统流量或一皮流量的百分比，其计算方法与剥刮率类似。磨制等级粉时，测定各系统的取粉率的筛号一般为 12XX (112 μm)。

(三) 粒 度 曲 线

粒度曲线可体现研磨后不同粒度物料的分布规律。该曲线的横坐标表示筛孔尺寸，单位通常为 μm，纵坐标表示对应筛面所有筛上物的累计百分比，横坐标原点对应的筛上物累计量为 100%。

粒度曲线所反映的主要是磨粉机的研磨效果，其形状、位置与筛网的规格无关。而原料的性质及磨辊的表面状态对粒度曲线的形状有影响，原料为硬麦、磨下物中粗颗粒状物料较多时，曲线大多凸起。研磨原料为软麦、磨下物中细颗粒状物料较多时，曲线一般下凹。

由于一般粒度曲线的弯曲度较小，近乎一条直线，在对磨下物进行粗略的估算时，为了使用方便，所有皮磨的粒度曲线都可近似看成是直线，该直线称为皮磨理论粒度曲线。制粉厂制粉效果达到最佳状态时所绘制的粒度曲线，称为最佳粒度曲线。通过最佳粒度曲线可较准确地反映出对应磨粉机的研磨状态及各在制品的分配情况，若预先设定好在制品数量，通过最佳粒度曲线可以确定对应的平筛筛网规格。因此，最佳粒度曲线既可指导操作，又是粉路技术参数选配的主要参考依据。

第四节　筛　　理

在小麦制粉生产过程中，每道磨粉机研磨之后，粉碎物料均为粒度和形状不同的混合物，其中一些细小胚乳已达到小麦粉的细度要求，需将其分离出去，否则，将使后续设备负荷增大、产量降低、动耗增加、研磨效率降低；而粒度较大的物料也需按粒度大小分级，根据粒度大小、品质状况及制粉工艺安排送往下道工序进行连续处理。制粉厂通常采用筛理的方法完成上述分级任务。常用设备为平筛和圆筛。

一、各系统物料的物理特性

1. 皮磨系统

前路皮磨系统筛理物料的物理特性是容重较高，颗粒体积大小悬殊，且形状不同，在皮磨剥刮率不很高的情况下，筛理物料温度较低、麸片上含胚乳多而且较硬、麦渣颗粒较大、含麦皮较少，因而散落性、流动性及自动分级性能良好。在筛理过程中，麸片、粗粒容易上浮，粗粉和小麦粉易下沉与筛面接触，故麸片、粗粒、粗粉和小麦粉易于分离。

在后路皮磨系统，由于麸片经逐道研磨，筛理物料麸多粉少、渣的含量极少。这种物料的物理特性是体积松散、流动滞缓、容重低，而颗粒的大小不如前路系统差别大。同时，混合物料的质量次，麸片上含粉少而软，渣的颗粒小，麸、渣、粉相互粘连性较强。这些特点的存在，就使其散落性降低，自动分级性差。在筛理时，麸、渣上浮和小麦粉下沉都比较困难，因而彼此分离就需要较长的筛理行程。

2. 渣磨系统

采用轻研细刮的制粉方法时，渣磨系统研磨的物料主要是皮磨或清粉系统提取的大粗粒。大粗粒中含有胚乳颗粒、粘连麦皮的胚乳颗粒和少量麦皮，这些物料经过渣磨研磨后，麦皮与胚乳分离、胚乳粒度减小。因此筛理物料中含有较多的中小粗粒、粗粉、一定量的小麦粉和少量麦皮，渣磨采用光辊时还含有一些被压成小片的麦胚。胚片和麦皮粒度较大，其余物料粒度差异不十分显著，散落性中等，筛理时有较好的自动分级性能，粗粒、粗粉和小麦粉较容易分清。

3. 心磨和尾磨系统

心磨系统的作用是将皮磨、渣磨及清粉系统分出的较纯的胚乳颗粒(粗粒、粗粉)磨细成粉。为提高小麦粉质量，心磨多采用光辊，并配以松粉机辅助研磨，所以筛理物料中小麦粉含量较高，尤其前路心磨通过光辊研磨和撞击松粉机的联合作用，筛理物料含粉率在50%以上，同时较大的胚乳粒被磨细成为更细小的粗粒和粗粉。因此心磨筛理物料的特征是：麸屑少、含粉多、颗粒大小差别不显著、散落性较小。要将所含小麦粉基本筛净，需要较长的筛理路线。

尾磨系统用于处理心磨物料中筛分出的混有少量胚乳粒的麸屑及少量麦胚。经光辊研磨后，胚乳粒被磨碎，麦胚被碾压成较大的薄片，因此筛理物料中相应含有一些品质较差的粗粉、小麦粉，以及较多的麸屑和少量的胚片。若单独提取麦胚，需采用较稀的筛孔将麦胚先筛分出来。

4. 打麸粉(刷麸粉)和吸风粉

用打麸机(刷麸机)处理麸片上残留的胚乳，所获得筛出物称为打麸粉(刷麸粉)，气力输送风网中卸料之后的含粉尘气体、制粉间低压除尘风网(含清粉机风网)的含粉尘气体经除尘器过滤后的细小粉粒称为吸风粉。这些物料的特点是粉粒细小而黏性大，吸附性强，容重低而散落性差，流动性能差，筛理时不易自动分级，粉粒易黏附筛面，堵塞筛孔。

二、筛 理 设 备

筛理设备主要有平筛和圆筛。平筛是小麦粉厂最主要的筛理设备，具有以下优点：能充分利用厂房空间安装设备；在同样的负荷下，筛理效率较高；对研磨在制品的分级数目多，单位产量的动力消耗少；由于入筛物料能充分自动分级，可提高筛出物质量。圆筛多用于处理刷麸机(打麸机)刷下的麸粉和吸风粉，有时亦可用于流量小的末道心磨系统筛尽小麦粉。

三、影响高方平筛筛理效率的因素

(一)物料方面的因素

1. 物料的散落性

硬麦研磨后颗粒状物料较多，流动性较好，易于自动分级。小麦粉多呈细小砂砾状，易于穿过筛孔，而麦皮易碎。为保证面粉质量，粉筛筛网应适当加密。软麦研磨后物料麸片较大，颗粒状的物料相对较少，粗粉和细粉较多，流动性稍差，在保证粉质的前提下，可适当放稀粉筛筛孔或延长筛理路线。

2. 物料水分

筛理物料水分高时，流动性及自动分级性能变差，细粉不易筛理且易堵塞筛孔，麸片大(尤其是软麦)易堵塞通道，应适当降低流量或放稀筛孔。

3. 物料粒度与质量

筛理物料的形状、粒度和密度差别大时，自动分级性能好，筛理效率高。后路较前路物料分级性能差，且筛孔较密，需要较长的筛理长度。

4. 环境因素

筛理的工作环境，即温度和湿度对筛理效率有较大影响。温度高、湿度大时，筛理物料流动性变差，筛孔易堵塞，故在高温和高湿季节，应适当放稀筛孔或降低产量，并注意定时检查清理块的清理效果，保证筛孔畅通。

(二)设备方面的因素

1. 筛路的组合及筛孔配置

各仓平筛筛路组合的完善程度与其筛理效率直接相关。筛路组合时要根据各仓平筛物料的流量、筛理性质、筛孔配备、分级后物料的数量及分级的难易程度，合理地确定分级的先后次序，并配以合适的筛理长度，使物料有较高的筛净率，同时避免出现“筛枯”。

筛孔的配备对筛理效率、产量及产品的质量都有很大影响，应根据筛理物料的分级性能、粒度、含应筛出物的数量、筛理路线等因素合理选配。筛网配置的一般原则如下：整个粉路中，同类筛网“前稀后密”；每仓平筛中，同组筛网“上稀下密”；筛理同种物料，流量大时适当放稀；物料质量差时，适当加密。

2. 筛面的工作状态

筛面工作时，既要承受物料的负荷，还要保证物料的正常运动，因此，必须有足够的张力。否则筛面松弛，承受物料后下垂，筛上物料运动速度减慢，筛理效率降低，甚至造成堵塞。同时，筛面下垂还会压住清理块，使其运动受阻，筛孔得不到清理而堵塞。物料在筛理过程中，一些比筛孔稍大的颗粒会卡入孔中而阻塞筛孔，若不清理，必然降低有效筛理面积，降低筛理效率。另外，物料与筛面摩擦所产生的静电，使一些细小颗粒黏附在筛面下方，阻碍颗粒通过筛孔。因此，筛面的清理极为重要。

3. 平筛的工作参数

筛理的必要条件是物料在筛面上产生相对运动，运动过程中的自动分级，小的、重的、光滑的颗粒沉于料层底部接触筛面，颗粒粒度小于孔径时，在重力作用下穿过筛孔。

物料的相对运动轨迹半径随平筛的回转半径和运动频率的增加而增大。物料的相对运动回转半径增大，向出料端推进的速度加快，平筛处理量加大。若物料相对运动回转半径过大，则使一些细小颗粒未沉于底层即被推出筛面，而接触筛面的应穿孔物料因速度大无法穿过筛孔，从而降低筛理效率；若物料相对运动回转半径过小，则料层加厚，分级时间延长，降低通过的物料量。因此，平筛的回转半径和运动频率要配合恰当。

4. 流量

各系统平筛的处理量随筛理物料的粒度、容重、筛孔大小等因素变化。一般皮磨流量较大，渣磨次之，心磨较低；前路流量较大，后路相对减小。

为达到相同的筛理效果，某种物料分几仓筛理时，负荷分配要均衡。同道物料可采用“分磨混筛”。流量较大时，可采用“双路”筛理，减少筛上物的厚度。

四、筛理效率的评定

筛理效率是衡量筛理设备效果的指标，它可分为筛净率和未筛净率两个方面。

(一)筛　净　率

实际筛出物的数量占应筛出物的数量的百分比，称为筛净率。

$$\eta = \frac{q_1}{q_2} \times 100\%$$

式中，η 为筛净率，%；q_1 为实际筛出物的数量，%；q_2 为应筛出物的数量，%。

实际生产中分别测出进机物料和筛出物流量，筛出物占进机物料流量的百分比，即为实际筛出物的数量 q_1。在入筛物料中取出 100 g 左右的物料，用与平筛中配置筛孔相同的检验筛筛理 2 min，筛下物所占百分比即为应筛出物的数量 q_2。

(二)未 筛 净 率

应筛出而没有筛出的物料数量占应筛出物的数量的百分比，称为未筛净率。

$$H = \frac{q_3}{q_2} \times 100\%$$

式中，H 为未筛净率；q_3 为应筛出而未筛出物的数量，%。

$$q_3 = q_2 - q_1$$

故

$$H = 1 - \eta$$

评定某一仓平筛的筛理效率时，需对该仓中的粗筛、分级筛、细筛及粉筛逐项进行评定。

在实际筛理过程中，筛孔越小，物料越不易穿过，越难以筛理。为简化起见，一般仅评定该仓粉筛的筛理效率。

第五节　清　　粉

一、清粉的目的及工作原理

1. 清粉的目的

高方平筛是按粒度对物料进行筛理分级的，所提取的粗粒、粗粉中通常还含有少量相同粒度的皮或连皮胚乳，这样的物料若送往心磨研磨，对小麦粉质量将有不利影响，而清粉则利用风筛结合的共同作用，对平筛筛出的各种粒度的粗粒、粗粉按质量和粒度进行提纯和分级，以得到纯度更高的粗粒、粗粉。所用设备为清粉机。

2. 清粉机的工作原理

清粉机是利用筛分、振动抛掷和风选的联合作用将粗粒、粗粉混合物分级的。清粉机工作机构是一组小倾角振动面，倾角一般为 1°～2°，筛面为 2 或 3 层，每层分为 4 段，从进口到出口筛网逐段放稀。筛面上方设有吸风道，气流自下而上穿过筛面及筛上物料。清粉机筛面在振动电机的作用下做往复抛掷运动，物料落入筛面后，筛面的倾斜振动使物料被抛掷向前，呈松散的状态并向出口方向流动，而由于上升气流的作用，物料在向前运动的过程中自下而上地按以下顺序自动分层：小的纯胚乳颗粒、大的纯胚乳颗粒、较小的混合颗粒、大的混合颗粒、较大的麸皮颗粒及较轻的麦皮。各层间无明显的界线，尤其大的纯胚乳颗粒与较小的混合颗粒之间区别更小。选择合适的气流速度，配备合适的筛孔，让物料在多层筛面上逐层分级，逐层逐段分选，使得下层筛面筛上物的平均品质较上层好，而同层筛面前段的物料较后段好。

二、清粉机的主要结构

清粉机主要由喂料机构、筛体、筛格、出料机构、传动机构、风量调节机构等 6 个部分组成。

清粉机根据筛体个数的不同分为单式和复式两种，复式清粉机具有两组筛体；按筛面层数的不同，分为双层和三层两种；按传动方式不同，分为偏心传动和自衡振动两种。目前常用的 FQFD46×2×3 型清粉机为自衡振动、三层筛面、复式结构。FQFD46×2×3 型清粉机主要由机架、喂料机构、筛体、吸风机构、出料机构和振动机构等部分组成。

三、影响清粉机效率的因素

(一) 原料方面的影响

1. 物料粒度的均匀度

清粉机进机物料颗粒的均匀度与清粉效果直接相关，若粒度差别大，大粒的麦皮与小粒的胚乳悬浮速度接近，很难分清。因此，为提高粗粒、粗粉的清粉效果，必须在清粉前将物料预先分级，缩小其粒度范围，并在筛理时设置合适的筛理长度筛净细粉。否则，所含细粉将被吸走成为低等级面粉，而且这些细粉容易在风道中沉积，造成风道堵塞而影响清粉效果。

2. 物料的品质

硬麦胚乳硬、麦皮薄易碎，研磨后提取的大、中粗粒较多，粗粒中的胚乳颗粒含量较高，流动性好、易于穿孔，因而筛出率相对较高。软麦皮厚，胚乳结构疏松，研磨后提取的大粗粒数量较少且粒形不规则，所含的连皮胚乳颗粒和麦皮较多，因而筛上物数量较多，筛出率较低，所以在配备清粉机筛孔时，应选择较稀的筛网。

3. 物料的水分

进机物料的水分越少，散落性越好，自动分级效果越好，清粉效果越好。

(二)设备方面的因素

1. 清粉机的运动参数

清粉机的运动参数包括振幅、振动频率和筛体抛掷角度，其中振动频率一般保持不变。筛体的振幅对产量、清粉效果等都有一定的影响。振幅增大，筛面上物料的运行速度加快，产量提高，但因物料接触筛面的机会减少，筛出率将会降低。清粉机进料量增大，可采用较大的振幅；进料量减少，则需较小的振幅。振动电机传动的清粉机，缩小振动电机两端偏重块的夹角即增加两端偏重块的重叠部分，可增大振幅和筛体的激振力(转速一定)。

筛体的抛角对清粉效果和产量也有一定的影响，清粉机工作时筛体做倾斜向上的抛掷振动，此运动可分解为垂直和水平两个方向的运动。前者使物料松散开，利于气流穿过料层，易于精选分级；后者则使物料逐渐向出料端推进。筛体前段采用较大的抛掷角度，利于物料分层，提高精选分级效果。偏心传动的清粉机，可通过调整前后吊杆倾角改变筛体的抛掷角度。精选大粗粒时选用较大的抛掷角度(7.5°～12°)，精选中、小粗粒时用较小的抛掷角度(4.5°～6.0°)。振动电机传动的清粉机，通过调整两台振动电机的装置角度可改变筛体抛掷角度。

2. 筛面的工作状态

筛面工作状态主要指筛面的张紧情况和清理效果。清粉机工作时，要求筛网有足够的张力来承托物料的负荷，使物料能沿筛面宽度均匀分布，做相应的分级运动。否则，筛面下垂，物料集中在筛格中部，物料运动受阻，分级状态变差，风选作用减弱，清理刷受压不能正常动作而引起筛孔堵塞，上述状况均造成清粉效果的降低。因此，清粉机筛网必须张紧，并在使用过程中，通过观察物料的运动状况和筛网的伸展程度定期张紧。

筛面工作时，清理刷应运行自如，保证筛孔畅通。

3. 筛网配置

筛网的配备是影响筛出率的主要因素。清粉机筛网的配备必须与物料的性质、流量、粒度、设备条件和吸风情况等相适应。

筛网配置的总原则：同层筛网前密后稀，同段筛网上稀下密。

由于自下而上气流的作用和料层厚度的影响，清粉机的下层头段筛网应明显稀于入机物料筛选分级的留存筛网号，从而使其中的细小纯胚乳粒穿过筛网成为筛下物。末段筛网应稀于或等于入机物料筛选分级的穿过筛网号，使大的纯胚乳粒穿过筛孔。中间各段筛号可均匀分布(筛号差别小时，相邻两段可取相同筛号)。同段下层筛网应比上层密 2 号；精选的物料粒度越小，分级难度越大，筛孔应比物料粒度大得越多；流量大时，筛孔应适当放稀。

若筛网配备过密，灰分降低率提高，但筛出率会降低；若配备过稀，筛出率增加，但筛下物的品质较差。筛面的调整还将改变后续设备的流量，对粉路流量平衡产生影响。生产过程中可根据筛出率的情况对筛格进行调整，因此每台清粉机至少配备6～8格备筛格。

4. 流量

清粉机流量以每小时每厘米筛面宽度上清粉物料的质量表示。清粉机的流量对筛面上混合颗粒的分层条件有很大影响，其流量大小取决于被精选物料的组成、粒度和均匀程度。精选物料粒度大，流量较高；精选物料粒度小，则流量较低。

若清粉机流量过大，筛面上料层过厚，使混合物料不能完全自动分级，气流因阻力大而难以均匀通过料层，清粉效果明显降低；若流量过小，则气流易从料层过薄处溢出，不能良好分级而降低清粉效果。因此适宜的工作流量是保证清粉效果的重要条件之一。

5. 风量

清粉机的风量取决于清粉物料的类别，大粗粒比细小物料需要更多的风量。清粉机全负荷生产时，总风门要开启2/3，保证各段筛面有足够的吸风量。

总风量确定之后，各吸风室的风门要做相应调节。一般情况下，筛体前段料层较厚，需将前段吸风室风门开大些，使物料迅速松散并向前运行。其他各段风门通过观察物料的运行状况来精细调节，使通过筛面的气流在物料中激起微小的喷射，较轻的麦皮飘逸上升被吸入风道，较重的物料被气流承托着呈沸腾状向出料端推进。

在控制吸风量的同时，清粉机的喂料活门必须根据物料流量大小合理地调节，保证清粉物料连续均匀地分布在全部筛面宽度上，并覆盖在全部筛面长度上，否则气流将从料层薄或无料处筛面走捷径而溢出，失去风选作用。流量不足的情况下，允许出料端筛面有少量裸露，但应关小该段吸风室的风门。

清粉机工作时，其观察门不可随意取下，应使其处于良好的密闭状态，否则风选作用会降低甚至丧失。

四、清粉效率的评定

清粉机的工艺效果以物料经清粉后，精选出粗粒、粗粉的数量及相应的灰分降低程度来衡置。清粉机提纯出的粗粒、粗粉数量越多，其灰分与清粉前的物料灰分相差越大，清粉效果越高。

清粉机的清粉效率按下式计算，即

$$\eta = \eta_1 \times \eta_2$$

式中，η为清粉机的清粉效率，%；η_1为粗粒、粗粉筛出率(%)；η_2为精选后粗粒、粗粉灰分降低率，%。

第六节 (刷)麸和松粉

打(刷)麸和松粉是制粉工艺中必不可少的辅助环节。打(刷)麸的目的是将麸片上的残留胚乳打下，提高成品面粉出率；松粉的目的是将压成片状的面粉松散，尽快将符合要求的面粉筛分出去，防止面粉因过度研磨造成品质下降。打(刷)麸使用的设备是打麸机或刷麸机；松粉使用的设备为撞击松粉机或打板松粉机。在配粉过程中，通过撞击松粉机可以起到杀灭虫卵的作用。

一、打（刷）麸

中后路皮磨平筛提取的麸片上大多还黏附有粉料，若继续研磨对工作效果不利，所以在研磨前，通常对这些物料采用打麸机进行处理。

打麸机是利用高速旋转打板的打击作用，分离并提取黏附在麸皮上的粉粒。对麸皮进行清理后，可有效地减轻后续皮磨的负担，因而对研磨设备有明显的辅助作用。打麸机分为立式和卧式两种。

打(刷)麸机的主要工作机构是立式或卧式的工作圆筒及其筒内装有打板(或刷帚)的转子。打麸机的工作圆筒为冲孔筛板。刷麸机的工作圆筒为软低碳钢丝布或冲孔薄钢板。打(刷)麸过程中，穿过筛孔的物料称为打(刷)麸粉，把其中的一部分细粉筛出来，可以并入成品。

二、松　粉

在小麦制粉过程中，从皮磨系统获得的粗粒和粗粉，经磨粉机光辊研磨，受到挤压力和剪切力，不仅被粉碎成能穿过粉筛的小麦粉，而且形成一定数量的粉片和预破损的胚乳颗粒。粉片通过松粉机的打击和撞击作用，便可进一步得到粉碎，较容易地研磨成小麦粉。对粗粒和粗粉研磨，采用两阶段研磨，即物料先经磨粉机光辊研磨，再进入松粉机进一步研磨，可提高粗粒与粗粉的成粉率，缩短研磨道数，节约动力消耗。

松粉设备一般有撞击松粉机和打板松粉机。其中，撞击松粉机又可以分为普通撞击松粉机、强力撞击松粉机、变速撞击松粉机三种。撞击松粉机有强烈的研磨作用，适应于处理前路心磨磨下物。打板松粉机作用缓和、体积小、动耗低、安装灵活，可用来处理渣磨和中、后路心磨研磨后的物料。

第七节　小麦制粉方法

一、粉路设计的原则

制粉流程是将各制粉工序组合起来，对净麦按规定的产品等级标准进行加工的生产工艺流程。制粉流程简称粉路，包括研磨、筛理、清粉、打(刷)麸、松粉等工序。粉路的合理与否，是影响制粉工艺效果的最关键因素。

(1)制粉方法合理。根据产品的质量要求、原料的品质及单位产量、电耗指标等，确定合理的制粉方法，即粉路的“长度”、“宽度”和清粉范围等。

(2)质量平衡(同质合并)。将粒度相似、品质相近的物料合并处理，以简化粉路，方便操作。

(3)流量平衡(负荷均衡)。粉路中各系统及各台设备的配备，应根据各系统物料的工艺性质及其数量来决定，使负荷合理均衡。

(4)循序后推。粉路中在制品的处理，既不能跳跃式后推，也不能有回路，应逐道研磨，循序后推。

(5)连续、稳定、灵活。净麦、吸风粉、成品打包应设一定容量的缓冲仓，设备配置和选用应考虑原料、气候、产品的变化。工艺要有一定的灵活性。

(6)节省投资，降低消耗。除遵循上述原则组合粉路外，还要根据粉路制订合理的操作指标，以保证良好的制粉效果。

二、常用的制粉方法

1. 前路出粉法

前路出粉法顾名思义是在系统的前路（一皮磨、二皮磨和一心磨）大量出粉（70%左右），整个粉路由3～4道皮磨、3～5道心磨系统组成。生产面粉等级较高时还可以增设1～2道渣磨。小麦经研磨筛理后，除大量提取面粉外，还分出部分的麸片（带胚乳的麦皮）和麦心，由皮磨和心磨系统分别进行研磨和筛理，胚乳磨细成粉，麸皮剥刮干净。在前路制粉法中，通常不使用清粉机，磨辊全部采用齿辊。采用前路出粉法流程比较简单，使用设备较少，生产操作简便，生产效率较高，但面粉质量差。前路出粉法在磨制标准粉时使用较广泛，目前已较少采用。

2. 中路出粉法

中路出粉法是在整个系统的中路（1～3道心磨）大量出粉（35%～40%），前路皮磨的任务不是大量出粉，而是给心磨和渣磨系统提供麦心和麦渣。整个粉路由4～5道皮磨、7～8道心磨、1～2道尾磨、2～3道渣磨和3～4道清粉等系统组成。小麦经研磨筛理后，除筛出部分面粉外，其余在制品按粒度和质量分成麸片、麦渣、麦心等物料，分别送往各系统处理。麸片送到后道皮磨继续剥刮，麦渣和麦心通过清粉系统分开后送往心磨和渣磨处理，尾磨系统专门处理心磨系统送来的小麸片。在中路出粉法中，大量使用光辊磨粉机，并配备各种技术参数的松粉机。中路出粉法的主要特点是轻研细分，粉路长，物料分级较多，单位产量较低，电耗较高，但最大的优点是面粉质量好。目前，大多数制粉厂采用的制粉方法为中路出粉法。

3. 剥皮制粉法

剥皮制粉法是在小麦制粉前，采用剥皮机剥取5%～8%的麦皮，再进行制粉的方法。采用剥皮制粉法在中路出粉法的基础上，皮磨系统可缩短1～2道，心磨系统可缩短3～4道，但渣磨系统需增加1～2道。皮磨和心磨系统缩短是由于剥去部分皮层，中后路提心数量减少；以及通过2～3次润麦，心磨物料强度降低所造成。采用剥皮制粉法，可以大大简化工艺。尤其处理一些发芽陈麦时，采用剥皮制粉法可以提高面粉质量。剥皮制粉法的主要特点是粉路简单，操作简便，单位产量较高，面粉粉色较白，但麸皮较碎，电耗较高，剥皮后的物料在调质仓中易结拱。目前，有部分制粉厂采用剥皮制粉法进行生产。

第八节　小麦粉后处理

小麦粉的后处理是小麦粉加工的最后环节，这个环节包括：小麦粉的收集、杀虫与配制，小麦粉的修饰与营养强化，小麦粉的称量与包装。小麦粉后处理主要是以小麦粉的品质指标作为重点分析对象，根据各种基础小麦粉的品质特性按照一定比例进行合理搭配，然后针对基础小麦粉与专用小麦粉存在的品质差异，通过合理使用小麦粉品质改良剂进行改良，以烘焙或蒸煮实验的结果作为最终的评定标准，保证产品质量符合食品加工所需食品专用小麦粉的要求。在现代化的小麦粉加工厂，小麦粉的后处理是必不可少的环节。

一、小麦粉后处理的方法

(一)面粉的收集

在粉路中，对各道平筛筛出的小麦粉进行收集、组合与检查的工艺环节称为小麦粉的收集。

粉路中各道平筛都配有粉筛，因此粉路中一般有数十个出粉口，须设置相应的设备收集各出粉口排出的小麦粉；由于小麦粉来自粉路中不同的部位，品质不相同，这就应该根据产品要求及小麦粉的品质，对各出粉口提取的小麦粉进行分配、组合，以形成符合要求的产品。

面粉的收集是将从高方筛下面筛出的面粉，按质量分别送入几条螺旋输送机中，然后经过检查筛、杀虫机、称重送入配粉车间，成为基本面粉。

(二)面粉的配制

优质的原粮小麦是生产专用小麦粉的基础，先进的制粉工艺是生产专用小麦粉的关键，而配粉则是生产专用小麦粉的重要手段。如果没有完善的配粉系统，就不可能生产出高精度、多品质的专用小麦粉。配粉是将几种单一品种的小麦分别加工，生产出不同精度、不同品种的基础粉，然后按照专用小麦粉的品质要求，特别是面团流变特性的要求，经过适当比例的配合，制成符合专用小麦粉质量要求的制粉过程。

不同的研磨系统所制得的小麦粉的品质不同，如前路生产的小麦粉面筋质含量较低，而面筋的质量最佳；后路生产的小麦粉因受皮层物料的影响，灰分逐道增加，越往后，粉色越差，灰分含量越高。小麦粉生产中质量变化的一般规律如下所述。灰分含量：前路心磨粉低于渣磨粉，渣磨粉低于后路心磨粉，心磨粉低于皮磨粉，前路粉低于后路粉；面筋含量：皮磨粉高于渣磨粉，渣磨粉高于心磨粉，后路粉高于前路粉；面筋质量：皮磨粉延伸性好、弹性差，心磨粉延伸性差、弹性好，渣磨粉延伸性、弹性适中，重筛粉与皮磨粉品质相似；烘焙质量：渣磨粉和前路心磨粉高于后路皮磨粉和后路心磨粉，前路皮磨粉适中。经过对各个粉流的品质化验，特别是面团流变特性和烘焙性能的实验，掌握各粉流的吸水率、形成时间、延伸性、烘焙性能等特点，然后根据专用小麦粉的要求，优选粉流进行混配，就可以获得高质量的专用小麦粉。

基本面粉经检查筛检查后，入杀虫机杀虫，再由螺旋输送机送入定量秤，经正压输送送入相应的散存仓。散存仓内的几种基本面粉，根据其品质的不同按比例混合搭配，或根据需要加入品质改良剂、营养强化剂等，成为不同用途、不同等级的各种面粉。面粉的搭配比例，可通过各面粉散存仓出口的螺旋喂料器与批量称来控制。微量元素的添加通过有精确喂料装置的微量元素添加机实现，最后通过混合机制成各种等级的面粉。配粉车间制成的成品面粉，可通过气力输送送往打包间的打包仓内打包或送入发送仓，用汽车、火车散装发运。

(三)面粉的修饰

面粉的修饰是指根据面粉的用途，通过一定的物理或化学方法对面粉进行处理，以弥补面粉在某些方面的缺陷或不足。各种添加剂对改良小麦粉品质有很强的针对性和使用范围，应本着“合理、安全、有效”的原则，选择的产品必须符合国家相关质量指标和规定标准，在使用范围内添加确保对人体无害。面粉修饰的方法有很多种，最常用的方法是氧化、还原酶处理等。

1. 氧化(增筋)

小麦的面粉蛋白中含有很多巯基，这些巯基在受到氧化作用后会形成二硫键，二硫键数量的多少对面粉的筋力起着决定性的作用，因此对面粉的氧化处理可以增加面粉的筋力，改善面筋的结构性能。此外，氧化剂还具有抑制蛋白酶的活性和增白的作用。常用的氧化剂有快速、中速和慢速三种类型。快速型氧化剂有碘酸钾、碘酸钙等，中速型氧化剂有L-维生素C，慢性氧化剂有溴酸钾、溴酸钙等。对面包专用粉宜采用中、慢速氧化剂，因为它们在发酵、醒发及焙烤初期对面粉的筋力要求较高。面粉中常用的氧化剂为溴酸钾和L-维生素C，二者混合使用效果更佳。对筋力较强的面粉氧化作用的效果较为显著，而对筋力较弱的面粉，氧化剂的作用不是很明显，因此应根据面粉的具体特点选择合适的氧化剂。

2. 还原(减筋)

大多数糕点、饼干不需要面筋筋力太强，因而需要弱化面筋。常用的减筋方法为还原法，也可通过添加淀粉和熟小麦粉来相对降低面筋筋力。

还原剂是指能降低面团筋力，使面团具有良好可塑性和延伸性的一类化学物质。它的作用机理是破坏蛋白质分子中的二硫键形成硫氢键，使其由大分子变为小分子，降低面团筋力和弹性、韧性。常用的还原剂有L-半胱氨酸(使用量小于70×10^{-6} mg/kg)、亚硫酸氢钠(使用量小于50×10^{-6} mg/kg)和山梨酸(使用量小于30×10^{-6} mg/kg)等。其中，亚硫酸氢钠广泛用于韧性饼干生产中，目的是降低面团弹性、韧性，有利于压片和成型。

3. 酶处理

面粉中的淀粉酶对发酵食品(如面包、馒头等)有一定的作用，一定数量的淀粉酶可以将面粉中的淀粉分解成可发酵糖，为酵母提供充足的营养，保证其发酵能力。当面粉中的淀粉酶活性不足时，可以添加富含淀粉酶的物质(如大麦芽、发芽小麦粉等)以增加其淀粉酶的活性。对于饼干用面粉，有时为了降低面筋的筋力，需要加入一定的蛋白酶水解部分的蛋白质，以满足饼干生产的需要。

(四)面粉的强化

21世纪，健康和营养将是人们饮食的主导思想，小麦粉是人们经常食用的主食之一，但随着小麦粉加工精度的不断提高，小麦粉中维生素和矿物质的含量越来越低，且小麦粉中赖氨酸含量低，影响人体对蛋白质的吸收。因此，对小麦粉的强化，有利于提高我国居民营养状况。

面粉的营养强化可分为氨基酸强化、维生素强化和矿物质强化。

1. 氨基酸强化

人体对蛋白质的吸收程度取决于蛋白质中的必需氨基酸的比例和平衡，小麦面粉中的赖氨酸和色氨酸最为缺乏，属第一和第二限制性氨基酸。

面粉中的氨基酸强化主要是强化赖氨酸，强化的方法是在面粉中直接添加赖氨酸，也可以在面粉中添加富含赖氨酸的大豆粉或大豆蛋白。研究表明，在面粉中添加1 g赖氨酸，可以增加10 g可利用蛋白。赖氨酸的添加量一般为1～2 g/kg。

2. 维生素强化

维生素是人体内不能合成的一种有机物质，人体对维生素的需求量很小，但维生素的作用却非常重要，因为它是调节和维持人体正常新陈代谢的重要物质。某种维生素的缺乏就会导致相应的疾病。由于饮食习惯及其他原因，维生素缺乏症在我国比较常见，在面粉中添加维生素是一种有效的途径。

人体需求量比较大的维生素是B族维生素和维生素C。我国规定，面粉中的维生素B_1、维生素B_2的添加量为4～5 mg/kg。在面粉中添加维生素时，应考虑维生素的稳定性，有些维生素（如维生素C）性质十分不稳定，添加时应进行一定的稳定化处理。

3. 矿物质强化

矿物质是构成人体骨骼、体液，以及调节人体化学反应的酶的重要成分，它还能维持人体体液的酸碱平衡。我国有相当多的儿童和老年人缺乏钙质元素，据调查，我国有60%的儿童在主食中获得锌的量低于正常值（110 mg/kg），因此，补钙和补锌是当前营养食品的主流功能之一。以面粉作为钙和锌的添加载体，其添加量比较容易掌握，在英国、美国、法国等国家，向面粉中添加锌强化剂已有法律规定。

钙的强化剂有骨粉、蛋壳粉和钙化合物（主要是弱酸钙）；常见的锌强化剂有葡萄糖酸锌、乳酸锌和柠檬酸锌，其中最常用的是柠檬酸锌。除了钙和锌以外，铁也是人体需要较多的矿物质元素之一，铁的缺乏会导致缺铁性贫血，铁的强化主要是添加葡萄糖酸亚铁、硫酸铁等。

二、小麦粉后处理设备

（一）杀　虫　机

小麦经过研磨和筛理后，制成的小麦粉中存在一定数量的虫卵，这些虫卵在环境条件适宜时就会孵化成幼虫，这些虫卵的存在会影响小麦粉的储藏品质，因此必须将这些虫卵杀死。

面粉厂的杀虫一般通过杀虫机来实现，杀虫机的工作原理类似于撞击松粉机，它能够利用对面粉颗粒的撞击消灭昆虫和虫卵，同时还能起到撞击机的作用。

（二）振动卸料器

振动卸料器是一种物料给料装置，它应用于面粉仓的底部，通过振动，使面粉均匀流出。它采用振动电机产生振动力，使振动器及内部的球面活化器随之振动，并将振动力通过活化器呈放射状传向物料，从而破坏仓内物料产生的起拱现象，使物料均匀、连续、不断地排出。电机停振，排料中断。它的特点是：结构简单、性能可靠、破拱性能强；能使面粉稳定、均匀、连续准确地排出；运行平衡、噪声低、节能、寿命长，给料量可调。

（三）面粉混合机

混合机与配粉秤配套使用，其作用是将多种不同的小麦粉及添加的微量物质混合均匀。面粉厂的混合机大都采用卧式混合机，其混合效率高、卸料迅速。常用的混合机有卧式环带混合机和双轴桨叶混合机。

混合机为间歇式工作设备，生产过程中，混合机保持转动状态，当配粉秤放料入混合机后，混合机开始混合，一般需要3～5 min才可使机内物料的混合均匀度达到要求。到达规定时间后，混合机开门排料，定时关闭料门，关门到位后配粉秤再放入下一秤小麦粉。混合机的工作周期应与配粉秤相同，混合量与配粉秤称量值相等。

三、小麦粉后处理工艺

小麦粉后处理工艺流程一般为

微量添加剂→稀释剂→预混合机
↓
面粉检查→自动秤→磁选器→杀虫机→面粉散存仓→配粉仓→配粉秤→混合机→打包仓→打包机

小麦粉后处理的工艺可分为两类。一类是将配粉仓与面粉散存仓合二为一，该工艺的优点是配粉仓兼作面粉散存仓，节省投资和动耗；缺点是由于配粉仓不能充分利用楼层空间，仓容受到限制。另一类是分别设立配粉仓和面粉散存仓的工艺流程，面粉散存仓的仓容较大，可以暂时储存一定数量的面粉，缓解销售的压力，同时还设有倒仓功能，防止面粉结块，散存仓的面粉可以直接打包也可以入配粉仓进行配粉；其缺点是提升的道数较多，能耗较大。

思考题

1. 小麦的分类有哪些？
2. 小麦籽粒的组织结构包括哪些部分？各部分的化学成分是什么？
3. 小麦品质包括哪些内容？
4. 小麦制粉的原理是什么？制粉过程中各系统及其作用是什么？
5. 小麦研磨的基本方法和主要设备是什么？影响研磨效果的因素有哪些？
6. 影响高方平筛筛理效率的因素有哪些？
7. 小麦清粉的目的、工作原理、影响因素是什么？
8. 什么是麦路？什么是粉路？
9. 面粉修饰的方法有哪些？
10. 面粉强化的方法有哪些？
11. 小麦粉后处理的设备有哪些？
12. 什么是打麸？影响打麸设备工艺效果的因素有哪些？
13. 什么是松粉？松粉的设备有哪些？

参考文献

杜仲镛. 2001. 粮食深加工. 北京: 化学工业出版社.
胡永源. 2006. 粮油加工技术. 北京: 化学工业出版社.
李里特. 2002. 粮油贮藏加工工艺学. 北京: 中国农业出版社.
李新华, 董海洲. 2009. 粮油加工学(2 版). 北京: 中国农业大学出版社.
刘英. 2007. 谷物加工工程. 北京: 化学工业出版社.
马涛. 2009. 谷物加工工艺学. 北京: 科学出版社.
田建珍, 温纪平. 2011. 小麦加工工艺与设备. 北京: 科学出版社.
吴非, 韩翠萍. 2012. 谷物科学与生物技术. 北京: 化学工业出版社.
姚惠源. 1999. 谷物加工工艺学. 北京: 中国财政经济出版社.
朱天钦. 1988. 制粉工艺与设备. 成都: 四川科学技术出版社.
朱永义. 2002. 谷物加工工艺与设备. 北京: 科学出版社.

第四章 玉米加工

第一节 概　　述

玉米是仅次于稻谷和小麦的第三大粮食作物。随着人们生活水平的提高，玉米作为主粮逐渐减少，而作为食品、医药、化工、饲料等工业用粮的比例不断上升。目前，以玉米为原料开发的产品已经有5000余种，如玉米糁、玉米粉、玉米胚、玉米淀粉、玉米胚芽油等。我国的吉林、山东、河南、河北等省的玉米加工业发展迅速，企业规模大，发展势头好。

一、玉米品质概述

(一)玉 米 结 构

玉米籽粒的基本结构包括种皮、胚乳、胚芽和梢帽(也称根冠)四个部分。玉米籽粒的外形为圆形或马齿形、稍扁，在籽粒的下部有根冠，去掉根冠后可见种皮上的一块弹性组织，即胚芽。透过种皮可以清楚地看到胚乳位于宽面的下部。沿胚乳正中纵向切成两半，其外面有一层厚皮，即种皮，种皮以内大部分是胚乳。

由于玉米籽粒生长时的相互挤压而使得玉米籽粒的形状成为扁形，而果穗上某些部位的玉米籽粒由于所受挤压作用的差异而成为比较宽、类似菱形或圆形的不规则形。正常玉米籽粒的基部窄而薄、顶部宽而厚，一般长度7～16 mm，宽度5～12 mm，厚度3～7 mm。总的来说，玉米籽粒的基本形状有两种：一种是籽粒扁平、呈马齿状、顶部凹陷、粒形较大，如马齿形玉米，这类玉米籽粒中淀粉含量较高，主要用于饲料和工业生产使用；另一种是籽粒近似圆形、顶部平滑、种皮有亮泽，这类玉米籽粒的适口性好，主要用于食用。玉米的形状不同，加工特性和储藏特性有较大的差异，其化学成分和营养价值也有差别。玉米籽粒的容重600～850 kg/m^3，玉米籽粒空隙度35%～55%，玉米堆静止角30°～40°，玉米籽粒的悬浮速度9.8～14.0 m/s，输送玉米气流速度25～30 m/s。

玉米籽粒的外部是由种皮包裹着的，种皮韧性很大，不易破碎。种皮占玉米籽粒质量的6%～8%，其中的成分是纤维素、色素和少量的淀粉、糖、蛋白质、维生素和矿物质等物质，种皮中的色素决定了玉米籽粒的颜色。种皮的作用是保护玉米籽粒不受外界的侵害，保证玉米籽粒成形和胚乳不散，种皮内是胚乳和胚芽。

玉米胚乳是种皮内主要和大量的结构成分，胚乳的质量占玉米籽粒质量的80%～85%，胚乳容易破碎。胚乳的主要成分是淀粉和蛋白质，还有纤维素、色素、脂肪、矿物质、糖、维生素和氨基酸等物质。在玉米籽粒的胚乳中，比较明显地分为粉质胚乳和角质胚乳两个部分，粉质胚乳部分是淀粉含量多、蛋白质含量少、白色不透明、松散的部分，角质胚乳部分则是含淀粉较少、含蛋白质较多、黄色半透明、坚硬的部分。例如，马齿型玉米籽粒的粉质胚乳大部分是在籽粒的顶部，高度约占籽粒的1/6，中部平面宽度约占籽粒的3/5，然后向下部延伸在角质胚乳内形成流层直至胚根部。

玉米胚芽是位于玉米籽粒的根基部分，位于玉米籽粒基部一侧，胚芽的根部连接种皮和根冠，其富有弹性和韧性不容易破碎。胚芽占籽粒质量的10%～15%。胚芽的主要成分是大量的脂肪、蛋白质、糖和少量的纤维素、矿物质、维生素、氨基酸和遗传基因等物质。胚芽整体呈三棱尖形，胚芽下圆、中间宽、上尖，靠种皮一侧是平面，在胚乳内的是菱形两面。胚芽的高度占籽粒的2/3～5/6，胚芽长度7～13 mm，宽度4～6 mm，厚度2～3.5 mm。玉米的胚乳和胚芽的含水量是不一样的，新收获的玉米胚乳含水量小于胚芽，但是干燥后的玉米胚乳含水量大于胚芽。

(二)玉米籽粒的化学组成

玉米籽粒中含有丰富的化学成分、营养成分和很高的代谢能。

在普通玉米籽粒中，糖类物质约占70%，其中淀粉是最主要的糖类成分，还有各种多糖、寡糖、单糖。甜玉米是个例外，在其胚乳中含有大量的蔗糖。

玉米籽粒的蛋白质含量为6.5%～13.2%，仅次于小麦和大米，是重要的食品和饲料蛋白质资源。根据蛋白质分子组成可以将玉米籽粒中的蛋白质分为球蛋白、白蛋白、醇溶谷蛋白、谷蛋白和其他蛋白质。这些蛋白质在玉米籽粒的各个结构部位的分布是不同的，胚芽中蛋白质含量比胚乳中的蛋白质含量要高些。在玉米胚乳蛋白质中，醇溶谷蛋白和谷蛋白分别占45%和40%；而在胚芽蛋白质中白蛋白、球蛋白和谷蛋白各占30%左右。玉米胚中的蛋白质的氨基酸组成相对比较全面，但是玉米胚乳中的玉米醇溶蛋白几乎不含赖氨酸。玉米蛋白质的生物价位60%，利用率57%，消化率85%。

玉米的粗脂肪含量为5%～6%，其亚油酸含量高，但是亚麻酸的含量较低。在玉米籽粒中，脂肪分布为：胚芽83%、胚乳15%、种皮1.5%、根冠0.7%。玉米胚芽的脂肪含量高达34%～47%，是重要的食用油资源。

玉米籽粒中的纤维主要分布在种皮和胚芽中。玉米纤维主要由中性膳食纤维、酸性膳食纤维、戊聚糖、半纤维素、纤维素、木质素、水溶性纤维等组成。种皮可以作为膳食纤维原料，其中，中性膳食纤维含量高达10%，而酸性膳食纤维含量仅仅占4%左右。

玉米中维生素有脂溶性维生素A、维生素E和水溶性维生素B。黄玉米含有大量的脂溶性维生素A和维生素E，水溶性维生素中以维生素B_1居多，而维生素B_2和维生素B_5较少。玉米中的烟酸大部分是结合型的。玉米籽粒中几乎不含有维生素D、维生素K、维生素C，也就是说，玉米的维生素是不全面的。

玉米籽粒的矿物质含量为1.1%～3.9%，其中含钾最多，其次为磷。

(三)玉 米 分 类

玉米分类有很多原则，通常是根据玉米的颜色、玉米籽粒形态与胚乳结构、玉米生育期、玉米化学成分和用途等来进行分类。

1. 根据玉米播种期来分

(1)春玉米：在春天3～5月上旬播种，秋天收获的玉米。

(2)夏玉米：在夏天5月中旬至6月底播种，秋天收获的玉米。

(3)秋玉米：立秋前后播种，霜降前收获的玉米。

2. 根据玉米颜色来分

(1)黄玉米：种皮为黄色，并包括略带红色的黄玉米。

(2)白玉米：种皮为白色，并包括略带淡黄色或粉红色的玉米。

(3)黑玉米：籽粒颜色相对较深(如紫、黑色等)的玉米。

(4)紫玉米：一种非常珍稀的玉米品种，为我国特产，因颗粒形似珍珠，故而有“黑珍珠”之称。

(5)彩色玉米：是来自黑色糯玉米的自然变异个体，经过人工多代分离选择形成的，如巴西五彩玉米、美国琉璃玉米等。

3. 根据玉米籽粒的形态和胚乳结构来分

1)*马齿型玉米* 这类玉米的果穗为圆柱形，玉米籽粒较大，呈扁平方形或扁平长形，籽粒胚乳的两侧为角质胚乳，而籽粒的中间和顶部胚乳是粉质型，成熟时籽粒顶部凹陷呈马齿状。马齿型玉米籽粒顶端的凹陷程度取决于淀粉含量的高低，淀粉含量高的玉米籽粒顶端凹陷得深，淀粉含量低的籽粒顶端凹陷得浅。玉米籽粒的粒色以黄色为主，次色为白色、红紫色。

2)*硬粒型玉米* 这类玉米的果穗多为圆锥形，籽粒坚硬，顶部圆形，有光泽、籽粒顶部和四周的胚乳都是角质胚乳，仅胚乳中心才有一小部分为粉质胚乳。籽粒以黄色居多，其次为白色，亦有红色和紫色。

3)*半马齿型玉米* 这类玉米介于硬粒型和马齿型玉米之间，其由硬粒型玉米和马齿型玉米的杂交种衍生而成，这类玉米的果穗长锥形或圆柱形。玉米籽粒的粒型和胚乳淀粉类型介于硬粒型玉米和马齿型玉米之间。

4)*粉质型玉米* 这类玉米的籽粒外形与硬粒型玉米相似，籽粒外表无光泽，籽粒的胚乳由粉质淀粉组成，仅外层有少量角质淀粉，组织松软，易磨粉。

5)*糯质型玉米* 糯质型玉米亦称蜡质型玉米、黏玉米。这类玉米果穗较小，玉米籽粒不透明、表面无光泽，籽粒切开后呈蜡状，胚乳淀粉全部由支链淀粉组成，淀粉呈黏性，煮熟后黏软、富有糯性、较适口，因而可以用于鲜食或做糕点，也可作为黏结剂及纺织业印染上浆用。按籽粒色泽可分为白糯、黄糯、紫糯、黑糯及彩糯，其中以白糯和黄糯品种最多。

6)*甜质型玉米(甜玉米)* 甜质型玉米也叫甜玉米，这类玉米果穗小，与其他玉米品种相比，籽粒胚乳中淀粉含量较低，其中的淀粉大部分为角质淀粉，同时胚乳中含有较多的水溶性多糖、脂肪和蛋白质。在玉米生长的乳熟期，玉米籽粒中的含糖量为12%～18%；在玉米生长的成熟期，籽粒皱缩、坚硬、呈半透明状。由于所带隐性基因种类不同，又分为普通甜玉米、超甜玉米和加强甜玉米。玉米籽粒的粒色有黄色、白色等。

7)*爆裂型玉米* 这类玉米的穗小轴细，粒小坚硬，籽粒顶端突出，有米粒形和珍珠形两种形状。籽粒的胚乳较大，多为角质胚乳，仅中央有少量粉质淀粉。在角质胚乳中，淀粉粒小，呈多角形，排列紧密，且淀粉间蛋白质基质和大量蛋白质粒相连，几乎无孔隙。玉米籽粒多为黄色、白色，红紫色较少。

8)*有稃型玉米* 这类玉米植株多叶，玉米籽粒外有稃包住，有时有芒，常自交不孕，籽粒坚硬，籽粒与穗轴连接结实，是一种原始的类型。这类玉米具各种形状和颜色，脱粒不便，无栽培价值。

4. 根据玉米籽粒的成分和用途来分

根据玉米成分和用途不同，可以将玉米分为特种玉米和普通玉米两大类。特种玉米是指普通玉米以外的具有更高经济价值、营养价值、加工价值或具有特殊用途的玉米品种或类型，其不是玉米分类学上的概念。特种玉米有专用玉米和优质玉米两类，专用玉米有鲜食玉米(如甜玉米、糯玉米、笋玉米等)、爆裂玉米、淀粉生产或发酵用玉米、饲料用玉米等类型，优质玉米有高油玉米、高蛋白玉米、高赖氨酸玉米、高淀粉玉米、高微量元素玉米等。

鲜食玉米是在乳熟期采摘果穗用于加工或直接食用的玉米类型，包括甜玉米、糯玉米、笋玉米等。鲜食玉米产出效益是普通玉米的 2～3 倍，采摘后的青秸粗蛋白含量是普通玉米的 1～2 倍，是奶牛理想的饲料。鲜食玉米生长期短，农药化肥施用量少，只要按照绿色食品规程生产，是理想的绿色食品。

(四)玉米的质量标准

由于玉米籽粒和植株在组成成分方面的许多特点，决定了玉米的广泛利用价值。不同用途的玉米质量要求是不一样的。《GB/T 1353—2009 玉米》、《GB/T 17890—2008 饲料用玉米》和《GB/T 8613—1999 淀粉发酵工业用玉米》是我国玉米收购、贸易和加工的质量依据，这三个玉米标准均以体积质量、不完善粒、杂质、水分、生霉粒等作为衡量玉米品质的主要指标，另外，《GB/T 17890—2008 饲料用玉米》标准还增设了粗蛋白质含量和脂肪酸值作为质量指标。《GB/T 8613—1999 淀粉发酵工业用玉米》标准则以淀粉含量作为玉米分等定级的指标，用于淀粉业的一级玉米、二级玉米和三级玉米的淀粉(干基)含量分别为≥75%、≥72%和≥69%；而《GB/T 1353—2009 玉米》和《GB/T 17890—2008 饲料用玉米》两个标准以体积质量和不完善粒为玉米分等定级的指标。食用玉米的卫生标准按照《GB/T 2715—2016 食品安全国家标准 粮食》及国家相关规定执行，而饲料用玉米的卫生标准则按照《GB/T 13078—2001 饲料卫生标准》及国家相关规定执行。关于玉米的储存品质，国家出台了《GB/T 20570—2015 玉米储存品质判定规则》。

二、玉米加工方法

玉米加工的工艺方法很多。按照玉米加工过程中是否使用大量的水作为介质，可分为干法加工和湿法加工两大类，凡是在玉米加工过程中未使用大量的水作为介质的工艺方法统称为玉米干法加工。玉米干法加工又可按照是否进行水汽调质处理分为半湿法加工和完全干法加工。按照生产的产品类型可以分为饲用加工、食用加工、淀粉加工、发酵深加工、玉米食品加工等。

(一)饲用联产加工方法

在玉米消费中，饲用消费所占的比例最大。我国饲用玉米加工仍处于直接粉碎玉米全粒用于饲料的低加工价值阶段。未来将大力提倡饲用联产加工方法，即在加工提取饲用产品的同时，优先分离提取玉米胚、玉米皮、少量具有低脂肪和低蛋白特性的玉米粉，从而强化玉米资源的综合利用与开发；或者采用其他玉米加工、深加工的产品和副产品等用作饲用原料，从而达到联产增效的目的。

(二)食用产品联产加工方法

以半湿法联产工艺为代表，主流工艺包括玉米清理、水热调质处理、破糁脱胚、提糁提胚(分级)、研磨筛分等工序，并配合设置胚糁分离提纯的辅助工艺，可以生产玉米糁、玉米粗粉、玉米粉、低脂玉米粉和其他专用玉米制品，以及玉米胚、玉米皮等副产品。

(三)湿法淀粉加工方法

在玉米加工设备行业中，大多数是采用湿磨工艺生产玉米淀粉。全球玉米淀粉产量已占淀粉总产量的80%以上，薯类和小麦等其他作物淀粉加工量所占比例呈逐步下降趋势。以玉米湿法淀粉加工工艺方法生产的主要产品玉米淀粉，既可直接广泛用于多种领域，如作为粉丝、粉条、肉制品、冰淇淋等食品加工的原料，作为抗生素生产的发酵底物和药物赋型剂，也可作为变性淀粉、糖化生产等淀粉深加工的原料。玉米湿法加工生产淀粉的同时，还可生产出玉米胚、玉米蛋白粉、玉米皮、饲料等副产品，进一步综合利用。

玉米湿法淀粉加工工艺方法的工艺流程可分为开放式和封闭式两种。在开放式流程中，玉米浸泡和全部洗涤都用新水，因此该流程耗水多，干物质损失大，排污量也多。封闭式流程只在最后的淀粉洗涤时用新水，其他用水工序都用工艺水，因此新水用量少，干物质损失小，污染大为减轻。

(四)玉米发酵及其深加工方法

玉米及其制品，特别是低脂肪含量的制品，是发酵工业的主要原料之一。发酵工业已经越来越多地采用玉米加工产品或副产品为原料，使得玉米加工获得更为广阔的发展空间。近年来，我国在啤酒、白酒、乙醇、乙醇汽油、味精、柠檬酸等产业中正在逐步推广采用玉米制品为主要原料或辅料，已经对玉米联产加工和综合利用产生了极大的积极影响和推动作用。

(五)玉米食品加工和副产品综合利用

玉米食品加工是指以玉米产品、副产品或以专用玉米味原料，采用不同的食品加工方法生产种类繁多的玉米食品，主要有主食类玉米食品(如玉米片、人造米、玉米面条面包等)、膨化食品、休闲食品和功能性保健食品(如玉米素和玉米膳食纤维)、罐头食品等几大类。

各种玉米加工方法生产的副产品都有极高的综合利用价值。在玉米产业发达的国家，玉米加工的深度开发和副产品综合利用已经成为整个玉米产业中重要的、最有经济价值的组成部分，国内加工业也越来越重视这一产业方向。相对成熟并具有一定生产规模的产品主要有玉米油、玉米胚芽食品、玉米肽、玉米膳食纤维和高蛋白浓缩饲料等。

第二节 玉米干法加工

一、概 述

玉米干法加工又称玉米干磨加工，它通过对玉米原料进行清理(湿润)、去皮脱胚、筛选、粉碎、筛选分级等处理，生产出一系列粗细不等的玉米制品。

20 世纪 80 年代以前，玉米加工企业采用的设备多为国产设备，如 SM 型平面回转筛、比重去石机、T-215 型玉米脱皮机、P-215 型玉米破渣机、FSP4×12 及 FSP6×11 型玉米联产分级挑担平筛、比重选胚机、FMV 型液压磨粉机等；在工艺上，除了少数加工厂采用以生产玉米面为主的干法脱胚技术外，大部分加工厂采用传统的“润水润气、升温软化、脱皮、破渣、渣中选胚、压胚磨粉、筛粉提胚、成品降水”的联产工艺，主要产品有玉米渣、粗细玉米粉、工业用玉米粉、玉米胚等，部分厂家对玉米胚进行综合利用而得到玉米胚芽油和胚饼粕等副产品。20 世纪 80 年代初期，东北三省部分地区(如辽宁铁岭、吉林四平、黑龙江庆安)从欧洲全套引进几条玉米联产加工生产线，干法脱胚为其主要技术特征，且首次在国内将清粉机引入玉米联产加工工艺中，生产低脂玉米粗粉等主导产品，具有能耗低、操作方便、产品不需干燥等优点，但该工艺受原料玉米水分含量的影响。20 世纪 80 年代末期，以辽宁粮食机械厂为代表的一些机械制造企业，在参照国外同类设备的基础上，相继推出了新型玉米联产加工主机设备，如水汽调节机、脱胚机、垂直吸风道、选胚机等。

随着玉米加工技术和设备的不断发展，现代干法加工已经呈现出以下特点：①设备专用化，如瑞士布勒公司的 MHXG-B 型和 MHXK 型去皮脱胚机、意大利和美国的锥形撞击脱胚机，国外都采用性能良好的重力分级机进行提胚，我国在“九五”期间研发了针对玉米脱胚的专用设备；②原料专用化，用于干法玉米加工的玉米原料主要是马齿型玉米，以及介于马齿型和硬粒型之间的中间型玉米，欧美一些国家在干法玉米加工方面已实行原料专用化，如意大利奥克莱姆公司一般选择普拉搭硬质玉米来加工生产玉米糁，选择白玉米来生产玉米面粉，选择三号杂交黄色顶陷玉米来生产玉米胚芽；③产品系列化，玉米富含营养成分，国内外开发研制玉米制品的努力已经持续了数十年，对玉米的利用越来越细，玉米及玉米制品已经成为人们生活中的主食和多种工业的重要原料，玉米干法加工制品可以笼统地分为粉、糁、胚和皮四类，具体包括玉米糁、玉米粗粉、玉米细粉、玉米米、玉米胚芽、玉米皮及多种玉米混合制品等。

二、玉 米 清 理

(一)清理的目的

用于加工的玉米原料，由于种植、收割、脱粒、干燥、运输和储藏等原因，一般都会混有一定数量的杂质，杂质含量一般在 1.0%～1.5%。玉米中的杂质，按照其化学性质可以分为有机杂质和无机杂质，有机杂质包括玉米棒芯、杂草、秸秆、虫尸、虫卵、虫蛹等，无机杂质包括泥沙、石块、磁性矿石和金属杂质等。

玉米中的杂质，不仅影响玉米的储藏，同时会对玉米加工带来很大的危害。玉米中含有的秸秆、杂草、纸屑、麻绳等体积大、质量轻的杂质，容易堵塞输送管道，妨碍生产顺利进行，或阻塞设备喂料机构，使进料不匀，减少进料量，降低设备的工艺效果和加工能力。玉米中含有的泥沙、尘土等细小杂质，进入车间后，在下料、提升、输送过程中，会造成尘土飞扬，污染车间环境卫生，为害操作工人的身体健康。玉米中含有的石块、金属等坚硬杂质，在加工过程中容易损坏清理机械，影响设备工艺效果，缩短设备使用寿命；坚硬杂质与设备金属表面间的碰撞及摩擦，还有可能产生火花，引起火灾和粉尘爆炸。总而言之，通过对玉米原料的清理，可以提高玉米加工机械设备的工艺效果并保证安全生产，可以提高产品纯度，同时也可以降低运输和保管的费用，并有利于安全储藏。因此，玉米加工的首要任务就是清理除杂。

(二)玉米清理流程和方法

玉米中的杂质，除并肩杂质外，玉米籽粒与其中杂质之间存在比较显著的差别，与小麦、稻谷相比，玉米清理相对比较简单和容易。玉米清理一般采用两筛、一去石、一磁选的工艺组合，其典型工艺流程为：

毛玉米→初清筛→玉米仓→振动筛或平面回转筛→去石机→磁选→净玉米仓

如果采用提胚制粉工艺，若不设脱皮工序，为提高玉米粉产品的纯度，则在玉米清理流程中还应设洗涤工序。

在玉米清理工序中，一般采用筛选、去石、磁选、洗涤和风选等方法。

筛选是玉米清理中的主要工艺步骤，常用的筛选设备有振动筛和平面回转筛。振动筛在清理玉米时，为保证清理效果，振动筛筛面上的料层厚度不超过 2 cm，第一层筛面和第二层筛面用于清理大杂质，其中第一层筛面筛孔为直径 17～20 mm 的圆孔；第二层筛面筛孔为直径 12～15 mm 的圆孔；第三层用于清理小杂质，该层筛面筛孔为直径 2～4 mm 的圆孔。平面回转筛在清理玉米时，第一层筛面筛孔为直径 17～20 mm 的圆孔，用于清理大杂质；第二层筛面筛孔为直径 2～4 mm 的圆孔，用于清理小杂质。

去石一般采用干法去石，常用设备为分级比重去石机、吹式或吸式比重去石机。由于玉米籽粒大而扁平，流动性差，悬浮速度高，使用一般的吸式比重去石机时，技术参数要作适当调整，如增加去石筛板的斜度、鱼鳞孔的高度、筛体的振动次数及吸风量等。同时，为保证玉米在去石筛板上呈悬浮状态，应使从鱼鳞孔穿过的风速应达到 14 m/s 左右。

磁选一般选用永磁筒或永久磁钢，以清除玉米中磁性金属杂质，避免金属进入后续设备，影响安全生产和成品质量。

用洗麦机对玉米进行充分的洗涤，可以除去玉米表面的泥灰和微生物，并能清除并肩石。在洗涤玉米时，要根据玉米的原始水分，调节洗程的长度，避免玉米在水槽中逗留时间太长，吸收水分过多，对加工工艺不利。

玉米的悬浮速度比较高，在 12 m/s 左右，使用风选设备(如吸风分离器)可有效地去除玉米中的轻杂质。为了不使玉米随杂质一起被吸风分离器吸走，吸口风速一般应控制在 6～8 m/s。

三、玉米水汽调质

(一)水汽调质的目的

如果玉米糁、玉米粗粉和玉米粉的脂肪含量比较高，这些玉米加工产品的利用就会受到限制。而玉米糁、玉米粗粉和玉米粉的脂肪含量在很大程度上取决于玉米皮和玉米胚的含量。所以，在以生产食用玉米制品为目的的玉米干法加工中，玉米的脱皮和脱胚十分重要。玉米的原始水分在 14.5%以下时，胚的水分小于玉米水分 2%～3%。玉米的胚、胚乳、皮层结合比较紧密，而且皮脆，不易脱掉，胚的韧性差，容易粉碎。特别是粉质玉米，胚乳松弛，不抗磨，易碎，干法脱胚就更困难。如果不进行水汽调质，则脱净皮和胚比较困难。

(二)水汽调质的原理和工艺要求

玉米的水汽调质，是指在玉米加工过程中，用水或水蒸气湿润玉米籽粒而有利于脱皮提胚，改善玉米的加工性能。具体地说，通过水汽调质，可以增加玉米皮和胚的水分，造成与胚乳的水分差异，使皮层韧性增加，与胚乳的结合力减少，容易与胚乳分离，胚乳易被粉碎。而玉米胚在吸水后，体积膨胀，质地变韧，在机械力的作用下，易于脱落并保持完整。润汽能够提高湿度，加快水分向皮层和胚乳渗透的速度。

玉米水汽调节，可以采用冷水、热水或蒸汽。玉米水汽调节是为了湿润皮层和胚，仅有少量水分进入胚乳。玉米经水汽调节后，胚乳水分含量一般应在13%左右，皮层水分19%～20%。如果水分过高，不仅会使成品水分含量过高，也不利于加工。用撞击脱胚机、破糁脱胚机或辊式磨粉机脱胚前，玉米水分应为15%～18%；采用美国Beall脱胚机，玉米水分要加大到20%～22%。玉米加水调质后，常常需要经过一定时间的静置处理后才能进行脱皮和脱胚。如果采用蒸汽加湿，可缩短静置时间或直接进入脱胚机。

不同的水温和润水时间对玉米粒和胚吸水量的影响也不同，而水温是主要的影响因素。在润水时间相同的条件下，水温越高，吸水量也越大；当水温不高时，润水时间和水温相同的情况下，胚的吸水量一般大于玉米籽粒的吸水量；在水温相同时，吸水量随润水时间的延长而增加。在不同的气温条件下，应采用不同的水汽调节方式。在气温高的夏季、秋季，温度在20℃以上时，只需加水调节而不用蒸汽调节；在气温低的冬天和初春季节，宜采用水和水蒸气同时进行调节。在冬季加工高水分玉米时，也可采用只加温不加水的方法。

四、玉 米 脱 皮

(一)玉米脱皮的目的

玉米脱皮就是脱掉玉米表面的皮层，它是保证产品质量和提胚的基础工序。玉米胚和玉米胚乳是由皮层包裹的，脱皮后，利于胚与胚乳的分离，可提高脱胚效率；将玉米籽粒的皮层大部分脱掉，生产的玉米糁不粘连皮，产品质量提高；玉米外皮有可能被有害物质污染，脱皮后研磨，有利于提高产品的纯度。皮层主要是由纤维素等不易被人体消化的物质组成，脱下的皮层进一步处理，可以提高玉米制品的利用效率。

(二)玉米脱皮的方法

按照玉米清理后和脱皮前是否经过水汽调节工序，玉米脱皮方法可以分为玉米干法脱皮和湿法脱皮两种。适宜的含水量可以使玉米皮层有较好的韧性，而适度的皮层水分与内部结构水分的差异可以降低玉米皮层结构强度及其与内部结构的结合强度，从而大大降低玉米脱皮难度，以便获得更高的脱皮效率。我国北方地区在秋季加工刚收购的高水分玉米(18%以上)进行玉米干法加工时，一般不需要再进行水汽调节处理。湿法脱皮方法在玉米加工中(特别是提胚制糁)采用较为普遍，尤其是在加工低水分玉米时必须采用湿法脱皮，否则严重影响脱皮效率和提胚率。

玉米脱皮设备有横式砂辊脱皮机和立式砂臼脱皮机两种，它们是分别在横式砂辊碾米机和立式砂臼米机的基础上改进而来的。其主体结构、工作原理、工作过程及操作管理要点与相应的碾米机类同。横式砂辊脱皮机的主要结构包括进料机构、螺旋输送器、脱皮室、传动机构、排料铁辊、集料斗、出口等。其中，脱皮室是其核心工作机构，由砂辊、筛筒、压筛条等部件构成，砂辊直径常常用 15 cm、18 cm、21.5 cm 等几种，筛筒由两片 180°半圆形筛板围成并由压筛条固定，同时压筛条也是机内压力调节装置(局部阻力构件，其厚度即伸入脱皮室的深度可调)，压筛条对脱皮效果有明显的影响。通常砂辊与筛板间隙控制在 25～30 mm，并根据砂辊的磨损情况调整阻力。砂辊转速和筛板的配备，应根据玉米原料的品质和水分含量来确定，如对粉质玉米进行脱皮处理时应采用较低的转速，而对水分含量较高的玉米脱皮时应采用较大的筛孔。

横式砂辊脱皮机一般两台串联使用。经过每道脱皮机后，会产生少量的碎粒。这些碎粒及脱下的胚要及时地分离出来，以免进入下道脱皮机或破糁脱胚机时遭到进一步的破碎而影响脱皮效率和提胚率。

五、玉米脱胚与破糁

(一)玉米脱胚与破糁的目的

脱胚与破糁是胚与胚乳分离的重要工序，因为在脱皮过程中，只有一部分胚与胚乳分离，但大部分仍结合在一起，经脱胚破糁后能使胚进一步脱落。

玉米脱胚，是指通过施加一定的机械作用力，将脱皮后玉米的胚与胚乳之连接结构破坏，使胚芽脱离的过程。玉米破糁，是指将玉米胚乳结构破坏使之破碎成一定粒度的碎粒的过程。

(二)玉米脱胚与破糁的工艺要求和方法

在玉米脱胚与破糁的过程中，应尽量保持胚的完整而减少胚的损伤或过度损伤，为胚的分离提取和纯化提供良好的前提条件，从而保证脱胚和提胚获得最佳的提取率及纯度。

玉米脱胚与破糁设备主要有锤片式、打板式、碾辊式等几种类型。其中，锤片式脱胚破糁设备的工作原理与锤片式粉碎机类似，打板式脱胚破糁设备(如 MHXG 型脱胚机)类似于打麦机，碾辊式脱胚破糁设备(如 P-215 横式破糁脱胚机)类似于铁辊碾米机。在引进国外先进设备的基础上，我国粮食加工机械设备制造商研制出了适用于玉米脱胚与破糁的新型专用设备，如 MHXG 型和 FTPW 型脱胚破糁设备，均具有较好的综合效能和适应性。

和国外同类设备相比，MHXG 型脱胚破糁设备具有较好的破碎效果、动耗低、密封性好、噪声低，因其筛筒直径设计尺寸的增大而消除了设备运行过程中的堵机现象，而且筛筒打板的更换也更为便利。

FTPW 型脱胚破糁设备，由利用基于打、擦、刷、筛等多种工作原理设计的设备构件组成，其可同时完成脱皮、脱胚和破糁三种功能，效果比较突出。该型脱胚机的脱皮效率为 90%，脱胚率为 90%，出机产品构成为：糁 70%左右、筛下物 10%左右、出口粉 5%左右、胚与皮 15%左右。

P-215 横式破糁脱胚机的结构与铁辊碾米机类似，碾辊的前段为铁辊、后段为砂辊，整个辊体的外圈是一个圆形筒体，筒内壁与辊面之间的间隙构成破糁脱胚室，其中，铁辊与其对应外围筒体之间的间隙为脱胚室，砂辊与其对应外围筒体之间的间隙为精碾室。脱胚室主要完成玉米的脱胚破糁任务，而精碾室利用砂辊的作用将糁粒进行磨光整形处理。与 MHXG

型和 FTPW 型脱胚破糁设备相比，P-215 横式破糁脱胚机的脱胚效率和胚的完整性均较差，但其产量较大，所得糁粒的形体整齐、表观状态好。

锤片破糁脱胚机加工玉米后，得到的玉米胚的完整性好，但糁粒多呈长方形且表面较为粗糙，这样的糁粒较适合于制取工业用玉米糁，但是如果用于加工食用玉米糁时，则需要另行配置对糁粒进行整形磨光的设备。

六、分级选胚与提糁

(一)分级选胚与提糁的目的

玉米经脱皮、脱胚与破糁后，得到的在制品实际上是含有多种粒形、粒度和粒质的混合物料，其中有以胚乳结构为主的破碎物(大糁、中糁和小糁)、胚，以及粒度更小的碎屑粗粉、玉米粉，甚至少量的玉米整粒等。这种混合物料，必须采用合理的工艺与设备进行分离和分级处理，从而及时提取已经达到质量标准要求的胚和糁等产品，同时将其他在制品分级并分别根据其品质和工艺特性配置后续的加工工艺及设备，以得到最佳的加工工艺效果和保证最终产品的质量。如果不进行分级选胚与提糁处理，必将造成资源浪费，增加动力消耗和生产成本，降低提胚率、产品质量和加工综合效益。

(二)脱胚破糁后在制品的工艺特性

玉米经脱皮、脱胚与破糁后，其在制品经平筛筛理分级，按粒度大小可分为：①大碎粒，是指留存在 4.5～5W 筛上的物料；②大渣，是指穿过 5W 但留存在 7W 筛上的物料(糁、胚混合物)；③中渣，是指穿过 7W 但留存在 10W 筛上的物料(糁、胚混合物)；④小渣，是指穿过 10W 但留存在 14W 筛上的物料(糁、胚混合物)；⑤粗粒，是指穿过 14W 但留存在 20W 筛上的物料；⑥粗粉，是指穿过 20W 但留存在玉米粉质量要求细度所需筛面上的物料；⑦玉米粉，是指穿过玉米粉质量要求细度所需筛面的物料。

其中，粗粉和玉米粉品质较差者，与次粉、尾粉等合并后，常常以饲用为主。符合质量要求的玉米粉并入成品。经平筛分级后，分出的大碎粒和玉米整粒需要重新进入下台脱皮机继续脱皮或回入破糁脱胚机破糁脱胚。通常小渣中含胚较少(不足总胚量的 10%)，而大渣(5W/7W)和中渣(7W/10W)的含胚量占玉米含胚量的 90%以上，其中，大渣中含胚量达 65%～70%，所以，玉米胚主要在大渣和中渣中提取。渣中含胚量多少与用于加工的玉米原料品种及提胚破糁设备选型等有较大的相关性。渣(糁、胚混合物)经提胚处理后，即为糁。分出的大糁和中糁可进一步压胚破糁处理，或根据需要作为成品，也可全部或部分进入制粉工序。分出的小渣、粗粒和粗粉一般均进入相应的研磨系统制粉或进入清粉系统。

玉米糁、胚、皮三者之间形状差异比较明显，而且在密度、悬浮速度、破碎强度等方面的物理特性差异较大。

(三)分级选胚与提糁的方法

根据在制品的粒度、密度、悬浮速度、破碎强度等工艺特性，通常采用筛选方法将在制品分级，采用风选法分离玉米皮，采用密度分选法或风选法将提糁胚分离即提胚、提糁。

在分级选胚与提糁工艺阶段，常常使用平筛、方筛等筛选设备将破糁脱胚后的在制品进行初步分级，为提胚、提糁、磨粉创造有利条件。分级筛面按照功能可以分为粗筛、分级筛和粉筛三种。进入筛面的物料被分成四类：①留存在粗筛筛面上的为大碎粒，重新回到破糁脱胚机处理；②留存在分级筛筛面上的为胚、糁混合物，进入下一工序提糁、提胚；③留存在粉筛筛面上的为粗粒，进入磨粉机磨成玉米粉；④穿过粉筛的为粉，视其质量的好坏，作成品玉米粉或饲料粉。筛面为金属编制筛网，筛孔按照前述在制品分级种类特征配用。

在分级选胚与提糁工艺中，常用的风选设备有吸式风选器和圆筒风选器。吸式风选器分离玉米皮时，吸风道的风速应控制在 5～6 m/s，在保证尽量吸净玉米皮的同时要防止玉米胚和轻质玉米糁料被吸走。用于胚、糁分离时，吸风道的风速应大于胚的悬浮速度，而小于糁的悬浮速度，一般为 9～13 m/s。

在分级选胚与提糁工艺中，常用的密度分选设备有吸式去石机、种子精选机和重力分级机等。其主要用于将已经风选和粒度分级后的物料按照密度进行分级处理。重力分级机是分离粒度大致相似、密度稍有差别物料的专用设备。破糁脱胚后的物料，经平筛分出玉米粉后，按粒度大小分级。胚、糁混合物，经风选器分出玉米皮后，进入重力分级机，按密度、悬浮速度的不同，将胚和糁分开。重力分级机由进料机构、分料装置、振动工作台、下料装置、纵横向调节装置、回流上料系统、振动电机、机架等几个结构组成。其中，振动工作台是用于物料分级的主要部件，为双向倾斜，可双向调节，其工作面为筛面。重力分级机在空气流的作用下使物料在工作面上运动时呈流化状态，从而强化物料的运动分层和分离效果。设备的下料装置位于工作台的纵向末端，全截面收集出口物料，由四个分料活门将出口物料分为胚、较轻糁、较重糁和胚糁混合物四种产品。

七、研磨、筛分与精选

(一)研磨、筛分与精选的目的

玉米经过提皮、提胚和提糁后剩余的物料，仍然是多种粒度不等、品质不同、组织结构互混的混合物，需要进入玉米加工粉路中进一步加工。这种物料中包括大量的胚乳碎粒与粗粉、一定量的玉米胚及其破碎物、少量的玉米皮及其破碎物，以及相当多的皮、胚和胚乳相互连带的破碎物。玉米胚是由脂肪、纤维素组成的，并具有弹性和韧性，抗压强度大；而玉米胚乳是脆性机体，其抗压强度小且易于破碎。所以利用这些特点，通过磨粉机和平筛的多次研磨与筛分，逐步薄刮、分离和研磨，制取含皮胚组织尽量少的玉米粉，同时进一步除皮、提胚和提糁。玉米加工粉路的发展方向，是尽量地为分离提净玉米胚和玉米皮创造有利条件，以加工多种用途的专用玉米粉、专用玉米糁、专用玉米胚等产品。

(二)研　　磨

早期的玉米制粉工艺中，研磨系统设置比较单一，通常仅仅配有 3～5 道皮磨系统，由于没有专门的压胚工艺和其他系统，提胚出粉兼顾，也称“压胚磨粉系统”。新型的联产加工工艺中，研磨系统已经被细分和完善，设置有 2 或 3 道胚磨系统(即压胚工艺)、4 或 5 道皮磨系统、2 或 3 道心磨系统，还可配置次磨或尾磨。

研磨使用的设备是辊式磨粉机。设计研磨工序时，应根据物料的研磨要求、原料水分、操作方法、成品质量等因素，针对研磨设备的特点，对其部分结构进行改进，如喂料辊技术参数和喂料辊转速等。此外，还可针对不同研磨系统的物料特性与工艺要求，对磨辊技术参数进行合理的配置。

由于玉米加工的流程短、设备少、产品粗细度要求较粗，磨辊多用齿辊。一般情况下，磨辊齿角为90°～100°，锋角 20°～30°，钝角 60°～70°，后路磨辊齿角放大。胚磨系统和皮磨系统的磨齿齿数一般为4～6牙/cm，而用于磨粉的心磨系统的磨齿齿数一般为6～9牙/cm。在研磨中为了减少胚的破碎程度，防止胚膜破裂而使脂肪渗入粉中，胚磨、皮磨、前路心磨的磨辊均采用钝对钝排列，心磨后路，或粉路短而大量出粉时可考虑采用锋对锋排列。磨齿的斜度不宜过大，一般采用1∶10～1∶8的斜度。

（三）筛　　分

玉米干法加工中采用的筛分设备为高方平筛或挑担平筛。由于玉米粉的颗粒较大，易于筛理，故筛理长度不需要很长。为了减少设备台数，提高筛理效率，节省占地面积，用 12层或16层的高方平筛，筛面采用钢丝筛网。各系统各道磨下物筛路的筛网配备，可参照前述在制品分类的粒度特征合理配用，中后路筛网逐渐加密即筛号逐渐放大，例如，提胚用粗筛的筛号为1皮8～9 W、2皮9～12 W、3皮12～14 W、4皮14～16 W，提取粗粉的粉筛筛号用20～32 W，提取细粉的粉筛筛号用40～54 W。筛理设备总平均流量(以进入1皮磨物料量计算)为2000～3000 kg/(m^2·24h)。

由于玉米在制品颗粒呈多棱状不规则的结构，而且玉米粉易粘连，所以筛分设备的进料装置、筛面张紧和筛面清理装置等方面应根据所处理物料的具体情况进行相应的调整，并调整筛孔的配置及筛理路线，以确保各系统的物料流量和质量平衡。

（四）精　　选

新型玉米联产加工工艺中，根据产品品质和规格的要求，制粉已不再是主要的目的，而提高产品(特别是玉米糁)出率变得愈发重要起来。因此将清粉机应用在工艺中，对于筛分分级后的中小渣粒和粗粉等混合物料进行精选分级，然后再分别进入相应系统处理，从而尽可能多地提取玉米胚乳颗粒，得到低脂肪含量的中、小颗粒的玉米糁和玉米粗粉(350～1000 μm)，可显著提高低脂肪含量(1%以下)玉米粉的出率。为高质量(皮胚含量低)要求的食品专用玉米粉和精制玉米粉的联产加工创造条件。清粉机的技术参数，如流量、吸风量、筛理层数、筛面清理、筛孔配置等，要根据物料中各颗粒的空气动力学性质和颗粒大小进行合理的配置。

在研磨、筛分流程中(入磨前)也可多处设置蜗轮风选器，对物料中夹杂的皮、胚、轻质碎屑等进行风选分离，从而提高产品的纯净程度。

八、玉米干法加工工艺流程

随着玉米加工产品的用途和要求的不同，玉米加工工艺的变化较多，主要包括全粒法玉米加工工艺、全部磨粉不脱胚加工工艺、提胚制粉工艺，产品分为粉、糁、胚的湿法脱胚加工工艺等类型。国内目前仍有许多酒精厂采用全粒法玉米加工工艺这种简单的方法将玉米进行必要的前处理后作为发酵原料，这种玉米干法加工方法就是将整粒玉米使用锤片式粉碎机进行粉碎处理。

(一)全部磨粉不脱胚加工工艺

全部磨粉不脱胚加工工艺，就是指原料玉米在经过清理和着水湿润一段时间后，不去胚而直接把整粒玉米破碎，再研磨成各种玉米渣或玉米粉。由于这种工艺方法生产的主要产品含有丰富的脂肪而容易酸败和难以保管，使这类玉米粉或玉米渣产品的用途受到较大的限制。同时由于该工艺方法未进行提胚榨油处理而浪费了玉米胚芽这一重要油源，所以目前已经很少采用。

图 4-1 为日加工 20 t 玉米粉的生产工艺流程。毛玉米首先经筛选去石组合机去除大中小杂质、轻杂质及并肩石，然后加水浸润，脱皮前需要磁选设备处理。脱皮后的玉米通过吸风分离器分离出玉米皮，再由各道磨粉机研磨、提粉。本工艺包括四道磨粉机，其中 1 皮用两对磨粉机，2 皮和 3 皮各用一对磨粉机。

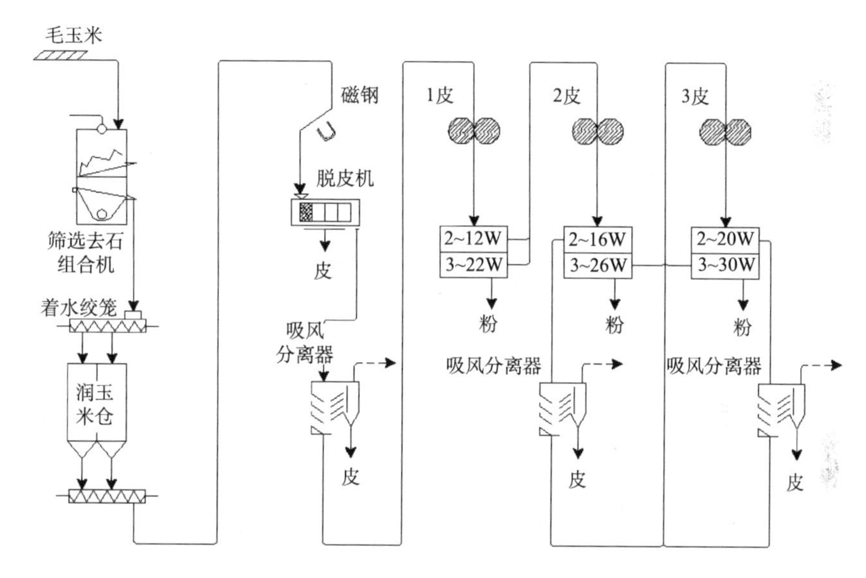

图 4-1　日加工 20 t 玉米粉的生产工艺流程(引自朱永义，2002)

(二)提胚制粉工艺

玉米提胚制粉工艺，即在玉米加工中同时生产玉米粉和玉米胚两种产品的加工工艺。该工艺在较低水分下脱胚，湿润时间较短，不需要蒸汽装置，工厂设计较简单，产品不需要干燥。一般能得到 10%左右的胚(胚的纯度在 80%以上)和 85%左右的粗玉米粉，以及中、细玉米糁，但玉米糁的得率不高，产品的纯度也较低。

玉米提胚制粉方法有两种，如下所述：

(1)玉米→清理→水汽调节→脱皮→脱胚→重力分级机提胚→磨粉与提胚；

(2)玉米→清理→水汽调节→脱胚→磨粉与提胚。

第一种方法提胚率高，胚芽纯度好，但使用设备较多，单位产品动力消耗大。第二种方法提胚率较低，但所用设备少，动力消耗低。日加工 100 t 玉米的提胚制粉流程如图 4-2 所示。

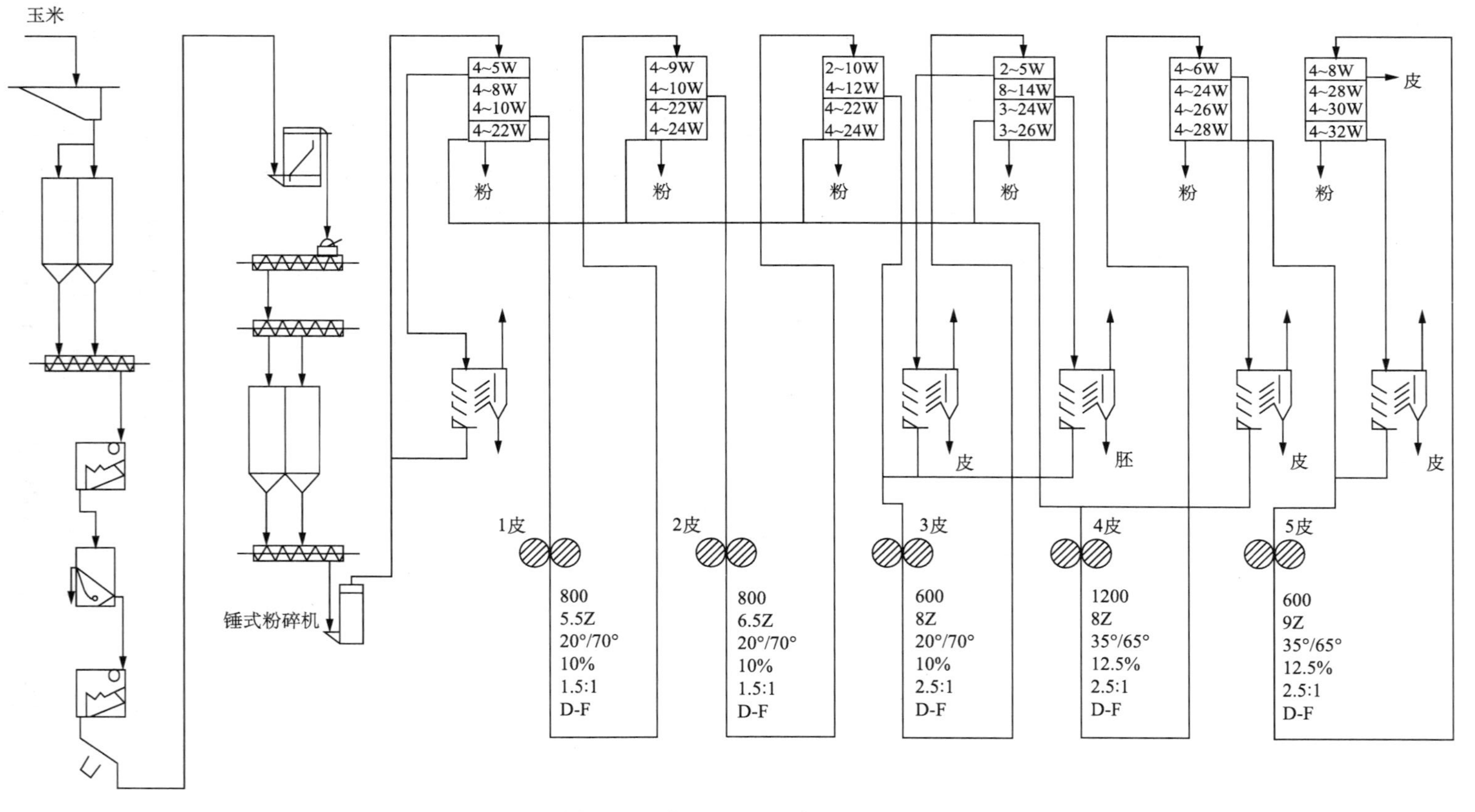

图 4-2　日加工 100 t 玉米的提胚制粉流程(引自朱永义，2002)

在玉米提胚制粉工艺中，玉米的清理流程采用两筛、一洗、一去石、一磁选。玉米经洗涤，可提高清理效果，改善玉米粉的纯度，但洗玉米的污水必须经处理后才能排放。利用立式洗麦机着水，气温低时，通过水汽调节机进行调节，使玉米水分达到 16%左右。玉米加水后静置 1.0～1.5 h。适当延长玉米静置时间，在脱胚提胚时，有利于保持胚的完整、不受损伤。

玉米脱胚采用锤式脱胚机，然后经平筛分级，将大渣(5W/8W)、中渣(8W/10W)送至 1 皮压胚，将小渣和粗粉混合物送往 4 皮磨粉。

磨粉压胚用 3 台磨粉机(FMS800 一台，FMS600 两台)。磨粉机总平均流量(按 1 皮磨物料流量计算)为 250 kg/(cm·24h)。分级筛粉采用 FG4×16 型高方平筛两台，总筛理面积 32 m^2，筛理设备总平均流量为 1250 kg/(m^2·24h)。

采用三压、三筛提胚。从 3 皮筛分出的胚经风选器吸去玉米皮后打包。三道压胚磨磨辊的速度比采用 1.5∶1，两道粉碎磨粉机磨辊的速度比采用 2.5∶1。3 皮、4 皮、5 皮平筛都设粗筛，其目的是为了及时将皮分出，减少皮的重复研磨，以提高研磨和筛理的效率，并可改善玉米粉的质量。

提取玉米粉的粉筛筛号，前路研磨系统采用 22～24W，后路系统则采用 28～32W。后路系统的物料中有较多的玉米皮，要防止它们混入粉中。

(三)玉米联产加工工艺

玉米联产加工工艺，是指在玉米加工过程中，同时提取玉米糁、玉米胚和多种玉米粉的玉米加工工艺。该工艺是利用玉米的胚芽和胚乳的吸水性差异，以及吸水后的弹性、韧性及破碎强度的不同来分出胚芽，达到分出胚的目的。将玉米破碎、脱皮、脱胚后，再根据胚、胚乳和皮的粒度、密度及悬浮速度的不同，分出纯净的胚乳(含胚≤1.2%)和胚、胚乳混合物，将混合物用空气重力分级，再把胚压扁，经筛理分出胚，可提得纯胚乳。该工艺是在为了获得玉米胚油而必须提取更多、更纯净的玉米胚的前提下发展起来的一项新的脱胚工艺，同时使产品的得率与纯度提高，也有利于充分利用玉米资源。

玉米联产加工工艺流程一般如下：

玉米→清理→水汽调节→脱皮→破糁与脱胚→提糁与提胚→磨粉与提胚

也可以将提胚、提糁后剩下的物料不磨成粉，直接使用。

日加工 90 t 玉米的联产工艺流程如图 4-3 所示。

先将毛玉米由下粮坑经斗式提升机送入毛玉米仓，储存量为 24 h 的加工量。毛玉米出仓后，采用自动秤计量，然后进入一台 SZ·100 型振动筛、一台 QSX·71 型吸式比重去石机，再进入 SZ·100 型振动筛，组成两筛、一去石、一磁选的清理流程。清理后的玉米，含尘杂质不超过 0.3%，其中，砂石不超过 0.02%。

水汽调节时，当气温在 0℃以下时，应采取加温水(40～50℃)、加汽调节；温度在 0℃以上时，可采用室温水分调节(水温 20℃)，不加蒸汽。玉米加水后的静置时间为 8～10 min。经过水汽调节后，玉米的水分一般达到 16%～18%。

脱皮工序采用 T-215 型脱皮机，两台串联使用。脱皮程度(指玉米脱掉果皮一半以上者)应不低于 70%，玉米的破碎率不要超过 15%。脱皮后经平筛分级。分级筛可采用改进的挑担平筛，将筛格层数减少，筛面用橡皮球清理，筛格通道加宽，采用三进口筛路。单位流量在 25～30 t/(m^2·24h)。

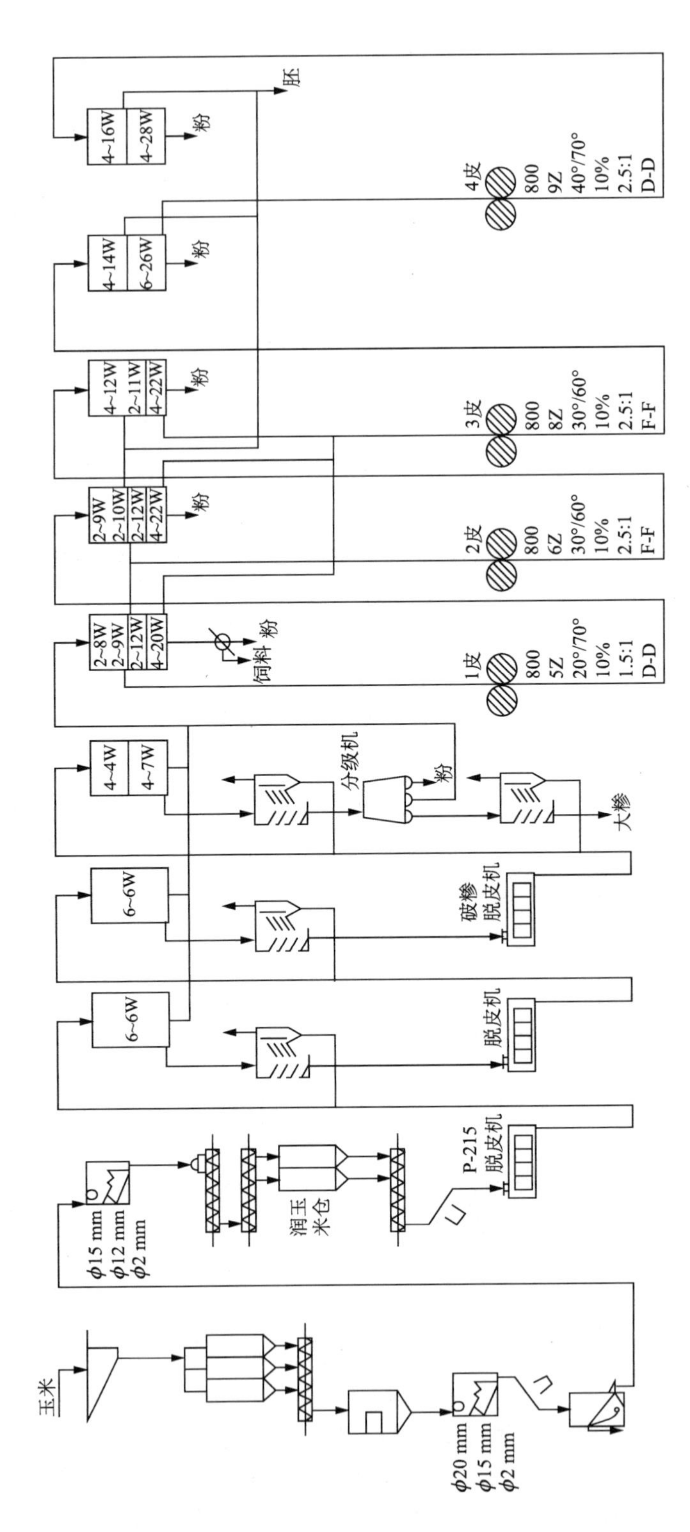

图 4-3　日加工 90 t 玉米的联产工艺流程（引自朱永义，2002）

破糁脱胚工序采用 P-215 型脱胚机，应将玉米破碎成 4～6 瓣，脱胚率达 80%以上。破糁脱胚后的物料用两仓平筛分级。采用双进口筛路，单位流量为 7.5～8.0 t/(m²·24h)。分级后的大碎粒和完整的小粒玉米经风选器吸去皮后，重新回到破糁脱胚机。大糁和胚的混合物（5～7W）经风选器吸去皮后，进入一台重力分级机，精选出胚和大糁。

重力分级机分出的糁、胚混合物料，视完整胚的数量，确定回流或重筛。平筛中 7W 筛下物应送去重筛。设置重筛的目的是将各路来的粉料进一步分级，以便于同质合并后入磨，进行压胚磨粉，提高提胚和磨粉的效率。重筛采用两仓挑担平筛，单位流量为 6.5～7.0 t/(m²·24h)。

磨粉压胚工序采用 4 道皮磨(磨辊总长度为 320 cm)，每道提胚。重筛 8W 筛下物中含胚最多，进入 1 皮磨提胚。因此，1 皮磨粉机的磨辊技术特性是以压胚为主，其他磨粉机则既要考虑磨粉，又要兼顾压胚。

该流程的缺点是，脱皮后的分级筛流量过大，易产生堵塞现象。四道皮磨的负荷不均衡，3 皮、4 皮负荷过小。此外，采用每道提胚虽有利于提高提胚率，但各道提出的胚未经风选，使胚的纯度降低，影响胚的出油率。

九、玉米干法加工制品

以玉米干法加工工艺生产的产品主要有玉米糁、玉米细粉、玉米米、玉米胚芽、玉米皮及多种玉米混合制品等。通过改良或调整加工工艺，可以生产出无胚无皮的大小玉米糁及能够开发出多种营养食品的精制玉米粉。玉米制品的用途或要求不同，其各自的质量标准也不相同，如《GB/T 22496—2008 玉米糁》和《GB/T 10463—2008 玉米粉》。可以从卫生指标、储藏性能指标、食品专用粉的食用品质指标等方面，详细制定出精制玉米粉标准、啤酒用低脂玉米粉标准、挤压膨化用玉米粉标准、糕点用玉米粉标准等食品专用玉米粉的质量标准。和小麦专用粉一样，适合制作某一类食品的玉米专用粉在物理特性、加工特性方面均有其内在的要求，如制品的粒度、均匀度、纯度等。例如，《LS/T 3303—2014 方便玉米粉》规定了产品的冲调性质量指标。

(一)玉 米 糁

根据《GB/T 22496—2008 玉米糁》，玉米糁是指以符合 GB/T 1353 规定的玉米味原料经除杂、脱胚、研磨和筛分等系列工序加工而成的颗粒状产品，可食用或作为食品原料使用。

玉米糁按照其颗粒粗细度分为大玉米糁、中玉米糁、粗玉米糁和细玉米糁。玉米糁颗粒的大小程度以留存及通过规定筛号筛网的玉米糁质量分数表示。大玉米糁：通过 8W 筛网不大于 5%；中玉米糁：留存 6W 筛网不大于 5%，通过 14W 筛网不大于 10%；粗玉米糁：留存 12W 筛网不大于 5%，通过 26W 筛网不大于 10%；细玉米糁：留存 18W 筛网不大于 5%，通过 40W 筛网不大于 10%。

玉米糁的质量要求包括质量指标、卫生要求和真实性要求三个方面。玉米糁的真实性要求是指玉米糁中不得添加任何添加剂及其他物质。

(二)玉 米 粉

根据玉米干法加工过程中是否进行脱胚处理，玉米粉包括全玉米粉和脱胚玉米粉两种。

玉米粉既可以供人类直接食用，也可以用作食品原料。全玉米粉是指以 GB/T 1353 规定的符合人类食用的玉米味原料经过清理除杂后直接研磨而成的产品，而脱胚玉米粉则是经除杂、去皮、脱胚、研磨等工序而成的产品。

根据《GB/T 10463—2008 玉米粉》，玉米粉的质量要求包括质量指标、卫生要求和真实性要求三个方面。玉米粉的真实性要求是指，玉米粉由玉米或玉米糁磨制而成，不得添加或带入任何添加剂。

(三)方便玉米粉

方便玉米粉是指以玉米或其粗加工产品为主要原料，经过熟化加工后添加(或不添加)麦芽糊精、白砂糖等辅料的粉末状方便食品。《LS/T 3303—2014 方便玉米粉》规定了方便玉米粉的感官指标和理化指标。

方便玉米粉的冲调性是指，产品在规定条件下，在样品中加入一定温度的饮用水，搅拌使其均匀混合、溶解或糊化形成糊状的特性。

在玉米干法加工中，除了可得到玉米糁和玉米粉之外，还可以提取约 10%(按照玉米重量计)玉米胚芽，其脂肪含量为 15%～28%，可以用于制取玉米胚芽油。玉米干法加工的副产物玉米皮，可以综合利用加工成膳食纤维，生产肌醇或作为饲料。

第三节 玉 米 食 品

一、玉米食品概述

玉米有“黄金作物”之称，是人体所需能量、蛋白质和矿物质的重要来源，它富含维生素 B_1、维生素 B_2、维生素 B_3、烟酸、谷氨酸、铁质等。现代科学认为，玉米含有大量的纤维素，比精米、精面高达 6～8 倍，常食玉米食品具有健脑及预防一些疾病的功效等。随着生活水平的提高，人们对食品的品质要求越来越高，而玉米等杂粮食品具有丰富的营养和保健作用，受到越来越多的关注。玉米是原产地美洲的印第安人的主要食粮。在我国，玉米作为主食的消耗量逐年减少，由于玉米制作的食品口感差，不如大米、小麦面粉食品的口感佳，被认为是一种“粗粮”，所以玉米食品行业的发展受到一定的限制。

经长期饮食文化沉淀，在全球已形成众多具有民族特色的玉米加工食品，其中美洲和非洲玉米食品种类多、风味独特。在美洲，玉米制品包括玉米片类食品、玉米膨化食品、玉米汽蒸食品、玉米饮料等传统食品。在美国，以玉米为原料制作的食品种类高达 1160 种，美国食用玉米的方式大多是以湿法加工成淀粉(或变性淀粉)、玉米糖浆、果葡糖浆等形式，再按照配方添加入面包、糕点、饮料、罐头等食品中；或通过干法加工成大、中、小渣和玉米粉等，再制成早餐食品(如玉米片)、快餐食品、婴儿食品、啤酒等食用；少量的有将玉米籽粒通过膨化、烘烤、油炸等处理方法加工成小吃食品。在亚洲和非洲，以颗粒粉、粗粉、细粉为原料，制成外形复杂、质地多样的成品或半成品，像玉米饼、面团等。我国玉米食品工业迅速发展，由玉米为主要原料制成的食品样式也从一种粗粮“窝窝头”形式走向了多样化，像玉米片、玉米锅巴、爆玉米花、玉米面条、玉米饼干、玉米饮料等。

二、几种玉米食品的加工

(一)烘焙玉米片

1. 生产工艺流程

原辅料→调粉→蒸煮→冷却→干燥→调质→压片→烘焙→调味→冷却→包装→成品

2. 工艺操作要点

1)原料选择　用于加工玉米片的玉米最好选用硬质马齿型黄玉米。

2)原料脱胚去皮　采用干法脱胚，即对玉米粒适当进行水分调节，控制胚乳水分在16%左右，或多或少都会影响脱胚效果。水分调节可采用热蒸汽或90℃以上热水处理3～5 min。调质后，可增强玉米皮的韧性，再用碾米机粗碾，使玉米破糁，即碾成碎粒。胚芽部则脱落下来，而玉米皮因韧性好而保持完整。破碎的玉米混合物(糁、胚、皮)经振动筛即可分离，再分别进行后续工序处理。玉米糁用于加工玉米片，玉米胚可制油，玉米皮可用于提取膳食纤维等功能性成分。

3)调粉　向黄色玉米糁中加少量盐、适量水及红糖、麦芽糖等，在混合机内充分搅拌均匀。原料配方为：玉米糁88 kg、精盐2.5 kg、红糖7.5 kg、麦芽糖2.0 kg。调粉后，面团的水分含量控制在20%～30%。

4)蒸煮　蒸煮可改善制品的风味，提高其营养的消化吸收性，并产生香美可口的特殊风味。蒸煮对谷物早餐来说是极为重要的工序，采用高压蒸煮熟化玉米淀粉。将调粉后的物料送入圆筒形高压锅内蒸煮，锅体可做缓慢运转，工艺参数为蒸汽压0.15 MPa，蒸煮1～2 h，当粉料呈透明状时即停止加热。这时，蒸汽凝聚，制品含水量达34%，结成团块。出锅，让其冷却以减少粉料间的黏结。

5)干燥　蒸煮后的粉料经热风干燥机干燥，工艺参数为干燥温度66℃，干燥后水分含量为19%～20%。

6)调质　为使粉料内外水分均衡，可将干燥后的粉料送至调质罐中静置6～24 h，出罐时粉料呈暗红色粗粒状。

7)压片　压片前，将粉料温度冷却至30～40℃，并检查玉米粉是否结块，如有应将团块破碎成散状，以保证压出的片均匀。一般采用滚筒式压片机。该机为一对同速反方向转动的滚筒，其转速为180～200 r/min，液压控制压力接触点力为400 N，滚筒内有冷水冷却，压出的片软而脆，厚度0.7～1.0 mm。

8)烘焙　压片后立即被送入旋转式烘焙机内，进一步降低水分含量。烘焙工艺参数：温度为230～300℃，烘焙时间为35～50 s；或300℃，15～20 s。最终至水分含量为3%左右，同时片坯变脆。

9)调味、冷却　烘焙后的制品应进行冷却。在冷却过程中，可对玉米片进行营养强化，也可对制品喷涂由砂糖、精盐、风味剂组成的调味料，然后冷却至室温。

10)包装　用铝塑复合薄膜袋包装。

(二)玉 米 锅 巴

1. 生产工艺流程

玉米原料→破碎→浸泡→水洗→蒸煮→配料→压片→切片→油炸→烘烤→调味→冷却→包装→成品

2. 工艺操作要点

1) 玉米原料　除去有霉变、虫蛀的玉米粒和杂质，得到纯净的玉米粒；先进行润水处理，然后用卧式脱胚机将玉米破碎，每个玉米粒破碎成3～4瓣；除去玉米皮和玉米胚后得到玉米渣。

2) 浸泡　将玉米渣放入石灰水中，每1 kg玉米渣用石灰水25 g，浸泡温度为25℃，时间为10 h。

3) 水洗、蒸煮　将浸泡好的玉米渣用水清洗4次，然后放入锅内蒸熟、蒸软。

4) 配料　将大豆面、芝麻粉、奶粉、香甜泡打粉与蒸熟的玉米渣混合均匀后静置20 min。原料配方为：熟玉米渣100 kg、大豆面15 kg、芝麻粉3 kg、奶粉5 kg、香甜泡打粉1 kg。

5) 切片　将混合好的物料加入压片机中压片，厚度为1 mm左右；压片要分3～4次进行，先压成片，然后依次变薄，最后一次压成所需厚度。

6) 油炸　将玉米片放入已经预热至180℃的棕榈油中，炸3 min左右，待玉米片呈金黄色时捞出。

7) 烘烤　将炸好的玉米锅巴放入烘箱中烘烤，烘烤温度为220℃，时间为3 min。

8) 调味　根据需要加入盐、味精、孜然粉、辣椒粉等调料，锅巴刚出烘箱时趁热进行，以利于调料黏附在锅巴上。

9) 包装　锅巴冷却至室温后进行包装。

(三)玉 米 米

1. 生产工艺流程

原料清理→去皮脱胚→喷水搅拌→成型→冷却→烘干→筛选→成品

2. 工艺操作要点

1) 原料清理　筛选玉米中的杂质，得到纯净的玉米。

2) 去皮脱胚　将水分低于15%的玉米粒着水，湿润40～60 min，使含水量达到16%～18%，以增加皮胚的韧性。然后去皮脱胚，得到玉米胚乳。

3) 制粉　将玉米胚乳粉碎，粉粒以通过20目的筛子为宜。

4) 喷水搅拌　使水完全渗到玉米粉粒中，且吸水均匀平衡。

5) 成型　将喷水后的玉米粉粒直接通过挤压成型机加热膨化，温度约为200℃，时间约1.5 min，挤出的玉米粉条送入连续式切断机中，切碎成大米粒大小的颗粒。

6) 冷却　成型后的玉米米要适当的冷却，以散开粘连的米粒。

7) 烘干　将冷却后的玉米米送入热风干燥箱中，于110℃温度下烘至含水量约14%。

8) 筛选　干燥后的玉米米用筛选机分选粘连、破碎米粒，即得成品。

（四）玉米膨化粉压缩饼干

1. 生产工艺流程

玉米精选→湿润→破碎→去皮、脱胚→粉碎、过筛→调粉→压模→冷却→包装

2. 工艺操作要点

1）膨化玉米粉的制备　经清洗的玉米用清水漂洗2次，沥干水分，破碎机破碎后，除去玉米皮和胚，然后利用膨化机膨化，粉碎后过40目筛，得到玉米膨化粉。

2）调粉　配料前先测试膨化粉的含水量，以便掌握加水量，然后再进行调粉。原料配方为：玉米膨化粉10 kg、白砂糖2 kg、食盐100 g、芝麻0.5 kg、花生油2 kg、水1.06 kg。调粉时先将白砂糖、食盐、芝麻与玉米膨化粉掺和均匀，而后加入花生油，搅拌均匀后再加水，继续搅拌均匀。调粉时温度不能太低，否则容易结块，粉温最好掌控在140～150℃。

3）压模　模子的规格：长和宽为4.8 cm，高7.5 cm，压力为9 MPa。

4）冷却、包装　饼干出模冷却后即可进行包装。这种用玉米膨化粉制作的压缩饼干具有香、酥、脆、不易吸水变软的特点，成品含水量不超过6%。

（五）玉 米 粉 条

1. 生产工艺流程

玉米淀粉（少量）→调浆→勾熟芡→调粉芡→漏粉→成型→撕断→冷却→晾干

2. 工艺操作要点

1）调浆　取3 kg玉米淀粉，用4.5 kg凉水调成淀粉浆。再分别称取食盐0.75 kg、明矾50 g、羧甲基纤维素钠100 g，用少量温水溶化、调匀，然后倒入淀粉浆内搅拌均匀。

2）勾熟芡　将调匀的淀粉浆倒入盛有开水的大铜勺内，边倒入边搅拌，然后把铜勺半浸在沸水锅内加热，边加热边搅拌并加入植物油50 g，搅成薄糊，成为熟芡。

3）调粉芡　称取42 kg玉米淀粉和淀粉磷酸酯5 kg混合均匀，放入粉缸内。然后将熟芡和少量温水倒入粉缸内，将粉芡充分捏合，这道工序可用人工进行，也可用搅拌机进行，不论用哪种方法都要把粉芡调匀而不能有疙瘩。经过20～30 min的捏合，粉芡成为一种半流动状的均匀稠糊，用手握少量芡能自行下滑成均匀的条状即可。

4）漏粉、成型　将大锅内的水烧开，将调好的粉芡放入铜瓢内（俗称粉瓢，用铜制成，底径15 cm，口径16.6 cm，底部有数个0.8 cm的圆滑小孔），一只手握铜瓢，一只手用木棍敲打铜瓢，粉芡从瓢底的小孔自行滑落到锅内的开水中，另一个人用长竹筷顺势从锅中捞出粉条。锅内的水一定要保持沸腾状态，粉条在锅内不能停留时间过长。用铜瓢离锅内水的高度来控制粉条的细度，高则条细，低则条粗。

5）冷却、晾干　捞出的粉条根据需要的长度撕断，然后在酸浆中浸泡3～4 min。凝固的粉条挂在竹架或绳架上通风干燥，即成为玉米粉条。

（六）玉米麻杆糖

1. 生产工艺流程

配料→糖化→拉糖→成型→成品

2. 工艺操作要点

1）糖化　以 25 kg 玉米面和 50 g 淀粉酶作配料，将芝麻炒熟备用；将配料放入铁锅内搅拌均匀后加 53 kg 冷水，再搅拌至无疙瘩时，用火熬成粥；将熬熟的玉米粥舀入大缸内，加 23 kg 冷水，粥温降至 70℃时加入化开的 50 g 淀粉酶，然后搅拌使其糖化。

2）拉糖　将糖化后的玉米粥过滤得到的滤汁倒入另一锅中用急火熬至变稠；当翻滚的粥汁呈鱼鳞状时改用慢火；停火后将糖稀倒入一个平底锅（容器）中，再将平底锅（容器）放入一个更大的盛有冷水的容器中，使其迅速冷却；当糖稀冷却至不烫手时，从锅中取出拉长，将拉长的糖稀绕在淋过油的木桩（或不锈钢棍）上，分别用双手抓住反复拉扯，使其由褐色变为白色，成为传统的灶糖。

3）成型　将拉好的灶糖放在案板上，用刀切成条状，再滚上事先炒熟的芝麻，即可成为麻秆糖。

（七）玉　米　醋

1. 生产工艺流程

玉米粒洗净→浸泡→粗破碎→去胚→磨浆→蒸煮→液化→过滤、去渣→糖化→调整糖质量浓度→杀菌、冷却→酒精发酵→精滤、调配→均质→成品

2. 工艺操作要点

1）浸泡　将玉米粒浸泡于体积分数 0.2%～0.3%的亚硫酸溶液中，48～55℃下保持 60～72 h。

2）粗破碎　用齿磨将浸泡的玉米粒破成适宜大小的碎粒，一般经过两次粗破碎使胚芽分离。

3）去胚　用旋转分离器从破碎的玉米浆料中分离胚芽。

4）磨浆　将软化去胚的玉米粒加 10 倍水，用砂轮磨浆机磨浆。

5）液化　加入已活化 α-淀粉酶，调节 pH 6.2～6.4，于 85～90℃保持 30～60 min，用碘色反应来测定淀粉液化程度，颜色变化为紫绿色→棕色→褐色→浅红色→不显色。液化后加热至 140℃，保持 5～8 min。

6）糖化　加入物料的 0.2%～0.4%糖化酶，调节 pH 至 4.2，糖化温度为 55～60℃，糖化时间为 2 h。

7）酒精发酵　糖化结束后调节 pH 至 4.0，糖度至 12%，加入经活化的 0.1%酿酒高活性干酵母，进行发酵。酒精发酵分为前、中、后三个阶段，整个发酵过程注意防止杂菌污染。发酵初期温度为 28℃，每隔 1.5 h 搅拌一次，使酵母增殖，持续 3 h；主发酵温度为 32℃，时间为 3 天；待发酵液内产气量很少时控制温度 30℃，持续 2 天，温度过低，后糖化作用会减弱，影响酒精产率，共发酵 5 天。

8）乙酸发酵　向发酵罐中加入经活化的 0.7%乙酸菌进行发酵，发酵温度为 32℃，发酵时间为 7 天。发酵 5 天后，每 12 h 测酸度 1 次，直至酸度不变即乙酸发酵完成。

9）陈酿　发酵好的醋加入质量分数 1.0%的食盐，陈酿 4～5 个月，经过滤、澄清、灌装和杀菌，得成品。

这种以玉米为主要原料，采用液态发酵法酿造得到玉米醋呈橙黄色或黄色，香气独特，

口味醇正，酸味柔和，澄清透明。

（八）玉米胚饮料

1. 生产工艺流程

玉米胚→挑选去杂→浸泡→打浆→细磨→调配→均质→脱气→灌装→杀菌→冷却→贴标→成品

2. 工艺操作要点

1）挑选去杂　选用颗粒饱满、无虫蛀和无霉变的玉米生产淀粉过程中脱除的胚芽，过筛，除去杂质。

2）浸泡　将胚芽用70℃左右的热水浸泡2 h，使其吸水软化。

3）打浆　将软化后的玉米胚，加入10倍的水后用打浆机打浆然后过40目筛。

4）细磨　利用胶体磨将胚芽浆进一步细化。

5）调配　配方如下：玉米胚7%，白砂糖10%，柠檬酸0.08%～0.1%，维生素C 0.01%，黄原胶0.2%，乙基麦芽酚0.01%，复合乳化剂0.25%，其余为饮用水。

调配时，按常规饮料的配制方法，将白砂糖用热水溶解后过滤，输入配料罐，将稳定剂拌入白砂糖中，一并加入，将乳化剂与胚芽浆搅拌均匀溶解后，也加入糖浆中，并加入其他辅料，边加边搅拌，然后加水定容，再利用柠檬酸调整酸度，使pH为3.8～4.2。

6）均质　将混合液预热至70℃，利用高压均质机进行两次均质。第一次均质时的压力为25～30 MPa，第二次均质时的压力为15～20 MPa。

7）脱气　脱气的条件：真空度为0.06～0.09 MPa；温度为60～70℃。

8）灌装、杀菌　利用灌装压盖机组进行定量灌装并封口，然后送入杀菌锅中进行加热杀菌。杀菌条件为95℃、15～20 min。杀菌结束后，将混合液迅速冷却到35℃以下，经检验合格后贴标，即为成品。

思考题

1. 玉米籽粒的组织结构包括哪些部分？各个部分的主要化学成分是什么？
2. 评价玉米储存品质的指标有哪些？
3. 玉米加工方法有哪些类型？
4. 玉米水汽调质的目的和原理是什么？
5. 玉米脱皮的目的是什么？玉米脱皮的方法有哪些？
6. 玉米脱胚破糁的目的和工艺要求是什么？主要设备有哪些？
7. 按照颗粒大小来分，玉米脱胚破糁后在制品有哪些类型？
8. 分级选胚与提糁的目的是什么？主要方法有哪些？
9. 玉米干法加工工艺流程有哪些类型？
10. 什么是玉米糁？评价玉米糁的质量指标有哪些？
11. 方便玉米粉和普通玉米粉有什么区别？
12. 在玉米淀粉生产过程中，浸泡的作用是什么？影响玉米浸泡工艺效果的因素有哪些？

13. 麸质分离的方法有哪些？各个分离方法的工作原理是什么？
14. 淀粉干燥为什么要选择气流干燥法？
15. 玉米淀粉生产有哪些副产品？

参考文献

白坤. 2012. 玉米淀粉工程技术. 北京：中国轻工业出版社.
杜连启，张文秋. 2013. 玉米食品加工技术. 北京：化学工业出版社.
李里特，陈复生. 2009. 粮油贮藏加工工艺学(2 版). 北京：中国农业出版社.
李新华，董海洲. 2009. 粮油加工学(2 版). 北京：中国农业大学出版社.
朱永义. 2002. 谷物加工工艺与设备. 北京：中国农业出版社.

第五章 植物油脂制取与加工

第一节 概　述

油料是油脂工业的原料。油脂工业通常将含油率高于10%的植物性原料称为油料。

世界油料作物多以一年生为主，包括大豆(有时也将大豆列为粮食作物)、花生、油菜、向日葵、芝麻等，另外，棉籽、亚麻籽、大麻籽也是油料，多年生油料植物(如油橄榄、油棕、椰子和油桐等)占次要地位。世界上产油料最多的国家是美国(大豆、棉籽、花生等)、俄罗斯(向日葵、棉籽)、印度尼西亚(油棕)和印度(芝麻、花生、油菜籽和棉籽)等。

中国是菜籽、棉籽、花生和芝麻生产大国，产量排名均居世界之冠，大豆也居世界第四位。我国黄河流域主要种植花生、芝麻等，长江流域种植油菜较多，东北专区大豆生产集中，西北部地区产亚麻籽、葵花籽较多，南部较温暖的山区种植油茶树，西北、西南、华北和蒙古等地区还普遍生长野生油料。

植物油料种类繁多，分类方法也很多。根据植物油料的植物学属性，可将植物油料分成三类：草本油料(常见的有大豆、油菜籽、棉籽、花生、芝麻、葵花籽等)，木本油料(常见的有棕榈、椰子、油茶籽等)，农产品加工副产品油料(常见的有米糠、玉米胚、小麦胚芽)。

根据植物油料的含油率高低，可将植物油料分成两类：高含油率油料(菜籽、棉籽、花生、芝麻等含油率大于30%的油料)和低含油率油料(大豆、米糠等含油率低于30%的油料)。

一、油料种子的形态和结构

油料种子的形态结构是判别油料种类、评价油料工艺性质、确定油脂制取工艺与设备的重要依据之一。虽然油料种子的种类繁多，外部形状也各具特点，但基本结构相同，即都是由种皮、胚、胚乳或子叶等部分组成。

种皮在种子的最外层，起保护胚和胚乳的作用。种皮含有大量的纤维物质，其颜色及厚薄随油料的品种而异，据此可鉴别油料的种类及其质量。胚是种子最重要的部分，大部分油籽的油脂储存在胚中。胚乳是胚发育时营养的主要来源，内存有脂肪、糖类、蛋白质、维生素及微量元素等。但是有些种子的胚乳在发育过程中已被耗尽，因此营养物质储存在胚内。

油籽和其他有机体一样，都由大量的细胞组织组成，由细胞壁和填充于其内的细胞内容物构成。细胞壁犹如细胞的外壳，由纤维素、半纤维素等物质组成，这些纤维素分子呈细丝状，互相交织成毡状结构或不规则的小网结构，在网眼中充满了水、木质素和果胶等。细胞壁的结构使其具有一定的硬度和渗透性。水和有机溶剂能通过细胞壁渗透到细胞的内部，引起细胞内外物质的交换，细胞内物质吸水膨胀可使细胞壁破裂。油籽中的油脂主要存在于细胞质中，在细胞原生质体内形成油体原生质。在细胞原生质体的凝胶体中，胶体微粒彼此连接成胶束，它们又连接构成胶束网，结果形成了许多大小不等、互相隔离的孔道。孔道极小，在超显微镜才能看见，脂滴便呈显微均匀分散状态充填在这些孔道之间。

油料中的油脂主要存在于原生质中，通常把油料种子的原生质和油脂所组成的复合体称为油体原生质。它占有很大体积，是由水、无机盐及有机化合物(蛋白质、脂肪、碳水化合物等)所组成的。在成熟干燥的油籽中，油体原生质呈一种干凝胶状态，富有弹性。

二、油料的化学组成

油料种子的种类很多，不同油籽的化学成分及其含量不尽相同，但各种油料种子中一般都含有油脂、蛋白质、糖类、脂肪酸、磷脂、色素、蜡质、烃类、醛类、酮类、醇类、油溶性维生素、水分及灰分等物质。

三、油料中油脂的形成和转化

油料种子富含油脂。油脂是细胞的重要组成部分，并且与碳水化合物一起成为细胞呼吸作用所需的主要物质。油籽中的脂肪由糖类分解成的脂肪酸与甘油在脂肪酶的作用下酯化而形成。油籽中脂肪的合成是一个很复杂的生物化学过程，这个过程包括了糖类的分解、脂肪酸的合成及甘油和脂肪酸的酯化等，需要许多酶的参加。

糖类转变成脂肪的一般过程比较复杂。糖首先分解成甘油和饱和脂肪酸，饱和脂肪酸在种子的活组织中进行剧烈的氧化还原反应，逐渐形成不饱和脂肪酸，其中包括不同于其他的油籽所特有的脂肪酸，然后甘油和脂肪酸在脂肪酶的作用下酯化而形成油脂。油料种子在成熟过程中，油脂的合成反应有可能尚未进行到底，有些甘油的羟基未能完全与脂肪酸结合，即使到油料收获时，仍能存在着油脂合成代谢反应的中间产物——甘油一酸酯和甘油二酸酯。在油料种籽成熟过程中脂肪的含量不断增加，而糖类的含量在不断减少，也就是说，油籽中脂肪的形成和积累总是伴随着糖类的分解和减少。

四、主要的植物油料

大豆：是一种优质高蛋白油料，含油率 15%～26%，含蛋白质 35%～45%。大豆已成为世界上最重要的植物油料，主要生产国有美国、巴西、阿根廷、中国、印度等，是世界食用油及植物蛋白(食用和饲料)的主要来源之一。

油菜籽：是唯一在世界各地都能栽种的高油分油料，是我国主要油料作物之一。油菜籽的栽培遍及全国，分为冬油菜和春油菜两种，含蛋白质 24.6%～32.4%，含油脂 37.5%～46.3%。

棉籽：整籽含油 15%～25%，棉仁含油 28%～39%，含蛋白质 30%～40%。

花生：含仁率为 65%～75%，仁中含油 40%～51%，含蛋白质 25%～31%，是重要的植物油脂及蛋白质资源之一。

葵花籽：按用途可分为食用葵和油葵两种。普通葵花籽粒大，含油 29%～30%。油葵多为黑色小籽，全籽含油率高达 45%～54%。含壳率可低至 22%左右，仁中含蛋白质 21%～31%。

芝麻：是世界上最古老的食用油料之一，素有“油料皇后”之美称。含油率高达 45%～63%，蛋白质含量 19%～31%。芝麻油是少数几种不需“极度精炼”就可食用的植物油之一。由于天然抗氧化剂芝麻酚的作用，芝麻油的化学性质稳定。用水代法制取的小磨香油有浓郁的香味。

油茶籽：是我国南方特产的木本油料之一。油茶籽带壳，含仁 50%～72%，整籽干基含油 30%～40%，仁中含油 40%～60%，含蛋白质 8%～9%。

油桐籽：盛产于我国，属木本油料植物。油桐籽含仁率 51%～71%，桐籽含油 32%～41.9%，含蛋白质 20.5%～27.7%，桐仁含油 50%～62%，属干性油脂，具有毒性，不能食用。

乌桕籽：是我国的特产。乌桕籽加工后能得到两种油脂，即外层的桕油（又称皮油）和仁中的梓脂（又名青油），将两者混合压榨得到的油脂称为木油。桕籽含蜡 35%～43%，桕蜡中含脂 70%～75%，含仁率 28%～33%，仁中含油 58%～62%，整籽含油 40%～53%。

油棕果：亦称棕榈。油棕果实包括鲜果肉（干基含油 45%～50%）和棕仁（干基含油 48%～55%）两部分，素有“世界油王”之称。棕仁是制取可可脂、人造奶油的优质原料。液体棕榈油是良好的煎炸用油。

小麦胚芽：是整个麦粒营养价值最高的部分，含有蛋白质 27.0%～30.5%，含脂肪 10.5%～13.0%。所获得的油脂中，维生素 E 含量为植物油之冠。

米糠：是稻谷加工的副产物，每加工 100 kg 糙米能出 5～8 kg 米糠。米糠含油 14%～24%。米糠中含有活性很强的解脂酶，易使米糠酸败变质，影响油的质量。

玉米胚芽：是玉米加工的副产品，含蛋白质 15%～25%，含脂肪 34%～37%。

第二节　油料预处理

制取油脂工艺多种多样，为了制得达到商品质量标准的油脂，首先应尽可能除去不含油杂质，然后进行其他操作。在制取油脂的过程中，获得油脂之前所有的准备工作统称为预处理。基本工艺包括储存、清理、脱绒、剥壳去皮和分离、破碎、烘干、软化、轧坯、膨化或蒸炒等工序。

油料预处理对油脂生产的重要性，不仅在于改善油料的结构性能而直接影响到出油率及设备处理能力和能耗等，还在于对油料中各种成分产生作用而影响产品和副产品的质量。

一、清　　理

油籽在收获、曝晒、运输和储藏过程中，虽然经过初步除杂，但在送入油脂加工厂加工时，油籽中仍然夹带着部分杂质，并有再次混入杂质的可能，这样进入油脂加工厂的油料实际是由油籽及各种杂质组成的混合物。相应的理论和设备与前面章节基本相同。

油料中所含的杂质可分为有机杂质、无机杂质和含油杂质三类。无机杂质包括灰尘、泥土、砂粒、石子、瓦块、金属等；有机杂质包括茎叶、皮壳、蒿草、麻绳、布片、纸屑等；含油杂质包括病虫害粒、不完善粒、异种油料等。

（一）油料清理的目的

油料清理可以减少油脂损失，提高出油率。油料中所含的杂质大多本身不含油，在油脂制取过程中不仅不出油，反而会吸附一定量的油脂残留在饼粕中，使出油率降低，油脂损失增加。

油料清理可以提高油脂、饼粕及副产物的质量。油料中含有的泥土、植物茎叶、皮壳等杂质，会造成油脂色泽加深、沉淀物增多、产生异味等不良现象，降低原油质量，同时也会使饼粕、油脚及磷脂等副产品的质量受到不良影响。

油料清理可以提高设备对油料的有效处理量。杂质会增大设备生产负荷，造成设备相对处理量的下降。

油料清理可以减轻设备的磨损，延长设备的使用寿命。油料中的石子、铁杂等硬杂质进入生产设备和输送设备，尤其是进入高速旋转的生产设备，将使设备的工作部件磨损和破坏，缩短设备的使用寿命。

油料清理可以避免生产事故，保证生产的安全。油料中的蒿草、麻绳等长纤维杂质，很容易缠绕在设备转动轴上或堵塞设备的进出料口，影响生产的正常进行和造成设备故障。另外，金属、石块的破片飞出容易造成人员伤亡事故。

油料清理可以改善操作环境，实现文明生产。油料清理还可以减少和消除车间的尘土飞扬等。

(二) 油料清理的方法

油料清理的方法主要是根据油料与杂质在粒度、比重、形状、表面状态、硬度、磁性、气体动力学等物理性质上的差异，采用筛选、磁选、风选、比重分选、并肩泥清选等方法，将油料中的杂质去除。

(三) 油料清理的要求

对油料清理的要求是尽量除净杂质，清理后的油料越纯净越好，且力求清理流程简短，设备简单，除杂效率高。

各种油料经过清选后，不得含有石块、铁杂、麻绳、嵩草等大型杂质。总杂质的含量应符合国家规定标准。

二、水分调节

油籽的水分对油籽的储藏及加工的各工艺过程都存在着不同程度的影响。这是因为水分几乎对油籽的所有物理性质都产生影响；同时也在一定程度上对油籽的某些化学过程存在影响。所以，水分的控制与调节将直接影响油脂及相关产品的产量和质量。

水分的调节与油籽的储藏、剥壳、破碎、轧坯、蒸炒，乃至压榨等工艺过程均有密切联系。它们在调节中的许多方面是相同的，同时也存在着不同的特点和要求，因而在植物油的生产过程中，必须根据工艺过程的工艺要求及油籽的水分进行调节，使油籽水分达到适宜的范围。

(一) 油籽加工的适宜水分

油籽及某些组成油籽的物理特性，对于某一段工艺过程的作用，有时会显出较好的效果，此时整个生产过程的效果最好。油籽的某些与加工有关的物理特性由油籽水分的含量来决定；在含有一定水分的情况下，油籽的物理特性对某一工艺过程将产生最好的效果，这时油籽的水分称之为适宜水分。对于不同的工艺过程，适宜水分常常是不同的。

（二）调节水分的方法

油脂加工厂使用的油籽因其来源、气候条件等各种因素均不同，因此每批油籽的水分也不相同。如果成批油籽的水分与加工时的适宜水分不同，则油籽水分不论高于或低于适宜水分，我们都必须对油籽进行水分调节，以保证良好、稳定的生产效果。

一般油籽水分的调节常包含从油籽中除去水分（即干燥作用）或将必要的水分加入油籽中（即增湿作用）。干燥是加热物料，使物料中水分蒸发而去除的操作。油料增湿就是加入水分。最简单的增湿方法是在油料上喷水，但用这种方法增湿既不均匀，又需较长的水分均布时间。用饱和蒸汽和水混合后喷射到油料上，可以取得较好的润湿效果，水分均布的时间缩短。在油脂加工厂，干燥设备较多，单独应用的湿润设备较少，油料或半成品的湿润通常在生产设备中结合工艺操作进行，油料湿润后的水分均布缓苏的过程可以在中间储器中进行。相应理论和设备与前面章节基本相同。

三、剥壳与去皮

油料的剥壳及脱皮是带皮壳油料在取油之前的一道重要生产工序。对于花生、棉籽、葵花籽等一些带壳油料，必须经过剥壳才能用于制油。而对于大豆、菜籽含皮量较高的油料，当生产高质量蛋白质时，需要预先脱皮再取油。

（一）油料剥壳

剥壳是利用机械方法，将棉籽、花生果、向日葵籽等带壳油料的外壳破碎并使仁壳分离的过程。

1. 剥壳的目的

（1）剥壳有益于生产，可以提高出油率、提高原油的质量、提高饼粕的质量。由于油料的皮壳含油量极少，主要由纤维素和半纤维素组成，如果用带皮壳的油料进行压榨或浸出取油，皮壳会留在饼粕中并吸附油脂，降低出油率；且皮壳所含的色素和胶质较多，在制油过程中转移到油中，将增加毛油色泽，降低油品质量。

（2）带壳生产将降低轧坯、蒸炒、压榨设备的生产能力，增加动力消耗和机件磨损。

（3）剥壳后的皮壳可以进一步利用，有利于饼粕及皮壳的综合利用。

2. 剥壳的要求

剥壳率高，漏籽少，粉末度小，利于剥壳后的仁、壳分离。

3. 剥壳的方法

目前，常用的剥壳加工设备按剥壳方法分类可分为挤压法、撞击法、剪切法和碾搓法等。

挤压法：借助轧辊的挤压作用使壳破碎，如核桃剥壳机等。

撞击法：借助打板或壁面的高速撞击作用使皮壳变形直至破裂，适用于壳脆而仁韧的物料，如用离心式剥壳机剥松子壳等。

剪切法：借助锐利面的剪切作用使壳破碎，如板栗剥壳机等。

碾搓法：借助粗糙面的碾搓作用使皮壳疲劳破坏而破碎。除下的皮壳较为整齐，碎块较大。这种方法适用于皮壳较脆的物料。

4. 影响剥壳效果的因素

(1) 油料的性质是影响剥壳效果的最主要因素。油料种子外壳的机械性质(强度、塑性和弹性)与剥壳效果密切相关,有的外壳上还覆盖有绒毛。油籽外壳在受外力作用的方向不同时,还表现出不同的机械性质。壳仁之间的附着情况不同,使得壳与仁的分离困难。油料品质及均匀度、籽粒饱满度等的不同直接影响破壳率。此外,油料外壳的机械性质还与油籽含水量、外壳的厚度和温度等因素有关。

(2) 剥壳方法和设备的选择直接影响剥壳效果。不同油料的皮壳性质、仁壳之间附着情况、油料形状和大小均不相同,应根据其特点尤其是外壳的机械性质(强度、弹性和塑性),选用不同的方法和设备进行剥壳。

(3) 不能忽视剥壳设备的工作条件。由于壳比较坚硬,剥壳设备磨损比较严重,设备整体的工作条件是否达到设计要求,设备的转速、油料的流量(喂料量大小及均匀程度)、工作面间隙(合理调节和磨损情况等)需要调节到最佳工作状况。

5. 剥壳设备

剥壳设备种类很多,主要是适应各种油料皮壳的不同特性、油料的形状和大小、壳仁之间的附着情况等条件。

圆盘剥壳机主要用于棉籽的剥壳,也可用于油桐籽、油茶籽、花生果的剥壳,此外,还可用于对油料或饼块的破碎。刀板剥壳机是棉籽剥壳专用设备。齿辊剥壳机是一种新型的棉籽剥壳设备,也可兼作大豆、花生等大颗粒油料的破碎。离心剥壳机有卧式和立式两种,主要用于葵花籽的剥壳,也能用于油桐籽、油茶籽及核桃等油料的剥壳。锤击式剥壳机主要用于花生果的剥壳。轧辊剥壳机主要用于蓖麻籽的剥壳。

(二) 油料剥壳后的仁壳分离

油籽经过剥壳、脱皮后得到的产物是一种混合物,它包括整仁、壳、碎仁、碎壳、未经破碎的完整油籽及部分破碎的油籽、含油粉尘等组分。生产中要求将这些混合物有效地分成仁和仁屑、壳和壳屑及整籽三部分。仁和仁屑进入下一道工序;壳(皮)和壳(皮)屑送入仓库或打包;而整籽则返回剥壳设备进行重剥。仁壳(皮)的分离是一项比较复杂的工作,也是直接关系到出油率大小的重要环节。

仁壳分离工艺应根据油料品种、剥壳设备型式、剥壳混合物的性质、油脂加工厂生产规模等几个方面的因素进行选取。两次剥壳分离工艺就是将清理后的棉籽经剥壳设备剥壳,然后用仁壳分离、籽壳分离设备完成仁、壳、未剥整籽的分离,分出的整籽再返回剥壳机循环重剥,或进入下道剥壳机进行二次剥壳。两次剥壳工艺减少了油料剥壳时的粉碎度,剥壳混合物中整仁率高,利于仁壳的完善分离,因而使仁中含壳率特别是壳中含仁率减少,有效地降低了生产过程中的油分损耗。但两次剥壳分离工艺较复杂,所用设备较多。

(三) 油 料 去 皮

油料去皮也称脱皮。

1. 脱皮的目的

脱皮可以提高饼粕的蛋白质含量,减少纤维素含量;可以提高饼粕的利用价值;可以提高浸出原油的质量(降低浸出原油的色泽、含蜡量);提高制油设备的处理量;可以降低饼粕的残油量；可以减少生产过程中的能量消耗。

目前油脂生产企业主要是对大豆进行脱皮，以生产低温豆粕和高蛋白饲用豆粕。此外，还可以根据市场需求，将豆皮粉碎后按照不同比例添加到豆粕中生产不同蛋白质含量的豆粕。有时也对花生、菜籽、芝麻等进行脱皮，以满足不同生产工艺的要求。

2. 脱皮的方法

油料含水量高低是去皮工艺中非常关键的因素。在生产中通常是首先调节油料的水分，然后利用搓碾、挤压、剪切和撞击的方法，使油料破碎成若干瓣，籽仁外边的种皮也同时被破碎并从籽仁上脱落，然后用风选或筛选的方法将仁、皮分离。

3. 脱皮的要求

生产上，对脱皮的要求从综合经济指标方面考虑，要求有：脱皮率高，粉末度小，油分损失尽量小，脱皮及皮仁分离工艺要尽量简短，设备投资低，能量消耗小等。

四、破　碎

（一）破碎的目的

前已指出，为了获得优良的料坯以供压榨或浸出之用，对于颗粒较大的籽仁必须进行破碎。这是因为大颗粒籽仁不宜于轧坯，粒子不易进入轧坯机的轧辊缝隙，因此必须使粒子具有一定的颗粒大小，以符合轧坯条件。同时对大颗粒籽仁进行水分和温度的调节比较困难，以致油籽的水分温度内外不均，达不到所需要的可塑性，也就制备不出优良的生坯，直接影响油脂的提取。另外，对一次压榨或预榨后的饼块，也必须通过破碎，使大的饼块成为较小的饼块，再用于浸出取油或经水分调节和轧坯后进行二次压榨取油。

（二）破碎的工艺要求

对于不同的籽仁或预榨饼，根据其不同的加工要求，破碎的要求也不同，但总的要求如下所述。

1. 不出油，不成团，少出粉

一般需要破碎的籽仁大都是高油分油籽，如油桐籽、油茶籽、花生仁、油棕仁等，在破碎时要防止出油、成团，否则不仅会造成油脂损耗，而且会影响破碎工作的顺利进行。要达到这个要求，就必须控制籽仁的水分：水分过高，籽仁不易破碎，也容易出油成团；水分过低，将增大粉末度，粉末过多也容易成团。

2. 破碎后粒度均匀，符合规定的要求

有些籽仁在一次或二次破碎后还须进行筛分，将尚未破碎的颗粒重新破碎，以得到较均一的粒度。对于大豆、花生仁等，以将其破碎成三、四瓣为宜，要特别注意破碎后不得有粉末，否则将直接影响后道工序的操作，如将严重影响蒸炒时的透气性和浸出时溶剂的渗透性等。

（三）破碎的方法及设备

破碎方法包括撞击、剪切、挤压和碾磨等几种形式。通常采用剥壳或轧坯设备进行破碎，专用设备有齿辊破碎机。

五、轧　坯

把油料整籽或含油的籽仁进行处理，使其成为片状，这个处理过程称为轧坯，所得到的产品称为生坯。在植物油的生产过程中，轧坯起着重要的作用。

通常在一次压榨取油或生坯一次浸出取油前采用一次轧坯；而在二次压榨或预榨浸出取油时，不仅要对籽、仁进行轧坯，有时需对一次压榨或预榨后的加工产品(饼)进行二次轧坯。当然，后者(即饼)的轧坯是轧坯的特殊形式。

(一)轧坯的目的

油料轧坯的主要目的是破坏细胞结构，形成一定的外部结构，就是使坯片大小适度，使油料达到最大的一致性；更充分地提取油脂提供最适宜的料坯；保证获得均匀而结实的料坯。

对于大颗粒籽仁，在轧坯前必须进行破碎。生坯进行蒸炒时，因水分的渗透和热传导的速度与坯片的厚度成反比，所以坯片越薄，蒸炒时水分越易从坯片表面渗透到里面，热量从表面传导到坯片里面的距离就越短。同时，坯片的厚度越小，一定量坯片的总面积就越大，从而料坯与所加润湿水分的接触面积也越大，与直接蒸汽及炒锅加热面的接触面积也越大。因此，料坯越薄，蒸炒时水分和热量对料坯的加工效果也就越好。浸出时料坯越薄，油脂和溶剂分子的扩散路程就越短，同时料坯与溶剂的接触面积也越大，因而越有利于浸出。根据对大豆浸出的研究证明：浸出时，油脂从细胞组织向溶剂中扩散的速率，与豆坯的表面积成正比，而与豆坯的厚度成反比。

(二)轧坯设备

目前油脂工厂使用的轧坯设备是轧坯机。轧坯机按轧辊排列方式可分为平列式轧坯机及直列式轧坯机两类；按轧辊的紧辊方式，在上述两类形式中又可分为弹簧紧辊和液压紧辊两种。其中，平列式轧坯机有单对辊、双对辊轧坯机及液压紧辊对辊轧坯机；直列式轧坯机有三辊轧坯机及五辊轧坯机。结构与辊式磨粉机类似。

六、蒸　炒

蒸炒就是把生坯(或油籽颗粒)放在蒸炒锅中，在热和水及搅拌作用下进行一定时间的处理，使生坯发生一定的物理化学变化，并使粒子的结构改变，成为适宜于压榨或浸出的熟坯，以便在提取油脂时得到最好的效果。此外，在蒸炒时还常发生附带的化学变化而使产品质量提高(如加工棉籽时，棉酚发生结合作用；有气味的物质也可随水蒸除去)。因此，熟坯的制备是油脂制备过程中一项最具关键性的工序，它对最终产品(油脂、饼或粕)的数量和质量有着决定性的影响。

被蒸炒的物料可以是供预榨或一次压榨的生坯，也可以是供完成压榨的轻辗轧的预榨饼。

(一)蒸炒的目的

经过破碎或轧坯操作得到的油籽颗粒及坯片表面均分布着很薄的油脂薄膜，且在表面上被很大的分子作用力(表面的分子力场)所截留。这种分子作用力大大超过了后续榨油机所产生的压力。

为了减小油脂与油籽颗粒及坯片表面间的结合力，并促使油脂与生坯非油脂部分的分离，在植物油生产工艺中，对生坯采用湿热处理。蒸炒是最主要的手段。

通过温度和水的共同作用，使料坯在微观生态、化学组成及物理状态等方面发生变化，以提高压榨出油率。

蒸炒过程可以彻底破坏油料细胞组织，减小油脂与油料颗粒或坯片表面的结合力，使蛋白质充分变性、油脂产生聚集、油脂黏度和表面张力降低，调整料坯的弹性和塑性以适宜于压榨，改善油脂和饼粕的质量(某些化学反应和作用)。

(二)蒸炒的类型

蒸炒的类型可分为干蒸炒和润湿蒸炒两种。

1. 干蒸炒

干蒸炒只对料坯或油料进行加热和干燥，不进行润湿。这种蒸炒方法仅用于特种油料的蒸炒，如制取小磨香油时对芝麻的炒籽，制取浓香花生油时对花生仁的炒籽，可可籽榨油时对可可籽的炒籽等。

2. 润湿蒸炒

润湿蒸炒是指在蒸炒开始时利用添加水分或喷入直接蒸汽的方法使生坯达到最优的蒸炒开始水分，再将润湿过的料坯进行蒸炒，使蒸炒后熟坯中的水分、温度及结构性能达到最适宜压榨取油的要求。润湿蒸炒是油脂生产厂普遍采用的一种蒸炒方法。

正确的蒸炒方法不仅能提高压榨出油率和产品质量，而且能降低榨机负荷、减少榨机磨损及降低动力消耗。蒸炒方法及蒸炒工艺条件应根据油料品种、油脂用途、榨机类型及取油工艺路线的不同而选择。

(三)润湿蒸炒的作用

成熟的油料种子由于干燥脱水作用，全部细胞内容物变成了固体的凝胶状态，此时，含有大量液态油脂的油体原生质同样具有固体的凝胶状态，油体原生质形成坚硬的细胞质凝胶骨架(由蛋白质颗粒相互结合而成)，这种油体原生质骨架具有很大的黏度并呈固体状态。微胶粒网之间的空隙是相互沟通的，因而形成一种连续的超显微通道，油脂即填充在这些通道中。当油料种子被润湿时，由于凝胶吸水膨胀，通道被压缩，油脂便从通道内被挤出而聚成“滴”状。

蒸炒过程中料坯内部发生的变化主要都产生于加热，而这些变化的程度，又取决于加热的方法、时间、均匀性、生坯含水量及水分蒸发的速度等因素。

蒸炒的加热作用使油料蛋白质变性凝固，体积收缩，蛋白质对油脂的亲和性降低，油脂流出的通道加大。一般蒸炒的最高温度不宜超过130℃。

蛋白质结构遭到破坏后，其分子从刚性环状结构的有规则排列形式变成柔性展开的不规则排列形式，使原来卷曲在分子内部的疏水基释放出来，与疏水基结合的油脂亦露出表面。

油脂的流动性增强，为油脂摆脱蛋白质疏水基的吸附力、克服流动时的摩擦阻力创造了条件。这一变化使得压榨取油时油脂更容易与熟坯的凝胶部分分离。

料坯经润湿后，含水量增加，可塑性提高，再经加热蒸炒后，由于含水量降低及蛋白质变性等，可塑性下降。经蒸炒后的入榨料坯，其塑性和弹性对压榨取油效果产生重要影响。而入榨料坯的塑性和弹性除与料坯的含油量、含壳量有关外，还直接取决于润湿蒸炒后熟坯的水分、温度及蛋白质变性的程度。

（四）润湿蒸炒设备

润湿蒸炒设备称为蒸炒锅，有立式和卧式两种。润湿蒸炒操作可以在一个设备中完成，也可以先在一个设备中进行润湿和蒸坯，再在另一个设备中进行炒坯和干燥。通常先采用层式蒸炒锅进行润湿蒸坯，再用榨机调整炒锅进行炒坯干燥。也有一些油厂先采用层式蒸炒锅进行润湿蒸坯，再利用豆坯平板干燥机进行炒坯干燥。此外，还可使用一个卧式蒸炒锅蒸坯，而用另一个单独的卧式容器进行炒坯干燥。

（五）润湿蒸炒工艺要求

1. 高水分蒸炒，低水分压榨

如前所述，蒸炒前的润湿水分高，有利于提高原油质量和出油率。因此，在设备条件允许的前提下，可以适当提高润湿水分。而压榨时通常采用的是高温度、低水分条件，一方面是为了降低油脂的黏度和表面张力，提高油脂的流动性；另一方面是为了调整榨料的可塑性，使榨料在压榨时具有适宜的抗压能力。

2. 均匀蒸炒

蒸炒对熟坯性质的基本要求是必须具有合适的塑性和弹性，同时要求熟坯要有很好的一致性。熟坯的一致性包括熟坯总体一致性和熟坯内外部的一致性。总体一致性是指所有熟坯粒子在大小和性质（水分、可塑性）方面的一致，而内外部一致性则是指每一料坯粒子表里各层性质的一致。

（六）实现均匀蒸炒的措施

采用现行的连续蒸炒工艺和设备时，由于生坯本身质量的不一致、料坯通过蒸炒锅的时间不一致、部分料坯润湿时的结团及部分料坯受传热面的过热作用形成硬皮等，必将导致料坯蒸炒过程中的不一致性。为了减少蒸炒过程的不一致性，生产上必须采取措施以保证料坯的均匀蒸炒，如下所述。

(1) 生坯质量合格和稳定（水分、坯厚及粉末度等）。

(2) 均匀进料（平衡进出料速度，保证连续生产）。

(3) 润湿操作均匀一致（防止结团）。

(4) 蒸坯时充分利用料层的自蒸作用，防止硬皮的产生。

(5) 蒸炒锅各层存料高度要合理，料门控制机构灵活可靠。

(6) 加热应充分均匀，保证加热蒸汽质量及流量的稳定，夹套中空气和冷凝水的排除要及时。

(7) 保证各层蒸锅的合理排汽。

(8) 保证足够的蒸炒时间。

(9) 回榨油渣的掺入应均匀等。

七、挤压膨化

挤压膨化是借助挤压机螺杆的推动力，将物料向前挤压，物料受到混合、搅拌、摩擦及高剪切力作用而获得和积累能量达到高温高压，并使物料转变成多孔的膨化物料的过程。

(一)物料的工作过程

油料生坯由螺旋输送机强制且均匀地喂入挤压膨化机，在机膛内料坯被螺旋轴向前推进的同时受到强烈的挤压作用，使物料密度不断增大。同时，由于物料与螺旋轴和机膛内壁的摩擦发热作用、固定销与螺旋叶配合形成的切割混合作用及直接蒸汽的注入，使物料受到充分的混合、加热、加压、胶合、糊化作用，从而产生组织结构上的变化。物料呈连续的绳条状从膨化机末端的模板槽孔中挤出，并立即被切割器切割成尺寸一定的颗粒物料。物料在机膛内抵达模板的时候，已处于一定温度、水分及高压之下，此时内部压力比气压大 13～40 倍，物料被挤出膨化机的模板槽孔时，压力瞬间从高压转变为常压，压力的突然降低，造成水分迅速地从物料组织结构中蒸发出来，物料由此受到强烈的膨化作用，形成具有无数个微小孔道和表面裂缝的膨化料粒。膨化机内的蒸煮条件能使油料的蛋白质软化并胶凝，使蛋白质转变为一种胶状物质，它能使物料颗粒结合起来，并由于胶凝化蛋白质具有的弹性，使物料在膨化条件下形成多孔的膨化料粒。

(二)油料挤压膨化的作用

油料经挤压膨化后，膨化料粒的容重增大(较生坯增大约 50%)，油料细胞组织被彻底破坏，内部具有更多的空隙度，外表面具有更多的游离油脂，粒度及机械强度增大，在浸出时溶剂对料层的渗透性大为改善(渗透速度较生坯提高约 4 倍)，浸出速率提高，浸出时间缩短，因此可使浸出器的产量增加 30%～50%。膨化料粒浸出后的湿粕含溶仅为生坯浸出后湿粕含溶的 60%(湿粕含溶由 30%降为 20%)，这可使湿粕脱溶设备的产量提高及湿粕脱溶所需的能量消耗大大降低。湿粕脱溶时的结团现象明显减少，这是由于引起结团的生植物蛋白在膨化过程已变性的缘故。此外，因为膨化颗粒的粉末度减少及豆皮已结合在膨化颗粒中，湿粕脱溶时混合蒸汽中含粕末量减少，减轻了粕末捕集的负荷。膨化料粒浸出时的溶剂比生坯浸出时降低 40%左右，约为 0.65∶1，这使浸出后的混合油浓度达到 30%～35%，大大节省了混合油蒸发的能量消耗；混合油中粉末度减少，减轻了混合油净化的负荷，提高了混合油蒸发效果及浸出原油的质量。由于湿粕含溶的减少和混合油浓度的提高，使浸出生产的溶剂损耗明显降低。膨化过程钝化了油料中的脂肪氧化酶、磷脂酶等酶类，使浸出原油的酸价降低、非水化磷脂含量减少，浸出原油质量提高。此外，膨化浸出工艺降低了对破碎、轧坯工序的要求，使这些设备的产量提高。油料在挤压膨化过程中蛋白质变性严重，膨化浸出不适合用作提取蛋白质豆粕的生产。

(三)油料挤压膨化设备

油料挤压膨化设备可以分为两种，一种是闭壁式挤压膨化机，一种是开槽壁挤压膨化机。

挤压膨化机主要由动力传动装置、喂料装置、预调质器、挤压部件及出料切割装置等组成。挤压部件是核心部件，由螺杆、外筒及模头组成。

闭壁式挤压膨化机的外筒是密闭的。当采用闭壁式挤压膨化机对高含油料生坯进行挤压膨化时，挤压膨化过程释放出来的油将积聚在挤压机内产生油的缓动，干扰了操作的稳定状态。开槽壁挤压膨化机解决了这一问题。开槽壁挤压膨化机在出料端的机壳上装有一段有缝的排油榨笼，料坯在挤压过程中释放出来的油可通过榨笼缝隙排出，而料坯从膨化机末端的模板槽孔或锥形卸料器挤出时被膨化，含油 20%～30%的膨化料粒被送去浸出取油。这种膨化机能用于棉籽、油菜籽、红花籽、葵花籽、花生仁、玉米胚芽等油料生坯的膨化浸出，从而取代传统的预榨浸出，简化了高含油料的制油工艺，节省了设备投资，油脂质量提高。但在膨化前需把这些油料轧成尽量薄的坯片。尽管膨化料粒的残油大于预榨饼，但因膨化料粒的多孔性更好，浸出速率明显优于预榨饼，因此并不影响浸出后粕残油。

第三节 油脂制取

油脂制取是通过对油料加工处理，使油脂与其他成分分离的操作。最终目的是在获得较纯油脂的同时，尽可能对其他成分不产生破坏，并且能够安全使用。制取的方法很多，有压榨法、浸出法、水代法、超临界法、酶法、亚临界法等，每种方法各有利弊。

一、压榨法制油

压榨法是一种古老的机械提取油脂的方法，历史悠久，并经历了从原始压榨到液压压榨再到螺旋压榨的漫长发展过程。由于压榨法所具有的特点及浸出法本身尚存在的不足之处，使得压榨法取油目前仍占有较大的比重。

(一)压榨制油的基本过程

压榨取油过程，就是借助机械外力的作用，使油脂从榨料中挤压出来的过程。它一般属于物理变化，如物料变形、油脂分离、摩擦发热和水分蒸发等。然而，在压榨过程中，由于温度、水分和微生物等的影响，同时也会产生某些生物化学方面的变化。因此，压榨取油的过程实际上是一系列过程的综合作用。

压榨时，受榨料坯(简称榨料)的粒子，在压力作用下使其内、外表面相互挤紧。由于表面的挤紧作用，使油脂从空隙中被挤压出来，同时，在高压下，榨料粒子经变形后形成坚硬的油饼，直至内外表面连接而封闭油路。

实际的压榨过程，由于压力分布不均、流油速度不一致等因素，必然形成压榨后饼中残留油分分布的不一致性。同时不可忽视，在压榨过程中，尤其是最后阶段，由于摩擦热或其他因素，将造成排出油脂中含有一定量的气体混合物，其中主要是水蒸气。因此，实际的压榨取油过程应包括在变形多孔介质中液体油脂的榨出和水蒸气与液体油脂混合物的榨出两种情况。

(二)榨油机的分类

按压榨时榨料所受压力的大小及压榨取油的深度，压榨法取油可分为一次压榨和预榨。按压榨法取油的原理分为原始压榨(土榨和木榨)、液压压榨、螺旋榨油机压榨等。

大宗油料的压榨设备主要使用螺旋榨油机。

所有的螺旋榨油机都具有同一种形式的工作部件、类似的结构和工作原理。螺旋榨油机的主要工作部件是螺旋轴和榨笼，而喂料装置、调饼装置及传动变速装置是辅助部件。榨油机的主要工作部件和辅助部件都集中安装在榨油机的机架上。

榨笼是螺旋榨油机的一个重要部件。榨笼的排列方式有一段横榨笼结构和双榨笼结构两种；榨笼的结构还可以分为圆筒式榨笼、榨段式榨笼、分段组装式榨笼三种；螺旋轴的结构可以分为整体式、套装式和变速螺旋轴等。

(三)影响压榨取油效率的因素

榨料里面的通道中油脂的液压是最关键因素。一般来说，压榨时作用于油脂的压力越大，油脂的液压也就越大。在料粒一定的结构和机械性质下，为提高作用于油脂上的压力，就必须提高施于料粒的压力(要使克服凝胶骨架阻力的压力所占的比重降低，必须改变料粒的结构和机械性质)。但如前所述，压力过度易使流油通道封闭和收缩，影响出油效率。

压榨过程中流油毛细管的直径与数量是直接影响排油速度的重要因素。榨料中流油毛细管的直径越大越好，数量越多越好(多孔性越大越好)。在压榨过程中，压力必须逐步地提高，突然提高压力会使榨料过快地压紧，使油脂的流出条件变坏。榨料的多孔性是直接影响排油速度的重要因素。要求榨料(或饼)的多孔性在压榨过程中，随着变形仍能保持到终了，以保证油脂流出至最小值。

流油毛细管的长度越短(即榨料层薄)，暴露的表面积大，则排油速度越快。

压榨过程中应有足够的时间，保证榨料内油脂的充分排出，但是时间太长，则因流油通道变狭甚至闭塞而奏效甚微。

受压油脂的黏度越低，油脂在榨料内运动的阻力越小，越有利于出油。因此，生产中是通过备料(蒸炒)来提高榨料的温度，使油脂黏度降低。

(四)原油处理

螺旋榨油机压榨所得的原油中，混有许多粗的或细的油渣，这些机械杂质的存在，以及油中各类胶体物质(如磷脂、色素、灰分呈结合状或乳化状混合物等)的影响，将使原油输送、后续工序和储藏发生困难。它会直接影响精炼油的质量与得率，因而必须对原油进行处理，以除去油中所含的机械杂质。

目前原油去渣方法多为沉降法和过滤法，设备也以间歇或半连续为主。主要设备有板框压滤机、澄油箱、油渣分离筛等。随着油脂生产规模的扩大，现代高效连续分离设备也开始应用于原油去渣。

二、浸出法制油

浸出法制油是应用固-液萃取的原理，选用某种能够溶解油脂的有机溶剂，经过对油料的喷淋和浸泡作用，使油料中的油脂被萃取出来的一种取油方法。

(一)浸出植物油脂所用的工业溶剂及其特点

1. 6#抽提溶剂油

6#抽提溶剂油俗称浸出轻汽油，是石油分馏所得产品。其沸点范围较宽，为60～90℃，

6$^{\#}$抽提溶剂油在水中溶解量很小，主要缺点是它的易燃性(闪点为–21.7℃)，以及与空气能形成爆炸性混合气体。当火花的温度达到 233℃(自燃点)的情况下，或者物体被加热到同样的温度都能够产生着火。溶剂蒸汽比空气重 2.79 倍，常容易聚集于低凹地区、安装管道的地下沟槽、安装斗式提升机、螺旋输送机的地坑里，所以这些地方应保持通风。

2. 工业己烷

工业己烷的主要化学组分是己烷，其沸点范围为 66～69℃。它对油脂的溶解性与 6$^{\#}$抽提溶剂油无大差别，但其选择性比 6$^{\#}$抽提溶剂油要好；工业己烷的沸点范围小，容易回收，浸出生产中的溶剂消耗小；生产工艺条件比较一致，有利于产品质量的提高。工业己烷的安全特性与 6$^{\#}$抽提溶剂油相差无几；闪点为–32℃，易燃烧；自燃点为 250℃，易爆炸，当己烷气体与空气相互混合后己烷浓度达到 1.25%～4.9%时就会发生爆炸；其蒸汽有毒，主要表现在对人的神经系统产生影响。

(二)浸出制油的工艺

浸出法制油的基本工艺相似，即把油料料坯、预榨饼或膨化料坯浸于选定的溶剂中，使油脂溶解在溶剂中形成混合油，然后将混合油与浸出后的固体粕分离。对混合油进行蒸发和汽提，使溶剂汽化与油脂分离，从而获得浸出原油。浸出后的固体粕含有一定量的溶剂，经蒸脱处理后得到成品粕。从湿粕蒸脱、混合油蒸发和汽提及其他设备排出的溶剂蒸气需经过冷凝、矿物油吸收等方法进行回收，回收的溶剂循环使用。

油脂浸出工艺可以按油料进入浸出器前的预处理方法而分为一次浸出法、预榨浸出法、挤压膨化浸出法、湿热处理浸出法等。也可以按照所采用浸出器的特征分为罐组式浸出、平转式浸出、环型浸出器浸出等。但无论是入浸油料的区别还是浸出器型式的区别，它们的浸出工艺流程基本是一样的。这些基本工艺流程都包括了四大系统，即浸出系统、混合油处理系统、湿粕蒸脱系统和溶剂回收系统。然而，在工艺流程中所配置设备的区别及工艺条件的区别，造成了实际生产过程所达到的工艺技术指标和生产效果的差别。

(三)浸 出 系 统

在浸出法取油生产工艺中，油料浸出工序是最重要的工艺过程。无论是生坯直接浸出、预榨饼浸出，还是膨化物料浸出，它们的浸出机理都是相同的。但由于这些入浸原料的前处理工艺不同，油脂在其中的存在状态及物料性状不尽相同，因此在浸出工艺条件的选择和浸出设备的选型上有所差别。

1. 浸出与其他系统的关系

把油料料坯、预榨饼或膨化料坯浸于选定的溶剂中，使油脂溶解在溶剂中形成混合油，然后将混合油与浸出后的固体粕分离，这是浸出系统。浸出可以从油料中提取出油脂，是取油重要的工艺过程。而混合油处理是为了提纯油脂并回收溶剂。湿粕蒸脱是为了纯化粕并回收溶剂。溶剂回收是进一步回收各处的溶剂。

2. 影响油脂浸出深度和速度的因素

油脂浸出的效果受很多因素的影响，这些影响因素既相互联系，又存在着对立状态。

1)料坯的性质　　料坯内部油料细胞的破坏程度及内部有无均匀微细的小孔直接影响浸出速度。料坯一般按微孔性质强弱对浸出效果来分，油料膨化颗粒>油料压榨饼>油料坯片>

油料。

料坯厚度越大，其组织细胞破坏性越小，渗透性越差，相同条件下出油率降低。而料坯过薄，虽然理论上降低了粕残油，但难免造成粉末度过大，使得料层孔隙度过小，阻碍溶剂或混合油的渗透，反而使粕残油升高。

2）*油料料坯含水*　浸出时各种油料都含有一定的适当水分，不能太高或太低。水分高则溶剂溶解油脂的能力降低；而且油料易吸水膨胀，黏结成团。而水分过低，会影响料坯或预榨饼的结构强度，造成粉末渗透变差，从而降低浸出的后果。

3）*浸出温度*　一方面，温度升高，油脂和溶剂黏度随之降低，水分内聚力减小，减少了扩散阻力，使浸出速率加快，粕残油降低，浸出时间缩短；另一方面，温度升高，也使得溶剂溶解磷脂、糖类、胶体、色素等非油脂物质的速度同样增加。

4）*溶剂比*　溶剂比即单位时间内所用溶剂质量与被浸出物料质量的比值，溶剂量常用溶剂比来衡量。溶剂比大对降低粕残油有一定的作用，但所得混合油浓度较低，给溶剂回收系统增加负担，同时也易造成原油中溶剂含量偏高；而溶剂比小又不能保证粕残油。因此，应在保证粕残油的前提下，尽可能降低溶剂比。

5）*混合油浓度*　混合油浓度小，浸出速率快，能有效地降低粕残油，但溶剂比必然过大；混合油浓度高，蒸发容易，能耗小。因此，应在保证粕残油的基础上，尽可能减少溶剂比。相对降低靠近新鲜溶剂喷管的一、二支混合油喷管喷下的混合油浓度，适当提高抽出混合油浓度，可减少混合油处理工序的难度和能源消耗，且不会引起干粕残油的显著升高。但并非混合油浓度越高越好，因为混合油浓度过高，溶剂比必然较小，新鲜溶剂用量不足，干粕残油必然升高。

6）*喷淋及滴干*　喷淋及滴干采用大喷淋浸泡滴干方式为好。由于喷淋流量的加大，喷淋速度大于料层中溶剂渗透速度，在料层之上形成溶剂层，使物料短暂地浸泡在溶剂中，避免了渗透过程中的“死角”。而且由于提前结束了喷淋，增加了最后沥干的时间，降低了粕残油，提高了混合油浓度。

7）*料层高度*　料层高度直接影响浸出的效果。料层高，料层表面可与更多的溶剂接触，提高了浸出效率；料层过薄，喷淋到料层上的溶剂或混合油很快渗漏到集油格，溶剂在料层上不易形成液位，没有一个相对稳定的浸泡过程，减少了溶剂与料坯的接触面积，反而影响了浸出效果。因此，如果料坯结构强度高，粉末度小，不易压碎的话，料层高一些较合理，可提高设备的利用率和浸出效率。

8）*浸出时间*　浸出时间是否合理较大程度取决于料坯结构、浸出温度及浸出设备的形式。在保证合理的溶剂比的粕残油前提下，尽可能缩短浸出时间，以便提高设备生产能力，降低生产成本。

3. 浸出工艺与设备

油脂浸出方法和设备可以根据生产操作方式分为间歇式和连续式，又可以根据溶剂对油料的接触作用方式分为浸泡式、喷淋式、喷淋浸泡混合式，根据浸出设备的主要结构特征和运行特征分为平转式、拖链式、罐组式、履带式等。此外，还可以分为固定料层式浸出和移动料层式浸出等。

(四)混合油处理系统

由植物油料浸出所得的混合油是一种复杂的溶液，它由易挥发的溶剂、溶解在其中的不挥发油脂和类脂物及伴随物组成，同时悬浮有 0.4%～1.0%的固体粕末。混合油处理的目的是去除其中的粕末并分离出溶剂，从而得到比较纯净的浸出原油。一般经过混合油预处理、预热、蒸发、汽提等操作过程。

1. 混合油的预处理和预热

在混合油蒸发和汽提之前首先对混合油进行净化，将其中的粕末除去。对混合油预处理有利于改善传热效率、提高浸出原油的质量、防止因乳化而产生“液泛”现象。混合油经预处理后，要求其中悬浮物(沉淀物)的含量应不超过 0.02%。

常用的混合油处理的方法有过滤、旋液分离和重力沉降。

进入蒸发器之前的混合油，可在加热器或热交换器中预热至 60～70℃，这有利于提高蒸发设备的工作效率，同时有利于热量利用。

2. 混合油蒸发

混合油的蒸发是利用油脂几乎不挥发，而溶剂沸点低、易于挥发的特性，用加热使溶剂大部分汽化，从而使混合油中油脂的浓度大大提高的过程。为防止油脂在加热过程中氧化变质，一般采用减压蒸发。

1)混合油蒸发的影响因素

(1)混合油状况。①温度。单方面以蒸发快慢来讲，混合油的温度越高越好。但是，高温会影响油脂的质量，因此温度不宜太高，最好在保证蒸发效果的前提下，尽量降低温度。一般把蒸发器出口混合油温度控制在 105～110℃。②浓度。单方面从浓度来讲，混合油浓度越高越好。但是混合油的沸点随其浓度的增大而升高，任何工厂的蒸汽压力有限，不可能无限的提高。因此，浓度的提高往往分两个阶段，先在较低温度间接蒸汽加热的常压情况下分两次蒸发，将混合油中大部分溶剂蒸发出来，提高浓度到 80%～85%，之后由汽提完成。③含杂量。混合油中杂质主要指粉末、糖类、磷脂及水分等。如果这些杂质存在，会使混合油产生大量泡沫，引起液泛现象；会使管壁形成污垢，影响传热效果；使油脂色泽加深，降低油脂质量等。由此可见，混合油中杂质含量越少越好，最好在蒸发前尽量清除。

(2)加热蒸汽状况。①加热蒸汽必须是气态的饱和蒸汽；②蒸汽压力在规定范围内，不能太高或太低；③蒸汽用量要适中，不能太大或太小。

(3)混合油在蒸汽发器内保持一定的液位高度，一般要求控制在列管高度的 1/4 处。

总之，影响混合油蒸发的因素较多，也很复杂，应当根据实际，获得最佳综合经济指标。

2)混合油蒸发设备　混合油蒸发器由加热室和蒸发室等部分构成。一般加热室是列管式换热器，蒸发室有离心分离式和帽子头式两种。其特点是加热管道长，混合油经预热后由下部进入加热管内，迅速沸腾，产生大量蒸汽泡并迅速上升。混合油也被上升的蒸汽泡带动并拉曳为一层液膜沿管壁上升，溶剂在此过程中继续蒸发。由于在薄膜状态下进行传热，故蒸发效率较高。

3. 混合油汽提

喷进蒸汽，借助于水蒸气馏的原理，使混合油中的溶剂在常压或真空条件下尽可能的全部蒸脱出来。

1) 混合油汽提的基本原理　混合油汽提也即水蒸气蒸馏，可以在较低温度下脱除高浓度混合油中的残溶。在混合油水蒸气蒸馏时，直接蒸汽通入加热的混合油中，根据道尔顿定律，在混合油液面上的蒸汽总压力为

$$P = P_{溶} + P_{水} + P_{油}$$

式中，$P_{溶}$、$P_{水}$和 $P_{油}$和分别为溶剂蒸汽、水蒸气及油蒸汽在气相中的分压。因为油脂是很难挥发的，油蒸汽分压 $P_{油}$很小，可以忽略不计，那么

$$P = P_{溶} + P_{水}$$

即混合油液面上实际有溶剂蒸汽、水蒸气两种组分。当水蒸气占有了混合油空间的部分蒸汽空间，那么只要水蒸气的蒸汽分压加上溶剂的蒸汽分压等于混合油液面上的气相总压力，则混合油就沸腾，溶剂分子就从混合油中脱除出来。也就是说，水蒸气的通入降低了溶剂汽化的必须分压。

2) 混合油汽提的影响因素

(1) 混合油的温度和浓度。对汽提过程来说，混合油的进口温度保持在 90～100℃为好。一般要求混合油进口浓度在 90%以上，浸出原油中溶剂量必须减少到最低限度，不超过 0.3%(500 ppm)。

(2) 水蒸气状况。进入汽提操作的直接水蒸气必须是过热的，间接蒸汽压力一般保持 0.2～0.3 MPa，直接蒸汽压一般 0.02～0.04 MPa。

(3) 混合油和直接蒸汽在汽提设备内的流动情况。若混合油呈薄膜流动状态，有利于与直接蒸汽均匀接触，汽提效果好。直接蒸汽的流动速度尤其是逆流操作，既不宜过高，也不能太低。速度过高，容易引起液泛现象；反之，则汽提效率低，故一般应在保证不引起液泛现象的情况下尽可能提高速度，以达到最好的汽提效果。

3) 混合油汽提设备　浸出生产中常用的混合油汽提设备有层叠式汽提塔、层式汽提塔、管式汽提塔等。

(五) 湿粕蒸脱系统

油料浸出后的湿粕一般含有 25%左右的溶剂。必须对湿粕进行脱溶、干燥和冷却处理，以得到合格的成品粕。湿粕中溶剂的蒸脱过程类似于干燥过程，它们的区别仅在于：干燥是在达到一定的物料结构水分时就结束了，而蒸脱的目的是最大限度地充分脱除溶剂。在湿粕蒸脱过程中，溶剂的蒸发首先发生在粕粒的表面，然后蒸发表面向内延伸，在粕中形成溶剂含量梯度，在溶剂含量梯度的影响下，溶剂从粒子内向外表面发生传质过程。

1. 湿粕蒸脱的目的

湿粕蒸脱的目的首先是要最彻底地脱除溶剂，以保证浸出生产中最低的溶剂损耗及粕的安全使用。其次，要在蒸脱过程中通过控制一定的工艺条件，钝化和破坏粕中的有害毒素及抗营养成分，改善粕的质量。最后，要在蒸脱过程或其后对粕的温度和水分进行调节，使成品粕的温度和水分达到安全储存条件。粕的储存温度不应超过 35～40℃，安全水分一般在 12%以下，粕中残留溶剂量不超过 0.07%。

2. 湿粕脱溶方法

为了强化粕中溶剂的蒸脱过程，往往采用直接蒸汽、真空和搅拌等措施。直接蒸汽首先

起到高效率热载体的作用，它保证油料迅速加热到需要的温度。此外，蒸汽的应用降低了在油料表面上的溶剂蒸汽浓度，从而加速了溶剂的蒸发。湿粕蒸脱设备内真空的作用是为了降低溶剂蒸汽在油料表面上的分压，这同样强化了脱除溶剂的过程。在蒸脱过程中对粕层搅拌有利于粕粒均匀受热和粕层中溶剂的脱除。当粕中溶剂含量较大时，搅拌在蒸脱的开始阶段是十分重要的。

3. 湿粕脱溶设备

用于湿粕蒸脱的设备称为蒸脱机，一般包括预脱层、脱溶层、烘干层等。

4. 溶剂-水蒸气的混合汽体净化

从蒸脱机排出的溶剂-水蒸气的混合气体中往往夹带有相当数量的粕粉。混合气体中粕粉的存在，会造成混合蒸汽进入冷凝器冷凝时，粕粉在冷凝器表面沉积，使冷凝效果下降。此外，粕粉中含有的蛋白质在热水中很容易分解成肽和氨基酸类等物质，这些物质在冷凝液中能够导致水和溶剂乳化形成乳浊液，从而使溶剂与水的分离不净。当含水溶剂进入浸出器后，造成粕残油升高及出粕"搭桥"堵塞。为了避免上述现象的发生，必须对湿粕蒸脱产生的混合汽体进行净化，以去除混合蒸汽中的粕粉，保证后续操作的正常进行。去除混合蒸汽中粕粉的方法有用旋风分离器分离的干式捕集法和用水或溶剂喷淋的湿式捕集法。

5. 粕的后处理

湿粕经过脱溶后，还需调节其温度和水分，有时还需对其筛分和破碎。随着饲料业和养殖业的发展，对饲用粕的需求量增大，适用于不同用途的粕的品种也越来越多，对粕的后处理也越来越受到重视。

（六）溶剂回收系统

在植物油脂浸出生产工艺中，用于提取油脂的溶剂是循环使用的，因此，在各工序各设备中产生的溶剂都要尽量回收。溶剂回收的意义不仅在于降低溶剂消耗，更重要的是保证安全生产和减少环境污染。在浸出生产中，努力提高溶剂的回收率对于降低生产过程的溶剂损耗、保证安全生产、保持良好工作条件、提高产品质量及环境保护等都是非常重要的。在油脂浸出工艺中溶剂是循环使用的，但由于多种原因会造成溶剂在循环使用中产生损耗。生产过程中溶剂损耗的原因主要有：浸出原油中残留的溶剂；成品粕中残留溶剂；废水中残留溶剂；尾气中残留溶剂；设备、管道、管件等密封不严处泄露的溶剂等。此外，在正常的或不正常的停车检修、疏通管道、排出故障、消融等情况下，也会造成溶剂的损耗。根据溶剂损耗的特征，可将其分为两类，即不可避免的溶剂损耗和可避免的溶剂损耗。

溶剂回收的内容主要包括以下几个方面。

1. 溶剂蒸汽、混合蒸汽的冷凝冷却

在浸出生产工艺中大量溶剂的回收来自于溶剂蒸汽和混合蒸汽的冷凝。这些溶剂蒸汽主要来源于：混合油蒸发时产生的饱和溶剂汽体；混合油汽提和湿粕蒸脱时产生的溶剂和水蒸气的饱和混合汽体；还有少部分来自于废水蒸煮和尾气回收工艺中石蜡解吸产生的溶剂和水蒸气的饱和混合汽体。

来自混合油蒸发的饱和溶剂蒸汽，经冷水冷凝冷却后可直接进入溶剂周转库循环使用。来自湿粕蒸脱、混合油汽提、废水蒸煮、石蜡解吸等过程的混合气体是溶剂和水的饱和蒸汽，经冷凝冷却后的冷凝液需要先在分水器中分水进入后序设备。

2. 溶剂-水混合液中溶剂的回收

在浸出生产工艺中，湿粕蒸脱、混合油汽提、矿物油解吸、含溶废水蒸煮等工艺操作都采用了直接蒸汽。此外，混合油负压蒸发系统的蒸汽真空喷射泵也向系统中喷入直接蒸汽。与这些操作所对应的冷凝器排出的冷凝液是溶剂和水的混合液。这些混合液必须经过溶剂与水的分离处理，将溶剂回收后循环使用。

在浸出生产工艺中，溶剂与水的分离方法是利用溶剂与水的相互不溶解，以及溶剂与水的相对密度不同，在分水设备中，让溶剂与水的混合液自然静置，溶剂与水自动分层，上层溶剂排入溶剂周转罐，下层废水排入蒸煮罐经蒸煮进一步回收其中溶剂。

3. 废水中溶剂的回收

在正常情况下，分水器排出的废水中含溶剂量是很少的，如在20℃时，工业己烷在水中的溶解度仅为0.014%，一般不需另行处理。但当分水操作不正常或分水时间较短时，废水中就会含有较多的溶剂。为了尽可能完全回收废水中的溶剂，降低浸出生产中的溶剂损耗，应将分水器排出的废水送入蒸煮罐进行蒸煮处理以进一步回收其中的溶剂。另外，定期从分水器底部放出的污水及混合油罐排出的废盐水中也含有一定量的溶剂，也需将其送入蒸煮罐进行蒸煮以回收溶剂。

4. 自由气体中溶剂的回收

所谓的自由气体是指浸出系统中存在的空气与低沸点溶剂蒸汽的混合气体。空气主要来源于油料空隙中随进料带入的空气、随喷入的直接蒸汽带入的空气，以及在浸出系统呈负压的条件下通过设备和管道密封不严的部位进入的空气。低沸点溶剂蒸汽的来源主要有两个方面：一是经冷凝器而未被冷凝的溶剂蒸汽；二是在各个盛装溶剂或混合油液体的储罐中(如分水器、混合油罐、溶剂周转库等)，液体表面上蒸发的溶剂蒸汽。

对自由气体中溶剂的回收，首先须经过最后冷凝器冷凝，回收其中的部分溶剂并降低自由气体的温度，而后再采用矿物油吸收法或冷冻法回收其中的残留溶剂。自由气体中的溶剂经充分回收后，废气才能经阻火器排空。

对自由气体中溶剂的回收，目前主要采用三种方法，即利用冷冻剂冷冻回收方法、利用液体吸收剂回收方法、利用固体吸附剂回收方法。这些方法的选择取决于自由气体中溶剂蒸汽的浓度。在浸出生产中广泛应用的是液体吸收剂回收方法。

三、其他制油方法

(一)水代法取油

在原理上水代法取油同压榨法或浸出法取油均不相同，此法利用的是油料中非油成分对油和水的亲和力不同，以及油水之间比重的差异。把油料与适量水混合，经过一系列的工艺程序，将油脂和亲水性的蛋白质、碳水化合物等分离。

水代法取油的基本原理：油料中非油成分对水及油的亲和力不同，

工艺流程包括筛选、漂洗、炒籽、扬烟、吹净、磨籽、兑浆、搅油、振荡分油等操作。

(二)超临界法取油

超临界流体萃取是利用超临界流体作萃取剂，从液体或固体中萃取出某些成分并进行分离的技术。超临界流体由于处于临界温度和临界压力以上，超临界流体的密度类似液体，因而溶剂化能力很强，而且密度越大溶解性能越好；其黏度接近于气体，具有很好的传递性能和运动速度；扩散系数比气体小，但比液体高一到两个数量级，具有很强的渗透能力。总之，超临界流体既具有液体的溶解能力，又具有气体的扩散和传质能力。

超临界流体萃取的工艺流程一般是由萃取（CO_2 溶解组分）和分离（CO_2 和组分的分离）两步组成，包括高压泵及流体系统、萃取系统和收集系统三个部分。

（三）水酶法取油

水酶法取油是一种新兴的提取油脂的方法，它以机械和酶解为手段降解植物细胞壁，使油脂与其他成分分离。其最大优势是在提取油的同时，能有效回收植物原料中的蛋白质（或其水解产物）及碳水化合物。与传统工艺相比，水酶法提油技术设备简单、操作安全，不仅可以提高效率，而且所得的毛油质量高、色泽浅、易于精炼。该技术处理条件温和，能生产出脱毒的蛋白质产品；生产过程相对能耗低，废水中 BOD 与 COD 值大为下降，污染少，易于处理。但是，该法的出油率低，残渣提取蛋白质能耗较大。

第四节　油 脂 精 炼

油脂是一类重要的食用和工业原料，从油料中制取的油脂一般需经过加工处理才能食用。油脂加工包括油脂精炼和油脂深加工两部分，油脂加工的方法主要有机械方法、化学方法和物理化学方法，这些方法很少单独运用，要得到符合质量要求的油脂，往往需要多种加工方法综合运用。

油脂加工的方法主要有油脂精炼、油脂改性及油脂调制等。

一、油脂精炼的方法

油脂的精炼可根据原油中所含杂质的性质、数量，以及精炼后油脂的用途、质量要求等采用不同的方法。油脂精炼的方法很多，通常根据炼油时所用工艺、设备、辅料、操作过程的不同分为三种基本方法。

(1) 机械方法。包括沉降、过滤、离心分离等，主要用以分离悬浮在油脂中的机械及部分胶溶性杂质。

(2) 化学方法。主要包括酸炼、碱炼及氧化、酯化等。酸炼是用酸处理油脂以除去色素、胶溶性杂质；碱炼是用碱处理，主要除去原油中的游离脂肪酸；氧化主要用于脱色；酯化法用得较少，主要是通过添加甘油使油脂中的游离脂肪酸生成甘油三酸酯，从而降低游离脂肪酸含量（酸价）。

(3) 物理化学方法。主要包括水化、吸附、水蒸气蒸馏及液-液萃取法。水化主要用于除去原油中的磷脂等杂质；吸附主要用于除去油中的色素；水蒸气蒸馏用于脱除臭味物质和游离脂肪酸；液-液萃取法适合于高酸值深色油脂的脱酸，是一种很有发展前途的脱酸方法。

以上几种精炼方法在实际应用时很难截然分开，如碱炼是典型的化学方法，但碱炼时，碱与游离脂肪酸生成的肥皂会吸附色素（尤其对酚型色素特别有效）、黏液、蛋白质等，使它们和肥皂一起从油中分出。肥皂吸附是物理化学作用，吸附杂质后的肥皂沉淀分离或离心分离等又是利用机械方法。因此，碱炼不仅是化学精炼过程，同时也是物理化学和机械精炼的过程。

二、原油预处理

经压榨、浸出或水代法等方法制取的原油，由于油渣或粕粒分离不净，加上输送及储运过程中其他杂物的混入，原油中仍含有一定数量的固体杂质，其含量占原油的0.5%～1.5%，它们影响原油的质量和副产品的质量，不利于油脂精炼工艺的顺利进行，因此，精炼前必须将其脱除。脱除原油中固体杂质的过程称为原油的预处理，这道工序往往不安排在精炼车间，通常结合压榨或浸出工艺一并考虑。

三、水化脱胶

脱除油脂中严重影响品质的磷脂、糖脂、蛋白质等胶溶性杂质的过程称为脱胶。脱胶的具体方法有水化、酸炼、吸附、热聚及化学试剂脱胶等，油脂精炼中常用的方法是水化法。影响水化的因素主要有加水量、操作温度、混合强度、作用时间、电解质等。水化脱胶的工艺可分为间歇式和连续式两种，由于工艺不同，所用的设备也不同。

(一)脱胶的目的和基本要求

原油中的一些胶溶性杂质，如磷脂、糖脂、蛋白质等，在油脂中会形成胶溶体系，它们以1 nm至0.1 μm的粒度分散于原油中，这些杂质的数量因油料品种、制油方法及工艺条件的不同有很大差异，其中以磷脂所占比例为最大。由于它们的存在，会使油脂混浊，烟点降低，色泽加深，并带有异味，不仅影响油脂的外观品质，而且还对其食用性及储藏稳定性带来不利影响。在碱炼时造成乳化，增大炼耗；在脱色时，增大吸附剂用量；未脱胶无法脱臭。因此，油脂精制时必须脱除。可用的方法有水化脱胶、酸炼脱胶、吸附脱胶、热聚脱胶及化学试剂脱胶等，油脂工业上最为普遍的是水化脱胶。脱胶的基本要求是“脱磷务尽”，尤其物理精炼时，油中含磷脂量必须低于8×10^{-6}。

(二)水化脱胶的原理

水化脱胶是利用磷脂等胶溶性杂质的亲水性，将一定量的热水或稀碱、食盐水溶液、磷酸等电解质水溶液，在搅拌下加入一定温度的原油中，使其中的胶溶性杂质凝聚沉降分离的一种脱胶方式。在水化脱胶过程中，被分离出来的物质以磷脂为主，还有与磷脂结合在一起的蛋白质、糖基甘油二酯、黏液质和微量金属离子等。

磷脂是一种表面活性剂，分子由亲水的极性基团和疏水的非极性基团组成，根据稳定体系的热力学条件，自由能达到最小时体系最稳定。当磷脂溶于水时，它的疏水基团破坏了水分子之间的氢键，也改变了疏水基附近水的构型，从而使体系的熵降低，自由能增加，结果使一些磷脂分子从水中排挤出来并吸附在溶液周围的界面上，亲水基朝向水相，疏水基则远离水相。

水分子与表面活性剂的疏水基接触面积越小，则体系的自由能越低，体系就越稳定。因此，在表面活性剂达到一定浓度时，有形成胶态集合体的倾向，这种集合体就称为胶束。在胶束中疏水基团彼此聚集在一起，大大减少了水分和疏水基之间的排斥力。胶束是两性分子在溶剂中的集合体，可以在水相和非水相介质中形成。在非水相系中，胶束形成是亲油基朝向外部的油或溶剂中，亲水基转向胶束核内部，这种胶束称为逆相胶束，这便是油中磷脂所形成的胶束。

当水量低时，卵磷脂分子的极性基团朝向中央含水的髓心；随着水量的增加，磷脂分子定向地排列成烃链尾尾相接的双分子层。一个磷脂双分子层与另一个磷脂双分子层之间被一定数量的水分子隔开，以此方式向空间纵深发展，即成为片(层)状带液体的结晶体；当水量增至很大时，磷脂分子就形成单分子层囊泡。水分子在磷脂分子之间并未破坏磷脂分子，而是引起磷脂的膨胀。

磷脂在油脂中的水化作用和无油时磷脂与水的作用不同。磷脂与甘油三酯溶胶(粗油)接触时，由于磷脂的双亲性均强，起乳化和增溶作用，而使水浸入原来难以进入的油相，形成混合脂质双分子层——磷脂分子和甘油三酯分子往复交替排列的双分子层，水分子在两层混合双分子层之间，因此也出现膨胀现象，呈现更显著的胶体性质。

(三)影响水化脱胶的因素

水化脱胶过程是一个复杂的物理化学变化过程。磷脂本身是良好的表面活性剂，加水水化脱胶时，如果磷脂吸水膨胀不充分，则磷脂脱除不彻底；加水过多，搅拌过于强烈，则易发生乳化而导致分离难以进行。因此，掌握好水化和絮凝过程中的主要影响因素是获得水化脱胶最佳工艺效果的关键。

1. 水

水是磷脂水化的必要条件，它在脱胶过程中的主要作用包括：①润湿磷脂分子，使其由内盐式转变成水化式；②使磷脂发生水化作用，改变凝聚临界温度；③使其他亲水胶质吸水改变极化度；④促使胶粒凝聚和絮凝。水化操作添加的水最好用软水，水温略高于油温。间歇式水化时加水应喷淋于油中并搅拌均匀；连续水化时，可依靠混合器按油水比例进行强制混合。

水化操作中，适量的水才能形成稳定的水化混合双分子层结构，胶粒才能絮凝良好。若水量不足，磷脂水化不完全，则胶粒絮凝不好；如水量过多，使磷脂成为乳化剂，则有可能形成局部的水包油或油包水乳化现象，使分离难以进行。水化加水量通常与胶质含量和操作温度有一定的关系。

2. 操作温度

操作温度是保证水化脱胶效果的重要参数，它与加水量相配合，相辅相成。原油中胶体分散相在外界条件影响下开始凝聚时的温度，称之为胶体分散相的凝聚临界温度。临界温度与分散相质点粒度有关，质点粒度越大，质点吸引圈也越大，凝聚临界温度就越高。原油中胶体分散相的质点粒度，随水化脱胶程度的加深而增加。胶体分散相吸水越多，则凝聚临界温度就越高。水化脱胶操作温度一般与临界温度相对应(为了有利于絮凝，操作温度可稍高于临界温度)。水温可略高一些(10℃左右)，以免产生乳化现象，但与油温不宜相差过大。

3. 混合强度与作用时间

水化脱胶过程中，水化作用是在油相与水相的相界面进行的，加之胶体分散相各组分性质上的差异，胶质从开始润湿到完全水化，需要一定的时间，为了获得足够的接触界面，除注意均匀加水外，往往要借助于机械混合。只有在适宜的混合强度及充分作用时间下，才能保证水化效果。混合时要求使物料能产生足够的分散度，又不使其形成稳定的油包水或水包油乳化状态。特别是当胶质含量大、操作温度低时更应注意。因为低温下胶质水化速度慢，搅拌激烈易造成乳化，给磷脂分离和凝聚带来困难。

4. 电解质

存在于油脂中的磷脂，除了亲水磷脂外，还含有由于油料欠熟、变质、生长土质及加工等因素影响产生的部分非亲水的β-磷脂及钙、镁复盐式磷脂。这些胶质物由于分子结构对称而不亲水，有的同水发生水合作用而成为被水包围的水膜颗粒，具有较大的电斥性，导致水化时不易凝聚。对这类分散相胶粒，必须向待脱胶油中添加电解质，以中和电荷，促进凝聚。

5. 其他因素

水化脱胶过程中，原油中胶体分散相的均布程度，影响脱胶效果的稳定。因此，水化前原油一定要充分搅拌，使胶体分散相分布均匀。水化时添加水的温度对脱胶效果也有影响，若水温与油温相差太大，会形成稀松的絮团，甚至产生局部乳化，以致影响水化油得率，因此，通常水温应与油温相等或略高于油温。此外，进油流量、沉降分离温度也影响脱胶效果，操作中需要注意。

(四)基本工艺

1. 间歇式水化脱胶工艺

间歇式水化脱胶的方法较多，但其工艺流程基本相似，都包括加水(或加直接蒸汽)水化、沉降分离、脱水和水化粗磷脂浓缩脱水等工序。间歇式水化脱胶，按其操作温度及加水方式可分为高温、中温、低温及直接蒸汽水化法等。

2. 连续式水化脱胶工艺

连续式水化脱胶是一种先进的脱胶工艺，整个操作过程，如原油的水化、粗磷脂的分离、水化净油的脱水干燥均连续进行。这种工艺根据离心分离设备的不同，可分为管式离心机和碟式离心机两种水化脱胶工艺。目前，国内普遍采用的连续式脱胶多为碟式离心机工艺。

(五)典型设备

间歇式水化设备主要是水化罐(锅)，通称炼油锅。它与水化结束后用于沉降分离水化油脚的沉降罐结构相似，主要由罐体、搅拌装置、加热盘管、传动装置、进油管、油脚出口管等组成。

连续水化工艺所用的主要设备有碟式离心机、桨式混合器、真空脱水器等。

(六)其他脱胶方法

油脂脱胶的方法还有碱炼法、吸附法、电聚法及热聚法等。在油脂碱炼过程中，NaOH溶液和游离脂肪酸产生的皂脚有吸附作用，能将胶溶性杂质吸附后一起被除去。原油中的甘油磷酸酯、胆碱或胆胺及糖朊、脂朊、磷朊等降解产物，在油脂碱炼过程中发生中和、凝聚或被皂脚吸附等作用，和皂脚结合在一起从碱炼油脂中分离出去。因此，油脂碱炼主要去除游离脂肪酸，同时也起到脱胶的作用。

四、碱炼脱酸

脱除油脂中游离脂肪酸的工艺过程称为脱酸。脱酸的方法很多，按其脱除游离脂肪酸的工作原理不同可分为化学脱酸法和物理脱酸法。化学脱酸法又可分为碱炼法和酯化法；物理脱酸法又有蒸馏法和溶剂萃取法。脱酸是整个油脂精炼过程中最为关键的工序，因为脱酸效果的好坏，直接关系到成品油酸价的高低，也直接影响后序过程的工艺效果，同时这个阶段可能是导致中性油损失最高的工序。

(一)碱炼脱酸的概念及作用

碱炼脱酸是用碱来中和油脂中的游离脂肪酸，所生成肥皂难溶于油脂而从油脂中分离出来的一种精炼方法。肥皂是一种具有很强的吸附作用的物质，它能吸附相当数量的色素、蛋白质、磷脂、黏液及其他杂质，甚至是油脂中悬浮的固体杂质也可被絮状肥皂夹带，一起形成皂脚从油脂中分离出来。因而碱炼脱酸过程在脱除油脂中游离脂肪酸的同时，也在不同程度地起到了脱杂、脱胶和脱色的作用。此外，碱炼脱酸时碱液还可以和毛棉油中的棉酚作用生成酚盐而被皂脚吸附排出，与毛花生油中黄曲霉毒素反应生成水溶性的香豆钠盐而从油脂中分离出来，因而也可起到脱毒的作用。

(二)碱炼脱酸的影响因素

1. 碱和用碱量

1)碱的种类　可用于碱炼脱酸的碱很多，一般碱金属的氢氧化物均可使用。常用的碱有：氢氧化钠(NaOH)，又名烧碱、火碱或苛性钠；氢氧化钾(KOH)，又名苛性钾；碳酸钠(Na_2CO_3)，又名纯碱等。其中，工业上最为常用的是氢氧化钠。

2)用碱量　碱炼脱酸时用碱量的多少，直接影响碱炼脱酸的工艺效果和精炼油的得率。碱炼脱酸时加碱的作用主要是中和油脂中的游离脂肪酸，用于此目的所需要的碱量通常称为理论碱量，可以通过计算求得。此外，碱还不可避免地会与中性油及其他杂质作用而消耗一些碱，还可能有少量的碱未参加反应而进入皂脚等，为此必须在理论碱量之外另外补充加入一些碱，才能达到碱炼脱酸效果，这部分碱称为超量碱。因此实际用碱量是理念碱量与超量碱之和。

2. 碱液浓度

选择适宜的碱液浓度是获得好的碱炼脱酸效果的重要因素之一。在进行碱液浓度选择时，除了要注意与操作温度、工艺设备情况相配合外，主要应考虑以下几个方面的因素，包括：待碱炼脱酸油的酸价、待碱炼脱酸油脂中的杂质含量、中性油损失、皂脚的稠度、反应温度、碱炼脱酸油的质量要求等。

3. 碱炼脱酸温度

碱炼脱酸温度的操作包括三个方面，即初温、终温和升温速度。初温是指待碱炼脱酸油脂加碱中和时的温度；终温是指中和反应后，油皂明显分离时的温度；升温速度是指从初温加热到终温这个过程中温度升高的快慢。

初温应与碱液浓度相配合。碱液浓度高时，初温应低，即低温浓碱；碱液浓度低时，初温应高，即高温淡碱；碱炼脱酸的反应过程基本上是在初温时进行的，当其他操作条件相同时，中性油被碱液皂化的量随温度的上升而增加。

从初温加热到终温的升温速度要快，这样有利于油-皂分离。若升温速度太慢，加热时间势必就长，会使已被皂脚吸附的色素解吸而重新溶解到油中。

4. 操作时间

碱炼脱酸操作时间对碱炼脱酸效果的影响主要表现在两个方面：一是影响到中性油被皂化的多少，二是影响到碱炼脱酸油中的含皂量。在其他条件相同的情况下，油-碱接触时间短，中性油被皂化的概率就小，中性油的损失就少。连续碱炼脱酸混合分离的时间比间歇式碱炼脱酸短得多，因而中性油损耗也就少得多。

5. 搅拌与混合作用

间歇式碱炼脱酸中的搅拌和连续式碱炼脱酸中的混合，其作用都是为了使碱滴分散，加大油与碱的接触机会，使反应生成的皂膜与碱滴分离，加快中和反应速度，防止碱液局部过量而引起中性油皂化。油碱初混时，搅拌速度要快，既要增加皂粒碰撞而凝聚的机会，又要不打碎皂粒。水洗时，既要使油-水接触以洗去残皂，又要防止在油、水、皂同时存在的情况下引起乳化。

6. 皂脚分离

油与皂的分离直接影响碱炼脱酸油的油品质量和精炼得率。间歇式碱炼脱酸的油-皂分离效果取决于皂的絮凝、皂脚的稠度和沉降时间等；连续式碱炼脱酸的脱皂涉及离心机性能和操作的情况。

7. 洗涤与干燥

分离过皂脚的碱炼脱酸油，由于碱炼脱酸条件的影响或分离效率的限制，其中尚残留部分皂和游离碱，必须通过水洗降低它们的残留量。影响洗涤效果的因素有温度、水质、水量、电解质及搅拌(混合)等。水洗操作温度低、油与水的温度相差悬殊或搅拌过于强烈都易引起乳化。

8. 其他因素

影响碱炼脱酸的因素还有很多，如碱液的纯度、计量的准确性、仪表显示的准确性、加碱时间、速度及碱液中的杂质等。

(三)基 本 工 艺

碱炼脱酸工艺分间歇式和连续式两种。

1. 间歇式碱炼脱酸工艺

间歇式碱炼脱酸工艺分高温淡碱法、低温浓碱法，此外还有二次碱炼脱酸法和纯碱-烧碱法等工艺。间歇式碱炼脱酸工艺一般包括中和、沉降分离、水洗、静置沉降、净油干燥等几个部分。

2. 连续式碱炼脱酸工艺

连续式碱炼脱酸全部生产过程都是连续进行的，连续碱炼脱酸工艺中的核心设备是高速离心机，企业主要使用碟式离心机碱炼脱酸工艺，一般包括管道过滤、泵送、加热、加磷酸混合、加碱液混合、离心脱皂、加热、加水混合(水洗)、离心脱水、真空干燥、冷却等几个部分。

碟式离心机碱炼脱酸工艺根据碱炼脱酸时是否含有溶剂可分为常规碱炼脱酸和混合油

碱炼脱酸工艺，根据油-碱混合时间的长短可分为长混碱炼脱酸、多级混碱炼脱酸(其中又可分为中混、短混和超短混)工艺，按碱炼脱酸的加碱次数还可分为一次碱炼脱酸和两次碱炼脱酸工艺。

(四)典型设备

1. 间歇式碱炼脱酸设备

间歇式碱炼脱酸是指待碱炼脱酸油的加碱中和、油-皂分离、碱炼脱酸后的水洗、油-水分离和干燥是分批间歇进行的工艺，所使用的主要设备是炼油锅，此外还有皂脚锅、配碱池、碱液高位计量箱、热水高位计量箱及泵类设备等。碱炼脱酸所用的炼油锅和皂脚锅分别与间歇式水化脱胶所用的水化锅、油脚调和锅是同一种设备。需要说明的是，如果用炼油锅进行真空脱水干燥时，则要求使用上部带封头的封闭式炼油锅。

2. 连续式碱炼脱酸设备

连续式碱炼脱酸是指加碱中和、油-皂分离、碱炼脱酸后的水洗、油-水分离和干燥全过程都是连续进行的碱炼脱酸工艺，所使用的主要设备为加热器、油和碱液(或水)的比配计量设备、油-碱混合设备、离心机和连续干燥设备等。

(五)其他脱酸方法

脱除油脂中游离脂肪酸的方法除碱炼脱酸法外，还有蒸馏法脱酸、液-液萃取法和酯化法等。

其中，蒸馏脱酸法亦称为物理精炼法，是借助于水蒸气蒸馏分离油脂中游离脂肪酸的一种油脂脱酸方法。油脂的物理精炼工艺过程由油脂预处理和蒸馏脱酸两部分组成。物理精炼预处理的主要目的是在蒸馏脱酸前除去磷脂、蛋白质、糖类、微量金属和一些热敏性色素。蒸馏脱酸部分的主要目的是脱除油脂中的游离脂肪酸、臭味物质和农药气味等易挥发性的物质。该部分的工作原理与油脂的脱臭操作原理相同，都是采用水蒸气蒸馏的原理进行的。相应的具体内容将在“脱臭”部分详细介绍。

五、脱　色

纯净的甘油三酯是无色的，而常见的各种油料制得的天然动植物油脂，均带有一定的色泽，这是因为其中含有数量和品种各不相同的有色杂质——色素。绝大多数的色素是无毒的，但它们的存在直接影响油脂产品的外观、储存稳定性和用途。对于普通食用油，一般经过脱胶或碱炼脱酸即可达到食用标准，故无需专门的脱色操作。而对于一级油、二级油及高档用途油脂制品的原料油脂，则必须设法除去这些色素。

脱除油脂色素的工艺过程称为脱色。但脱色的目的并非要脱尽色素，而是要根据产品用途的要求，尽量改善产品的色泽，或为脱臭等后续加工操作提供合格的原料油脂。

依据脱色原理的不同，脱色方法大致分为吸附法、加热法、试剂法、光能脱色法和液-液萃取法等。目前工业上广泛采用的是吸附法。

(一)吸附脱色

在一定条件下，利用对色素等杂质具有选择性吸附作用的吸附剂来吸附油脂中的色素而达到脱色目的的脱色方法，称为吸附脱色。

1. 吸附脱色的原理

吸附脱色是色素等杂质与吸附剂表面之间所发生的一个相当复杂的物理化学平衡过程。吸附剂是一些具有许多超微凹凸表面的固体物质，其内部的原子或原子团的引力是平衡的，而其表面原子或原子团则存在一定的剩余价力，具有很强的吸附某种或某些物质而降低自身表面能的倾向。

当在一定条件下把吸附剂分散在油中后，吸附剂与色素等杂质之间就形成一种特殊的亲和力，在这种亲和力的作用下，色素等杂质借助于分子运动和搅拌的作用，逐渐从油脂主体转移到吸附剂颗粒的表面而被吸附剂所吸附，再借助于机械分离的方法从油脂中分离出吸附剂，就可实现脱色的目的。

2. 吸附脱色的作用

吸附脱色不仅能脱除油脂中的绝大部分色素，而且还能有效地脱除油脂中残留的胶体杂质、皂、微量金属等极性较大的杂质，避免这些杂质进入脱臭工序而造成油脂氧化和色素固定，为脱臭操作创造有利条件。采用活性炭作为吸附剂时，由于吸附剂表面的催化作用，油脂中还会发生一系列的氧化作用，如过氧化物的分解、共轭异构化等，而造成油脂酸价可能升高。并且，吸附剂还不可避免地吸附一部分中性油，而造成一定的中性油损耗。因此，生产中应合理选择生产条件和吸附剂，在完成脱色任务的前提下，尽量避免氧化作用的发生和减少脱色损耗。用于脱色的吸附剂，还能有效地脱除油脂中的一些有毒、有害物质(如多环芳烃、残留农药等)。

(二)影响吸附脱色的因素

1. 吸附剂的种类和用量

吸附剂的性能和用量是影响脱色效果的关键因素，生产中应重视对吸附剂种类和用量的选择。常用的吸附剂有活性白土、活性炭等。活性高的吸附剂具有较强的脱色、脱杂能力，有利于提高脱色效果、降低吸附剂用量，但同时其对油脂氧化的催化性能亦较强，易造成脱色油酸值升高。

一般来讲，吸附剂用量大，越有利于色素等杂质的脱除，脱色效果越好，但会增加中性油的损耗(残留在吸附剂滤饼中)，同时也会增加分离所需的时间，并造成脱色油酸价升高。生产上应通过小样试验来确定吸附剂的最佳用量，在保证脱色油质量的前提下尽量减少吸附剂用量。

2. 操作压力

在吸附脱色过程中还伴随有热氧化反应。这种热氧化反应有利的一面是部分色素因氧化而脱色。尽管有些油脂在常压下操作可取得较好的脱色效果，但为避免或减少油脂氧化、色素固定等副作用的发生，吸附脱色操作宜在负压下进行。吸附剂活性越高、油脂不饱和程度越高、脱色温度越高，则操作压力应越低(即真空度越高)。

3. 操作温度

根据热力学和化学动力学原理，其他条件相同时，温度越高，则完成吸附平衡所需的时间越短，故适当提高脱色温度对缩短脱色时间有利。但由于吸附是放热过程，升高温度不利于吸附剂对色素等杂质的吸附。因此，脱色温度不可过高。不同油品在不同的条件下进行脱色，有不同的适宜脱色温度。生产上可通过小样试验来确定适宜的脱色温度。

4. 脱色时间

脱色时间一般指吸附剂和油脂在最高温度下的接触时间。油脂的色度随脱色时间的延长，初时逐渐降低而后反而升高。这说明各种油脂在不同的条件下进行脱色，均有其最佳脱色时间。实际上，从吸附剂加入油中到其与油脂完全分离所需的时间，对脱色油色度和酸价均有影响。接触时间越长，不利影响越明显。因此，完成吸附平衡后的悬浮体系应尽快完成分离。

5. 搅拌

吸附脱色是一个复杂的非均态物理化学过程，要使吸附剂与色素等杂质有良好的接触，防止油流短路现象的发生，缩短达到吸附平衡所需的时间，必须充分搅拌。搅拌的强度因脱色工艺和设备的不同而异，一般负压下脱色搅拌强度可适当剧烈些，以不造成油脂飞溅为度。

6. 脱色工艺

脱色工艺的分类方法很多，各有优缺点。间歇式脱色工艺主要存在如下缺陷：因分批脱色，过滤分离有先有后，导致油脂与吸附剂的接触时间不同，从而使同批脱色油的质量差异较大，且受人为操作水平的影响较大。常规连续式脱色工艺虽然避免了这些缺陷，但仍存在不同程度的物料短路、返混和局部死区等现象，导致部分物料在设备中的停留时间超出或少于平均停留时间，而造成脱色油质量低于设计标准。管道式连续脱色则能较好地解决上述问题。

7. 原油的品质及前处理

不同品种的油脂中，色素的种类及数量不同，则吸附剂及操作参数的选择不同，脱色油脂的质量亦不完全相同。

原油的质量越好，非天然色素的数量越少，则同样条件下的脱色效果越好，故生产中要尽量避免非天然色素的产生。

脱色操作的前处理主要指脱胶、脱酸和除氧脱水。油脂中的胶杂、FFA、皂、水分、空气等，均会降低吸附剂对色素的吸附效率，增加油脂的氧化、水解程度，而导致脱色效果变差。故在吸附剂加入油中之前，应尽量除去油脂中的胶杂、FFA、皂、水分和空气。另外，前处理方法对脱色效果也有影响，如大豆油，采用物理精炼生产的色拉油回色较快，而采用化学精炼法作前处理时生产的色拉油回色较慢。

总之，影响吸附脱色的因素很多，诸因素之间相互联系、相互制约，脱色效果是诸因素共同作用的结果。生产中须根据具体情况，综合权衡脱色率、油脂酸价升高及中性油损耗等指标，合理选择有关的操作参数，才能获得好的脱色效果。

（三）其他脱色方法

食用油脂的脱色除了吸附脱色法以外，还有光能脱色法、热能脱色法等一些脱色方法，这些脱色方法虽然能除去油脂色素，但往往会产生一些副作用。

光能脱色法是利用色素的光敏性，通过光能对发色基团的作用达到脱色目的的一种脱色方法。油脂中的天然色素，如类胡萝卜素、叶绿素等，因其结构中的烃基高度不饱和，多为异戊间二烯单体的共轭烃基，能吸收可见光和紫外线的能量，使双键氧化，使发色基团的结构破坏，氧化成无色的化合物而褪色。

化学试剂脱色法是利用化学试剂对色素发色基团的氧化作用进行油脂脱色的方法。常用的化学试剂有重铬酸钠、漂白粉、过氧化氢、过氧化钠、高硼酸钠、臭氧等。

六、脱　臭

纯净的甘油三酯是无味的，而各种天然油脂却均带有不同的气味，这是因为其内含有一定的有气味的杂质组分。天然油脂的气味统称为臭味，带有气味的组分则统称为臭味组分。

天然油脂的气味，有些是为人们习惯并喜爱，不影响油脂的使用价值，可予以保留；有些是为人们所厌恶的，且影响油脂的安全储存和使用价值，则必须予以除去。脱除油脂中臭味组分的工艺过程称为脱臭。

（一）脱臭的作用

脱臭不仅可除去油脂中的臭味组分，提高油脂的烟点，改善油脂的风味，而且还能脱除油脂中的一些有毒、有害物质，如多环芳烃、残留农药等通过脱臭操作均可达到痕迹量以下。另外，脱臭的同时还可以破坏一些色素，进一步改善油脂的色泽。因此，脱臭是油脂精炼过程中的极其重要的一环，对提高油脂质量、扩大油脂用途、提高人们生活水平有着重要的意义。

（二）脱臭的原理

天然油脂中的臭味组分主要是一些低分子质量的醛、酮、酸及其衍生物，与中性油相比有极强的挥发性，即相同温度下臭味组分的蒸汽压远大于甘油三酯的蒸汽压。这就是采用蒸馏法脱除这些臭味组分的基本依据。由于天然油脂热敏性和氧化稳定性的限制，常压下完成脱臭是不可能的。因为常压下臭味组分的沸点很高，如FFA的沸点（常压下）一般在300℃以上，而此时油脂已开始大量分解和热聚合。所以脱臭操作在真空下进行既可降低溶液的沸点，又可以有效地防止油脂氧化。采用水蒸气蒸馏法还可进一步降低溶液的沸点，提高臭味组分的汽化速率，缩短完成脱臭所需的时间。

（三）影响脱臭的因素

脱除臭味组分是在真空条件下进行水蒸气蒸馏。脱臭效果与操作温度、操作压力、通汽速率、脱臭时间、脱臭器结构、粗油质量及前处理方法等有关。

1. 操作温度

操作温度影响到一定压力下脱臭操作的蒸汽消耗量、脱臭所需的时间、油脂的质量和脱臭损耗等。

一定压力下，升高操作温度可使臭味组分的蒸汽压增大，使臭味组分的汽化速率增加，直接蒸汽消耗量可减少。但是温度过高则是有害的，过高的温度会造成如下后果：①油脂会产生热聚合而降低营养价值或产生新的色素，使油脂质量降低；②部分油脂水解或氧化分解，使蒸馏损耗增加，精炼率降低；③天然抗氧剂被过度脱除，油脂氧化稳定性降低。

此外，热媒与油脂之间的温度差也不宜过大，否则会造成油脂局部过热而产生上述不利影响。

2. 操作压力

操作压力直接关系到臭味组分的沸点和油脂的氧化条件。

随着操作压力的降低(真空度的升高)，臭味组分的沸点降低。因此，在固定操作温度的前提下，降低操作压力可提高臭味组分的汽化速率，从而减少直接蒸汽的消耗量，缩短脱臭所需的时间。

当然，过分地降低操作压力虽然减少了直接蒸汽的消耗量，但也增加了动力蒸汽的消耗量，操作上可能反而不经济。

3. 通汽速率与时间

脱臭过程中，臭味组分的汽化速率与直接蒸汽的通入速率是正相关的。同样温度、压力下，通汽速率越大，则臭味组分的汽化速率越大，脱臭所需的时间越少，但脱臭损耗亦越大。因此，通汽速率不能过大，一般以不造成油脂飞溅为度。

另外，随着脱臭过程的进行，油脂中臭味组分的含量逐渐降低，则臭味组分的实际蒸汽压逐渐降低，因此，脱臭操作中通汽速率应逐渐增大。

通汽时间即脱臭时间。同样条件下，适当延长通汽时间有利于臭味组分的脱除，则成品油中臭味组分含量少，质量好。但通汽时间过长，一方面增加了直接蒸汽消耗量，另一方面会给油脂带来一些不利影响，如热聚合、产生焦煳味、油色变深等，造成油脂的氧化稳定性降低。故通汽时间不宜过长，一般来讲，在满足成品油质量要求的前提下，通汽时间越短越有利。

4. 脱臭器的结构

脱臭器的结构对脱臭油质量、脱臭时间与蒸汽耗用量均有很大影响，汽-液平衡状态、油脂的循环状况、油面上方的空间大小及防飞溅结构、油层深度、停留时间及设备各部位的密闭状况，对脱臭油质量都有影响。

5. 微量金属

油脂中存在的微量金属是油脂氧化的高效催化剂，高温下它们的存在，特别是铜、铁等的存在对油脂质量有极大的危害。

6. 粗油质量及前处理方法

粗油质量是保证脱臭油质量的前提。为保证脱臭操作的顺利进行，脱胶、吸附脱色、除氧干燥是不可缺少的，操作中务求达到相关的指标要求。

7. 其他

汽提所用的直接蒸汽应不含氧、不含炉水和凝水，进脱臭器之前应经严格的分水处理，最好用过热蒸汽。脱臭器、管路、输油泵等应严格密封，杜绝漏入空气。其他如脱臭器内的结焦、结垢、脱臭油的冷却、过滤等均会影响脱臭油的质量，操作中应正确处理。

(四) 脱 臭 工 艺

1. 间歇式脱臭工艺流程

间歇式脱臭工艺即油脂的脱臭操作在脱臭锅内进行，分批完成脱臭过程的工艺，其工艺包括脱臭、冷却、过滤、脂肪酸捕集等几个工序。

2. 连续式脱臭工艺流程

连续式脱臭工艺也包括脱臭、冷却、过滤、脂肪酸捕集等几个工序。为了维持连续稳定操作，设备更多，结构更复杂，而且比间歇式和半连续式需要的能量少，适用于不常改变油脂品种的加工厂。

(五)脱 臭 设 备

1. 脱臭锅

脱臭锅属于间歇式脱臭设备，主要结构由锅体、加热盘管、直接蒸汽喷管、进油管和出油管、分离挡板、照明灯、视镜、真空接管等组成。间歇式脱臭锅适用于多种油脂的脱臭、脱溶和冷却等多种用途。

2. 连续式脱臭塔

连续式脱臭塔是使油脂在脱臭塔内呈连续流动的状态下完成汽提脱臭过程的脱臭设备。该设备的优点是在高温和高真空条件下，脱臭时间短，处理量大，自动化程度高，生产成本低，经济效益高，产品质量好。

一般塔体为圆柱形，塔内组装有塔盘，在塔体内从上至下分别为脱气加热层、加热层、预汽提层、加热层、汽提层、终汽提层、热交换层、冷却层。其中，脱气加热层、加热层、汽提层和冷却层内均装置一系列挡板，组成迷宫通道导引油脂流向，避免了短路。预汽提层和终汽提层内各装有一组导油浅盘，油脂由浅盘上溢流成薄膜状流下，与由塔盘底部吹入的直接蒸汽逆向接触。热交换层内设置管道换热器，使脱臭油和待脱臭油进行热交换。在塔体上装有挥发气体出口管和真空系统连接。塔内未排出的少量挥发成分，沿塔体内壁流到塔底凝液出口处定期排出塔外，避免了这部分挥发物回流到脱臭油中。

3. 真空系统

油脂的脱臭在高温和高真空条件下进行时效果最理想。脱臭器的真空系统一般采用蒸汽喷射泵，连续式脱臭塔通常选用四级蒸汽喷射泵系统，脱臭塔极限压力可达到 266 Pa 以下。目前先进的工艺还有低温碱液冷凝真空系统、预脱臭系统、干式-冷凝真空脱臭等工艺。

4. 脱臭辅助设备

组成整个脱臭工段的除脱臭器和真空系统外，还需要很多的配套设备，如输油管道、各种输油泵、成品油过滤机、析气器、脂肪酸捕集器、屏蔽泵等。

七、脱蜡和脱脂

各种天然油脂中均含有一定量的蜡和脂，它们的存在，对普通食用油影响不大，可不予脱除；而对高级食用油则直接影响油脂的风味、烟点和低温时的透明度，故须视具体情况予以脱除。脱蜡和脱脂的方法是：在一定条件下通过降温促使蜡或脂结晶析出，再利用机械方法将其从油中分出。

(一)脱　　蜡

1. 脱蜡的作用

植物油中的蜡主要来自于油料的皮壳，其含蜡量随制油原料中皮壳含蜡量的增加而增加。蜡存在于油脂中，主要影响油脂在低温条件下的透明度，降低油脂的烟点，不利于油脂的消化吸收。大多数油脂含蜡量极少而无须脱除，只有少数含蜡量高的油脂，如米糠油、葵花籽油、玉米胚芽油等用作高级食用油时需要脱除。脱除油脂中蜡的工艺过程称为脱蜡。

通过脱蜡操作，可提高油脂的烟点、增加油脂在低温时的透明度、改善油脂的风味、提高油脂的消化吸收率、改善油脂的使用性能、扩大油脂的用途，同时还可获得利用价值较高的植物蜡，做到物尽其用。

2. 脱蜡的原理

蜡是高级脂肪酸和高级脂肪醇所形成的酯，其熔点远高于甘油三酯的熔点。蜡在40℃以上时溶于油脂中，但随着温度的降低，其在油脂中的溶解度降低，特别是在30℃以下时蜡会形成结晶而从油脂中析出，在低温下维持一定的时间，蜡晶体相互凝聚成较大的晶粒而悬浮于油脂中。脱蜡就是根据上述特性，即根据蜡与油脂熔点的差异和蜡在油脂中的溶解度随温度的降低而降低的特性，通过降温促使蜡质结晶析出而形成悬浊液(俗称冬化)，再通过某种机械分离方法将其与油脂分离。但由于低温时油脂的黏性较大和蜡的碳链较长，析出蜡晶体往往需要较长的时间，分离蜡晶体也较困难，所以，工业上有时还采取一些辅助措施，以加快蜡的结晶速度和与油脂的分离速度。

在结晶过程中不加任何辅助剂的脱蜡方法称为常规脱蜡法，俗称干法冬化。在结晶过程中使用辅助剂的脱蜡方法称为辅助剂脱蜡法，主要包括溶剂脱蜡法、表面活性剂脱蜡法、凝聚剂脱蜡法、尿素脱蜡法等，本节主要介绍常规脱蜡法。

3. 影响脱蜡的因素

1) *脱蜡温度*　由于蜡分子中的两个烃链较长和蜡分子本身的亲脂性，使蜡质到达凝固点时明显存在过冷、过饱和现象而不能马上析出，只有当温度达到其凝固点以下某临界值时才能析出。因此，为了确保脱蜡效果，脱蜡温度应控制在30℃以下。但温度过低，同时析出的蜡晶多而细小不易长大，而且会使油脂的黏度急剧增大，给蜡、油分离造成困难，还会使部分高熔点的脂结晶出来混入蜡中，造成脱蜡工序的炼耗增加。一般常规脱蜡法的脱蜡温度控制在20～25℃，溶剂脱蜡法的脱蜡温度可控制在20℃左右。

2) *降温速度*　降温速度足够慢，蜡分子有足够的时间进行规则排列，易以稳定的晶型析出，并有足够的时间长大，有利于形成粗大结实的晶粒，内部包含的油脂也较少，有利于油、蜡的分离，但这个过程需要的时间较长。相反，如果降温速率很高，体系的黏度迅速增大，形成的蜡晶粒多而细小，不利于蜡油的分离操作。另外，为了不使油脂骤冷而影响结晶效果，油与冷却剂的温度差不能过大。适宜的降温速率常通过冷却曲线试验来确定。

3) *养晶温度*　冷却结晶到一定温度后恒温保持一段时间，使还未结晶的蜡结晶析出，以及细小晶粒相互凝聚而长大的过程叫养晶。

控制养晶温度是实现养晶目的的关键。温度偏高，蜡晶不能全部析出，达不到脱蜡要求；温度太低，油的黏度过大而流动性差，蜡晶在其中不易游动，互相碰撞的机会少而不易长大，即使晶粒有所长大，也因油的黏度大造成晶粒中间夹带的中性油多，晶粒不够结实，并且还会使一部分熔点较高的脂析出，造成中性油的得率降低。因此，养晶温度要适宜，一般控制在结晶的终温或稍低一点。

4) *搅拌速度*　结晶过程需要在低温下进行，且是放热反应。适当的搅拌，可使油脂中各处冷却均匀，使已经析出的蜡晶与将要析出的蜡分子碰撞，有利于晶粒的形成和长大。若不搅拌，则含蜡油脂受冷不均影响正常结晶，同时，一部分晶粒会附着在结晶罐(塔)壁上而降低结晶罐(塔)的传热效果。但搅拌速度过大，则会打碎已经形成的晶粒，也不利于结晶。故搅拌速度要适宜，一般控制在10～13 r/min，以利于晶粒的形成与成长为准。

5) *辅助剂*　使用辅助剂是为了增强脱蜡的效果。不同脱蜡方法采用的辅助剂不同，作用效果也不同，但必须符合食用卫生要求。另外，使用辅助剂的脱蜡方法一般都要增加辅助剂分离工序。生产成本均有不同程度的增加，使用时要权衡利弊，择优选用。

6)油脂的品质及前处理　油脂中的胶体杂质会增大油脂的黏度，不饱和脂肪酸能增加蜡油的互溶度。它们的存在，不仅影响蜡晶的形成，降低蜡晶的硬度，给油、蜡分离造成困难，而且还降低了分离出来的蜡的质量(含油量及含胶杂量均高)。因此，一般油脂在脱蜡之前应先脱胶、脱酸。

7)输送及分离方式　不同的输送方式所造成的湍流强弱不同。湍流越强烈，流体受到的剪切力越大，越易造成蜡晶破碎。为了避免蜡晶受剪切力而破碎，在输送含有蜡晶的油脂时，应使用弱湍流、低剪切力的往复泵，或用压缩空气压送，或用真空吸送。

过滤法分离蜡油悬浮物，分离效率较高，但蜡晶粒的机械强度较低，受压后易变形。因此，过滤压力要适宜。过滤压力过高，会使过滤介质上截留的蜡晶滤饼变形，造成过滤通道堵塞而影响过滤速率。过滤压力过低，则分离速度太慢，劳动生产率低。使用助滤剂可形成比较坚实的过滤介质骨架，而提高过滤速率。离心分离法因体系黏度大且蜡、油密度差小，而使分离效率不高。应根据不同的脱蜡工艺、不同的被分离组分，选用不同的分离设备。

(二)脱　脂

由于组成甘油三酯的脂肪酸种类的不同，以及在分子中脂肪酸分布的不同，导致甘油三酯理化性质上的差异。将天然油脂分级制成性质不同的甘油三酯的过程称为油脂分提。目前受油脂分提技术的限制，工业上只能实现将不同熔点的液态油和固体脂分离的操作。这种利用不同类型甘油三酯的熔点的不同，把天然油脂中固体脂和液体油分离的过程称为脱脂。

脱脂有两种目的。一种是为开发、利用固体脂肪；另一种是为提高液态油的低温使用性能。通过油脂分提可将组成复杂的天然油脂分级组成相对单一的产品，提高油脂对不同使用要求的适应性能，扩大油脂的用途，提高油脂的使用价值和经济价值。尽管各种甘油三酯的相异又相近的性质给分提出单一甘油三酯带来困难，但随着油脂制品的开发和质量上的高要求，从天然油脂中分提出各种用途的甘油三酯组分已成为时代的要求。

思　考　题

1. 油料种子的基本结构由哪几部分组成?
2. 油籽为什么除杂? 油料中杂质在油籽加工过程中会产生哪些不良效果?
3. 油料中有哪些杂质? 这些杂质有哪些性质?
4. 油料为什么要剥壳后制油?
5. 轧坯的目的和要求有哪些?
6. 蒸炒的目的有哪些?
7. 螺旋榨油机是怎样实现压榨过程的?
8. 影响动力螺旋榨油机的因素有哪些?
9. 机榨原油中的杂质有哪些?
10. 什么样的溶剂才能适用于浸出用溶剂?
11. 试分析浸出粕残油高的原因,如何解决?
12. 混合油由哪几部分组成?
13. 影响混合油蒸发的因素有哪些?

14. 混合油汽提的原理是什么?
15. 影响汽提的因素有哪些?
16. 湿粕脱溶的目的是什么?
17. 什么是脱胶?脱胶的方法有哪些?
18. 简述水化脱胶的原理。
19. 影响水化脱胶的因素有哪些?
20. 碱炼有哪些作用?
21. 什么是脱色?其作用是什么?
22. 什么是吸附脱色?其作用有哪些?
23. 简述吸附脱色的原理。
24. 影响吸附脱色的因素有哪些?生产中应怎样处理才能趋利避害?
25. 什么是脱臭?其作用是什么?
26. 油脂脱臭为什么要在真空条件下采用水蒸气蒸馏的方法进行?
27. 什么是脱蜡?其作用有哪些?
28. 脱蜡的基本原理是什么?

参考文献

何东平. 2005. 油脂加工与精炼工艺学. 北京: 化学工业出版社.
刘玉兰. 2009. 油脂制取与加工工艺学(2 版). 北京: 科学出版社.
王兴国. 2011. 油料科学原理. 北京: 中国轻工业出版社.
周裔彬. 2015. 粮油加工工艺学. 北京: 化学工业出版社.
Hui Y H. 2001. 油脂化学与工艺学. 徐生庚，裘爱泳主译. 北京: 中国轻工业出版社.

第六章 豆类薯类食品加工

第一节 传统非发酵豆制品的加工

我国传统非发酵豆制品主要有：水豆腐(嫩、老豆腐，南、北豆腐)，半脱水制品(豆腐干、百叶、千张)，油炸制品(油豆腐、炸丸子)，卤制品(卤豆干、五香豆干)，炸卤制品(花干、素鸡等)，熏制品(熏干、熏肠)，烘干制品(腐竹、竹片)，豆浆和豆奶等。

一、传统豆制品生产的基本原理

中国传统豆制品种类繁多，生产工艺也各有特色，但是就其实质来讲，豆制品的生产就是制取不同性质的蛋白质胶体的过程。

大豆蛋白质存在于大豆子叶的蛋白体中，大豆经过浸泡，蛋白体膜破坏以后，蛋白质即可分散于水中，形成蛋白质溶液，即生豆浆。生豆浆即大豆蛋白质溶胶，由于蛋白质胶粒的水化作用和蛋白质胶粒表面的双电层，使大豆蛋白质溶胶保持相对稳定。然而一旦有外加因素作用，这种相对稳定就可能受到破坏。

生豆浆加热后，蛋白质分子热运动加剧，维持蛋白质分子的二、三、四级结构的次级键断裂，蛋白质的空间结构改变，多肽链舒展，分子内部的某些疏水基团(如—SH)所在的疏水性氨基酸侧链趋向分子表面，使蛋白质的水化作用减弱，溶解度降低，分子之间容易接近而形成聚集体，形成新的相对稳定的体系——前凝胶体系，即熟豆浆。

在熟豆浆形成过程中蛋白质发生了一定的变性，在形成前凝胶的同时，还能与少量脂肪结合形成脂蛋白，脂蛋白的形成使豆浆产生香气。脂蛋白的形成随煮沸时间的延长而增加。同时，借助煮浆还能消除大豆中的胰蛋白酶抑制素、红细胞凝集素、皂苷等对人体有害的因素，减少生豆浆的豆腥味，使豆浆特有的香气显示出来，并达到消毒灭菌、提高风味和卫生质量的作用。

前凝胶形成后必须借助无机盐、电解质的作用使蛋白质进一步变性转变成凝胶。常见的电解质有石膏、卤水、δ-葡萄糖酸内酯及氯化钙等盐类。它们在豆浆中解离出 Ca^{2+}、Mg^{2+}，Ca^{2+}和 Mg^{2+}不但可以破坏蛋白质的水化膜和双电层，而且有“搭桥”作用，蛋白质分子间通过—Mg—或—Ca—桥相互连接起来，形成立体网状结构，并将水分子包容在网络中，形成豆腐脑。

豆腐脑形成较快，但是蛋白质主体网络形成需要一定时间，所以在一定温度下保温静置一段时间使蛋白质凝胶网络进一步形成，这就是蹲脑的过程。将强化凝胶中水分加压排出，即可得到豆制品。

二、传统豆制品生产的原辅料

传统豆制品生产的原料主要是大豆，辅料包括凝固剂、消泡剂和防腐剂等。

（一）凝　固　剂

1. 石膏

实际生产中通常采用熟石膏(硫酸钙)，控制豆浆温度85℃左右，添加量为大豆蛋白质的0.04%(按硫酸钙计算)左右。合理使用熟石膏可以生产出保水性好、光滑细嫩的豆腐。

2. 卤水

卤水的主要成分为氯化镁，用它作为凝固剂时，蛋白质凝固快，网状结构容易收缩，但同时产品的保水性差。因此，卤水适合于做豆腐干、干豆腐等低水分的豆制品，添加量一般为2～5 kg/100 kg大豆。

3. δ-葡萄糖酸内酯

δ-葡萄糖酸内酯(glucono delta-lactone，GDL)是一种新型的酸类凝固剂，易溶于水，在水中分解为葡萄糖酸，在加热条件下分解速度加快，pH增加时分解速度也加快。加入内酯的熟豆浆，当温度达到60℃时，大豆蛋白质开始凝固，在80～90℃凝固成的蛋白质凝胶持水性最佳，制成的豆腐弹性大，质地滑润爽口。GDL适合于做原浆豆腐。在凉豆浆中加入葡萄糖酸内酯，加热后葡萄糖酸内酯分解转化，蛋白质凝固即成为豆腐。添加量一般为0.25%～0.35%(以豆浆计)。

用葡萄糖酸内酯作凝固剂制得的豆腐，口味平淡而且略带酸味。若添加一定量的保护剂，不但可以改善风味，而且还能改变凝固质量。常用的保护剂有磷酸氢二钠、磷酸二氢钠、酒石酸钠及复合磷酸盐(含焦磷酸钠41%、偏磷酸钠29%、碳酸钠1%、聚磷酸钠29%)等，用量为0.2%(以豆浆计)左右。

4. 复合凝固剂

所谓复合凝固剂，是用两种或两种以上的成分加工成的凝固剂，它是伴随豆制品生产的工业化、机械化和自动化的发展而产生的。如一种带有涂覆膜的有机酸颗粒凝固剂，常温下它不溶于豆浆，然而一旦经过加热涂覆膜就熔化，内部的有机酸就发挥凝固作用。常用的有机酸有柠檬酸、异柠檬酸、山梨酸、富马酸、乳酸、琥珀酸、葡萄糖酸及它们的内酯或酐。采用柠檬酸时，添加量为豆浆(固形物含量10%)的0.05%～0.50%。涂覆剂要满足常温下完全呈固态，而稍经加热就完全熔化的条件，因此其熔点一般为40～70℃。符合这些条件的涂覆剂有动物脂肪、植物油、各种甘油酯、山梨糖醇酐脂肪酸酯、丙二醇脂肪酸酯、动物胶等。为使被涂覆的有机酸颗粒均匀地分散于豆浆中，可以添加可食性表面活性剂，如卵磷脂、聚环氧乙烷、月桂基醚等。

（二）消　泡　剂

豆制品生产的制浆工序中会产生大量的泡沫，泡沫的存在对后续操作极为不利，因此必须使用消泡剂消泡。

1. 油脚

油脚是油炸食品的废油，含杂质多，色泽暗，但是价格低廉，适合于作坊式生产使用。

2. 油脚膏

油脚膏是由酸败油脂与氢氧化钙混合制成的膏状物，配比为10∶1，使用量为1.0%。

3. 硅有机树脂

硅有机树脂是一种较新的消泡剂，它的热稳定性和化学稳定性高，表面张力低，消泡能力强。豆制品生产中使用水溶性的乳剂型，其使用量为0.05 g/kg食品。

4. 脂肪酸甘油酯

脂肪酸甘油酯分为蒸馏品(纯度达90%以上)和未蒸馏品(纯度为40%～50%)。蒸馏品使用量为1.0%。使用时均匀地添加在豆浆中一起加热即可。

(三)防　腐　剂

豆制品生产中采用的防腐剂主要有丙烯酸、硝基呋喃系化合物等。丙烯酸具有抗菌能力强、热稳定性高等特点，允许使用量为豆浆的5 mg/kg以内。丙烯酸防腐剂主要用于包装豆腐，对产品色泽稍有影响。

三、传统豆制品生产工艺

(一)传统豆制品生产工艺流程

传统豆制品生产工艺流程如下：

大豆→清理→浸泡→磨浆→过滤→煮浆→凝固→成型→成品

(二)传统豆制品生产操作要点

1. 清理

选择品质优良的大豆，除去所含的杂质，得到纯净的大豆。

2. 浸泡

浸泡的目的是使豆粒吸水膨胀，有利于大豆粉碎后提取其中的蛋白质。生产时大豆的浸泡程度因季节而不同，夏季将大豆泡至9成开，冬季将大豆泡至10成开。浸泡好的大豆吸水量为1∶1～1∶1.2，即大豆增重至原来的2.0～2.4倍。浸泡后大豆表面光滑，无皱皮，豆皮轻易不脱落，手感有劲。

3. 磨浆

经过浸泡的大豆，蛋白体膜变得松脆，但是要使蛋白质溶出，必须进行适当的机械破碎。如果从蛋白质溶出量角度看，大豆破碎得越彻底，蛋白质越容易溶出。但是磨得过细，大豆中的纤维素会随着蛋白质进入豆浆中，使产品变得粗糙，色泽深，而且也不利于浆渣分离，使产品得率降低。因此，一般控制磨碎细度为100～120目。实际生产时应根据豆腐品种适当调整粗细度，并控制豆渣中残存的蛋白质量，以低于2.6%为宜。采用石磨、钢磨或砂盘磨进行破碎，注意磨浆时一定要边加水边加大豆。磨碎后的豆糊采用平筛、卧式离心筛分离，以能够充分提取大豆蛋白质为宜。

4. 煮浆

煮浆是通过加热使豆浆中的蛋白质发生热变性的过程。一方面为后序点浆创造必要条件；另一方面消除豆浆中的抗营养成分，杀菌，减轻异味，提高营养价值，延长产品的保鲜期。煮浆的方法根据生产条件不同，可以采用土灶铁锅煮浆法、敞口罐蒸汽煮浆法、封闭式溢流煮浆法等方法进行。

5. 凝固与成型

凝固就是大豆蛋白质在热变性的基础上，在凝固剂的作用下，由溶胶状态转变成凝胶状态的过程。生产中通过点脑和蹲脑两道工序完成。

点脑是将凝固剂按一定的比例和方法加入熟豆浆中，使大豆蛋白质溶胶转变成凝胶，形成豆腐脑。豆腐脑是由呈网状结构的大豆蛋白质和填充在其中的水构成的。一般来讲，豆腐脑的网状结构网眼越大，交织得越牢固，其持水性越好，做成的豆腐柔软细嫩，产品的得率也越高；反之，则做成的豆腐僵硬，缺乏韧性，产品的得率也低。

经过点脑后，蛋白质网络结构还不牢固，只有经过一段时间静置凝固才能完成。根据豆腐品种的不同，蹲脑的时间一般控制在 10～30 min。

成型即把凝固好的豆腐脑放入特定的模具内，施加一定的压力，压榨出多余的黄浆水，使豆腐脑密集地结合在一起，成为具有一定含水量和弹性、韧性的豆制品，不同产品施加的压力各不相同。

四、主要豆制品生产

(一) 内 酯 豆 腐

1. 内酯豆腐生产工艺流程

内酯豆腐生产利用了蛋白质的凝胶性质和δ-葡萄糖酸内酯的水解性质，其工艺流程如下：

原料大豆→清理→浸泡→磨浆→滤浆→煮浆→脱气→冷却→混合→罐装→凝固杀菌→冷却→成品

2. 内酯豆腐生产操作要点

1) 制浆　采用各种磨浆设备制浆，使豆浆浓度控制在 10～11°Bé。

2) 脱气　采用消泡剂消除一部分泡沫，采用脱气罐排出豆浆中多余的气体，避免出现气孔和砂眼，同时脱除一些挥发性的味成分，使内酯豆腐质地细腻，风味优良。

3) 冷却混合与罐装　根据δ-葡萄糖酸内酯的水解特性，内酯与豆浆的混合必须在 30℃以下进行，如果浆温过高，内酯的水解速度过快，造成混合不均匀，最终导致粗糙松散，甚至不成型。按照 0.25%～0.30%的比例加入内酯，添加前用温水溶解，混合后的浆料在 15～20 min 罐装完毕，采用的包装盒或包装袋需要耐 100℃的高温。

4) 凝固成型　包装后进行装箱，连同箱体一起放入 85～90℃恒温床，保温 15～20 min。热凝固后的内酯豆腐需要冷却，这样可以增强凝胶的强度，提高其保形性。冷却可以采用自然冷却，也可以采用强制冷却。通过热凝固和强制冷却的内酯豆腐，一般杀菌、抑菌效果好，储存期相对较长。

(二) 腐竹生产工艺

腐竹是由煮沸后的豆浆，经过一定时间的保温，豆浆表面蛋白质成膜形成软皮，揭出烘干而成的。煮熟的豆浆保持在较高温度条件下，一方面，豆浆表面水分不断蒸发，表面蛋白质浓度相对提高；另一方面，蛋白质胶粒热运动加剧，碰撞机会增加，聚合度加大，以至形成薄膜。随着时间的延长，薄膜厚度增加，当薄膜达到一定厚度时，揭起即为腐竹。

1. 腐竹生产工艺流程

大豆→清理→脱皮→浸泡→磨浆→滤浆→煮浆→揭竹→烘干→包装→成品

2. 腐竹生产操作要点

1) 制浆　腐竹生产的制浆方法与豆腐生产制浆一样，这里要求豆浆浓度控制在 6.5～7.5°Bé，豆浆浓度过低难以形成薄膜；豆浆浓度过高，虽然膜的形成速度快，但是形成的膜色泽深。

2) 揭竹　将制成的豆浆煮沸，使豆浆中的大豆蛋白质发生充分的变性，然后将豆浆放入腐竹成型锅内成型揭竹。在揭竹工序中应该注意以下几点。

(1) 揭竹温度。一般控制在 (82±2)℃。温度过高，产生微沸会出现“鱼眼”现象，容易起锅巴，腐竹的产率低；温度过低，成膜速度慢，影响生产效率，甚至不能形成膜。

(2) 时间。揭竹时每支腐竹的成膜时间为 10 min 左右。时间过短，形成的皮膜过薄，缺乏韧性，揭竹时容易破竹；时间过长，形成的皮膜过厚，色泽深。

(3) 通风。揭竹锅周围如果通风不良，成型锅上方水蒸气浓度过高，豆浆表面的水分蒸发速度慢，形成膜的时间长，影响生产效率和腐竹质量。

3) 烘干　湿腐竹揭起后，搭在竹竿上沥浆，沥尽豆浆后要及时烘干。烘干可以采用低温烘房或者机械化连续烘干法。烘干的最高温度控制在 60℃以内，烘干至水分含量 10%以下即可得到成品腐竹。

第二节　传统发酵豆制品的加工

以大豆或其他杂豆为原料经发酵制成的腐乳、豆豉、纳豆等食品，称为发酵性豆制品。发酵豆制品以其营养、健康的特性备受人们的关注与喜爱，传统发酵豆制品含有功能肽、异黄酮、卵磷脂、低聚糖、皂苷、维生素 B、维生素 E 等保健益寿成分，被认为是营养与保健成分最集中、最合理、最丰富的食品。我国利用大豆为原料制作酱油、豆豉、腐乳、豆酱等传统发酵豆制品的历史已有两千多年，现在已普及到朝鲜、日本及东南亚等国家和地区。近年来我国传统发酵豆制品的生产规模不断扩大，消费总量也在不断增长。

一、腐 乳 加 工

腐乳又称豆腐乳，是以大豆为主要原料，经加工磨浆、制坯、培菌、发酵而制成的调味、佐餐制品。腐乳是中华民族独特的传统调味品，具有悠久的历史。它是我国古代劳动人民创造出的一种微生物发酵大豆制品，品质细腻、营养丰富、鲜香可口，深受广大群众喜爱，其营养价值可与奶酪相比，具有“东方奶酪”之称。

(一) 腐乳加工工艺原理

以豆腐坯为培养基培养微生物，使菌丝长满坯子表面，形成腐乳特征，同时分泌大量以蛋白酶为主的酶系，为后发酵创造催化成熟条件。目前国内采取此工艺的占大多数。

(二)腐乳加工的工艺流程

腐乳加工的工艺流程如下：

豆腐坯制作→前期发酵→后期发酵→装坛(或装瓶)→成品

(三)腐乳加工操作要点

1. 豆腐坯制作

制好豆腐坯是提高腐乳质量的基础，豆腐坯制作与普通豆腐相同，只是点卤要稍老一些，压榨的时间长一些，豆腐坯含水量低一些。

豆腐坯的制作分为浸豆、磨浆、滤渣、点浆、蹲脑、压榨成形、切块等工序。

大豆的浸泡：泡豆水温、时间、水质三者都会影响泡豆质量。泡豆水温要在25℃以下，温度过高，容易使泡豆水变酸，对提取大豆蛋白不利；夏季气温高，要多次换水，降低温度。

压榨和切块：蹲脑以后豆腐花下沉，黄浆水澄清。压榨到豆腐坯含水量在65%～70%为宜，厚薄均匀，压榨成型后切成4 cm×4 cm×1.6 cm的小块。

2. 前期发酵

前期发酵是发霉过程，即豆腐坯培养毛霉或根霉的过程，发酵的结果是使豆腐坯长满菌丝，形成柔软、细密而坚韧的皮膜并积累大量的蛋白酶，以便在后期发酵中将蛋白质慢慢水解。除了选用优良菌种外，还要掌握毛霉的生长规律，控制好培养温度、湿度及时间等条件。

1)接种　将已划块的豆腐坯放入蒸笼格或木框竹底盘，豆腐坯需侧面放置，行间留空间(约1 cm)，以便通气散热，调节好温度，有利于毛霉菌生长。每个三角瓶中加入冷开水400 mL，用竹棒将菌丝打碎，充分摇匀，用纱布过滤，滤渣再加400 mL冷开水洗涤一次，过滤，两次滤液混合，制成孢子悬液。可采用喷雾接种，也可将豆腐坯浸沾菌液，浸后立即取出，防止水分浸入坯内，增大含水量，影响毛霉生长。一般100 kg大豆的豆腐坯接种两个三角瓶的种子液，高温季节，可在菌液中加入少许食醋，使菌液变酸(pH4)，抑制杂菌生长；或将生长好麸曲接种，低温干燥磨细成菌粉，用细筛将干菌粉筛于豆腐坯上，要求均匀，每面都有菌粉，接种量为大豆质量的1%。家庭作坊式的生产也可直接利用空气中的毛霉菌和根霉菌进行自然接种，但要求有一间干净的、温度比较恒定、好控制的自然培养室。

2)培养　将培养盘堆高叠放，上面盖一空盘，四周以湿布保湿，春秋季一般在20℃左右培养48 h；冬季保持室温16℃培养72 h；夏季气温高，室温30℃，培养30 h。如采用自然接种，要求的时间长一些，冬季为10～15天。发酵终止要视毛霉菌老熟程度而定，一般生产青方时发霉稍嫩些，当菌丝长成白色棉絮状即可，此时，毛霉蛋白酶活性尚未达到高峰，蛋白质分解作用不致太旺盛，否则会因青方后期发酵较强烈导致豆腐破碎。红腐乳前期发酵要稍老些，呈淡黄色。前期发酵毛霉生长发育变化大致分为三个阶段：孢子发芽阶段、菌丝生长阶段、孢子形成阶段。当豆腐坯表面开始长有菌丝，即长有毛绒状的菌丝后，要进行翻笼，一般三次左右。

3)腌坯　当菌丝开始变成淡黄色，并有大量灰褐色孢子形成时，即可散笼，开窗通风，降温凉花，停止发霉，促进毛霉产生蛋白酶，8～10 h后结束前期发酵，立即搓毛腌制。搓毛是指将菌丝连在一起的毛坯一个个分离。毛坯凉透后即可搓毛。然后用手抹长满菌丝的乳坯，让菌丝裹住坯体，放入大缸中腌制，大缸下面离缸底 20 cm 左右辅一块中间有孔、直径约为 15 cm 的圆形木板，将毛坯放在木板上，沿缸壁排至中心，要相互排紧，腌坯时应注意使未长菌丝的一面靠边，不要朝下，防止成品变型。采用分层加盐法腌坯，用盐量分层加大，最后撒一层盖面盐。每千块坯（4 cm×4 cm×1.6 cm）春秋季用盐 6 kg，冬季用盐 5.7 kg，夏季用盐 6.2 kg。腌坯时间冬季约 7 天，春秋季约 5 天，夏季约 2 天。腌坯要求 NaCl 含量在 12%～14%，腌坯后 3～4 天后要压坯，即再加入食盐水，腌过坯面，腌渍时间 3～4 天。腌坯结束后，打开缸底通口，放出盐水放置过夜，使盐坯干燥收缩。

3. 后期发酵

后期发酵是利用豆腐坯上生长的毛霉及配料中各种微生物作用，使腐乳成熟，形成色、香、味的过程，包括装坛、灌汤、储藏等工序。

1）装坛　取出盐坯，将盐水沥干，点数装入坛内，装时不能过紧，经免影响后期发酵，使发酵不完全，中间有夹心。将盐坯依次排列，用手压平，分层加入配料，如少许红曲、面曲、红椒粉，装满后灌入汤料。

2）灌汤　配好的汤料灌入坛内或瓶内，灌料的多少视所需要的品种而定，但不宜过满，以免发酵汤料涌出坛或瓶外。

3）储藏　装坛灌汤后加盖（建议采用瓷坛并在坛底加一两片洗净并晾干的荷叶，再在坛口加盖荷叶），再用水泥或猪血拌熟石膏封口。在常温下储藏，一般需 3 个月以上，才会达到腐乳应有的品质，青方与白方腐乳因含水较高，只需 1～2 个月即可成熟。

（四）腐乳加工过程中常见的质量问题及其预防

在腐乳生产过程中的质量问题主要有：杂菌污染、腐乳白点、腐乳表面的无色结晶物、白腐乳褐变、腌煞坯、腐乳的产气等。

可能存在的质量问题及预防措施如下所述。

1. 杂菌污染

1）沙雷氏菌污染　前期培菌阶段，因操作不慎，管理不当，可能污染沙雷氏菌。发酵 8 h 以后，豆腐坯上出现细小的红色污染物，这种红色污染物由少到多，颜色由浅到深，有异味，发黏，产生恶臭。坯上的紫红色素实际上是沙雷氏菌产生的灵菌素。污染此菌多是由工具、容器消毒不严所致。

2）嗜温性芽孢杆菌污染　豆腐坯接种入房后经 4～6 h 培养，坯身逐渐变黄，俗称黄衣或黄身，发亮，有刺鼻味，6 h 后杂菌已占绝对优势，从而抑制了毛霉菌的繁殖，坯身发黏，嗜温性芽孢均有极强的蛋白质分解能力，结果使室内充满氨气，随时间延长，pH 上升至 9～10 以上，大幅度偏离毛霉生长的适宜 pH4.7，导致毛霉的繁殖受到抑制。

预防措施：保持发酵室、木架的卫生，发酵室的工具用后要经常清洗，并且用甲醛熏蒸法或硫磺熏蒸法消毒；发酵容器消毒；前期发酵专人管理，随时翻格调温，保持一定的温度，为毛霉生长创造良好环境；入发酵室前豆腐坯温度必须降温到 30℃以下，接种室腐坯的 5 个面应均匀接种，不留空白；毛霉菌种要纯且新鲜，选菌丝生长旺盛、孢子多的菌种。

2. 腐乳白点

腐乳白点是指附着在腐乳表面上直径为 1 mm 的乳白色圆形小点，有时呈片状，它们悬浮于腐乳汁液中或沉积于容器底部，如何控制腐乳白点是我国腐乳生产中的一大难题。有研究认为白点是酪氨酸聚集产物，认为腐乳在后期发酵中，大豆蛋白受蛋白酶系催化，水解出酪氨酸，游离态的酪氨酸难溶于水，其溶解度仅为0.045%，所以腐乳后发酵时间越长，酪氨酸积累越多，而后发酵中的酶系是在前发酵中形成的，因此控制前发酵培菌工艺条件很重要。

3. 腐乳表面的无色结晶物

白腐乳进行后发酵时，腐乳层的上面盖上一层白纸，防止腐乳褐变产生黑斑。但在发酵成熟后，在这张纸的上面，经常发现无色或琥珀色的透明单斜晶体，如不及时除去这些晶体，容易残留在成品内。有研究认为单斜晶体是磷酸铵镁和磷酸镁的混合物，并推测其分子比为62。腐乳汁中的磷酸是因为大豆中的磷酸酯受微生物产生的磷酸酯酶的催化水解产生的。同时，微生物水解大豆蛋白产生各种氨基酸，氨基酸脱羧产生游离氨。酿造腐乳食盐中含有一些氯化镁，这些磷酸和氨并存时，即形成磷酸铵镁和磷酸酶，这些是腐乳汁液中结晶物的主体成分。它们不溶于水也不溶于碱。

控制结晶物的生成量，应严格操作，防止原辅材料污染，特别是酿造用水的镁离子含量要低，另外尽可能使用精制盐，因为非精制盐含有较多的氯化钾、氯化镁和氯化钙。

4. 白腐乳褐变

褐变常见于白腐乳，离开汁液的腐乳暴露在空气中便逐渐褐变，颜色由褐到黑逐步加深。这是因为毛霉分泌的儿茶酚氧化酶在游离氧存在条件下催化各种酚类氧化成醌，聚合为黄色素所致。白腐乳的褐变，游离氧的存在是必要条件，因此在腐乳的后发酵、储藏与运输、销售过程中，注意容器的密封、隔绝氧气尤为重要。

5. 腌煞坯

腌煞坯是由于盐量过大或腌制时间太长引起。由于盐浓度过大，腐乳坯过度脱水收缩变硬，既不利于酶解作用，又使腐乳粗硬，咸苦不鲜。

6. 腐乳产气

腐乳后发酵产气是一个必然的过程，添加防腐剂和不同的包装材料对腐乳产气现象的影响不太明显，高浓度的食盐有使后发酵产气滞后的效果，入坛发酵后再包装的腐乳，产气现象明显减少。

二、酱类与酱油酿造

富含氨基酸-肽并赋予肉样风味的中国酱油、酱类调味品，以及包括日本在内的其他东方国家酱油和酱类食品，是传统发酵食品。酱与酱油的酿造在中国迄今已有3000多年的悠久历史。酱与酱油的酿造是通过微生物的作用对植物性基质发酵的结果，该类产品不仅有丰富的营养价值，还由于酶解作用呈味物质，第一次使从植物性蛋白质和脂肪中产生肉样风味成为可能，这种酱油的酿造在食品科学领域是一个伟大发明。

(一)酱与酱油酿造原料

1. 蛋白质原料

酱油的蛋白质原料，传统生产中以大豆为主，随着科学技术的发展，为了合理利用粮油资源，目前我国大部分酿造厂已普遍采用提油后的饼粕作为主要的蛋白质原料，包括豆饼、豆粕、花生饼、菜籽饼、葵花籽饼、棉籽饼、芝麻饼、椰子饼及糖糟等，也有使用蚕豆、豌豆、绿豆的。

2. 淀粉类原料

淀粉类原料主要有麸皮、小麦、碎米、米糠、甘薯等，传统生产中以面粉为主。

3. 食盐

食盐也是酱油及酱酿造的重要原料之一，它使酱油具有咸味，与氨基酸共同赋予酱油鲜味，在发酵过程及产品中有良好的防腐作用。

4. 水

酱油酿造中用水量很大，但对水的质量要求不如酿酒那么严格。通常自来水、井水等可作为饮用的水都可以应用。

(二)酱油酿造工艺及生产操作要点

1. 酱油酿造工艺流程

原料的预处理→蒸煮→种曲制备→制曲→发酵→浸提→调配→灭菌→存储→灌装

2. 酱油生产操作要点

1)原料的预处理　饼粕加水及润水，加水量以蒸熟后曲料水分达到47%～50%为标准。饼粕润水后，与轧碎小麦及麸皮充分混合均匀。

2)蒸煮　用旋转式蒸锅加压(0.2 MPa)蒸料，使蛋白质适度变性，淀粉蒸熟糊化，并杀灭附着在原料上的微生物。

3)种曲制备　种曲是用米曲霉(沪酿3.042)接种在合适培养基上(按麸皮80 g、面粉20 g、水80 mL混合，常压焖30 min，培养基厚度1 cm)于28～30℃培养18 h，待曲料发白结块，第一次摇瓶，目的是使基质松散，30℃、4 h又发白结块，第二次摇瓶。继续培养两天，倒置培养一天，待全部长满黄绿色孢子，即可使用。

4)制曲　原料经蒸熟后快速冷却至45℃，按制曲原料量0.3%～0.4%的比例接入米曲霉经纯粹扩大培养后的种曲，充分拌匀。

接种后的曲料送入曲室曲池内。先间歇通风，后连续通风。制曲温度在孢子发芽阶段控制在30～32℃，菌丝生长阶段控制在最高不超过35℃。这期间要进行翻曲及铲曲。孢子着生初期，产酶最为旺盛，品温以控制在30～32℃为宜。

制曲的目的是使米曲霉在曲料上充分生长发育，并大量产生和积蓄所需要的酶，如蛋白酶、肽酶、淀粉酶、谷氨酰胺酶、果胶酶、纤维素酶、半纤维素酶等。发酵过程中味的形成依靠这些酶的作用，如蛋白酶及肽酶将蛋白质水解为氨基酸，产生鲜味；谷氨酰胺酶把无味的谷氨酰胺变成具有鲜味的谷氨酸；淀粉酶将淀粉水解成糖，产生甜味；果胶酶、纤维素酶和半纤维素酶等能将细胞壁完全破裂，使蛋白酶和淀粉酶水解更彻底。

5)发酵　发酵分为酱醪发酵和酱醅发酵，前者是指成曲拌入大量盐水，使其呈浓稠的半流动状态的混合物；后者是成曲拌入少量盐水，使其呈不流动的状态。成曲加12～13°Bé热盐水拌和入发酵池，品温42～45℃维持20天左右，酱醅基本成熟。

在制曲及发酵过程中，从空气中落入的酵母和细菌也进行繁殖并分泌多种酶；也可人工添加纯粹培养的乳酸菌和酵母菌。由乳酸菌产生适量乳酸，由酵母菌发酵生产乙醇，以及由原料成分、曲霉的代谢产物等所生产的醇、酸、醛、酯、酚、缩醛和呋喃酮等多种成分，虽多属微量，但却能构成酱油复杂的香气。此外，由原料蛋白质中的酪氨酸经氧化生成黑色素、淀粉经淀粉酶水解为葡萄糖与氨基酸反应生成类黑素，使酱油产生鲜艳有光泽的红褐色。发酵期间的一系列极其复杂的生物化学变化所产生的鲜味、甜味、酸味、酒香、酯香与盐水的咸味相混合，最后形成色香味和风味独特的酱油。

6)浸出淋油　酱醅成熟后，利用浸出法将其可溶物质溶出，首先将前次生产留下的三油加热至85℃，再送入成熟的酱醅内浸泡，使酱油成分溶于其中，然后从发酵池假底下部把生酱油(头油)徐徐放出，通过食盐层补足浓度及盐分。通过淋油把酱油与酱渣分离出来。一般采用多次浸泡，分别依序淋出头油、二油及三油，循环套用才能把酱油成分基本上全部提取出来。

7)后处理　酱油加热至80～85℃消毒灭菌，再配制(勾兑)、澄清及质量检验，得到符合质量标准的成品。

(三)酱油分类

1. 按生产工艺划分

酱油按照生产工艺划分可分为酿造酱油和配制酱油。

(1)酿造酱油。酿造酱油是用大豆和(或)脱脂大豆，或用小麦和(或)麸皮为原料，采用微生物发酵酿制而成的酱油。

(2)配制酱油。配制酱油是以酿造酱油为主体，与酸水解植物蛋白调味液、食品添加剂等配制而成的液体调味品。只要在生产中使用了酸水解植物蛋白调味液，即是配制酱油。

中国标准GB/T 18186—2000《酿造酱油》将在商品标签上注明是“酿造酱油”或“配制酱油”列为强制执行内容。

2. 按用途划分

酱油按用途划分还可以分为生抽和老抽。从国家标准上来讲，在用途上没有严格的区分标准。但是，在我们的日常烹饪当中，要起到上色的效果，一般会用“老抽”；要起到提鲜的效果，一般会用“生抽”。其实，“老抽”和“生抽”本来是广东地区对酱油的一种区分，后来慢慢被全国的消费者所认知并普及。

(1)生抽。生抽酱油是以大豆、面粉为主要原料，人工接入种曲，经天然露晒、发酵而成。其产品色泽红润，滋味鲜美协调，豉味浓郁，体态清澈透明，风味独特。因生抽颜色较淡、味道较咸，故一般用来调味，炒菜或者拌凉菜的时候用得多。

(2)老抽。老抽酱油是在生抽酱油的基础上，把榨制的酱油再晒制2～3个月，经沉淀过滤即为老抽酱油。其产品质量比生抽酱油更加浓郁。老抽加入了焦糖色，颜色较深，呈棕褐色且有光泽，味道鲜美微甜，一般用于食品着色。

3. 按使用方法划分

按照使用方法，酱油又可分为佐餐酱油和烹调酱油。佐餐酱油可以直接放入凉拌菜或者蘸着食用，烹调酱油必须通过烹调加热才可以食用。

(四)制酱工艺流程及生产操作要点

酱类包括大豆酱、蚕豆酱、面酱、豆瓣辣酱等，它们都是以一些粮食和油料作物为主要原料，利用以米曲霉为主的微生物经发酵而酿制的。制品不但营养丰富，而且易于消化吸收，是一种深受欢迎的大众化调味品。

1. 黄豆酱生产工艺流程

黄豆→浸泡→蒸煮→接种→制曲→洗霉→第一次发酵→沉淀→灭菌→过滤→检验→成品

2. 黄豆酱生产操作要点

1) 大豆浸泡　将洗净的大豆放在容器内加冷水浸泡，直至豆粒表面无皱纹、豆内无白心并能于指间容易压成两瓣为适度。

2) 蒸煮　浸泡适度的大豆在常压下蒸煮或加压蒸煮。若常压蒸豆，一般蒸 2 h 左右，再焖 2 h 出锅；若加压蒸豆，待蒸汽由大豆面冒出后，加盖使蒸汽压力达到 0.05 MPa，再放出冷空气，继续通入蒸汽至压力达到 0.1～0.15 MPa，维持 30～60 min。

3) 制曲　制曲时可采用大豆 100 kg、标准粉 40～60 kg 的配比，参照酱油生产厚层通风制曲的方法。将蒸熟的大豆送入曲池，并加入面粉，通风冷却至 40℃，接种量为 0.1%纯种(A.S.3.042 米曲霉)曲精或 0.3%～0.4%种曲。由于豆粒较大，水分不易散发，制曲时间需适当延长。

4) 食盐水的配制　配制相对密度为 1.1106(14.5°Bé)和 1.1983(24°Bé)两种浓度的食盐水，过滤后使用。

5) 制醅　把成曲倒入发酵容器，表面整平，稍压实，自然升温至 40℃左右。把 60～65℃、相对密度为 1.1106 的食盐水加至曲料面层，使食盐水逐渐全部渗入曲料中。食盐水用量为每 100 kg 曲料加 90 kg 食盐。

大豆曲入发酵容器后，压实有两个目的：一是使盐水逐渐缓慢渗透，曲与盐水的接触时间延长；二是避免底部盐水积得过多，同时面层曲也充分吸足盐水。

6) 发酵　在制好的酱醅表面撒一层细盐，再盖上盖，控制醅温在 45℃左右保温发酵 10 天，使酱醅成熟。在成熟的酱醅中补加相对密度为 1.1983 的食盐水和细盐，食盐水用量为每 100 kg 曲料加 40 kg，细盐用量与封面盐用量之和为每 100 kg 曲料 10 kg 细盐。用压缩空气或翻酱机充分搅拌，使酱醅与盐充分混匀并使细盐全部溶化。

7) 成品　在室温下，后发酵 4～5 天，即得成品大酱。最后在成品酱中加 0.1%苯甲酸钠作为防腐剂。

三、豆　豉

豆豉，古代称为“幽菽”，也叫“嗜”，部分地区读作 dòu sī，是中国汉族特色发酵豆制品调味料。明朝杨慎《丹铅杂录·解字之妙》中记载“盖豉本豆也，以盐配之，幽闭於瓮盎中所成，故曰幽菽”。

豆豉以黑豆或黄豆为主要原料，利用毛霉、曲霉或者细菌蛋白酶的作用，分解大豆蛋白质，达到一定程度时，通过加盐、加酒、干燥等方法，抑制酶的活力，延缓发酵过程而制成。豆豉的种类较多，按加工原料分为黑豆豉和黄豆豉，按口味可分为咸豆豉和淡豆豉。重庆市永川区的“永川豆豉酿制技艺”和四川省绵阳市三台县的“潼川豆豉酿制技艺”作为豆豉酿制技艺的代表，于 2008 年 6 月 7 日被国务院公布为国家级非物质文化遗产(传统技艺类)。

豆豉富含蛋白质、各种氨基酸、乳酸、磷、镁、钙及多种维生素，色香味美，具有一定的保健作用，我国南、北部都有加工食用。但若不注意加工工艺，会致使品质下降，甚至霉变，造成经济损失。

(一)豆豉加工工艺流程及操作要点

1. 豆豉加工工艺流程

黑豆→筛选→洗涤→浸泡→沥干→蒸煮→冷却→接种→制曲→洗豉→浸 $FeSO_4$→拌盐→发酵→晾干→成品(干豆豉)

2. 豆豉加工操作要点

1) 原料处理

(1) 原料筛选。择成熟充分、颗粒饱满均匀、皮薄肉多、无虫蚀、无霉烂变质、有一定新鲜度的黑大豆为宜。

(2) 洗涤。用少量水多次洗去大豆中混有的砂粒杂质等。

(3) 浸泡。浸泡的目的是使黑豆吸收一定水分，以便在蒸料时迅速达到适度变性；使淀粉质易于糊化，溶出霉菌所需要的营养成分；供给霉菌生长所必需的水分。浸泡时间不宜过短。当大豆吸收率<67%时，制曲过程明显延长，且经发酵后制成的豆豉不松软。若浸泡时间延长，吸收率>95%时，大豆吸水过多而胀破失去完整性，制曲时会发生“烧曲”现象，经发酵后制成的豆豉味苦，且易霉烂变质。因此，我们在生产加工中应选择浸泡条件为40℃、150 min，使大豆粒吸收率在82%，此时大豆体积膨胀率为130%。

(4) 蒸煮。蒸煮的目的是破坏大豆内部分子结构，使蛋白质适度变性，易于水解，淀粉达到糊化程度，同时可起到灭菌的作用。确定蒸煮条件为 1 kgf/cm^2，15 min 或常压 150 min。

2) 制曲　制曲的目的是使煮熟的豆粒在霉菌的作用下产生相应的酶系，在酿造过程中产生丰富的代谢产物，使豆豉具有鲜美的滋味和独特风味。

把蒸煮后大豆出锅，冷却至 35℃左右，接种沪酿 3·042 或 TY-Ⅱ，接种量为 0.5%，拌匀入室，保持室温 28℃，16 h 后每隔 6 h 观察。制曲 22 h 左右进行第一次翻曲，翻曲主要是疏松曲料，增加空隙，减少阻力，调节品温，防止温度升高而引起烧曲或杂菌污染。28 h 进行第二次翻曲。翻曲适时能提高制曲质量，翻曲过早会使发芽的孢子受抑，翻曲过迟会因曲料升温引起细菌污染或烧曲。当曲料布满菌丝和黄色孢子时，即可出曲。一般制曲时间为 34 h。

3) 发酵　豆豉的发酵，就是利用制曲过程中产生的蛋白酶分解豆中的蛋白质，形成一定量的氨基酸、糖类等物质，赋予豆豉固有的风味。

(1) 洗豉。豆豉成曲表面附着许多孢子和菌丝，含有丰富的蛋白质和酶类，如果孢子和菌丝不经洗除，继续残留在成曲的表面，经发酵水解后，部分可溶和水解，但很大部分仍以孢子和菌丝的形态附着在豆曲表面，特别是孢子有苦涩味，会给豆豉带来苦涩味，并造成色泽暗淡。

(2) 加青矾，使豆变成黑色，同时增加光亮。

(3) 浸焖。向成曲中加入 18%的食盐、0.02%的青矾和适量水，以刚好齐曲面为宜，浸焖 12 h。

(4) 发酵。将处理好的豆曲装入罐中至八九成满，装时层层压实，置于 28～32℃恒温室中保温发酵。发酵时间控制在 15 天左右。

4) 成品　晾干豆豉发酵完毕，从罐中取出置于一定温度的空中晾干，即为成品。

四、纳　豆

纳豆(natto)是日本的一种传统发酵食品，它是以煮熟的大豆接种纳豆菌(*Bacillus natto*)经短期发酵而成。纳豆类似中国的发酵豆、怪味豆，其作为传统食品在日本已有2000年的历史。古书(《和汉三才图会》)记载有“纳豆自中国秦汉以来开始制作”。纳豆初始于中国的豆豉。据石毛直道著的《食品文化·新鲜市场》介绍，两种纳豆都与中国有缘。特别是咸纳豆，大约在奈良、平安时代由禅僧传入日本。日本也曾称纳豆为“豉”，平城京出土的木简中也有“豉”字，与现代中国人食用的豆豉相同。由于豆豉在僧家寺院的纳所制造后放入瓮或桶中储藏，所以日本人称其为“唐纳豆”或“咸纳豆”，将其作为营养食品和调味品。由于其营养价值高，食用者日益增多。随着食品加工技术的进步，纳豆也被制成许多不同的口味。

(一)纳豆的营养价值

1. 纳豆的成分

纳豆的组成：水分61.8%、粗蛋白19.26%、粗脂肪8.17%、碳水化合物6.09%、粗纤维2.2%、灰分1.86%。

2. 纳豆的营养价值

纳豆系高蛋白滋养食品，纳豆中含有的酵素，食用后可排除体内部分胆固醇、分解体内酸化型脂质，使异常血压恢复正常。近几年来，经日本的医学家、生理学家研究得知，大豆的蛋白质具有不溶解性，而做成纳豆后，变得可溶并产生氨基酸，而且由于纳豆菌及关联细菌会产生原料中不存在的各种酵素，还能帮助肠胃消化吸收。研究表明，纳豆的保健功能主要与其中的纳豆激酶、纳豆异黄酮、皂青素、维生素K_2等多种功能因子有关。纳豆中富含皂青素，能改善便秘、降低血脂、预防大肠癌、降低胆固醇、软化血管、预防高血压和动脉硬化、抑制艾滋病病毒等；纳豆中含有游离的异黄酮类物质及多种对人体有益的酶类，如过氧化物歧化酶、过氧化氢酶、蛋白酶、淀粉酶、脂酶等，它们对于清除体内致癌物质、提高记忆力、护肝美容、延缓衰老等有明显效果，并可提高食物的消化率；摄入活纳豆菌可以调节肠道菌群平衡，预防痢疾、肠炎和便秘，其效果在某些方面优于现在常用的乳酸菌微生态制剂；纳豆发酵产生的黏性物质，被覆胃肠道黏膜表面上，因而可保护胃肠，饮酒时可缓解酒醉的作用。最新的研究还表明，纳豆对引起大规模食物中毒的“罪魁祸首”——病原性大肠杆菌O157的发育具有很强的抑制作用。这一新学说是由被誉为“纳豆博士”的日本宫崎医科大学须见洋行教授发表的。在“仅限于研究室的实验结果，但尚未搞清纳豆能抑制O157大肠杆菌发育的原理”的前提下，须见洋行教授指出，纳豆所含有的食用菌对许多菌种都有阻碍生育繁殖的作用，因此应当对O157大肠菌也有抑制作用。

(二)纳豆加工工艺流程

纳豆加工工艺如下：

```
                                            菌种
                                             ↓
精选大豆→浸泡→沥干→蒸煮→冷却→接种→发酵→纳豆
```

(三)纳豆制作操作要点

1. 菌种

纳豆菌是无人体寄生性的高度安全性细菌，其形态、培养和生物学特点与枯草芽孢杆菌一致。菌种以肉汤培养 18～24 h 幼龄培养物，按 2%量接种煮熟大豆，进行固态堆积发酵。

2. 发酵

发酵有固态发酵和液体深层发酵。固态发酵是传统的发酵方法，基质接种菌种后，30～37℃发酵 24 h，发酵好的纳豆表面覆盖一层白色菌膜，菌膜有皱褶，成熟后(4℃冰箱过夜)，纳豆色泽光亮湿润，呈浅黄色，玻璃棒挑起时，见有丰富的拉丝黏液。纳豆发酵过程中，纳豆菌分泌纳豆激酶(溶血栓酶)效价达 1000 IU/g 湿纳豆以上。液体深层发酵，只要控制得当，纳豆激酶可达 1000～5000 IU/g 发酵液。

3. 纳豆激酶

纳豆激酶是发酵纳豆过程中纳豆菌产生的胞外酶。纳豆激酶不与血浆酶反应，但具有很强的溶解纤维蛋白和血浆酶底物活性。纳豆激酶具有显著的直接溶解血栓的能力，其溶解血凝块的能力是血纤溶酶的 4 倍，纳豆激酶无论在体外，还是实验动物体(小鼠、狗)内及人体自愿受试者内均具有良好的溶栓作用，且无任何副作用。纳豆激酶还可以诱导肝脏或血管内皮产生 TPA(组织型纤溶酶原激活酶)，它选择性地作用于血栓部位纤维蛋白，临床上很少有出血现象，而且体内溶栓效果较尿激酶(UK)、链激酶(SK)、蚓激酶(EPA)好。

五、丹　　贝

丹贝(tempeh)是一种发源于印度尼西亚的发酵食品，又名天培、天贝等。传统丹贝是接种根霉属真菌至煮过的脱皮大豆，再以香蕉叶包覆接种过的大豆，经过 1～2 天发酵，所得到的白色饼状食品。根霉属真菌中的寡孢根霉菌(*Rhizopus oligosporus*)为制作丹贝的主要菌种之一。目前，已经有其他五谷杂粮被用为原料来制作丹贝。在卫生的考量下，发酵用的容器多改用塑胶材质或不锈钢制品。成品也以冷藏或冷冻方式运送及保存。

(一)丹贝制造工艺流程

丹贝制造工艺流程如下：

清洁的整粒大豆→脱皮→浸泡(细菌酸发酵)[乳酸菌]→煮豆瓣→沥干→冷却→接种[发酵剂]→发酵→丹贝

(二)丹贝制作操作要点

1. 精选和清洁大豆

选用颗粒饱满的大豆，去除原料中的杂质、虫蚀粒及发霉变质的大豆。用自来水洗净泥沙和其他杂质。

2. 脱皮

以干法脱皮或湿法脱皮大豆是必需的过程，真菌菌丝不能穿透豆壳，因此不能在整粒大豆上生长，但真菌丝可侵入到豆瓣(子叶)内。

3. 浸泡和酸发酵

酸发酵使 pH 下降至 4.5～5.3，这样的酸既不影响其后真菌的生长，又可预防腐败菌发育。

4. 煮豆

大豆中含热稳定性水溶性物质，它抑制真菌生长，也抑制真菌蛋白酶活性，去除煮豆水，以便真菌发酵大豆。

5. 接种和发酵

菌种要求活力好、孢子发芽率高、生长快，这样可在短期内形成菌群优势，达到发酵食品的自身防御。

6. 收获

当所有豆子被白色的霉菌包围，整个豆饼变得轻盈，可以整块脱离包装时，丹贝就制备完成。发酵不宜过头，如果过头或供氧过多，丹贝表面会出现灰黑点(灰黑色是形成孢子的缘故)，产品有苦味。

第三节　新兴豆制品的加工

新兴大豆制品包括油脂类制品、蛋白类制品及全豆类制品。这些产品基本上都是 20 世纪 50 年代兴起的，其生产过程大多采用较为先进的生产技术，生产工艺合理，机械化、自动化程度高。

一、豆乳生产

豆乳制品是 20 世纪 70 年代以来迅速发展起来的一类蛋白质饮料，主要包括豆乳、豆炼乳、酸豆乳、豆乳晶等。该类产品采用现代技术与设备，已实现了规模化工业生产。豆乳制品具有特殊的色、香、味，营养也非常丰富，可与牛奶相媲美。

(一)豆乳生产的基本原理

豆乳生产利用的是大豆蛋白质的功能特性和磷脂的强乳化特性。磷脂是具有极性基团和非极性基团的两性物质。中性油脂是非极性的疏水性物质，经过变性后的大豆蛋白质分子疏水性基团大量暴露于分子表面，分子表面的亲水性基团相对减少，水溶性降低。这种变性的大豆蛋白质、磷脂及油脂的混合体系，经过均质或超声波处理，互相之间发生作用，形成二元及三元缔合体，这种缔合体具有极高的稳定性，在水中形成均匀的乳状分散体系，即豆乳。

(二)豆乳生产工艺和操作要点

1. 豆乳的生产工艺流程

大豆→清理→脱皮→浸泡→磨浆→浆渣分离→真空脱臭→调制→均质→杀菌→罐装

2. 豆乳生产操作要点

1)清理与脱皮　大豆经过清理除去所含杂质，得到纯净的大豆。脱皮可以减少细菌，改善豆乳风味，限制起泡性，同时还可以缩短脂肪氧化酶钝化所需要的加热时间，极大地降低储存蛋白质的变性，防止非酶褐变，赋予豆乳良好的色泽。脱皮方法与油脂生产一致，要求脱皮率大于 95%。脱皮后的大豆迅速进行灭酶。这是因为大豆中致腥的脂肪氧化酶存在于靠近大豆表皮的子叶处，豆皮一旦破碎，油脂即可在脂肪氧化酶的作用下发生氧化，产生豆腥味成分。

2) 制浆与酶的钝化　豆乳生产的制浆工序与传统豆制品生产中制浆工序基本一致，首先将大豆磨碎，最大限度地提取大豆中的有效成分，除去不溶性的多糖和纤维素。磨浆和分离设备通用，但是豆乳生产中制浆必须与灭酶工序结合起来。制浆中抑制浆体中异味物质的产生，因此可以采用磨浆前浸泡大豆工艺，也可以采用热烫或蒸汽处理后不经过浸泡直接磨浆，并要求豆浆磨得要细。豆糊细度要求达到 120 目以上，豆渣含水量在 85%以下，豆浆含量一般为 8%～10%。

3) 真空脱臭　真空脱臭的目的是要尽可能地除去豆浆中的异味物质。真空脱臭首先利用高压蒸汽(600 kPa)将豆浆迅速加热到 140～150℃，然后将热的豆浆导入真空冷凝室，对过热的豆浆突然抽真空，豆浆温度骤降，体积膨胀，部分水分急剧蒸发，豆浆中的异味物质随着水蒸气迅速排出。从脱臭系统中出来的豆浆温度一般可以降至 75～80℃。

4) 调制　豆乳的调制是在调制缸中将豆浆、营养强化剂、赋香剂和稳定剂等混合在一起，充分搅拌均匀，并用水将豆浆调整到规定浓度的过程。豆浆经过调制可以生产出不同风味的豆乳。

(1) 豆乳的营养强化。根据大豆蛋白乳的特点，需进行以下三个方面的营养强化。①添加含硫氨基酸(如甲硫氨酸)。②强化维生素，维生素的添加量以每 100 g 豆乳为标准需要补充：维生素 A 880 μg，维生素 B_1 0.26 mg，维生素 B_2 0.31 mg，维生素 B_6 0.26 mg，维生素 B_{12} 115 μg，维生素 C 7 mg，维生素 D 176 μg，维生素 E 10 μg。③添加碳酸钙等钙盐，每升豆浆添加 1.2 g 碳酸钙，则含钙量与牛奶接近。

(2) 赋香剂。添加甜味剂，可直接采用双糖，因为添加单糖杀菌时容易发生非酶褐变，使豆乳色泽加深。甜味剂添加量控制在 6%左右。若生产奶味豆乳，可采用香兰素调香，也可以用奶粉或鲜奶。奶粉添加量为 5%(占总固形物)左右，鲜奶为 30%(占成品)。生产果味豆乳，采用果汁、果味香精、有机酸等调制。果汁(原汁)添加量为 15%～20%。添加前首先稀释，最好在所有配料都加入后再添加。

(3) 豆腥味掩盖剂。尽管生产中采用各种方法脱腥，但总会有些残留，因此添加掩盖剂很有必要。据资料介绍，在豆乳中加入热凝固的卵蛋白可以起到掩盖豆腥味的作用，其添加量为 15%～25%。添加量过低效果不明显，高于 35%则制品中会有很强的卵蛋白味(硫化氢味)。另外，棕榈油、环状糊精、荞麦粉(加入量为大豆的 30%～40%)、核桃仁、紫苏、胡椒等也具有掩盖豆腥味的作用。

(4) 油脂。豆乳中加入油脂可以提高口感和改善色泽，其添加量为 1.5%左右(使豆乳中脂肪含量控制在 3%)。添加的油脂应选用亚油酸含量较高的植物油，如豆油、花生油、菜籽油、玉米油等，以优质玉米油为最佳。

(5) 稳定剂。豆乳中含有油脂，需要添加乳化剂提高其稳定性。常用的乳化剂以蔗糖酯和卵磷脂为主，此外还可以使用山梨醇酯、聚乙二醇山梨醇酯。两种乳化剂配合使用效果更好；卵磷脂添加量为大豆质量的 0.3%～2.4%。蔗糖酯除具有提高豆乳乳化稳定性的作用外，还可以防止酸性豆乳中蛋白质的分层沉淀。另外，要根据不同特色的豆乳，对乳化剂的种类和数量进行调整。

5) 均质　均质处理是提高豆乳口感和稳定性的关键工序。均质效果的好坏主要受均质温度、均质压力和均质次数的影响。一般豆乳生产中采用13～23 MPa的压力，压力越高效果越好，但是压力大小受设备性能及经济效益的影响。均质温度是指豆乳进入均质机的温度，温度越高，均质效果越好，温度应控制在70～80℃较适宜。均质次数应根据均质机的性能来确定，最多采用两次。

均质处理可以放在杀菌之前，也可以放在杀菌之后，各有利弊。杀菌前均质处理，杀菌能在一定程度上破坏均质效果，容易出现“油线”，但污染机会减少，储存安全性提高，而且经过均质的豆乳再进入杀菌机不容易结垢。如果将均质处理放在杀菌之后，则情况正好相反。

6）杀菌　豆乳是细菌的良好培养基，经过调制的豆乳应尽快杀菌。在豆乳生产中经常使用三种杀菌方法。

（1）常压杀菌。这种方法只能杀灭致病菌和腐败菌的营养体，若将常压杀菌的豆乳在常温下存放，由于残存耐热菌的芽孢容易发芽成营养体，并不断繁殖，成品一般不超过24 h即可败坏。若经过常压杀菌的豆乳（带包装）迅速冷却，并储存于2～4℃的环境下，可以存放1～3周。

（2）加压杀菌。这种方法是将豆乳罐装于玻璃瓶或复合蒸煮袋中，装入杀菌釜内分批杀菌。加压杀菌通常采用121℃、15～20 min的杀菌条件，这样即可杀死全部耐热型芽孢，杀菌后的成品可以在常温下存放6个月以上。

（3）超高温短时间连续杀菌（UHT）。这是近年来豆乳生产中普遍采用的杀菌方法，它是将未包装的豆乳在130℃以上的高温下，经过数十秒的瞬间杀菌，然后迅速冷却、罐装。

超高温杀菌分为蒸汽直接加热法和间接加热法。目前我国普遍使用的超高温杀菌设备均为板式热交换器间接加热法。其杀菌过程大致可分为三个阶段，即预热阶段、超高温杀菌阶段和冷却阶段，整个过程均在板式热交换器中完成。

7）包装　根据包装进入市场的形式分为玻璃瓶包装、复合袋包装等。采用哪种包装方式，是豆乳从生产到流通环节上的一个重大问题，它决定成品的保藏期，也影响质量和成本。因此，要根据产品档次、生产工艺方法及成品保藏期等因素做出决策。一般采用常压或加压杀菌，只能采用玻璃瓶或复合蒸煮袋包装。无菌包装是伴随着超高温杀菌技术而发展起来的一种新技术，大中型豆乳生产企业可以采用这种包装方法。

（三）豆乳脱腥及品质的改进

豆乳制品中异味物质有的是原料自身带来的，有的是在加工过程中形成的。大豆加工过程形成的异味物质主要是大豆中不饱和脂肪酸的氧化，而脂肪氧化酶是促使不饱和脂肪酸氧化的主要因素。不饱和脂肪酸氧化后形成氢过氧化物，它们极不稳定，很容易发生分解，分解后形成异味化合物。化合物的种类包括前面提及的六大类异味成分。要改善豆乳的口味，从原理出发可以归纳为如下几种。

1. 热处理法

热处理法是使蛋白质发生适度的热变性，以使脂肪氧化酶失活，进而抑制加工过程中异味物质的产生。具体方法有：干热处理法、汽蒸法、热水浸泡法、热烫法和热磨法。其中，热水浸泡法和热磨法适合于不脱皮的生产工艺。热水浸泡法是把清洗过的大豆用高于80℃的热水浸泡30～60 min，然后磨碎制浆；热磨法是将浸泡好的大豆沥净浸泡水，另加沸水磨浆，并在高于80℃条件下保温10～15 min，然后过滤制浆；热烫法适合于脱皮大豆，它是将大豆迅速放入 80℃以上的热水中，并保持 10～30 min，然后磨碎制浆，温度越高，时间越短。

2. 酸碱处理法

酸碱处理法是依据 pH 对脂肪氧化酶活性的影响，通过酸或碱的加入，调整溶液的 pH，使其偏离脂肪氧化酶的最适 pH，从而达到抑制脂肪氧化酶活性、减少异味物质的目的。常用的酸主要是柠檬酸，调节 pH 至 3.0～4.5，此法在热浸泡中使用。常用的碱有碳酸钠、碳酸氢钠、氢氧化钠、氢氧化钾等，调节 pH 至 7.0～9.0，碱可以在浸泡时、热磨时或热烫时加入。单独使用酸碱处理效果不够理想，常配合热处理一起使用。加碱对消除苦涩味有明显的效果，而且可以提高蛋白质的溶出率。

3. 添加还原剂和铁离子络合剂的方法

添加还原剂和铁离子络合剂的方法是利用氧化还原反应或络合反应来抑制脂肪氧化酶的活性。

4. 生物工程法

生物工程法是利用微生物及酶的作用，通过一系列复杂的生化反应来达到脱腥、脱涩的目的。例如，在大豆中加入 1%～2%米曲，加水保持 pH 在 4～7，待其浸泡后磨浆，即可制得脱腥、脱涩的豆乳。

5. 添加风味剂掩盖法

添加风味剂的掩盖法，就是豆乳风味调制工序采用的添加各种风味调节剂调节。

二、豆乳粉及豆浆晶的生产

豆乳是一种老少皆宜的功能性营养饮料，但是含水量高，不耐储存，运输销售不便。豆乳粉和豆浆晶的生产不同程度地解决了上述问题，并保留了豆乳的全部营养成分。

(一)基料制备

豆乳粉和豆浆晶的基料制备过程，就是豆乳生产去掉杀菌、包装工序的全过程。只是根据产品不同，调配工序的操作及配料略有差别。

豆乳粉、豆浆晶的生产，一方面要注意改善产品风味和营养平衡，另一方面还要提高其溶解性。它们的溶解性除与后续的浓缩、干燥工序有关外，还与基料的调制关系密切。

在两者的生产中，对溶解性能影响较大的是糖、酪蛋白和碱性物质。一方面，糖的加入对其溶解性影响很大，糖可以在浓缩前加入，也可以在浓缩后加入；另一方面，在浓缩前向豆乳粉的基料中加入一定量的酪蛋白，可以大大改善豆乳粉的溶解性。通过试验发现随着酪蛋白添加量的增加，豆乳粉的溶解度随之增大，但是增加到一定量时，其溶解度增加不明显，而且会影响豆乳的风味。一般酪蛋白的添加量占豆乳固形物含量的 20%为最佳。再如，用碱性物质乙酸钠、碳酸钠、磷酸铵、磷酸氢铵、磷酸三钠、磷酸三钾、氢氧化钠等调节 pH 接近 7.5 时，豆乳的溶解性可以明显提高。

提高豆浆晶和豆乳粉的溶解性，也可以在喷雾干燥前添加高亲水亲油平衡值(HLB 值)的蔗糖脂肪酸酯，它将与酪蛋白一起提高豆乳的溶解性。添加量为固形物的 10%以内。在豆乳粉中混入一些蔗糖、乳糖、葡萄糖等可以提高豆乳的溶解性，其中以乳糖为最好，添加量为 5%～15%。用蛋白酶对蛋白质进行适当水解，可以明显提高耐热性和耐储存性。

豆乳粉、豆浆晶在基料调制完毕后，要进行均质和杀菌，然后再进行浓缩。

浓缩是降低豆乳粉、豆浆晶生产中能耗的关键工序。实际生产中浓缩工序的工艺参数如下。

1. 基料浓度

豆乳粉生产中浓缩后的固形物含量为14%～16%。浓度过高，基料容易形成膏状，失去流动性，无法输送和雾化。对于豆浆晶，基料浓缩后固形物含量控制在25%～30%，加入糖粉后，固形物含量可达50%～60%。

2. 浓缩时的加热温度、时间

大豆乳在浓缩时发生热变性，加热温度越高，受热时间越长，蛋白质变性程度越高，表现为豆浆黏度增大，甚至胶凝。为了得到高浓度、低黏度的浓缩物，生产中一般采用减压浓缩的方法，即采用50～55℃、80～93 kPa的真空度进行浓缩，这样可以尽量避免长时间受热。浓缩常采用单效盘管式真空浓缩罐进行，每锅浆料浓缩时间控制在25～30 min。

3. 豆浆制取的方法

豆浆制取的方法对黏度有影响，在制取豆浆时为了提高蛋白质的利用率，有时采取先加热豆糊后除渣的方法，这样固然可以充分利用蛋白质，但是却会导致豆浆黏度的升高。在生产豆粉时，这种方法不可取，它不但会给浓缩操作带来困难，而且豆乳粉的色泽及溶解性均会受到影响。

4. 豆乳基料黏度的控制

试验表明，在豆浆中加糖不但可以降低黏度，而且可以大大限制黏度的增长速度。基料的pH对浓缩物的黏度影响较大。pH为4.5左右时，浓缩物的黏度最大，提高浆料的pH，可以降低黏度，但pH偏碱性时，会使产品的色泽变得灰暗，口味也差。一般生产中调节pH在6.5～7.0比较合适。巯基乙醇、尿素、半胱氨酸、亚硫酸钠、维生素C、盐酸胍及蛋白酶的存在，可以破坏大豆蛋白质的双硫键、巯基，因此可以降低蛋白质浓缩物的黏度。亚硫酸钠还原性强，价格低廉，无毒无害，生产适用性强，加入后不仅可以降低基料的黏度，而且可以防止蛋白质的褐变，其添加量为0.6 g/kg豆乳粉。

（二）豆浆晶的生产

浓缩后的基料，经过真空干燥进行脱水。这个工序是豆浆晶生产的关键工序，真空干燥是在真空干燥箱内完成的。操作时首先将浓缩好的浆料装入烘盘内，每盘浆料量要相等，缓慢放入真空干燥箱内，然后关闭干燥箱，立即抽真空，接着打开蒸汽阀门通入蒸汽。

干燥过程大致分为三个阶段。

第一阶段为沸腾阶段。此阶段为了使浆料迅速升温，蒸汽压力一般控制在200～250 kPa，但是为了防止溢锅，真空度不宜过大，应控制在83～87 kPa。从蒸汽到浆料沸腾结束，约需30 min，料温可以从室温升至70℃左右。

第二阶段为发胀阶段。从浆料开始起泡到定型，大约需要1.5 h。随着干燥的进行，干燥箱内浆料沸腾程度越来越慢，浆料浓度越来越高，黏度增大。泡膜坚厚，表面张力也大，如果此时真空度不大，温度高，浆料内部水分蒸发困难，造成干燥速度慢，产生焖浆现象，造成蛋白质变性，成品溶解性差，色泽深。因此，当浆料沸腾趋于结束时，应逐渐减少蒸汽进量、提高真空度。此阶段的蒸汽压力维持在100～150 kPa，温度45～50℃，真空度96～99 kPa。

第三阶段为烘干阶段。此阶段是为了进一步蒸发出豆浆晶中的水分，不需要供给过多的热量，蒸汽压应维持在 50 kPa 以下，温度保持在 45～50℃，为了干燥迅速，真空度应保持高水平 96 kPa 以上。

整个干燥过程完成以后，通入自来水冷却，消除真空，出炉、粉碎。

真空干燥后的豆浆晶为疏松多孔的蜂窝状固体，极易吸湿受潮，干燥后应马上破碎。破碎时先剔除不干或焦煳部分，然后投入破碎机破碎。粉碎后的豆浆晶呈细小晶体，分袋包装即为成品。粉碎包装车间应安装有空调机、吸湿机，空气相对湿度控制在 65%以下，温度为 25℃左右。

（三）豆乳粉的生产

喷雾干燥是目前将液体豆乳制成固体豆乳粉的唯一方法。制取的固态豆乳粉销售、储存、运输方便。但是食用时须将固态豆乳粉与水混合制成浆体，故豆乳粉的溶解性成为必须考虑的因素。

影响豆乳粉溶解性的因素包括以下 5 个方面。

（1）豆乳粉的物质组成及存在状态。

（2）粉体的颗粒大小。溶解过程是在固-液界面上进行的，粉的颗粒越小，总表面积越大，溶解速度也就越快，但是小颗粒影响粉的流散性。

（3）粉体的容重。较大的容重有利于水面上的粉体向水下运动，容重小的粉体容易漂浮形成表面湿润、内部干燥的粉团，俗称“起疙瘩”。

（4）颗粒的相对密度。颗粒密度接近水的相对密度，颗粒能在水中悬浮，保持与水的充分接触顺利溶解；相对密度大于水的颗粒迅速下沉，颗粒与水的接触面减少，并停止与水的相对运动，溶解速度减慢；颗粒相对密度小于水时，颗粒上浮，产生同样效果。

（5）粉体的流散性。粉体自然堆积时，静止较小的则表明粉的流散性好，这样的粉容易分散，不结团。颗粒之间的摩擦力是决定粉体流散性的主要因素。为减少摩擦力，应保证粒度均匀，颗粒大且外形为球形或接近球形，表面干燥。

以上 5 个因素，第一个因素是基本的，它决定溶解的最终效果，其余 4 项影响豆乳粉的溶解速度。

与上述因素相关的喷雾干燥工艺参数主要有以下几项。

（1）喷盘的转速与喷孔的直径。它们由设备决定，对粉体的容重及流散性影响较大。喷盘的转速过高，喷孔小，喷头出来的液滴小，粉体团粒容易包埋气体，粉体容重小；喷盘转速过低，喷孔大，喷头出来的液滴大，粉体团粒包埋气体少，粉体容重大；但液滴过大，轻者不容易干燥，有湿心，重者挂壁流浆。另外，在转速与喷孔直径一定的情况下，浆料浓度越高，黏度越大，喷头出来的液滴越大，粉体团粒也大，粉体的容重及流散性好。

（2）进排风温度。进风温度越高，豆粉的含水量越低，溶解性越差而且色泽深，一般进风温度控制在 150～160℃，排风温度控制在 80～90℃为宜。

由喷雾干燥塔出来的豆乳粉，经过降温、过筛、包装即为成品。

三、大豆低聚糖的制取

大豆低聚糖是大豆中所含的可溶性糖类，主要成分是水苏糖、棉子糖和蔗糖，它们在成熟大豆中占干基含量分别为 3.7%、1.7%和 5%。大豆低聚糖的制备工艺主要有浸提和纯化两大步骤。

1. 浸提流程

脱脂豆粕→水浸提→过滤→加酸沉淀蛋白→离心分离→抽提液

首先将脱脂豆粕粉碎通过 40 目的筛，以固液比 1∶15 的比例用水浸提，过滤除去豆渣得滤液。将滤液用酸调节 pH 为 4.3～4.5，使蛋白质沉淀，采用离心机分离出大豆蛋白和抽提液，对抽提液进行纯化。

2. 纯化过程

抽提液→超滤→活性炭脱色→过滤→离子交换脱盐脱色→真空浓缩→喷雾干燥→成品

将抽提液用 XHP03 的膜在压力为 0.18 MPa、温度为 45℃的条件下进行超滤，除去残存的少量蛋白质，得滤液。滤液用活性炭脱色。脱色条件为：温度 40℃，pH 3.0～4.0，活性炭用量为糖液干物质的 10%，脱色时间为 40 min。然后过滤，再用离子交换树脂精制，真空浓缩成大豆低聚糖浆，或者真空浓缩后喷雾干燥呈粉状大豆低聚糖成品。

由于低聚糖含量低，在工业生产上利用酸沉淀工艺生产分离大豆蛋白产生的乳清时，必须利用膜技术提纯，膜分离超滤后大豆低聚糖的含量为 17.9 mg/mL，该项工艺复杂。也可以利用乙醇浸提工艺生产浓缩大豆蛋白产生的乳清，即将脱脂豆粕用乙醇浸提，然后回收乙醇。得到乳清，将乳清稀释，再经过加热处理除去残存的少量大豆蛋白，然后利用膜技术和离子交换树脂进行脱色脱盐，最后经过浓缩即可生产出大豆低聚糖浆。若再进行喷雾干燥，则可制成粉状的大豆低聚糖，将其造粒即可制成颗粒状的产品。

四、大豆中生物活性成分的提取

经过多年的深入研究发现，大豆中富含植物甾醇、肌醇六磷酸、大豆皂苷、胰蛋白酶抑制剂、大豆异黄酮和大豆多肽等多种营养活性成分。不同的活性成分，其提取方法也不相同，例如，大豆多肽采用酶水解法制取；大豆皂苷、大豆异黄酮采用溶剂萃取法。同时，不同的活性成分，具有不同的功能特性。例如，大豆皂苷可以抑制血栓的形成、血清中脂类氧化、过氧化脂质的生成，降低血清中胆固醇的含量，同时大豆皂苷还具有减肥、抗癌和类似人参皂苷抗疲劳的作用。大豆异黄酮及其配糖体具有抗氧化与抗溶血的作用，也有抗胆固醇、抗血脂及抗真菌的作用。同时，科学家还发现染料木黄酮晶体在恶性肿瘤的孕育中可以有效地阻止血管增生，断绝养料来源，从而延缓或阻止肿瘤病变成癌症。

1. 大豆异黄酮的提取

大豆异黄酮的提取可以采用甲醇、乙醇、乙酸乙酯等溶剂进行浸提，不同的溶剂其提取工艺不同，这里仅以乙醇为例介绍大豆异黄酮的提取工艺，其他工艺请参阅有关文献。

1) 原料制备　以脱脂豆粕为原料，首先将其进行粉碎。如果采用大豆为原料，需要先进行脱脂，使豆粕残油率小于 1%，干燥后粉碎备用。

2) 提取　大豆异黄酮的提取采用乙醇为浸提液，在豆粕粉中加入含 0.1～1.0 mol/L 盐酸的 95%乙醇溶液进行回流提取，过滤收集滤液。

3) 回收提取溶剂　将滤液进行减压蒸发，回收乙醇，得到大豆异黄酮的粗水溶液。

4) 纯化　在粗水溶液中加入 0.1 mol/L 的氢氧化钠溶液调 pH 至中性，这时中性溶液中将出现沉淀，然后过滤，得到的沉淀物即为含大豆异黄酮的产物。

5) 精制　将上述产物溶解于饱和的正丁醇溶液中，加于氯化铝吸附柱上进行吸附，然后用饱和的正丁醇溶液淋洗，洗出大豆异黄酮的不同组分。

2. 大豆皂苷的提取

1) *原料处理*　　采用脱脂豆粕为原料，将豆粕粉碎，要求脱脂豆粕的残油率小于 1%。

2) *大豆皂苷的浸提*　　将上述粉碎后的脱脂豆粕采用甲醇或乙醇溶液进行浸提。如果采用甲醇作为浸提液，则浸提条件是：在 60℃条件下，采用质量分数为 90%的甲醇溶液，每次提取的固液比为 1∶16，提取时间为 3 h，加热回流浸提三次，合并浸提液，将浸提液过滤，收集滤液；同时对残油进行回流浸提，对浸提液减压蒸干，回收浸提溶剂，得到粉末。

3) *粗分离*　　由于皂苷不溶于石油醚、苯或乙醚等脂溶性溶剂，而粉末中的油脂、色素则能够溶解于上述溶剂，因此用上述溶剂进行皂苷分离，然后用亲水性强的丁醇(丁醇∶水为 1∶1)作为溶剂提纯，使皂苷转入丁醇，而亲水性强的存留于水中，收集丁醇溶液，减压蒸干，即得粗皂苷。

4) *精制*　　粗皂苷中含有糖类、鞣质、色素、异黄酮及无机盐等杂质，采用层析柱氯化镁吸附法或大孔树脂吸附法进行精制，即可得到精制皂苷。

第四节　大豆加工副产品的综合利用

一、大豆皮渣制取膳食纤维

1. 大豆皮渣制取膳食纤维的工艺流程

豆渣→漂白软化→蛋白酶水解→漂洗→脂肪酶水解→漂洗→过滤脱水→干燥→
磨细→过筛→漂白→漂洗→过滤脱水→干燥→粉碎→成品

2. 大豆皮渣制取膳食纤维的操作要点

1) *软化*　　将豆渣用清水漂洗使之软化，然后在 50℃、pH 8.0、固液比 1∶10 的条件下，加入一定量的蛋白酶水解 8～10 h，水解过程中用缓冲剂保持反应的 pH 不变。

2) *水解反应*　　在 40℃、pH 7.5、固液比 1∶10 的条件下，加入一定量的脂肪酶反应 6～8 h，反应期间同样保持 pH 不变。

3) *过滤、烘干*　　水解完毕后用清水处理豆渣纤维至中性，然后用板框过滤机进行脱水。在干燥箱中以 110℃的温度烘干 4～5 h。

4) *过筛、脱色*　　将豆渣纤维粉碎通过 40 目的筛，按照固液比 1∶8 加入 4%的过氧化氢，在 60℃的恒温条件下脱色 1 h。

5) *超微粉碎*　　将脱色后的豆渣纤维洗涤烘干，进行超微粉碎。

豆渣纤维添加到食品中具有防止结肠癌、糖尿病、肥胖病等的作用，因而可以用于焙烤类、面条类及其他休闲食品中。

二、利用豆渣发酵生产核黄素

利用豆渣发酵生产核黄素是豆渣综合利用的有效途径。另外，豆渣可以用来制备霉豆渣或作为其他可口食品的原料，也可以用作饲料。

三、浆水的利用

浆水可以发酵生产面包酵母和药用酵母，也可以生产维生素 B_{12}、白地霉粉等。

豆制品厂排出的废水，在微需氧的条件下，通过丙酸菌(propionibacteria)培养，可以生产维生素 B_{12}，豆腐黄浆水为原料效果最好。在豆腐黄浆水中添加葡萄糖 10 g/L、酵母浸膏 5～10 g/L、维生素 B_2 5 mg/L 和硫酸钴($CoSO_4 \cdot 7H_2O$) 12 mg/L，可以进一步提高维生素 B_{12} 的产量。使用豆腐黄浆水培养丙酸菌，维生素 B_{12} 的含量可达 899 μg/g 干细胞，比人工合成培养基生产的维生素 B_{12} 467 μg/g 干细胞明显提高。

第五节　薯类食品加工

薯类食品是指以马铃薯、甘薯、木薯、山药、芋头、凉薯、荸荠和菱角等薯类为主要原料，经过一定的加工工艺制作而成的食品。按加工原料来分，薯类食品主要分为马铃薯食品、甘薯食品及其他薯类食品；按加工工艺来分，薯类食品主要分为干制薯类、冷冻薯类、薯泥(酱)类、薯粉类、其他薯类。

一、马　铃　薯

马铃薯(*Solanum tuberosum*)属于茄科多年生草本植物，又称地蛋、土豆、洋山芋等，块茎可供食用。马铃薯原产于南美洲安第斯山区，人工栽培史最早可追溯到公元前 8000 年到公元前 5000 年，是全球仅次于小麦、稻谷和玉米的第四大重要粮食作物。2015 年，中国启动马铃薯主粮化战略，推进把马铃薯加工成馒头、面条、米粉等主食，马铃薯将成为除稻米、小麦、玉米之外的又一主粮。

马铃薯的果实为茎块状，扁圆形或高 15～80 cm，无毛或被疏柔毛。茎分地上茎和地下茎两部分：长圆形，直径 3～10 cm，外皮白色、淡红色或紫色。薯皮的颜色为白色、黄色、粉红色、红色、紫色和黑色，薯肉为白色、淡黄色、黄色、黑色、青色、紫色及黑紫色。

一般新鲜马铃薯中所含成分：淀粉 9%～20%，蛋白质 1.5%～2.3%，脂肪 0.1%～1.1%，粗纤维 0.6%～0.8%。100 g 马铃薯中所含的营养成分：钙 5～8 mg，磷 15～40 mg，铁 0.4～0.8 mg，钾 200～340 mg，碘 0.8～1.2 mg，胡萝卜素 12～30 mg，硫胺素 0.03～0.08 mg，核黄素 0.01～0.04 mg，尼克酸 0.4～1.1 mg，能量 318 kJ。

(一)马铃薯全粉

马铃薯全粉是脱水马铃薯制品中的一种。以新鲜马铃薯为原料，经清洗、去皮、挑选、切片、漂洗、预煮、冷却、蒸煮、捣泥等工艺过程，脱水干燥而得的细颗粒状、片屑状或粉末状产品统称之为马铃薯全粉。

1. 马铃薯全粉的基本加工工艺

原料马铃薯→拣选→清洗→去皮→切片→蒸煮→调整→干燥→筛选→检验→包装

2. 马铃薯全粉加工工艺操作要点

1)原料选择　原料的优劣对制备成品的质量有直接影响。不同品种的马铃薯，其干物质含量、薯肉色泽、芽眼深浅、还原糖含量、龙葵素的含量和多酚氧化酶含量都有明显差异。干物质含量高，则出粉率高；薯肉白者，成品色泽浅；芽眼多又深，则出品率低；还原糖含量高，成品色泽深；龙葵素含量高，去毒素的难度就大，工艺复杂；多酚氧化酶含量高，半成品褐变严重，会导致成品色泽深。因此，生产马铃薯全粉须选用芽眼浅、薯形好、薯肉色白、还原糖含量低和龙葵素含量少的品种。将选好的原料送入料斗中，经过带式输送机，对原料进行称量，同时进行挑选，除去带霉斑薯块和腐块。

2) 清洗　马铃薯经干式除杂机除去沙土和杂质，随后被送至滚筒式清洗机中清洗干净。

3) 去皮　清洗后的马铃薯按批量装入蒸汽去皮机，在5～6 MPa压力下加温20 s，使马铃薯表面生出水泡，然后用流水冲洗外皮。蒸汽去皮对原料没有形状的严格要求，蒸汽可均匀作用于整个马铃薯表面，能除去0.5～1 mm厚的皮层。去皮过程中要注意防止由多酚氧化酶引起的酶促褐变，可添加褐变抑制剂(如亚硫酸盐)，再用清水冲洗。

4) 切片　去皮后的马铃薯被切片机切成8～10 mm的片(薯片过薄会使成品风味受到影响，干物质损耗也会增加)，并注意防止切片过程中的酶促褐变。

5) 预煮、蒸煮、断粒　蒸煮的目的是使马铃薯熟化，以固定淀粉链。先经预煮，温度为68℃，时间15 min后蒸煮，温度为100℃，时间15～20 min；之后在混料机中将蒸煮过的马铃薯片断成小颗粒，粒度为0.15～0.25 mm。

6) 调整　马铃薯颗粒在流化床中降温，温度为60～80℃，直到淀粉老化完成。要尽可能使游离淀粉降至1.5%～2.0%，以保持产品原有风味和口感。

7) 干燥、筛分　经调整后的马铃薯颗粒在流化干燥床中干燥，干燥温度为进口140℃、出口60℃，水分控制在6%～8%；物料经筛分机筛分后，将成品送到成品间中储存，不符合粒度要求的物料，经管道输送至混料机中重复加工。

8) 包装　成品间中的马铃薯全粉经自动包装机包装后，送至成品库存放待销或做成系列产品。

(二) 马铃薯香脆片加工

1. 马铃薯香脆片加工工艺流程

原料处理→水烫→渍制→油炸→冷却→包装→产品

2. 马铃薯香脆片加工操作要点

1) 原料处理　选大小均匀、无病虫害的薯块，用清水洗净，沥干水后，去掉表皮，将薯块切成1～2 mm厚的薄片，投入清水中浸泡，以洗去薯片表面的淀粉，避免变质发霉。

2) 水烫　在沸水中将薯片烫至半透明状、熟而不软时，捞出放入凉水中冷却，沥干表面水分后备用。

3) 渍制　将八角、花椒、桂皮、小茴香等调料放入布包中水煮30～40 min，待凉后加适量的白砂糖、食盐，把薯片投入浸泡2 h左右，捞出后晒干。

4) 油炸　先将食用植物油入锅煮沸，再放入干薯片，边炸边翻动，当炸至薯片膨胀且色呈微黄时即可出锅，冷却后包装，即为成品。

二、甘　薯

甘薯[*Dioscorea esculenta* (Lour.) Burkill]，又称红苕、红薯、白薯、山芋、地瓜等，又因它从国外引入，人们也叫它番薯。甘薯属一年生或多年生蔓生草本，块根可作为粮食、饲料和工业原料，是人类最早栽培作物之一。

甘薯根可分为须根、柴根和块根三种形态。块根是储藏养分的器官，也是供食用的部分。分布在5～25 cm深的土层中，先伸长后长粗，其形状、大小、皮肉颜色等因品种、土壤和栽培条件不同而有差异，分为纺锤形、圆筒形、球形和块形等，皮色有白色、黄色、红色、淡红色、紫红色等颜色；肉色可分为白色、黄色、淡黄色、橘红色或带有紫晕等。具有根出芽特性，是育苗繁殖的重要器官。块根的外层是含有花青素的表皮，通称为薯皮，表皮以下的几层细胞为皮层，其内侧是可食用的中心柱部分。中心柱内有许多维管束群，以及初生、次生和三生形成层，并不断分化为韧皮部和木质部。同时木质部又分化出次生、三生形成层，再次分化出三生、四生的导管、筛管和薄壁细胞。由于次生形成层不断分化出大量薄壁细胞并充满淀粉粒，使块根能迅速膨大。中心柱内的韧皮部，具有含乳汁的管细胞，最初只限于韧皮部外侧，以后由于各种形成层均能产生新的乳汁管而遍布整个块根，切开块根时流出的白浆，即乳汁管分泌的乳汁，内含紫茉莉苷。

甘薯营养丰富，富含淀粉、糖类、蛋白质、维生素、纤维素及各种氨基酸，是非常好的营养食品。甘薯淀粉含量高，一般块根中淀粉含量占鲜重的15%～26%，高的可达30%；可溶性糖类占3%左右。每100 g鲜薯中含糖29 g、蛋白质2.3 g、脂肪0.2 g、粗纤维0.5 g、无机盐0.9 g(其中钙18 mg、磷20 mg、铁0.4 mg)。此外，甘薯的维生素含量丰富，每千克鲜薯含维生素C 300 mg、维生素B_1 0.4 mg、尼克酸5 mg。维生素B_1和维生素B_2含量为面粉的2倍，维生素E含量为小麦的9.5倍，纤维素含量为面粉的10倍，维生素A和维生素C的含量较高。

(一)甘 薯 全 粉

甘薯全粉是甘薯脱水制品中的一种。以新鲜甘薯为原料，经清洗、去皮、挑选、切片、漂洗、预煮、冷却、蒸煮、捣泥等工艺过程，经脱水干燥而得的细颗粒状、片屑状或粉末状产品，统称为甘薯全粉。甘薯全粉与甘薯淀粉的主要区别在于甘薯全粉是新鲜甘薯的脱水制品，它包含了新鲜甘薯中除薯皮以外的全部干物质，包括淀粉、蛋白质、糖、脂肪、纤维、灰分、维生素、矿物质等。复水后的甘薯全粉呈新鲜甘薯蒸熟后捣成的泥状，并具有新鲜甘薯的营养、风味和口感。而甘薯淀粉主要含有甘薯中的淀粉这一单一成分，其他营养元素含量极低或不含，因此甘薯淀粉不具有甘薯所特有的营养、风味和口感。

1. 甘薯全粉生产工艺流程

筛选鲜薯→连续送料→流水洗净→蒸汽去皮→切片→烫漂→预煮→蒸煮→去除杂质→脱水→粉碎→过筛→甘薯全粉生产烘干→包装

2. 甘薯全粉生产操作要点

1)清洗　清洗去石工段主要由冲流槽泵、去石提升机、污水泵、清洗机、提升机等组成。甘薯从产地运到加工厂并储存在原料库里，然后由水力输送到前处理车间，由去石机和清洗机进一步去除甘薯芽眼处及表面的杂质。清洗干净后的甘薯由提升机输送到去皮工序。

2)去皮　清洗后的甘薯按批量装入蒸汽去皮机压力罐，通入高压蒸汽(0.8～1.2 MPa)，压力罐旋转使所有物料表面均匀受热，待表皮熟化后，瞬间排放蒸汽使表皮爆裂，经毛刷辊将表皮去除，同时用流水冲洗。蒸汽去皮对原料没有形状的严格要求，蒸汽可均匀作用于整个甘薯表面。

3) 切片　将甘薯切成厚度为10～15 mm的片，便于漂烫均匀。为防止原料及成品色泽变褐，可用0.5%的食盐溶液或0.05%维生素C溶液，也可用0.2%的柠檬酸溶液浸泡切片处理10 min。

4) 蒸煮　将漂烫、冷却后的甘薯片在常压下用蒸汽蒸煮，使其熟化，充分糊化。一般蒸煮温度、蒸煮时间应满足使薯片均匀软化的要求，蒸煮温度不能太高，控制在92℃左右，最高不超过102℃，防止破坏营养成分。

5) 制泥　蒸熟的薯片在制泥机中经挤压制成薯泥。

6) 干燥　用干燥机将处理过的熟薯泥迅速干燥，薯泥经几道碾压布膜在滚筒干燥机表面干燥至水分6%～8%。

7) 破碎　根据用户要求，将干燥后的较大尺寸的片料破碎成小片或细粉。

8) 包装　将成品仓中的红薯雪花粉经计量、包装后，送至成品库存放。

(二) 薯香酥片加工

1. 薯香酥片加工工艺流程

甘薯、马铃薯→清洗→预煮→去皮→复煮→打浆→拌料→加酵母→发酵→干燥→压片→切片→烘烤→摊冷→油炸→沥油→冷却→包装→成品

2. 薯香酥片加工操作要点

1) 原料预处理　将选择好的甘薯和马铃薯(比例为 6∶1)洗净置沸水中预煮 10～20 min(预先加入0.05%的亚硫酸钠)，去皮后切块复煮至熟透。

2) 打浆　将已煮熟的薯块放入捣碎机中打成糊状，必要时可添加少量的水，但不宜过多。

3) 拌料、发酵　在混合薯浆中加入0.4%干酵母、8%蔗糖、0.2%食盐，在28℃下发酵2 h。

4) 干燥　发酵后的浆料在80℃干燥60～80 min，以能压片为度。干燥过程中要勤翻动，防止浆料焦煳。

5) 压片、切片　用手摇压面机将干燥浆料压制成2～3 mm厚的均匀薄片，再切成3 cm×4 cm大小一致的小片。

6) 烘烤、冷却、油炸　将切成的小块在60～70℃烘烤3～5 min，摊冷后在(170±2)℃的温度下油炸30～40 s，取出沥去余油，经冷却包装即为成品。

(三) 甘薯-胡萝卜复合脯

1. 甘薯-胡萝卜复合脯工艺流程

选料→清洗→上笼→打浆→调配→蒸煮→烘烤→包装→成品

2. 甘薯-胡萝卜复合脯操作要点

1) 选料　挑选无病虫害、无腐烂、无机械损伤的新鲜甘薯与个头较大、无明显沟痕和分叉、无病虫害和机械损伤的新鲜胡萝卜为原料。

2) 清洗　将甘薯与胡萝卜放入流动水槽内充分清洗干净。用不锈钢刀削去甘薯根及表皮后，立即放入1%的亚硫酸氢钠溶液中。削去胡萝卜顶端的绿色部分和须根等，随后放入8% NaOH溶液中浸泡1～2 min，取出后立即用流动清水冲洗2～3次，除尽被碱液腐蚀的表皮组织及残留的碱液。

3) 上笼　将甘薯切块与胡萝卜分别放入蒸笼中，用大火蒸熟、蒸透，不留硬心。

4) 打浆　将甘薯捣碎，胡萝卜切成 3 cm 见方的小块分别送入打浆机内打浆，然后分别装入不锈钢桶或搪瓷桶中暂存备用。

5) 调配　将下面几种原料充分混合均匀：甘薯浆料 40%、胡萝卜浆料 25%～30%，白砂糖 25%～30%、蜂蜜 1%～2%、淀粉 3%～5%及适量的柠檬酸和苯甲酸钠。其中，白砂糖和淀粉应预先加适量水溶解并过滤。

6) 蒸煮　将调配好的混合浆料放入夹层内熬制，直至可溶性固形物达 55%以上时出锅。

7) 烘烤　将出锅的料移置钢化平板玻璃或浅搪瓷盘上摊平，厚度为 0.8 cm 左右，然后送入鼓风烘箱或烘房内，温度控制在 60℃左右，烘烤 6～8 h 后取出的成品为坯料。

8) 包装　将烘烤好的坯料切成 5 cm×2 cm(3 cm)×3 cm 的方块，用食用塑料袋密封即为成品。

(四) 速冻甘薯茎尖

速冻甘薯茎尖是速冻蔬菜的又一新品种，它较好地保持了新鲜甘薯茎尖原有的色泽、风味和维生素，可长期储藏，且食用方便，是一种不可多得的天然绿色保健食品。

1. 工艺流程

原料采摘→清洗→漂烫→冷却→速冻→包装、冷藏

2. 操作要点

1) 原料采摘　选取甘薯秧蔓顶端 10～15 cm 段的嫩茎尖，要求叶色亮绿、鲜嫩。采摘后的嫩茎尖用专用塑料篮散装。

2) 清洗　将采摘回的嫩茎尖放入流动水中冲洗。因为速冻甘薯茎尖解冻后直接烹饪食用，所以必须清洗干净。

3) 漂烫　将含有 0.01%碳酸氢钠的热水加温至 100℃，再用塑料吊篮将甘薯茎尖迅速放入其中进行漂烫，要求漂烫 5～10 s，甘薯茎尖达到半熟程度后立即送预冷间。漂烫时间要严格把握，时间过长或不及时冷却，都会造成速冻茎尖在储藏中变色、变味、质量下降，并使储藏期缩短；时间过短又达不到杀菌和灭酶的目的。

4) 冷却　将送入预冷间的甘薯茎尖迅速置于流动的冷却水中进行冷却，当温度降至 10℃左右时，捞起沥干水分。

5) 速冻　采用平面网带式速冻机迅速冻结甘薯茎尖，冻结器的平均温度为–32℃，冻品进货时的平均温度约为 15℃，出货时的平均温度约为–18℃。在速冻过程中，要控制好甘薯茎尖的冻结速度和时间，以免产生大冰晶，破坏其叶组织细胞，造成解冻后营养成分流失，失去其应有的鲜味和形态。

6) 包装、冷藏　速冻后，立即采用食品用塑料袋定量包装后装箱储藏，储藏温度应在–18℃以下。

该产品呈草绿色，形体完整，长短一致。

(五) 甘薯茎尖罐头

1. 工艺流程

新鲜茎尖→清洗→晾干→护色→漂洗→配料→装罐→排气→封罐→杀菌→冷却→检验→包装→成品

2. 操作要点

1) 原料处理　将从地里刚采摘的新鲜的茎蔓顶端 3～8 cm 的甘薯茎尖除去虫斑、枯黄、破损及老叶，裁剪匀整，用清水清洗干净并沥干水分，在常温下将原料置于护色液中浸泡 18～24 h 后取出，在清水中漂洗干净，直到叶面无黏手感为止，沥干水分后将茎尖分级装罐，并注入 80～90℃的汤汁，固形物含量为 50%。

护色液配方：0.1%的硫代硫酸钠、0.74%的碳酸钠。护色条件为固液比 1∶15。

汤料配方及制备：将软化水烧开，把备好的花椒、大料、茴香、辣椒按 1∶1∶1∶1 的比例用纱布包好，放入水中煮 5～10 min，取出，再加入 2%的食盐、1%的糖和 10%的植物油，用碳酸钠调节至碱性，并保持温度在 80～90℃。

2) 排气、装罐　装罐后在 80℃条件下排气 10 min，然后封罐。

3) 杀菌、冷却　先在 115℃条件下杀菌 3 min，然后快速冷却到 40℃以下，杀菌方式为升温 5 min—115℃杀菌 3 min—降温 5 min。杀菌工艺采用高温瞬时杀菌，避免因低温长时间杀菌使组织软烂而失去原有风味和营养价值，又能较好地保护叶绿素。

4) 检验、包装　将破罐、胀罐、跳盖罐剔除，感官、理化及微生物指标检验均合格者即为成品。

该产品整齐美观，呈青绿色，汤汁清亮；酸甜适中，鲜美可口，无异味。

甘薯茎尖较其他果蔬组织幼嫩，组织内部的多酚氧化酶、过氧化物酶较活跃，在酸性和高温条件下，叶绿素极易被破坏分解，发生褐变，影响其感官指标；组织内部物质也易分解，并产生气体，造成汤汁混浊和沉淀。分解产生的气体聚集在瓶内，导致胀罐，影响保质期。可采用 pH 偏碱性的条件下常温浸泡 18～24 h 的护色方法，避免高温预煮导致的组织黏烂。

随着罐藏时间的延长，罐内容物 pH 缓慢下降至酸性，导致叶绿素分解，产生褐变，如何才能阻止罐内容物在罐藏过程中 pH 的下降，尚待进一步研究。

(六) 甘薯茎尖清汁饮料

1. 工艺流程

采摘→精选→清洗→漂烫→榨汁离心→澄清→分离→调配→脱气→杀菌→灌装→冷却→包装→成品

2. 操作要点

1) 精选、清洗　选择鲜嫩、无腐败、无虫蛀的干净甘薯茎尖，长度为 15～20 cm 最佳。用清水洗去甘薯茎尖表面的泥沙和杂物，然后沥干。

2) 漂烫　将干净的茎尖放入 100℃、含 0.2%柠檬酸的沸水中漂烫 30 s 捞出(加入柠檬酸的目的是为了防止原料发生褐变，漂烫的目的是为了防止细胞软化)，迅速用冷水降温。

3) 榨汁离心　将漂烫过的甘薯茎尖放于榨汁机中破碎榨汁，然后利用离心机离心分离，离心速度为 3000 r/min，时间为 40 min。

4) 澄清　用酸味剂将滤液调成 pH 为 3.5～3.6，然后加入滤液量 0.1%的果胶酶，充分搅拌后，在 45℃左右恒温静置 6～10 h。

5) 分离　将上述处理的菜汁经碟片离心机进行固液分离，再经过滤机过滤，可得到澄清菜汁，其透光率可达 90%以上。

6）调配　纯净水的制备：将自来水经砂滤、电渗析、阴阳离子交换及超滤，并通过紫外线杀菌，即得到软化纯净水。

糖浆的制备：取优质白砂糖和40%的软化纯净水，用不锈钢锅煮沸5～10 min，过滤即得。最后按配方调配。澄清的甘薯茎尖汁为40%、白砂糖为8%、柠檬酸为0.1%、抗坏血酸为0.02%、柠檬酸∶磷酸为3∶1。

7）脱气、杀菌　将调配好的饮料在脱气机中脱除空气，料液温度为35～45℃，罐内真空度为70～80 kPa，脱气时间为20～25 min。脱气后的饮料立即进行超高温瞬时（120℃、3～4 s）杀菌，然后冷却到90℃。

8）灌装、冷却、包装　采用热灌装法，将90℃的饮料灌入已杀菌的玻璃瓶中迅速封口，再将瓶子倒置10 min，使瓶盖和瓶的顶隙部分利用饮料的热量进行灭菌，随后冷却到40℃以下，进行包装。

该产品澄清黄绿色，具有甘薯所特有的清香味，酸甜适宜，无异味。

三、木　薯

木薯又称南洋薯、木番薯、树薯，是大戟科植物的块根，呈圆锥形、圆柱形或纺锤形，主要分布于热带地区。

木薯为世界三大薯类（木薯、甘薯、马铃薯）之一。木薯属约160种，均为原产于热带美洲的喜阳光植物，木薯为唯一用于经济栽培的品种，其他均为野生种。于19世纪20年代引入中国，首先在广东省高州一带栽培，随后引入海南岛，现已广泛分布于华南地区，以广西、广东和海南栽培最多，福建、云南、江西、四川和贵州等省的南部地区亦有引种试种。

（一）木薯营养成分

木薯块根富含淀粉，可磨木薯粉、提供木薯淀粉和浆洗用淀粉，或工业上制作酒精、果糖、葡萄糖等。木薯的根、茎、叶各部位均含氰苷，有毒，不宜生食，须经水泡、干燥等去毒加工处理以解除毒性。由于鲜薯易腐烂变质，一般在收获后尽快加工成淀粉、干片、干薯粒等。木薯主要有两种：苦木薯（专门用作生产木薯粉）和甜木薯（食用方法类似马铃薯）。

木薯块根并非是营养平衡的食物，因为木薯干物质中绝大部分是淀粉，在鲜薯中淀粉含量为25%～30%，在薯干中约含80%。木薯块根含氮量少，在1.5%～4%，其中50%左右为非蛋白氮，以亚硝酸和硝酸态氮居多，在氨基酸组成上，赖氨酸及色氨酸相对较多，缺乏甲硫氨酸和胱氨酸。木薯块根粗纤维含量少（1%～2%），脂肪含量低，钙、钾含量高而磷含量低，含有植酸和少量的维生素C、维生素A、维生素B_1和维生素B_2。在热带地区的发展中国家，木薯是主要的粮食作物。

（二）木薯的主要用途

木薯的主要用途是食用、饲用和工业上开发利用。块根淀粉是工业上主要的制淀粉原料之一。世界上木薯全部产量的65%用于人类食物，是热带湿地低收入农户的主要食用作物。作为生产饲料的原料，木薯粗粉、叶片是一种高能量的饲料成分。在发酵工业上，木薯淀粉或干片可制酒精、柠檬酸、谷氨酸、赖氨酸、木薯蛋白质、葡萄糖、果糖等，这些产品在食品、饮料、医药、纺织（染布）、造纸等方面均有重要用途。在中国主要用作饲料和提取淀粉。

四、其 他 薯 类

薯类除了甘薯、马铃薯、木薯以外，还包括芋头、凉薯、山药、荸荠和菱角等。

（一）芋　头

芋头又名芋艿，为天南星科多年生草本植物芋的地下肉质球茎。芋头口感细软，绵甜香糯，营养价值近似于土豆，又不含龙葵素，易于消化而不会引起中毒，是一种很好的碱性食物。芋头可蒸食或煮食，但必须彻底蒸熟或煮熟。

从营养价值来看，芋头除了具有薯类共有的营养价值外，最突出的特点就是维生素种类较多，是摄取维生素的重要来源。另外，芋头中含氟量很高，氟是我们牙齿和骨盐的重要组成部分，常吃芋头对于我们的牙齿有很好的保健作用。从中医角度来看，芋头是典型的药食同源的一种食品。中医认为芋头具有润肠通便、补肝益肾、消痈散结等功效，如果将其作为药膳主食，可缓解胃痛、痢疾等病症，对于癌症患者术后化疗康复也有辅助功效。芋头的食用方法有很多，最简单的就是直接蒸熟后蘸糖食用。

（二）凉　薯

凉薯属豆科，是豆薯属中能形成块根的栽培品种，一年生或多年生缠绕性草质藤本植物。凉薯的块根肥大，肉洁白，脆嫩多汁，富含糖分和蛋白质，还含丰富的维生素 C；可生食，也可熟食。

从营养角度来看，凉薯的特点是维生素和矿物质含量丰富，主要包括核黄素、硫胺素、钾、钙、铜、锌等。常吃凉薯可以抗氧化、延缓衰老，加快人体新陈代谢、排毒养颜。从中医角度来看，凉薯具有清热去火、养阴生津的功效，常见的药用做法是将凉薯加工成沙葛粉，熬成半透明的糊状后加入砂糖，清晨空腹服用，主要是用来调理肠胃、预防高血压，尤其适合体弱多病的中老年人食用。凉薯口感清脆，既可生食，又可将其切成条、块、片等，烹调成菜肴。南方人则喜欢将凉薯切块，与瘦肉一起煲汤。

（三）山　药

山药原名薯蓣，唐代宗名李预，因避讳改为薯药；北宋时因避宋英宗赵曙讳而更名山药。河南怀庆府（今博爱、武陟、温县）所产最佳，谓之“怀山药”。“怀山药”曾在 1914 年巴拿马万国博览会上展出，遂蜚声中外，历年来向英国、美国等十多个国家和地区出口。

山药，是人类食用最早的植物之一。早在唐朝诗圣杜甫的诗中就有“充肠多薯蓣”的名句。山药块茎肥厚多汁，又甜又绵，且带黏性，生食热食都是美味。根据山东省农业科学院对山药的检测结果，其块茎中平均含粗蛋白 14.48%，粗纤维 3.48%，淀粉 43.7%，糖 1.14%，钾 2.62%，磷 0.2%，钙 0.2%，镁 0.14%，灰分 5.51%，铁 53.57 ppm，锌 29.22 ppm，铜 10.58 ppm，锰 5.38 ppm。人类所需的 18 种氨基酸，山药中含有 16 种。

山药最突出的特点是可以为人体提供大量的黏液蛋白，这种物质具有预防心血管系统的脂肪沉积、保持血管弹性、预防动脉粥样硬化的作用。山药中的精品要数铁棍山药了，当地人给它取名“天然补肾王”。因它属温、凉补，有补中益气、强筋健脾等滋补功效，更是滋阴补虚的保健食品。

(四)荸　　荠

荸荠又名马蹄、水栗、芍、凫茈、乌芋、菩荠、地梨，属单子叶莎草科，为多年生宿根性草本植物，扁圆形，上面尖，表面光滑有光泽，紫红色或者黑褐色，生长在池沼中，地上的深绿色茎丛生，地下的球茎可供食用。因它形如马蹄，人们也称它马蹄。其外表像栗子，不仅是形状，连性味、成分、功用都与栗子相似，又因它是在泥中结果，所以又有“地栗”之称。

荸荠皮色紫黑，肉质洁白，味甜多汁，清脆可口，有“地下雪梨”之美誉，北方人称之为“江南人参”，既可做水果生吃，又可做蔬菜食用，是大众喜爱的时令之品。

荸荠营养丰富，味甜多汁，且矿物质和维生素含量都非常丰富。《中药大辞典》中记载，荸荠味甘性微寒，有温中益气、清热开胃、消食化痰的功效。因为荸荠中含有一种叫荸荠英的抗菌成分，因此对于金黄色葡萄球菌、大肠杆菌、绿脓杆菌等具有抑制作用，是预防急性夏秋感冒、肠胃炎的佳品。

(五)菱　　角

菱角，又称芰、风菱、乌菱、菱、水栗、菱实、芰实，菱科菱属，一年生水生草本植物。原产欧洲，中国南方，尤其以长江下游太湖地区和珠江三角洲栽培最多。菱角肉含淀粉 24%、蛋白质 3.6%、脂肪 0.5%，幼嫩时可当水果生食，老熟果可熟食或加工制成菱粉，风干制成风菱可储藏以延长供应。因为菱角生长在淡水中，容易受到姜片虫的侵染，因此如果要生食，在食用前最好先用高锰酸钾溶液充分浸泡后，再用清水洗净。

菱角不仅长得精致，而且其营养价值可以和坚果相媲美。古人认为吃菱角不但可以补五脏，还可除百病。《本草纲目》中就有这样的记载：菱角能消暑解热、除烦止渴、益气健脾、祛疾强身、强骨膝、健力益气，菱粉粥有益肠胃、可解内热。

思　考　题

1. 大豆子粒的形态结构及组成是什么?
2. 大豆的主要化学成分有哪些?
3. 大豆蛋白质的性质有哪些?
4. 大豆蛋白质的功能特性有哪些?
5. 中国传统豆制品生产的基本原理是什么?
6. 简介酱油的酿造工艺过程。
7. 简介豆豉的加工工艺过程。
8. 简介纳豆的加工工艺过程。
9. 简介豆乳的加工工艺过程。
10. 大豆加工副产品的综合利用有哪些途径?
11. 马铃薯的加工途径有哪些? 主要加工方法有哪些?
12. 甘薯的加工途径有哪些? 主要加工方法有哪些?

参 考 文 献

陈陶声. 1993. 豆制品生产技术. 北京: 化学工业出版社.
高路. 2009. 薯中奇葩——紫甘薯. 沈阳: 白山出版社.
何国庆. 2001. 食品发酵与酿造工艺学. 北京: 中国农业出版社.
李新华, 董海洲. 2009. 粮油加工学. 北京: 中国农业大学出版社.
李正明, 王兰君. 1998. 植物蛋白生产工艺与配方. 北京: 中国轻工业出版社.
孟宏昌, 李慧东, 华景清. 2008. 粮油食品加工技术. 北京: 化学工业出版社.
石彦国, 任莉. 1998. 大豆制品工艺学. 北京: 中国轻工出版社.
王福源. 1999. 现代食品发酵技术. 北京: 中国轻工业出版社.
吴加根. 1995. 谷物与大豆食品工艺学. 北京: 中国轻工出版社.

第七章 淀粉生产及深加工

第一节 概　　述

淀粉在自然界中分布很广，是高等植物中常见的组分，也是碳水化合物储藏的主要形式。在大多数高等植物的所有器官中都含有淀粉，这些器官包括：叶，茎(或木质组织)，根(或块茎)，球茎(根、种子)，果实，花粉等。除高等植物外，在某些原生动物、藻类及细菌中也都可以找到淀粉粒。对于禾谷类作物，如玉米、大米、大麦、小麦、燕麦、荞麦、高粱等，淀粉存在于胚乳、糊粉层、胚(玉米含量 25%)中。对于薯类，如甘薯、木薯、葛根，淀粉存在于块根中；马铃薯、山药的淀粉存在于块茎中。对于豆类，如蚕豆、绿豆、豌豆、赤豆等，淀粉存在于子叶中。此外，香蕉、白果等淀粉存在于果实中；菠萝等淀粉存在于基髓中。淀粉工业采用湿磨技术，可以从上述原料中提取纯度约为99%的淀粉产品。湿磨得到的淀粉经过干燥脱水之后，呈白色，粉末状。

含淀粉质的农产品种类很多，但并不是都适用于大规模工业生产。作为规模生产淀粉的原料必须满足以下条件：一是淀粉含量高、产量大、副产品利用率高；二是原料加工、储藏(薯类一般变成薯干)、销售容易；三是价格较便宜；四是不与人争口粮。因此，目前一般选用玉米，其次是薯类；大米和小麦尽管产量大，但价格较高又是人的主要口粮，因此，只在部分产量比较集中的地区才用于加工淀粉及其深加工产品；豆类淀粉含量高，产量低，价格高，是很好的粉丝原料(如龙口粉丝的生产)。欧美国家主要以玉米、马铃薯、木薯、高粱为原料生产淀粉；日本主要利用玉米或甘薯为原料生产淀粉；我国东北地区主要是以玉米为主，其他北方地区以马铃薯为主，广西、广东以木薯为主，其他南方地区以甘薯为主。

淀粉是食品的重要组分之一，是人体热能的主要来源。淀粉又是许多工业生产的原、辅料，其可利用的主要性状包括颗粒性质、糊或浆液性质、成膜性质等。一般来讲，淀粉分子组成可以分为两类，即直链淀粉与支链淀粉。通常而言，直链淀粉具有优良的成膜性和膜强度。具有近似纤维的性能，用直链淀粉制成的薄膜，具有好的透明度、柔韧性、抗张强度和水不溶性，可应用于密封材料、包装材料和耐水耐压材料的生产。而支链淀粉具有较好的黏结性。大多数植物所含的天然淀粉都是由直链和支链两种淀粉以一定的比例组成的。也有一些糯性品种，其淀粉全部是由支链淀粉所组成，如糯玉米、糯稻等。

天然淀粉的可利用性取决于淀粉颗粒的结构及淀粉中直链淀粉和支链淀粉的含量。不同种类的淀粉其分子结构和直链淀粉、支链淀粉的含量都不相同，因此不同来源的淀粉原料具有不同的可利用性。例如，薯类淀粉，颗粒大而松，易让水分子进入，糊化温度低，峰黏高，分子大且直链淀粉少，不易分子重排，吸水性强，不易回生；谷类淀粉，颗粒小而紧，水分子难进去，糊化温度高，峰黏低，分子小且直链淀粉多，易重排，另外还含有脂肪，脂肪与直链淀粉结合形成络合物，不易吸收，故易胶凝回生，透明性差。天然淀粉在现代工业中的应用，特别是在广泛采用新工艺、新技术、新设备的情况下应用是有限的。大多数的天然淀粉都不具备有效的、能被很好利用的性能，为此根据不同种类淀粉的结构、理化性质及应用要求，采用相应的技术可使其改性，得到各种变性淀粉，从而改善了应用效果，扩大了应用范围。变性淀粉可广泛应用于食品、纺织、造纸、医药、化工、建材、石油钻探、铸造及农业等许多行业。

此外，淀粉经过水解作用可以制得若干种类的淀粉糖产品，如糊精、麦芽糖、淀粉糖浆、葡萄糖、功能性低聚糖。葡萄糖经过异构化还可生产高果糖浆。淀粉经过水解发酵作用可转化成酒精、有机酸、氨基酸、核酸、抗生素、甘油、酶、山梨醇等若干种类的转化产品。

第二节　玉米淀粉生产

玉米是世界上三大粮食作物之一，在农业生产中占有极为重要的地位，其种植面积和产量仅次于小麦和水稻，居世界第三位，世界上美国的玉米产量最大，年产约 2 亿多吨。在中国年产约 1.1 亿吨，居世界第二位。目前玉米淀粉产量占淀粉生产的 80%以上。这是由于玉米作为淀粉生产原料，不但具有种植广泛、货源充足、价格低廉、淀粉含量高、成本低，以及收集、储存、加工相对容易的特点，而且副产品利用价值也很高，比薯类更利于开展综合利用。因此，玉米已成为最理想的淀粉生产原料。玉米有很多类型，如马齿型、半马齿型、硬粒型、甜质型、糯质型、爆裂型、高直链淀粉型、高赖氨酸型和高油型等。适合生产淀粉的原料主要是马齿型，糯质型和高直链淀粉型玉米是专用淀粉的原料。

一、玉米淀粉生产工艺流程

玉米淀粉的生产方法很多，普遍采用的是湿法和干法两种工艺。所谓湿法就是指淀粉工业中的玉米原料前处理的加工方法是将玉米用温水浸泡，经粗细研磨，分出胚芽、纤维和蛋白质，而得到高纯度的淀粉产品。湿法加工可获得 5 种成分：淀粉、胚芽、可溶性蛋白、皮渣(纤维)、麸质(蛋白质)，其中淀粉的比例最大，因此习惯上称淀粉为主产品，其余产品为副产品。干法是指靠磨碎、筛分、风选的方法，分出胚芽和纤维，而得到低脂肪的玉米粉。由于干法所得产品中蛋白质和脂肪较多，产品纯度较低。因此，玉米淀粉多采用湿磨工艺进行生产，其工艺流程可分为开放式和封闭式(派生部分封闭式)两种。在开放式流程中，玉米浸泡和全部洗涤水都用新水，因此该流程耗水多，干物质损失大，排污量多。封闭式流程只在最后的淀粉洗涤时用新水，其他用水工序都用工艺水，因此新水用量少，干物质损失少，污染大为减轻。所以现代化的淀粉厂均采用封闭式流程。

玉米淀粉生产包括三个主要阶段：玉米清理、玉米湿磨分离和淀粉的脱水干燥，其中玉米湿磨分离是主要部分。如果与淀粉的水解或变性处理工序连接起来，可以考虑用湿磨的淀粉乳直接进行糖化或变性处理，省去脱水干燥的步骤。

玉米淀粉生产的工艺流程如图 7-1 所示。工艺流程中，大致可分为 4 个部分：①玉米的清理去杂；②玉米的湿磨分离；③淀粉的脱水干燥；④副产品的回收利用。其中，玉米湿磨分离是工艺流程的主要部分。

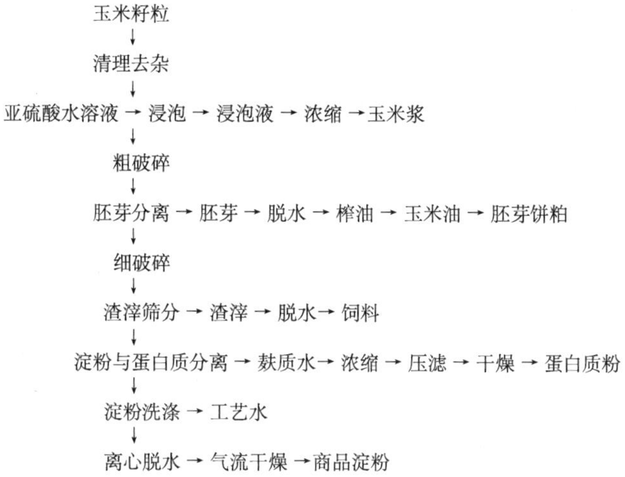

玉米籽粒
↓
清理去杂
↓
亚硫酸水溶液 → 浸泡 → 浸泡液 → 浓缩 → 玉米浆
↓
粗破碎
↓
胚芽分离 → 胚芽 → 脱水 → 榨油 → 玉米油 → 胚芽饼粕
↓
细破碎
↓
渣滓筛分 → 渣滓 → 脱水→ 饲料
↓
淀粉与蛋白质分离 → 麸质水→ 浓缩 → 压滤 → 干燥 → 蛋白质粉
↓
淀粉洗涤 → 工艺水
↓
离心脱水 → 气流干燥 → 商品淀粉

图 7-1　玉米淀粉生产的工艺流程

二、玉米淀粉提取的工艺原理及工艺操作要点

(一)玉米原料选择、加工前的清理和输送

生产淀粉的玉米要求充分成熟，含水量符合标准，储存条件适宜，储存期较短，未经热风干燥处理，具有较高的发芽率。因为籽粒饱满、充分成熟的玉米是保证淀粉得率的基础。含水量过高的籽粒容易变质，而未成熟的和过干的玉米籽粒加工时会遇到困难，影响技术经济指标。发芽率过低的玉米和经热风干燥过的玉米籽粒中淀粉老化程度高，蛋白质成为硬性凝胶不易与淀粉分离，给淀粉的得率和质量带来不利的影响。

玉米在收获、脱粒及运输、储藏的过程中，不可避免地要混进各种杂质，如穗轴碎块、秸秆、泥土、砂石、其他植物种子及瘦瘪、霉变的籽粒，还有鼠雀粪便、昆虫卵尸及金属杂质等，籽粒表面还附有灰尘及附着物。这些杂质在进入浸泡工艺之前必须清理干净，否则会给后面的工序带来麻烦，如增加淀粉中的灰分，降低淀粉的质量。秸秆绳头等容易堵塞设备进出口和管道；砂石、金属杂质还会严重损坏机器设备。因此，及时清除玉米中所含的各种杂质是非常必要的。

玉米的清理主要用风选、筛选、密度去石、磁选等方法，其除杂方法的原理，与小麦、水稻的清理相同，所用设备包括谷物清理振动筛、密度去石机、磁选器等。振动筛的筛面及比重去石机的鱼鳞孔筛面的筛孔按玉米籽粒的形状及尺寸配置。

清理后的玉米送至浸泡罐进行浸泡，一般多采用水力输送法，水通过提升机把玉米送至罐顶上的淌筛之后与玉米分离再流回开始输送的地方，重新输送玉米，循环使用。这一输送过程也起到了清洗玉米表面灰尘的作用。在输送过程中，注意定时排掉含有泥沙的污水，补充新水，保证进罐玉米的洁净。

(二)玉米的湿磨分离

从玉米的浸泡到玉米淀粉的洗涤整个过程都属玉米湿磨阶段，在这个阶段中，玉米籽粒的各个部分及化学组成实现了分离，得到湿淀粉浆液及浸泡液、胚芽、麸质水、湿渣滓等。

1. 玉米的浸泡

玉米的浸泡是湿磨的第一环节。浸泡的效果如何，影响到后面的各个工序，以至影响到淀粉的得率和质量。

1) *玉米浸泡工艺*　一般情况下，将玉米籽粒浸泡在含有 0.2%～0.3%浓度的亚硫酸水中，在 48～55℃的温度下，保持 60～72 h，即完成浸泡操作。

2) *浸泡方法*　玉米浸泡的工艺有三种，即静止浸泡法、逆流浸泡法和连续浸泡法。

静止浸泡法是在独立的浸泡罐中完成浸泡过程，玉米中的可溶性物质浸出少，达不到要求，现已淘汰。

逆流浸泡法是国际上通用的方法，该工艺是将多个浸泡罐通过管路串联起来，组成浸泡罐组。各个罐的装料、卸料时间依次排开，使每个罐的玉米浸泡时间都不相同。在这种情况下，通过泵的作用，使浸泡液沿着装玉米相反的方向流动，使最新装罐的玉米，用已经浸泡过玉米的浸泡液浸泡，而浸泡过较长时间的玉米再注入新的亚硫酸水溶液，从而增加浸泡液与玉米籽粒中可溶性成分的浓度差，提高浸泡效率。

浸泡水中干物质的浓度是沿着顺时针方向提高的，而玉米粒中可溶性物质含量及单位时间浸泡程度则是按逆时针方向降低，这种方法称为逆流扩散法。

连续浸泡是从串联罐组的一个方向装入玉米，通过升液器装置使玉米从一个罐向另一个罐转移，而浸泡液则逆着玉米转移的方向流动，工艺效果很好，但工艺操作难度比较大。

3) *浸泡作用机制*　玉米胚乳中的淀粉和蛋白质结合得很牢固，淀粉颗粒被包裹在蛋白质基质内。只有破坏或削弱淀粉颗粒与蛋白质之间的结合，淀粉才能释放出来。浸泡是亚硫酸和乳酸共同作用的过程，可分为三个阶段。

(1) 第一个阶段是乳酸作用阶段。玉米与含有高浓度的乳酸和固形物的浸泡水接触，高浓度乳酸稍微降低了 pH，并作用在玉米胚乳细胞壁上形成洞或坑，在浸泡过程中使浸泡液进入籽粒内部。

(2) 第二个阶段是 SO_2 扩散阶段。玉米与稍高浓度的 SO_2 和较低浓度的乳酸接触，这一阶段，浸泡液中的固形物含量比第一阶段低。理论上第一阶段在玉米胚乳细胞壁上产生的洞或者坑能促使该阶段 SO_2 和水更快速地进入玉米籽粒，开始与玉米胚乳内蛋白质基质反应。

(3) 第三个阶段是 SO_2 作用阶段。玉米与高浓度的 SO_2 接触，SO_2 进入玉米籽粒，产生亚硫酸氢盐离子与玉米蛋白质的二硫键起反应，从而降低蛋白质的分子质量，增强其水溶性和亲水性，使得淀粉颗粒容易从包围在其外面的蛋白质间质中释放出来。高 SO_2 浓度可保证在 SO_2 扩散的时候有足够多的 SO_2 存在于浸泡液中；该阶段浸泡液中乳酸和固形物含量都比较低，除第一罐和新浸泡液外，该阶段浸泡液的 pH 为 4.5～4.8。

4) *亚硫酸水溶液的制备及作用*　浸泡玉米用的亚硫酸水溶液是通过硫磺燃烧炉，使硫磺燃烧产生的 SO_2 气体与吸收塔喷淋的水流结合发生反应形成亚硫酸水溶液，经浓度调整后，进入浸泡罐。

亚硫酸水的作用主要为以下几点。①亚硫酸作用于皮层，增加其透性，可加速籽粒中可溶性物质向浸泡液中渗透。②亚硫酸可钝化胚芽，使之在浸泡过程中不萌发。因为胚芽的萌发会使淀粉酶活化，使淀粉水解，对淀粉提取不利。③亚硫酸具有防腐作用，它能抑制霉菌、腐败菌及其他杂菌的生命活力，从而抑制玉米在浸泡过程中发酵。④亚硫酸可在一定程度上引起乳酸发酵形成乳酸，一定含量的乳酸有利于玉米的浸泡作用。

5）*操作要点*　亚硫酸含量为0.2%～0.3%，不宜过高或过低，过低达不到预期的浸渍质量，过高易产生毒害及腐蚀作用，而且对乳酸发酵不利。浸渍温度保持在48～55℃，过低影响浸渍效果，浸泡时间要延长；过高(超过55℃)，淀粉易糊化膨胀，蛋白质会发生变性失去亲水性，影响离心机的分离效果。浸泡时间随着玉米品种及质量的不同而不同。一般来说，优质新鲜玉米浸泡时间为48～50 h，未成熟的和过于成熟的玉米浸泡时间要适当延长到55～60 h，高水分的玉米浸泡时间可以适当缩短。储藏期长的玉米浸泡时间相对要更长。目前世界各国都致力于在保证浸泡效果的同时降低浸泡水中的二氧化硫含量，缩短浸泡时间。

经过浸泡，玉米中7%～10%的干物质转移到浸泡水中，其中，无机盐类可转移70%左右，可溶性碳水化合物可转移42%左右，可溶性蛋白质可转移16%左右。淀粉、脂肪、纤维素、戊聚糖的绝对量基本不变。转移到浸泡水中的干物质有一半是从胚芽中浸出去的。浸泡好的玉米含水量应达到40%以上。

2. 玉米的粗破碎与胚芽分离

1）*胚芽分离的工艺原理*　玉米的浸泡为胚芽分离提供了条件，因为经浸泡、软化的玉米容易破碎，胚芽吸水后仍保持很强的韧性，只有将籽粒破碎，胚芽才能暴露出来，并与胚乳分离。所以玉米的粗破碎是胚芽分离的条件，而粗破碎过程保持胚芽完整，是浸泡的结果。破碎后的浆料中，胚乳碎块与胚芽的密度不同，胚芽的相对密度小于胚乳碎粒，在一定浓度的浆液中处于漂浮状态，而胚乳碎粒则下沉，可利用旋液分离器进行分离。

2）*玉米的粗破碎*　粗破碎就是利用齿磨将浸泡的玉米破成要求大小的碎粒。一般经过两次粗破碎，第一次破碎可将玉米破成4～6瓣，经第一次胚芽分离后，再进一步破碎成8～12瓣，将其中的胚芽再次分离。

进入破碎机的物料，固液相之比应为1∶3，以保证破碎要求。如果含液相过多，通过破碎机速度快，达不到破碎效果；如果固相过多，会因稠度过大，而导致过度破碎，使胚芽受到破坏。

3）*胚芽的分离*　从破碎的玉米浆料中分离胚芽通用的设备是旋液分离器，水和破碎玉米的混合物在一定的压力下经进料管进入旋液分离器。破碎玉米的较重颗粒浆料做旋转运动，并在离心力的作用下抛向设备的内壁，沿着内壁移向底部出口喷嘴。胚芽和玉米皮壳密度小，被集中于设备的中心部位经过顶部喷嘴排出旋液分离器。

大型淀粉企业多采用二次破碎、二次分离胚芽的方法。二次破碎在于彻底释放胚芽，减少胚芽损伤，并提高胚芽收率。在分离阶段，进入旋液分离器的浆料中淀粉乳浓度很重要，第一次分离应保持在11%～13%，第二次分离应保持在13%～15%。粗破碎及胚芽分离过程中，大约有25%的淀粉破碎形成淀粉乳，经筛分后与细磨碎的淀粉乳汇合。分离出来的胚芽经漂洗，进入副产品处理工序。

3. 浆料的细磨碎

经过破碎和分离胚芽之后，由淀粉粒、麸质、皮层和含有大量淀粉的胚乳碎粒等组成破碎浆料。在浆料中大部分淀粉与蛋白质、纤维等仍是结合状态，要经过离心式冲击磨进行精细磨碎。这步操作的主要工艺任务是最大限度地释放出与蛋白质和纤维素相结合的淀粉，为以后这些组分的分离创造良好的条件。

物料进入冲击磨，玉米碎粒经过强力的冲击，使玉米淀粉释放出来，而这种冲击作用，可以使玉米皮层及纤维质部分保持相对完整，减少细渣的形成。

为了达到磨碎效果，要遵守下列工艺规程，进入磨碎的浆料应具有 30～35℃的温度，稠度 120～220 g/L。用符合标准的冲击磨，可经一次磨碎，达到所要求的磨碎效果。其他各种磨碎机，经一次研磨往往达不到磨碎效果，要经过多次研磨。

4. 纤维分离

细磨浆料中以皮层为主的纤维成分是通过曲筛逆流筛洗工艺从淀粉和蛋白质乳液中被分离出去的。曲筛又称 1200 压力曲筛，筛面呈圆弧形，筛孔 50 μm，浆料冲击到筛面上的压力要达到 2.1～2.8 kg/cm^2。筛面宽度为 61 cm，由 6 或 7 个曲筛组成筛洗流程，细磨后的浆料首先进入第一道曲筛，通过筛面的淀粉与蛋白质混合的乳液进入下一道工序。而筛出的皮渣还裹带部分淀粉，要经稀释后进入第二道曲筛，而稀释皮渣的正是第二道曲筛的筛下物，第二道曲筛的筛上物再经稀释后送入第三道曲筛，稀释第二道曲筛筛出的皮渣用的又是第三道曲筛的筛下物，依此类推。最后一道曲筛的筛上物皮渣则引入清水洗涤，洗涤水依次逆流，通过各道曲筛。最后一道筛的筛上物皮渣纤维被洗涤干净，淀粉及蛋白质最大限度地被分离进入下一道工序。曲筛逆流筛洗流程的优点是淀粉与蛋白质能最大限度地分离。

5. 麸质分离

通过曲筛逆流筛洗流程中第一道曲筛后，乳液中的干物质是淀粉、蛋白质和少量可溶性成分的混合物，干物质中有 5%～6%的蛋白质，前面已经提到，经过浸泡过程中 SO_2 的作用，蛋白质与淀粉已基本游离开来，利用离心机可以使淀粉与蛋白质分离。在分离过程中，淀粉乳的 pH 应调到 3.8～4.2，稠度应调到 0.9～2.6 g/L，温度在 49～54℃，最高不要超过 57℃。

离心机分离的原理是蛋白质的相对密度小于淀粉，在离心力的作用下形成清液与淀粉分离，麸质水和淀粉乳分别从离心机的溢流和底流喷嘴中排出。一次分离不彻底，还可将第一次分离的底流再经另一台离心机分离。分离出来的麸质(蛋白质)浆液，经浓缩干燥制成蛋白粉。

6. 淀粉的清洗

分离出蛋白质的淀粉悬浮液中干物质含量为 33%～35%，其中还含有 0.2%～0.3%的可溶性物质，这部分可溶性物质的存在，对淀粉质量有影响，特别是对于加工糖浆或葡萄糖来说，可溶性物质含量高，对工艺过程不利，严重影响糖浆和葡萄糖的产品质量。

为了排除可溶性物质，降低淀粉悬浮液的酸度和提高悬浮液的浓度，可利用真空过滤器或螺旋离心机进行洗涤，也可采用多级旋流分离器进行逆流清洗，清洗时的水温应控制在 49～52℃。

经过上述 6 道工序，完成了玉米湿磨分离的过程，分离出了各种副产品，得到了纯净的淀粉乳悬浮液。如果连续生产淀粉糖等进一步转化的产品，可以在淀粉悬浮液的基础上进一步转入糖化等下道工序，而要想获得商品淀粉，则必须进行脱水干燥。

(三)淀粉的脱水干燥

湿淀粉不耐储存，特别是在高温条件下会迅速变质。从上述湿法工艺流程中分离得到的含量为 36%～38%的淀粉乳要立即输送至干燥车间。淀粉脱水要相继用两种方法：机械脱水和加热干燥。

1. 机械脱水

机械脱水对于含水量在60%以上的悬浮液来说是比较经济和实用的方法，其脱水效率是加热干燥的3倍。因此，要尽可能地用机械方法从淀粉乳中排除更多的水分。玉米淀粉乳的机械脱水一般选用离心式过滤机。自动的卧式离心过滤机是间歇操作的机械，在完成间歇操作时设有停顿。装料、离心分离及卸除淀粉可以连续进行。过滤筛网一般选用120目金属网，筛网借助金属板条和环固定在转子里。加料可分为两个阶段，第一阶段为加满阶段，可进行4～6次加料，每次时间为2～3 s，每加一次料的间隔时间为6～10 s。第二阶段为溢满阶段，待料加满后还需要再加1～2次，待料外溢后进行1.5～2 min的脱水分离过程。脱水结束后即可提刀卸料，为了防止刮破滤网，一般应控制剩余料层厚度在10～15 mm。卸料结束便完成了一个操作循环。总而言之，淀粉的机械脱水虽然效率高，但达不到淀粉干燥的最终目的，离心过滤机只能使淀粉含水量降到34%左右。而商品淀粉要干燥到12%～14%的含水量，必须在机械脱水的基础上，再进一步采用加热干燥法。

2. 加热干燥

淀粉在经过机械脱水后，还含有36%～38%的水分，这些水分均匀地分布在淀粉各部分之中。为了蒸发出淀粉中的水分，必须供给对于提高淀粉颗粒内水分的温度所需要的热。要迅速干燥淀粉，同时又要保证淀粉在加热时保持其天然淀粉的性质不变，主要采用气流干燥法。

气流干燥法是松散的湿淀粉与经过清洁的热空气混合，在运动的过程中，使淀粉迅速脱水的过程。经过净化的空气一般被加热至120～140℃作为热的载体，这时利用了空气从被干燥的淀粉中吸收水分的能力。在淀粉干燥的过程中，热空气与被干燥介质之间进行热交换，即淀粉及所含的水分被加热，热空气被冷却；淀粉粒表面的水分由于从空气中得到的热量而蒸发，这时淀粉的水分下降；水分由淀粉粒中心向表面转移。空气的温度降低，淀粉被加热，淀粉中的水分蒸发出来。采用气流干燥法，由于湿淀粉粒在热空气中呈悬浮状态，受热时间短，仅3～5 s，而且，120～140℃的热空气温度为淀粉中的水分汽化所降低。所以淀粉既能迅速脱水，又能保证天然性质不变。

淀粉干燥按下列顺序工作：离心脱水机卸出的湿淀粉进入供料器，再由螺旋输送器按所需数量送入疏松器。在疏松器内进入淀粉的同时，送入热空气，这种热空气是预先经过净化，并在加热器内加热至 140℃。由于风机在干燥机的空气管路中造成真空状态，使空气进入疏松器。疏松器的旋转转子把进入的淀粉再粉碎成极小的粒子，使其与空气强烈搅和。形成的淀粉空气混合物在真空状态下在干燥器的管线中移动，经干燥管进入旋风分离器，淀粉在这样的运动过程中变干。在旋风分离器中混合物分为干淀粉和废气。旋风分离器中沉降的淀粉沿着器壁慢慢掉下来，并经由螺旋输送器排至筛分设备，从而得到含水量为12%～14%的纯净、粉末状淀粉。该淀粉各指标应符合国家标准GB12309—1990。

第三节　其他薯类、谷物淀粉的生产工艺

一、马铃薯淀粉的生产工艺

（一）马铃薯的原料特征

马铃薯属茄科、茄属作物，又称土豆、洋山芋、地蛋、山药蛋等。马铃薯产量高，营养

丰富，对环境的适应性较强，虽然起源于南美洲，但是现在已是世界上主要的粮食作物之一，年产量约 3 亿吨，仅次于小麦、水稻、玉米，在粮食作物中居第 4 位。马铃薯是多年生草本植物，属于块茎类，块茎中含有大量淀粉。马铃薯块茎中的主要物质含量随品种、土壤、气候条件、耕种技术、储存条件及储存时间等因素不同而有较大变化。块茎的化学成分中，水分占马铃薯全部质量的 3/4，淀粉约占块茎干物质质量的 80%，这也是马铃薯作为淀粉生产原料的主要依据。

马铃薯用途极广，既可当主食，又可作蔬菜，还可以作家畜的饲料。在工业上除了用来制酒和乙醇外，主要用来生产淀粉和各种马铃薯食品。马铃薯淀粉具有糊化温度低、糊液黏度大、稳定性强、成膜性好且强度高等优良特性及其他原淀粉无可比拟的透明度，口味相当温和，不具有玉米和小麦淀粉那样典型的谷物味，在对淀粉性能要求较高的纺织、造纸、食品加工等行业具有广泛的应用。

(二)马铃薯淀粉提取工艺流程

马铃薯块茎中的淀粉颗粒包含在构成块茎的植物细胞里。马铃薯淀粉生产就是尽可能地破坏马铃薯块茎细胞壁，释放出淀粉颗粒并清除可溶性及不溶性杂质。一般工业化生产采取湿法加工工艺，其主要工序都由如下几部分组成(图 7-2)。

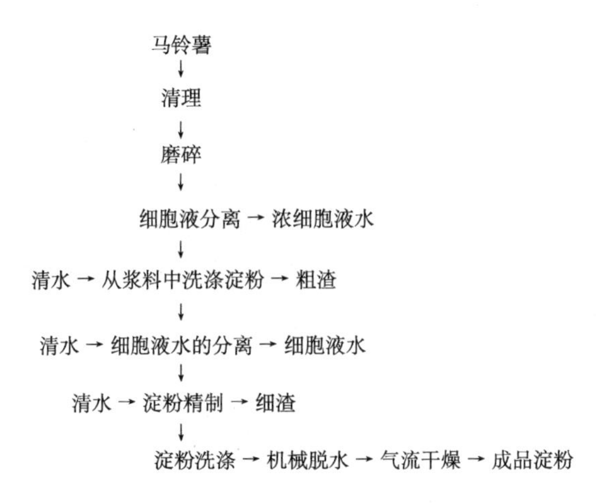

图 7-2　马铃薯淀粉提取工艺流程

马铃薯淀粉生产工艺中，水的使用量较大，因此在各个工序中，应尽可能充分利用水，可采用闭环式和半闭环式生产方法，使过程水得到重复利用。另外，在生产中，各过程水的温度直接影响到淀粉的洗涤与分离，因此，应采用温水和恒温生产。

(三)马铃薯淀粉提取技术要点

1. 原料预处理

马铃薯在加工成淀粉之前，需要进行清洗除杂。清洗的质量直接影响粉碎和筛分系统机器设备的寿命及淀粉产品的质量。在许多工厂中，原料的清洗和输送是同时进行的。

通常原料从储仓送到清洗工段是由皮带运输机、斗式提升机、刮板输送机、流水输送槽和螺旋输送机来完成的。皮带输送机和刮板输送机常用于水平或小倾斜度输送；螺旋输送机和流水输送槽只用于水平输送。鲜薯的输送常用流水输送槽，因为在输送原料的同时完成了部分表面清洗工作。流水输送槽的横截面一般呈“U”形，可用砖砌成，最后加抹水泥，或者用混凝土制成，也可用木材、硬聚乙烯板或钢板制成。薯干片的输送常用皮带输送机、刮板输送机和斗式提升机。

清洗工序主要是清除物料外表皮层沾带的泥沙、石块、金属等硬杂质，并洗去物料块根的部分表皮。对作为生产淀粉的原料进行清洗，是保证淀粉质量的基础。常用的清洗、去石设备有螺旋清洗机、鼠笼式清洗机、桨叶式清洗机、去石上料清洗机、转筒式清洗机等。根据原料含杂情况可选择其中的一些设备进行组合，达到清洗要求。一般清洗时间为8～15 min；在沙质土壤中收获的马铃薯洗涤时间可短些，为8～9 min；在黑黏土中收获的马铃薯洗涤时间要长些，为12～15 min。经过清洗后，马铃薯中的杂质含量不应高于0.1%，薯块损伤率不大于5%，洗涤水中淀粉的含量应小于0.005%。

2. 马铃薯的破碎

马铃薯磨碎的目的在于尽可能使块茎的细胞破裂，并从中释放出淀粉颗粒。马铃薯擦碎机是使用最广泛、最有效的马铃薯磨碎机械。马铃薯的破碎主要取决于擦碎机的性能，其破碎系数的高低具有重要意义，在很大程度上决定了淀粉的产量及与之相关的生产技术经济指标。薯块的粉碎如果不充分，则会因细胞壁破坏不完全，不能使淀粉充分游离出来，造成在筛分过程中，淀粉仍留存于粉渣中，减少了淀粉的产出率，并且还会使淀粉的分离不能迅速地进行。如果淀粉过细，会增加粉渣的分离难度。擦碎后的马铃薯悬浊液由破碎的和未破裂的细胞、细胞液及淀粉颗粒所组成。除擦碎机外，也可采用锤片式粉碎机或砂盘磨等进行破碎。

粉碎后，薯块细胞中所含的氢氰酸被释放出来。氢氰酸能与铁反应生成呈淡蓝色的亚铁氰化物。因此，凡是与淀粉接触的破碎机和其他机械与管道都应用不锈钢或其他耐腐蚀的材料制成。此外，细胞中的氧化酶释放出来，在空气中氧的作用下，组成细胞的一些物质发生氧化变色，导致淀粉色泽发暗。在破碎时或破碎后，应立即向破碎浆料中加入亚硫酸遏制氧化酶的作用。

3. 细胞液分离

磨碎后，从马铃薯细胞中释放出来的细胞液是溶于水的蛋白质、氨基酸、微量元素、维生素及其他物质的混合物。天然的细胞液中含干物质4.5%～7.0%。对细胞液及时进行分离，可降低以后各工序中泡沫的形成，以提高工艺设备及泵的生产效率，有利于重复利用工艺过程用水，大大减少淀粉生产中废水的数量。同时，可防止在氧的作用下，细胞物质发生氧化作用导致淀粉的颜色发暗。

分离细胞液是通过离心机进行的。在分离时应尽量减少淀粉的损失。分离出的浓细胞液可作为副产品加以利用。为了便于浆料的输送，分离出细胞液的含淀粉的浆料，可用净水或工艺水按1∶1～1∶2的比例加以稀释，送至下道工序。

4. 粗渣(纤维)的分离

分离出细胞液后再用水稀释的马铃薯浆料是一种水悬浮液，其中包含了淀粉颗粒、纤维素、蛋白质和部分可溶性物质。本工序的任务是从浆料中筛除粗渣滓，一般采用筛分法。方法是用水把浆料在不同结构的筛分设备上，用不同的工艺流程进行洗涤。一般生产厂家多采用四级旋转离心筛分离淀粉，也有的采用六级压力曲筛和旋流法进行分离。粗渣留在筛面上，筛下物包括淀粉及部分细渣的水悬浮液。

5. 细胞液水的分离

在上面工序中被冲洗出来的筛下物悬浮液中的干物质含量只有 3%～4%，其中稀释后的细胞水由于仍含有易被空气中氧气氧化的成分，所以容易变成暗褐色，从而影响淀粉的颜色。应立即用离心机将其稀释后的细胞液水分离出去。所用设备为卧式沉降式离心机。

6. 淀粉乳精制和细渣滓的洗涤

淀粉乳精制就是把大部分细渣从淀粉乳中清除。精制环节对马铃薯淀粉最终品质有很大影响。进入精制的淀粉乳中淀粉含量占干物质质量的 91%～94%，其余大部分为细渣滓。淀粉乳的精制一般也在振动筛、离心筛或弧形筛上进行。筛网应采用双料筛绢或尼龙筛绢，每平方厘米筛孔数在 1400 个以上，孔眼尺寸在 140～160 μm，筛孔有效面积占筛面的 34%左右。筛洗方法是将在离心机上分离出细胞液水后的浓缩淀粉乳用水稀释至干物质浓度为 12%～14%，然后进行筛洗。筛洗后的淀粉乳中细渣占淀粉乳的干物质量不能大于 0.5%。

在淀粉乳精制工序中，留在筛面的细渣滓中，还含有 30%～60%的游离淀粉。为了分离出这些淀粉，要对这些细渣进行洗涤。由于细渣和淀粉在大小和质量上相差不大，所以不易分离，最好采用曲筛洗涤工艺。分离后的细渣中游离淀粉含量应当不超过细渣滓干物质总质量的 5%。

纤维分离与洗涤的工艺流程有多种。应用最广泛的是将粗渣和细渣在筛上分别分离洗涤。这种工艺中细渣的分离和洗涤比较困难，因为细渣颗粒与大的淀粉粒尺寸接近，所以操作中要多次调节淀粉乳的浓度，反复进行洗涤。工艺用水量大，电耗较高，近几年有些厂家采用粗渣和细渣同时在曲筛上分离洗涤的工艺，利用逆流原理，粗、细渣滓共同洗涤可以大大降低用于筛分工序的水耗和电耗，简化工艺的调节，并能充分地从渣滓中洗涤出游离淀粉。

7. 淀粉乳的洗涤

经过精制的淀粉乳中，淀粉的干物质纯度可达 97%～98%，但还有少量的杂质，主要是细沙、纤维和可溶性物质。为了进一步得到高纯度的淀粉，有必要再进行清洗，除沙和洗涤淀粉一般根据各组分沉降速度的不同，采用不同类型的旋液分离器进行。

8. 淀粉的洗涤

马铃薯淀粉的脱水和干燥，与玉米淀粉的干燥相似，采用先用离心式机械脱水，然后进行气流干燥的工艺。但是干燥马铃薯淀粉的温度一般不能超过 55～58℃，温度超过此范围会造成淀粉颗粒局部糊化、结块，外形失去光泽，黏度降低等。

二、甘薯淀粉的生产工艺

(一)甘薯的介绍

甘薯，又名红薯、白薯、地瓜、番薯、红苕、山芋等，属旋花科，一年生植物。红薯原产美洲，16 世纪进入亚洲，16 世纪末传入我国，最初在福建、广东一带栽培，以后向长江、黄河流域传播。我国甘薯种植面积和年总产量均居世界首位。

(二)甘薯淀粉的生产工艺流程

生产甘薯淀粉的原料有鲜甘薯和甘薯干。鲜甘薯由于不便运输，储存困难，因而必须及时加工。用鲜甘薯加工淀粉季节性强，甘薯要在收货后两三个月内被加工，因而不能满足常年生产的需要，所以鲜甘薯淀粉的生产多属小型工业或农村传统作坊式。一般工业生产都是以薯干为原料，可实现机械化操作，淀粉的得率也较高。下面主要介绍以薯干为原料的淀粉加工工艺。

以甘薯干为原料生产淀粉的工艺流程如下：

甘薯干→预处理→浸泡→磨碎→筛分→流槽分离→碱处理→酸处理→清洗→离心脱水→干燥→成品淀粉

1. 预处理

甘薯干在加工和运输过程中混入了各种杂质，所以必须经过预处理。方法有干法和湿法两种。干法是采用筛选、风选及磁选等设备，湿法是用洗涤机或洗涤槽清洗除去杂质。

2. 浸泡

为了提高淀粉出率，可采用 0.02 mol/L 的饱和石灰水浸泡，使浸泡液 pH 为 10～11，浸泡时间约 12 h，温度控制在 35～40℃，浸泡后甘薯片的含水量为 60%左右。然后用水淋洗，洗去色素和尘土。

用石灰水浸泡甘薯片的作用是：①使甘薯片中的纤维膨胀，以便在破碎后和淀粉分离，并减少对淀粉颗粒的破碎；②使甘薯片中色素溶液渗出，留存于溶液中，可提高淀粉的白度；③石灰水可降低果胶等胶体物质的黏性，使薯糊易于筛分，提高筛分效率；④保持碱性，抑制微生物活性，防止腐败菌繁殖；⑤使淀粉乳在流槽中分离时，提高回收率，并减少蛋白质污染。

3. 磨碎

磨碎是薯干淀粉生产的重要工序。磨碎的好坏，直接影响到产品的质量和淀粉的收回率。浸泡后的甘薯片随水进入锤片式粉碎机进行破碎。一般采用两次破碎，即甘薯片经第一次破碎后，筛分出淀粉，再将筛上薯渣进行第二次破碎，然后过筛。在破碎过程中，为降低瞬时温度的升高，根据二次破碎粒度的不同，调整粉浆浓度，第一次破碎为 3～3.5°Bé，第二次破碎为 2～2.5°Bé。

4. 筛分

经过磨碎得到的甘薯糊，必须进行筛分，分离出粉渣。筛分一般分粗筛和细筛两次处理。粗筛使用 80 目尼龙布，细筛使用 120 目尼龙布。甘薯糊进入筛面，要求均匀过筛，不断淋水，淀粉随水通过筛孔进入存浆池，而薯渣留存在筛面上从筛尾排除。在筛分过程中，由于浆液中所含有的果胶等胶体物质易滞留在筛面上，影响筛分的分离效果，因此应经常清洗筛面，保持筛面通畅。

5. 流槽分离

经筛分所得的淀粉乳，还需进一步将其中的蛋白质、可溶性糖类、色素等杂质除去，一般采用沉淀流槽。淀粉乳经流槽，由于淀粉与蛋白质相对密度不同，相对密度大的淀粉沉于槽底，蛋白质等胶体物质随汁水流出至黄粉槽，沉淀的淀粉用水冲洗入漂洗池。

6. 碱、酸处理和清洗

为进一步提高淀粉乳的纯度，还需对淀粉乳进行碱、酸处理。用碱处理的目的是除去淀粉中的碱溶性蛋白质和果胶杂质。碱处理后用清水清洗两次，使淀粉乳接近中性，然后进行酸处理，用酸处理的目的是溶解淀粉浆中的钙、镁等金属盐类。淀粉乳在碱洗过程中往往增加了这类物质，如不用酸处理，总钙量会过高，用无机酸溶解后再用水洗涤除去，便可得到灰分含量低的淀粉。酸处理后加水清洗至 pH 6 左右，以利于淀粉的储存和运输。

7. 离心脱水

清洗后得到的湿淀粉的水分含量达 50%～60%，用离心机脱水，使湿淀粉含水量降到 38%左右。

8. 干燥

湿淀粉经气流干燥系统干燥至水分含量 12%～13%，即得成品淀粉。

三、木薯淀粉的生产

木薯又称树薯、树番薯、南洋薯、木番薯等，是世界三大薯类之一(木薯、甘薯、马铃薯)，是多年生木本植物。木薯原产于南美亚马孙河盆地，后传入非洲、亚洲各地。目前，世界上产木薯最多的国家有印度尼西亚、巴西、尼日利亚、刚果、泰国等。木薯适应性强，产量高，分布面积广，其栽培粗放，耐旱性强，除要求气温高外，对地势、土壤、雨量要求不高，贫瘠土地也可用来种植。我国木薯产地主要有广东、广西、福建、云南等省(自治区)。目前，广西是我国最大的木薯生产基地。木薯一向以高产、稳产著称，主要成分是淀粉，因此可作为生产淀粉的主要原料。

(一)木薯的主要成分

木薯的化学组成为：淀粉及其他碳水化合物 25%、维生素 2%、蛋白质 3%、其他 5%、水分 65%。木薯的化学组成因品种、生长期、土壤、降雨量而有很大的不同。从品种上来说，木薯可分为甜种薯和苦种薯。甜种薯适宜作食品原料，苦种薯则因淀粉含量比甜种薯高 5%左右，因而适宜制作淀粉。苦种薯含有一种有毒物——氰配糖体，约为 0.05%，比甜种薯的含量高 10 倍。氰配糖体在木薯本身所含的一种酶的作用下，可水解成丙酮氰酸，丙酮氰酸又可进一步分解成氢氰酸，氢氰酸有剧毒，经分析表明，木薯块茎的外皮，每 100 g 含氢氰酸 17.7 mg，内皮层每 100 g 含 142.4 mg，薯肉中每 100 g 含 14.2 mg。因此，无论是用于食用还是生产淀粉时，都应把薯皮去掉。另外，由于配糖体易溶于水，制取的淀粉，一般氰配糖体含量可降到卫生标准以下。应注意的是，氰配糖体与水中铁离子结合生成蓝色的亚铁氰化物，使淀粉着色。因此，在生产淀粉时应避免使用铁制的设备，所用水质也应符合要求。

(二)木薯淀粉生产工艺流程

以鲜木薯为原料的木薯淀粉生产工艺流程如下：

木薯→清洗→去皮→磨碎→筛分→除砂→精制→浓缩→脱水→干燥→成品淀粉

(三)操 作 要 点

1. 清洗

木薯加工前必须彻底清洗，将所有细微污物洗净；否则，木薯本身所带进的这些杂质会影响淀粉的色泽和品质。

2. 去皮

洗净的木薯，在破碎前应该去皮，因为木薯的皮层含有有毒物——氰化物。木薯汁中的一种酶作用于氰化物则生成氢氰酸，遇铁生成蓝色的普鲁士蓝，影响淀粉的色泽。因此，在生产木薯淀粉时，应避免使用铁制设备，而且必须除去木薯的内外皮，以防止淀粉着色，保证淀粉质量。一般洗水用量为原料用量的 4 倍，去皮率达 80%以上。

3. 磨碎、筛分

将去皮的木薯，送入锤片式粉碎机进行磨碎，为了使木薯块根得到充分磨碎，可以采用两次磨碎处理。在磨碎过程中，不断加水。筛分的工艺与马铃薯淀粉相同，即磨碎的薯糊用离心筛和 120°压力曲筛配合使用分离粉渣。曲筛用于纤维筛分和洗涤，离心筛用于精筛除去细渣。筛分洗涤之后，要求所得薯渣含淀粉在 35%(干基)以下，其中含游离淀粉小于 5%，乳浆的纤维杂质含量低于 0.05%，乳浆浓度达到 5～6°Bé。

4. 精制

木薯淀粉的精制包括：漂白、除砂和分离。

漂白是保证木薯干淀粉产品品质的重要环节，其作用是调节淀粉乳 pH，以控制微生物活性及发酵；加速淀粉与其他杂质分离；漂去淀粉颗粒外层胶质使淀粉颗粒洁白。

除砂是根据相对密度分离的原理，将淀粉乳用压力泵抽入旋流除砂器，经旋流，底流除砂，溢流过浆，达到除砂的目的。经过除砂，不仅可以除去细砂等杂质，还可以保护碟片型分离机。

分离作用是从淀粉乳中除去蛋白质、脂肪及细纤维等杂质，从而达到淀粉乳洗涤、精制、浓缩的目的。根据水、蛋白质、淀粉的相对密度不同，常用碟片式分离机进行分离。一般用两台碟片式分离机串联，在第一台分离机中除去淀粉中的黄浆水及其他可溶性杂质，然后用泵送入第二台分离机，浓缩后供后面工序使用。

5. 脱水和干燥

精制浆的脱水一般采用刮刀式离心机脱水，脱水后的湿淀粉乳含水低于 35%，经输送入气流干燥机干燥，成品含水量控制在 12%～13% ，即得成品淀粉。

四、豆类淀粉生产

豆类是人类三大食用作物(禾谷类、豆类、薯类)之一，在农作物中的地位仅次于禾谷类。富含淀粉的豆类主要有蚕豆、绿豆、豌豆、赤豆等。豆类淀粉中直链淀粉含量较高，具有热黏度高等优良性能，在食品工业上是制备粉丝、粉皮的良好原料。豆类淀粉做成的粉丝、粉皮等制品，得率高、质量好、韧性足、色泽好、入口软糯、风味最佳；而用玉米淀粉、马铃薯淀粉、甘薯淀粉等其他淀粉制成的产品，质量欠佳。豆类淀粉中，又以绿豆淀粉为原料生产的粉丝、粉皮等为上乘；蚕豆、豇豆稍逊；赤豆、豌豆和杂豆制品则质量较差。目前国内外豆类淀粉生产工艺有三种，即酸浆法、离心分离法和旋流分离法。这里以绿豆淀粉生产为例，介绍其生产方法。

(一)酸　浆　法

酸浆法是生产绿豆、豌豆淀粉的传统工艺方法，工艺比较简单，其中酸浆通过自然发酵制得，并在工艺中循环利用。

酸浆法的工艺流程如下：

绿豆→清洗→浸泡→磨浆→筛分→沉淀→分离→脱水→干燥→成品淀粉

沉淀↓渣　分离↓酸浆　脱水↓黄浆水

1. 浸泡

浸泡分两次。第一次浸泡以每 50 kg 绿豆加水 60 kg，水温夏季 60℃，冬季 80℃，浸泡 4 h，待浸渍水被绿豆吸干，用清水洗净绿豆中的泥沙杂质；第二次浸泡用冷水进行，浸泡时间夏天约 6 h，冬天约 18 h。经过浸泡使绿豆的皮能见横裂即可。如果绿豆的裂纹太大，说明浸泡过熟，没有裂纹说明浸泡太生。太熟或太生对绿豆淀粉成品率和质量均有影响。

2. 磨浆

浸泡好的绿豆用石磨磨碎，磨浆时应一边加绿豆一边掺水，每 50 kg 原料掺水约 25 kg，掺水要均匀，使绿豆磨得均匀细腻。

3. 筛分

将磨好的绿豆浆液采用 80 目平筛过滤，除去豆渣，过滤时要在筛面上喷水两三次，总量为原料的 150%，使豆渣内的淀粉充分过滤出来。

4. 沉淀

绿豆淀粉沉降一般采用酸浆，它是把豆粉浆的废液放置一定时间，经过自然发酵，使其逐渐变酸，就成了能沉淀淀粉的酸浆。豆粉浆中除淀粉外，还含有蛋白质、细纤维等，为了使它们与淀粉分开，加入酸浆，酸浆中的乳酸链球菌，具有凝集淀粉颗粒的能力，从而使淀粉颗粒脱离渣中大部分蛋白质、细纤维的吸附作用，迅速沉淀下来，从而使淀粉与蛋白质和细纤维分离。用这种方法提取的绿豆淀粉制作的粉丝色泽好、亮度大、韧性强、味道美，是其他淀粉和其他提取方法所不能代替的。我国著名的龙口粉丝，就是用酸浆法提取的绿豆淀粉制作而成的。

酸浆沉降的淀粉经过滤、脱水、干燥，即得成品绿豆淀粉。

（二）离心分离法

酸浆法工艺采用的酸浆是通过自然发酵得到的，受气候影响很大，操作较为繁琐，经验性强，不适合机械化连续生产，豆类的蛋白质难以综合利用。为了克服上述缺点，可采用离心分离法。工艺流程如下。

绿豆原料→清理→浸泡→破碎→浮选分离→磨浆→筛分→离心分离→洗涤→脱水→干燥→成品淀粉

1. 清理与浸泡

原料豆先进筛选、风选、磁选、石机等设备去除各类杂质。除去杂质的豆输入浸泡罐或浸泡池浸泡。控制水温在 40～45℃浸泡 10 h 左右，泵出浸泡液，然后用后续工段淀粉脱水的分离水继续浸泡 4～6 h。取豆观察有无发芽、掉皮现象，用手捏挤豆皮很容易脱落，豆瓣发脆，容易捏断且无硬心，即可立即破碎。豆类经过浸泡后被软化，使一部分可溶性蛋白质、无机盐、糖、果胶质、单宁等浸出。同时，在浸泡中豆内的一部分蛋白酶被激活，加之乳酸菌产生的乳酸的作用，使束缚淀粉的蛋白质被分解，淀粉游离出来，便于淀粉的分离提纯。

2. 破碎与浮选分离

浸泡好的豆，加入后续工艺水搅拌清洗，泵入砂石捕集器除去砂石，滤去输送水。豆按一定比例加清水送入破碎机破碎成4～5瓣，使豆皮脱离子叶，然后进入浮选分离槽。搅动使豆皮漂浮于分离槽表面，通过滤流门排出，经溜筛分离，筛下浆液与粗豆粕浆合并进入下道工序。

3. 磨浆、筛分

磨粉设备可采用针磨或金刚砂磨分两步完成。粗豆粕浆加入1倍量的过程水进行磨制，得到的细豆浆通过0.18 mm筛(80目筛)分出粗渣。粗渣再加3倍量的过程水稀释后进行两次磨制，然后经0.15 mm筛(100目筛)分离出细渣，经过程水洗涤，豆渣用于加工饲料。筛分后的粉浆送入离心工序。

4. 离心分离、洗涤

除去皮、渣后的粉浆中除淀粉外，还含有蛋白质、少量细渣和可溶性固形物等，由于它们的相对密度都比淀粉小，故可采用碟片式离心机分离。经第一级离心机分离得的浓稠淀粉浆用清水稀释洗涤后进入第二级离心分离机分离。分离出的稠淀粉乳再用清水稀释洗涤。

5. 脱水、干燥

稀释后的淀粉乳可用刮刀式离心机进行脱水，使淀粉含水量降到40%左右，并可进一步除去残余蛋白质。脱水淀粉经气流干燥得水分含量低于14%的干淀粉，纯度可达99%以上。

(三)旋流分离法

旋流分离工艺主要借鉴玉米淀粉，是湿法生产工艺。磨浆筛分以前的工序与离心分离法相同，分离豆渣后的粉浆用亚硫酸溶液处理，有利于浆液中淀粉与蛋白质的分离，起到酸浆法中酸浆的作用。缩短了处理时间，抑制了自然发酵，增加了淀粉的白度，采用0.05%～0.1%的亚硫酸溶液即可。工艺流程如下。

绿豆原料→清理→浸泡→破碎→浮选分离→磨浆→筛分→亚硫酸处理→旋流分离洗涤→脱水→干燥→成品淀粉

第四节　淀粉制糖

淀粉糖是以淀粉为原料，通过酸或酶的催化水解反应生产的糖品总称，是淀粉深加工的主要产品，种类包括麦芽糖、葡萄糖、果葡糖浆等。在美国，淀粉糖的年产量超过1000万吨，占玉米深加工总量的60%，从20世纪80年代中期开始，美国国内淀粉糖消费量已经超过蔗糖。我国食糖生产和消费，长期以来，一直以蔗糖为主、淀粉糖为辅，近年来国家大力扶植和推广淀粉糖。近年来，伴随着玉米深加工、食品工业的发展、酶制剂等生物技术的进步和人们消费结构的变化，我国淀粉糖行业取得了显著的发展，产量以年均10%的速度增长，而且品种也日益增加，形成了各种不同甜度及功能的麦芽糊精、葡萄糖、麦芽糖、功能性糖及糖醇等几大系列的淀粉糖产品。

淀粉糖的原料是淀粉，理论上任何含淀粉的农作物，如玉米、大米、木薯等均可用来生产淀粉糖，且生产不受地区和季节的限制。淀粉糖在口感、功能性上比蔗糖更能适应不同消费者的需要，并可改善食品的品质和加工性能，如低聚异麦芽糖可以增殖双歧杆菌、防龋齿；

麦芽糖浆、淀粉糖浆在糖果、蜜饯制作中代替部分蔗糖可以防止“返砂”、“发烊”等，这些都是蔗糖无可比拟的。因此，淀粉糖具有很好的发展前景。

一、淀粉糖种类

淀粉糖种类按成分组成来分大致可分为：液体葡萄糖，结晶葡萄糖(全糖)，麦芽糖浆(饴糖、高麦芽糖浆、麦芽糖)，麦芽糊精，麦芽低聚糖，果葡糖浆等。

1. 液体葡萄糖(淀粉糖浆)

液体葡萄糖(淀粉糖浆)是控制淀粉适度水解得到的以葡萄糖、麦芽糖及麦芽低聚糖组成的混合糖浆，葡萄糖和麦芽糖均属于还原性较强的糖，淀粉水解程度越大，葡萄糖等含量越高，还原性越强。淀粉糖工业上常用葡萄糖值(dextrose equivalent，DE 值，糖化液中还原性糖全部当做葡萄糖计算，占干物质的百分率称葡萄糖值)来表示淀粉水解的程度。液体葡萄糖按转化程度可分为高、中、低三大类。工业上产量最大、应用最广的中等转化糖浆，其 DE 值为 30%～50%，其中 DE 值为 42%左右的又称为标准葡萄糖浆。高转化糖浆 DE 值在 50%～70%，低转化糖浆 DE 值在 30%以下。不同 DE 值的液体葡萄糖在性能方面有一定差异，因此不同用途可选择不同水解程度的淀粉糖。

2. 葡萄糖

葡萄糖是淀粉经酸或酶完全水解的产物，由于生产工艺的不同，所得葡萄糖产品的纯度也不同，一般可分为结晶葡萄糖和全糖两类，其中葡萄糖占干物质的 95%～97%，其余为少量因水解不完全而剩下的低聚糖，将所得的糖化液用活性炭脱色，再流经离子交换树脂柱，除去无机物等杂质，便得到了无色、纯度高的精制糖化液。将此精制糖化液浓缩，在结晶罐冷却结晶，得含水 α-葡萄糖结晶产品；在真空、较高温度下结晶，得到无水 β-葡萄糖结晶产品；在真空罐中结晶，得无水 α-葡萄糖结晶产品。

3. 果葡糖浆

如果把精制的葡萄糖液流经固定化葡萄糖异构酶柱，使其中葡萄糖一部分发生异构化反应，转变成其异构体果糖，得到糖分组成主要为果糖和葡萄糖的糖浆，再经活性炭和离子交换树脂精制，浓缩得到无色透明的果葡糖浆产品。这种产品的质量分数为 71%，糖分组成为果糖 42%(干基计)、葡萄糖 53%、低聚糖 5%，这是国际上在 20 世纪 60 年代末开始大量生产的果葡糖浆产品，甜度等于蔗糖，但风味更好，被称为第一代果葡糖浆产品，称为 F42。

20 世纪 70 年代末期世界上研究成功用无机分子筛分离果糖和葡萄糖技术，将第一代产品用分子筛模拟移动床分离，得果糖含量达 94%的糖液，再与适量的第一代产品混合，得果糖含量分别为 55%和 90%两种产品。甜度高过蔗糖分别为蔗糖甜度的 1.1 倍和 1.4 倍，也被称为第二、第三代产品。第二代产品的质量分数为 77%，果糖 55%(干基计)，葡萄糖 40%，低聚糖 5%。第三代产品的质量分数为 80%，果糖 90%(干基计)，葡萄糖 7%，低聚糖 3%。根据果糖含量称为 F55 和 F90。

4. 麦芽糖浆

麦芽糖浆是以淀粉为原料，经酶或酸结合法水解制成的一种淀粉糖浆，和液体葡萄糖相比，麦芽糖浆中葡萄糖含量较低(一般在 10%以下)，而麦芽糖含量较高(一般在 40%～90%)，按制法和麦芽糖含量不同可分别称为饴糖、高麦芽糖浆、超高麦芽糖浆等，其糖分组成主要是麦芽糖、糊精和低聚糖。

二、淀粉糖的制备工艺

淀粉的糖化有酸糖化和酶糖化两种方式。淀粉在酸或淀粉酶的催化作用下发生水解反应，其水解最终产物随所用的催化剂种类而异。在酸作用下，淀粉水解的最终产物是葡萄糖，在淀粉酶作用下，随酶的种类不同而产物各异。

(一)淀粉的酸糖化机理

淀粉乳加入稀酸后加热，经糊化、溶解，进而葡萄糖苷链裂解，形成各种聚合度的糖类混合溶液。在稀溶液情况下，最终将全部变成葡萄糖。在糖化过程中，酸仅起催化作用。淀粉的酸水解反应如下式：

$$(C_6H_{10}O_5)_n + nH_2O \longrightarrow nC_6H_{12}O_6$$

在淀粉的水解过程中，颗粒结晶结构被破坏。α-1,4 糖苷键和 α-1,6 糖苷键被水解生成葡萄糖，而 α-1,4 糖苷键的水解速度大于 α-1,6 糖苷键。

淀粉水解生成的葡萄糖受酸和热的催化作用，又发生复合反应和分解反应。复合反应是葡萄糖分子通过 α-1,6 糖苷键结合生成异麦芽糖、龙胆二糖、潘糖和其他具有 α-1,6 糖苷键的低聚糖类。复合糖可再次经水解转变成葡萄糖，此反应是可逆的。分解反应是葡萄糖分解成5'-羟甲基糠醛、有机酸和有色物质等。在糖化过程中，水解、复合和分解三种化学反应同时发生，而水解反应是主要的。复合与分解反应是次要的，但对糖浆生产是不利的，降低了产品的收得率，增加了糖液精制的困难，所以要尽可能降低这两种反应。

(二)影响淀粉酸糖化的因素

1. 酸的种类和浓度

可以水解淀粉的酸很多，但各种酸的相对催化效率不同。盐酸的相对催化效能最高，乙酸较低。

在使用酸催化时需注意：使用盐酸催化、Na_2CO_3 中和时，会生成氯化钠，增加了精制时离子交换的负担，同时盐酸的腐蚀性强；但由于盐酸催化效率高，因此仍被大多数厂家选用。使用硫酸催化、$CaCO_3$ 中和时，$CaSO_4$ 沉淀后可过滤去除。但少量溶解的 $CaSO_4$ 存留在糖液中糖液在蒸发浓缩时，容易在蒸发器壁结垢，影响传热速率，因此，工业上很少使用硫酸。草酸催化、$CaCO_3$ 中和时，生成的草酸钙沉淀可全部过滤去除，以减少副反应的发生；但草酸价格贵，工业上也较少使用。

酸水解时，生产上常控制糖化液 pH 1.5～2.5。同一种酸，浓度增大，能增进水解，但两者之间并不表现为等比例关系。因此，酸的浓度就不宜过大，否则会引起不良后果。

2. 淀粉乳浓度

酸催化淀粉水解生成的葡萄糖，在酸和热的作用下，会发生复合和分解反应，影响葡萄糖的产率，增加糖化液精制的困难。因此，生产上要尽可能降低这两种副反应，有效的方法是通过调节淀粉乳的浓度来控制，生产淀粉糖浆一般淀粉乳浓度控制在 22～24°Bé，结晶葡萄糖则为 12～14°Bé。淀粉乳浓度越高，水解糖液中葡萄糖浓度越大，葡萄糖的复合分解反应就强烈，生成龙胆二糖(苦味)和其他低聚糖也多，影响制品品质，降低葡萄糖产率；但淀粉乳浓度太低，水解糖液中葡萄糖浓度也过低，设备利用率降低，蒸发浓缩耗能大。

3. 温度、压力、时间

温度、压力、时间的增加均能增进水解作用，但过高温度、压力或过长时间，也会引起不良后果。生产上对淀粉糖浆一般控制在压力283～303 kPa、温度142～145℃、时间8～9 min；结晶葡萄糖则采用压力252～353 kPa、温度138～147℃、时间16～35 min。

（三）酸糖化工艺

工业上常用的糖化方法有两种：一种是间断糖化法；另一种是连续糖化法。

1. 间断糖化法

间断糖化法是在一密闭的糖化罐内进行的。糖化进料前，首先开启糖化罐进汽阀门，排除罐内冷空气。在罐压保持0.03～0.05 MPa的情况下，连续进料。

为了使糖化均匀，尽量缩短进料时间，进料完毕，迅速升压至规定压力，并立即快速放料，避免过度糖化。由于间断糖化在放料过程中仍可继续进行糖化反应，为了避免过度糖化，其中间品的DE值要比成品的DE值标准略低。

2. 连续糖化法

由于间断糖化法操作麻烦，糖化不均匀，葡萄糖的复合、分解反应和糖液的转化程度控制困难，又难以实现生产过程的自动化，许多国家采用连续糖化技术。连续糖化分为直接加热式和间接加热式两种。

1）直接加热式　直接加热式的工艺过程为：淀粉与水在一个储槽内调配好，酸液在另一个槽内储存，然后在淀粉乳调配罐内混合，调整浓度和酸度。利用定量泵输送淀粉乳，通过蒸汽喷射加热器升温，并送至维持罐，流入蛇形反应器进行糖化反应，控制一定的温度、压力和流速，以完成糖化过程。而后糖化液进入分离器闪急冷却，二次蒸汽急速排出，糖化液迅速至常压，冷却到100℃以下，再进入储槽进行中和。

2）间接加热式　间接加热式的工艺过程为：淀粉浆在配料罐内连续自动调节pH，并用高压泵打入三套管式的管束糖化反应器内，被内外间接加热。反应一定时间后，经闪急冷却后中和。物料在流动中可产生搅动效果，各部分受热均匀，糖化完全，糖化液颜色浅，有利于精制，热能利用效率高。该法的蒸汽耗量和脱色用活性炭都比间断糖化法节约很多。

（四）淀粉的酶液化和酶糖化工艺

1. 淀粉酶

淀粉的酶水解法是用专一性很强的淀粉酶将淀粉水解成相应的糖。在葡萄糖及淀粉糖浆生产时应用α-淀粉酶与糖化酶（葡萄糖苷酶）的协同作用，前者将高分子的淀粉割断为短链糊精，后者便迅速地把短链糊精水解成葡萄糖。同理，生产饴糖时，则用α-淀粉酶与β-淀粉酶配合，α-淀粉酶转变的短链糊精被β-淀粉酶水解成麦芽糖。

1）α-淀粉酶　α-淀粉酶属内切型淀粉酶，它作用于淀粉时从淀粉分子内部以随机的方式切断α-1,4 糖苷键，但水解位于分子中间的α-1,4 糖苷键的概率高于位于分子末端的α-1,4 糖苷键，α-淀粉酶不能水解支链淀粉中的α-1,6 糖苷键，也不能水解相邻分支点的α-1,4 糖苷键；不能水解麦芽糖，但可水解麦芽三糖及以上的含 α-1,4 糖苷键的麦芽低聚糖。由于在其水解产物中，还原性末端葡萄糖分子中 C1 的构型为α-型，故称为α-淀粉酶。

α-淀粉酶作用于直链淀粉时，可分为两个阶段：第一个阶段速度较快，能将直链淀粉全部水解为麦芽糖、麦芽三糖及直链麦芽低聚糖；第二阶段速度很慢，如酶量充分，最终将麦芽三糖和麦芽低聚糖水解为麦芽糖和葡萄糖。α-淀粉酶水解支链淀粉时，可任意水解 α-1,4 糖苷键，不能水解 α-1,6 糖苷键及相邻的 α-1,4 糖苷键，但可越过分支点继续水解 α-1,4 糖苷键，最终水解产物中除葡萄糖、麦芽糖外还有一系列带有 α-1,6 糖苷键的糊精，不同来源的α-淀粉酶生成的糊精结构和大小不尽相同。

来源于芽孢杆菌的α-淀粉酶水解淀粉分子中的 α-1,4 糖苷键时，最初速度很快，淀粉分子急速减小，淀粉浆黏度迅速下降，工业上称之为“液化”。随后，水解速度变慢，分子继续断裂、变小，产物的还原性也逐渐增高，用碘液检验时，淀粉遇碘变蓝色，糊精随分子由大至小，分别呈紫色、红色和棕色，当糊精分子小到一定程度(聚合度小于 6 个葡萄糖单位时)就不起碘色反应，因此实际生产中，可用碘液来检验α-淀粉酶对淀粉的水解程度。

α-淀粉酶较耐热，但不同来源α-淀粉酶具有不同的热稳定性和最适反应温度。目前市售酶制剂中，以地衣芽孢杆菌所产α-淀粉酶耐热性最高，其最适反应温度达95℃左右，瞬间可达 105～110℃，因此该酶又称耐高温淀粉酶。由枯草杆菌产生的 α-淀粉酶最适反应温度为70℃，称为中温淀粉酶。来源于真菌的α-淀粉酶，最适反应温度仅为55℃左右，为非耐热性淀粉酶，一般作为糖化酶使用。

一般而言，工业生产用α-淀粉酶均不耐酸，当pH低于4.5时，活力基本消失。在pH为5.0～8.0时较稳定，最适pH为5.5～6.5。不同来源的α-淀粉酶在此范围内略有差异。不同来源的α-淀粉酶均含有钙离子，钙与酶分子结合紧密，钙能保持酶分子最适空间构象，使酶具有最高活力和最大稳定性。钙盐对细菌α-淀粉酶的热稳定性有很大的提高，液化操作时，可在淀粉乳中加少量钙离子，对α-淀粉酶有保护作用，可增强其耐热力至90℃以上，因此最适液化温度为85～90℃。

2) *β-淀粉酶*　β-淀粉酶是一种外切型淀粉酶，它作用于淀粉时从非还原末端依次切开相隔的两个葡萄糖单元(麦芽糖)，并且由α-构型转变为β-构型，最终产物全是麦芽糖，所以也称麦芽糖酶。β-淀粉酶不能水解支链淀粉的α-1,6 糖苷键，也不能跨过分支点继续水解，故水解支链淀粉是不完全的，残留下β-极限糊精。β-淀粉酶水解淀粉时，由于从分子末端开始，总有大分子存在，因此黏度下降慢，不能作为糖化酶使用；而β-淀粉酶水解淀粉水解产物如麦芽低聚糖时，水解速度很快，可作为糖化酶使用。

β-淀粉酶活性中心含有巯基(—SH)，因此，一些氧化剂、重金属离子及巯基试剂均可使其失活，而还原性的谷胱甘肽、半胱氨酸对其有保护作用。

β-淀粉酶和α-淀粉酶的最适 pH 范围基本相同，一般均为 5.0～6.5，但 β-淀粉酶的稳定性明显低于α-淀粉酶，70℃以上一般就失活。不同来源的β-淀粉酶稳定性也有较大的差异，大豆β-淀粉酶最适作用温度为60℃左右，大麦β-淀粉酶最适作用温度为50～55℃，而细菌β-淀粉酶最适作用温度一般低于50℃。

3) *糖化酶(葡萄糖淀粉酶)*　糖化酶(葡萄糖淀粉酶)对淀粉的水解作用是从淀粉的非还原性末端开始，依次水解α-1,4 糖苷键，顺次切下一个一个葡萄糖单位，生成葡萄糖。

葡萄糖淀粉酶专一性差，除水解α-1,4 葡萄糖苷键外，还能水解α-1,6 糖苷键和α-1,3 糖苷键，但后两种键的水解速度较慢，由于该酶作用于淀粉糊时，糖液黏度下降较慢，还原能力上升很快，所以又称糖化酶，不同微生物来源的糖化酶对淀粉的水解能力也有较大区别。

不同来源的葡萄糖淀粉酶在糖化的最适温度和 pH 上存在一定的差异。其中，黑曲霉为 55～60℃，pH 3.5～5.0；根霉 50～55℃，pH 4.5～5.5；拟内孢霉为 50℃，pH 4.8～5.0，糖化时间根据相应淀粉糖质量指标中 DE 值的要求而定，一般为 12～48 h，糖化温度一般采用 55℃以上可避免长时间保温过程中细菌的生长；糖化 pH 一般为弱酸性，不易生成有色物质，有利于提高糖化液的质量。

4）*脱支酶*　脱支酶是水解支链淀粉、糖原等大分子化合物中 α-1,6 糖苷键的酶。脱支酶可分为直接脱支酶和间接脱支酶两大类，前者可水解未经改性的支链淀粉或糖原中的 α-1,6 糖苷键，后者仅可作用于经酶改性的支链淀粉或糖原，这里仅讨论直接脱支酶。

根据水解底物专一性的不同，直接脱支酶可分为异淀粉酶和普鲁兰酶两种。异淀粉酶只能水解支链结构中的 α-1,6 糖苷键，不能水解直链结构中的 α-1,6 糖苷键；普鲁兰酶不仅能水解支链结构中的 α-1,6 糖苷键，也能水解直链结构中的 α-1,6 糖苷键，因此它能水解含 α-1,6 糖苷键的葡萄糖聚合物。

脱支酶在淀粉制糖工业上的主要应用是和 β-淀粉酶或葡萄糖淀粉酶协同糖化，提高淀粉转化率，以及麦芽糖或葡萄糖得率。

2. 淀粉液化

淀粉液化是使糊化后的淀粉发生部分水解，暴露出更多可被糖化酶作用的非还原性末端。它是利用液化酶使糊化淀粉水解到糊精和低聚糖程度，造成黏度大为降低，流动性增高，所以工业上称为“液化”。酶液化和酶糖化的工艺称为双酶法或全酶法。液化也可用酸，酸液化和酶糖化的工艺称为酸酶法。

由于淀粉颗粒的结晶性结构，淀粉糖化酶无法直接作用于生淀粉，必须加热生淀粉乳，使淀粉颗粒吸水膨胀并糊化，破坏其结晶结构，但糊化的淀粉乳黏度很大，流动性差，搅拌困难，难以获得均匀的糊化结果，特别是在较高浓度和大量物料的情况下操作有困难。而淀粉酶对于糊化的淀粉具有很强的催化水解作用，能很快水解到糊精和低聚糖范围大小的分子，黏度急速降低，流动性增高。此外，液化还可为下一步的糖化创造有利条件，糖化使用的葡萄糖淀粉酶属于外酶，水解作用从底物分子的非还原尾端进行。在液化过程中，分子被水解到糊精和低聚糖范围的大小程度，底物分子数量增多，糖化酶作用的机会增多，有利于糖化反应。

1）*液化机理*　液化使用 α-淀粉酶，它能水解淀粉和其水解产物分子中的 α-1,4 糖苷键，使分子断裂，黏度降低。α-淀粉酶属于内酶，水解从分子内部进行，不能水解支链淀粉的 α-1,6 糖苷键，当 α-淀粉酶水解淀粉切断 α-1,4 糖苷键时，淀粉分子枝叉地位的 α-1,6 糖苷键仍然留在水解产物中，得到异麦芽糖和含有 α-1,6 糖苷键、聚合度为 3～4 的低聚糖和糊精。但 α-淀粉酶能越过 α-1,6 糖苷键继续水解 α-1,4 糖苷键，不过 α-1,6 糖苷键的存在对于水解速度有降低的影响，所以淀粉酶水解支链淀粉的速度较直链淀粉慢。

2）*液化程度*　在液化过程中，淀粉糊化、水解成较小的分子，应当达到何种程度合适？葡萄糖淀粉酶属于外酶，水解只能由底物分子的非还原尾端开始，底物分子越多，水解生成葡萄糖的机会越多。但是，葡萄糖淀粉酶是先与底物分子生成络合结构，而后发生水解催化作用，这需要底物分子的大小具有一定的范围，有利于生成这种络合结构，过大或过小都不适宜。根据生产实践，淀粉在酶液化工序中水解到 DE 值 15～20 范围合适。水解超过此程度，不利于糖化酶生成络合结构，影响催化效率，糖化液的最终葡萄糖值较低。

利用酸液化，情况与酶液化相似，在液化工序中需要控制水解程度在 DE 值 15～20 为宜，水解程度高，则导致糖化液的葡萄糖值降低。若液化到 DE 值 15 以下，液化淀粉的凝沉性强，易于重新结合，对于过滤性质有不利的影响。

3) *液化方法*　液化方法有三种：升温液化法、高温液化法和喷射液化法。

(1)升温液化法。升温液化法是一种最简单的液化方法。30%～40%的淀粉乳调节 pH 为 6.0～6.5，加入 $CaCl_2$ 调节钙离子浓度到 0.01 mol/L，加入需要量的液化酶，在保持剧烈搅拌的情况下，喷入蒸汽加热到 85～90℃，在此温度保持 30～60 min 达到需要的液化程度，加热至 100℃以终止酶反应，冷却至糖化温度。此法需要的设备和操作都简单，但因在升温糊化过程中，黏度增加使搅拌不均匀，料液受热不均匀，致使液化不完全，液化效果差，并形成难以受酶作用的不溶性淀粉粒，引起糖化后糖化液的过滤困难，过滤性质差。为改进这种缺点，液化完后加热煮沸 10 min，谷类淀粉(如玉米)液化较困难，应加热到 140℃，保持几分钟。虽然如此加热处理能改进过滤性质，但仍不及其他方法好。

(2)高温液化法。将淀粉乳调节 pH 和钙离子浓度，加入需要量的液化酶，用泵打到经喷淋头引入液化桶中约 90℃的热水中，淀粉受热糊化、液化，由桶的底部流出，进入保温桶中，于 90℃保温约 40 min 或更长的时间达到所需的液化程度。此法的设备和操作都比较简单，效果也不差。缺点是淀粉不是同时受热，液化欠均匀，酶的利用也不完全，后加入的部分作用时间较短。对于液化较困难的谷类淀粉(如玉米)，液化后需要加热处理以凝结蛋白质类物质，改进其过滤性质。通常在 130℃加热液化液 5～10 min 或在 150℃加热 1～1.5 min。

(3)喷射液化法。先通蒸汽入喷射器预热到 80～90℃，用位移泵将淀粉乳打入，蒸汽喷入淀粉乳的薄层，引起糊化、液化。蒸汽喷射产生的湍流使淀粉受热快而均匀，黏度降低也快。液化的淀粉乳由喷射器下方卸出，引入保温桶中在 85～90℃保温约 40 min 达到需要的液化程度。此法的优点是液化效果好，蛋白质类杂质的凝结好，糖化液的过滤性质好，设备少，也适于连续操作。马铃薯淀粉液化容易，可用 40%浓度。玉米淀粉液化较困难，以 27%～33%浓度为宜，若浓度在 33%以上，则需要提高用酶量 2 倍。

酸液化法的过滤性质好，但最终糖化程度低于酶液化法。酶液化法的糖化程度较高，但过滤性质较差。为了利用酸和酶液化法的优点，有酸酶合并液化法，先用酸液化到葡萄糖值约 4，再用酶液化到需要程度，经用酶糖化，糖化程度能达到葡萄糖值约 97，稍低于酶液化法，但过滤性质好，与酸液化法相似。此法只能用管道设备连续进行，因为调节 pH、降温和加液化酶的时间快，也避免回流。若不用管道设备，则由于低葡萄糖值淀粉液的黏度大，凝沉性也强，过滤性质差。

3. 淀粉糖化

在液化工序中，淀粉经 α-淀粉酶水解成糊精和低聚糖范围的较小分子产物，糖化是利用葡萄糖淀粉酶进一步将这些产物水解成葡萄糖。纯淀粉通过完全水解，会增加质量，理论上每 100 份淀粉完全水解能生成 111 份葡萄糖，但现在工业生产技术还没有达到这种水平，这是因为有水解不完全的剩余物和复合产物，如低聚糖和糊精等存在。如果在糖化时采取多酶协同作用的方法，例如，除葡萄糖淀粉酶以外，再加上异淀粉酶或普鲁兰酶并用，能使淀粉水解率提高，且所得糖化液中葡萄糖占总糖的百分率可达 99%以上。

双酶法生产葡萄糖工艺糖化两天，葡萄糖值可达到 95～98。在糖化的初始阶段，速度快，第一天葡萄糖达到 90 以上，以后的糖化速度变慢。葡萄糖淀粉酶对于 α-1,6 糖苷键的水解速度慢。提高用酶量能加快糖化速度，但考虑到生产成本和复合反应，不能增加过多。降低浓度能提高糖化程度，但考虑到蒸发费用，浓度也不能降低过多，一般采用浓度约 30%。

1) 淀粉糖化机理　糖化是利用葡萄糖淀粉酶从淀粉的非还原性尾端开始水解 α-1,4 葡萄糖苷键，使葡萄糖单位逐个分离出来，从而产生葡萄糖。它也能将淀粉的水解初产物，如糊精、麦芽糖和低聚糖等水解产生 β-葡萄糖。它作用于淀粉糊时，反应液的碘色反应消失很慢，糊化液的黏度也下降较慢，但因酶解产物葡萄糖不断积累，淀粉糊的还原能力却上升很快，最后反应几乎将淀粉 100%水解为葡萄糖。

葡萄糖淀粉酶不仅由于酶源不同造成对淀粉分解率有差异，即使是同一菌株产生的酶中也会出现不同类型的糖化淀粉酶。例如，将黑曲霉产生的粗淀粉酶用酸处理，使其中的 α-淀粉酶破坏，然后用玉米淀粉吸附分级，获得易吸附于玉米淀粉的糖化型淀粉酶Ⅰ及不吸附于玉米淀粉的糖化型淀粉酶Ⅱ两个分级，其中糖化型淀粉酶Ⅰ能 100%地分解糊化过的糯米淀粉和较多的 α-1,6 糖苷键的糖原及 β-极限糊精，而糖化型淀粉酶Ⅱ仅能分解 60%～70%的糯米淀粉，对于糖原及 β-极限糊精则难以分解。除了淀粉的分解率因酶源不同而有差异外，耐热性、耐酸性等性质也会因酶源不同而有差异。

不同来源的葡萄糖淀粉酶在糖化的适宜温度和 pH 上也存在差别。例如，曲霉糖化酶为 55～60℃，pH 3.5～5.0；根霉的糖化酶为 50～55℃，pH 4.5～5.5；拟内孢酶为 55℃，pH 4.8～5.0。

2) 糖化操作　糖化操作比较简单，将淀粉液化液引入糖化桶中，调节到适当的温度和 pH，混入需要量的糖化酶制剂，保持 2～3 天达到最高的葡萄糖值，即得糖化液。糖化桶具有夹层，用来通冷水或热水调节和保持温度，并具有搅拌器，保持适当的搅拌，避免发生局部温度不均匀的现象。

糖化的温度和 pH 决定于所用糖化酶制剂的性质。根据酶的性质选用较高的温度，可使糖化速度较快，感染杂菌的危险变小。选用较低的 pH，可使糖化液的色泽浅，易于脱色。加入糖化酶之前要注意先将温度和 pH 调节好，避免酶在不适当的温度和 pH 条件下，活力受影响。在糖化反应过程中，pH 会稍有降低，可以调节 pH，也可将开始的 pH 稍调高一些。

达到最高的葡萄糖值以后，应当停止反应，否则，葡萄糖值趋向降低，这是因为葡萄糖发生复合反应，一部分葡萄糖又重新结合生成异麦芽糖等复合糖类。这种反应在较高的酶浓度和底物浓度的情况下更为显著。葡萄糖淀粉酶对于葡萄糖的复合反应亦具有催化作用。

糖化液在 80℃，受热 20 min，酶活力全部消失。实际上不必单独加热，脱色过程中即达到这种目的。活性炭脱色一般是在 80℃保持 30 min，酶活力同时消失。

提高用酶量，糖化速度快，最终葡萄糖值也增高，能缩短糖化时间。但提高用酶量有一定的限度，过多反而引起复合反应，导致葡萄糖值降低。

4. 糖化液的精制和浓缩

淀粉糖化液的糖分组成因糖化程度而不同，为葡萄糖、低聚糖和糊精等。另外，还有糖的复合和分解反应产物、原存在于原料淀粉中的各种杂质、水带来的杂质及作为催化剂的酸或酶等，这些杂质对于糖浆的质量和结晶、葡萄糖的产率和质量都有不利的影响，需要对糖化液进行精制，以尽可能地除去这些杂质。

糖化液精制的方法一般采用中和、过滤、脱色和离子交换树脂处理。

1) 中和　酸糖化工艺需要中和，酶法糖化不用中和。使用盐酸作为催化剂时，用碳酸钠中和；用硫酸作为催化剂时，用碳酸钙中和。在这里并不是中和到真正的中性点(pH 7.0)，而是中和大部分催化用的酸，同时调节 pH 到蛋白质等胶体物质的等电点。糖化液中蛋白质类胶体物质在酸性条件下带正电荷，当糖化液被逐渐中和时，胶体物质的正电荷也逐渐消失，当糖化液的 pH 达到这些胶体物质的等电点(pH 4.8～5.2)时，电荷全部消失，胶体凝结成絮状物，但并不完全。若在糖化液中加入一些带负电荷的胶性黏土(如膨润土)为澄清剂，能更好地促进蛋白质类物质的凝结，降低糖化液中蛋白质的含量。

2) 过滤　过滤就是除去糖化液中的不溶性杂质，目前普遍使用板框过滤机，同时最好用硅藻土为助滤剂，来提高过滤速度，延长过滤周期，提高滤液澄清度。一般采用预涂层的办法，以保护滤布的毛细孔不被一些细小的胶体粒子堵塞。

为了提高过滤速率，糖液过滤时，要保持一定的温度，防止黏度增加，同时要正确地掌握过滤压力。因为滤饼具有可压缩性，其过滤速度与过滤压力差密切相关。但当超过一定的压力差后，继续增加压力，滤速也不会增加，反而会使滤布表面形成一层紧密的滤饼层，使过滤速度迅速下降。所以，过滤压力应缓慢加大为好。不同的物料应使用不同的过滤机，其最适压力要通过试验确定。

3) 脱色　糖液中含有的有色物质和一些杂质必须除去，才能得到澄清透明的糖浆产品。工业上一般采用骨炭和活性炭脱色。活性炭又分颗粒炭和粉末炭两种。骨炭和颗粒炭可以再生重复使用，但因设备复杂，仅在大型工厂使用。一般中小型工厂使用粉末活性炭，重复使用 2～3 次后弃掉，成本高，但设备简单，操作方便。

(1) 脱色工艺条件。①糖液的温度：活性炭的表面吸附力与温度成反比，但温度高，吸附速率快。在较高温度下，糖液黏度较低，加速糖液渗透到活性炭的吸附内表面，对吸附有利。但温度不能太高，以免引起糖的分解而着色，一般以 80℃为宜。②pH：糖液 pH 对活性炭吸附没有直接关系，但一般在较低 pH 下进行，脱色效率较高，葡萄糖也稳定。工业上均以中和操作的 pH(4.8～5.2) 作为脱色的 pH。③脱色时间：　一般认为吸附是瞬间完成的，为了使糖液与活性炭充分混合均匀，脱色时间以 25～30 min 为好。④活性炭用量：活性炭用量少，利用率高，但最终脱色差；用量大，可缩短脱色时间，但单位质量的活性炭脱色效率降低。因此，一般采取分次脱色的办法，并且前脱色用废炭，后脱色用好炭，以充分发挥脱色效率。

(2) 脱色设备。糖液脱色是在具有防腐材料制成的脱色罐内完成的。罐内设有搅拌器和保温管，罐顶部有排气筒。脱色后的糖液经过滤得到无色透明的液体。

4) 离子交换树脂处理　糖液经活性炭处理后仍有部分无机盐和有机杂质存在，工业上采用离子交换树脂处理糖液，起离子交换和吸附的作用。离子交换树脂除去蛋白质、氨基酸、羟甲基糠醛和有色物质等的能力比活性炭强。经离子交换树脂处理的糖液，灰分可降低到原来的 1/10，对有色物质去除彻底，因而，不但产品澄清度好，而且久置也不变色，有利于产品的保存。

离子交换树脂分为阳离子交换树脂和阴离子交换树脂两种，目前普遍应用的工艺为阳—阴—阳—阴 4 只滤床，即两对阳、阴离子交换树脂滤床串联使用。

5) 浓缩　经过净化精制的糖液，浓度比较低，不便于运输和储存，必须将其中大部分水分去掉，即采用蒸发使糖液浓缩，达到要求的浓度。

淀粉糖浆为热敏性物料，受热易着色，所以要在真空状态下进行蒸发，以降低液体的沸点。一般蒸发温度不宜超过 68℃。蒸发操作有间歇式、连续式和循环式三种。采用间歇式蒸发，糖液受热时间长，不利于糖浆的浓缩，但设备简单，最终浓度容易控制，有的小型工厂还采用间歇式蒸发操作。采用连续式蒸发，糖液受热时间短，适应于糖液浓缩，处理量大，设备利用率高，但最终浓度控制不易，在浓缩比很大时难以一次蒸发达到要求。采用循环式蒸发可使一部分浓缩液返回蒸发器，物料受热时间比间歇式短，浓度也较易控制，适合糖液的浓缩。蒸发操作中的主要费用是蒸汽消耗量，为了节约蒸汽，可采用多效蒸发，既充分利用二次蒸气，又节约大量的冷却用水。

第五节　变性淀粉的生产工艺

一、变性淀粉的基本概念

(一) 变性淀粉的定义

在淀粉所具有的固有特性的基础上，为改善淀粉的性能和扩大应用范围，利用物理、化学或酶法处理，改变淀粉的天然性质，增加其某些功能性或引进新的特性，使其更适合于一定应用的要求。这种经过二次加工，改变了性质的产品统称为变性淀粉。

(二) 变性的目的

变性淀粉的最大特点是能通过各种变性手段，使淀粉的颗粒结构或者分子结构发生变化，从而使淀粉的物理性能(如淀粉的糊化特性、水的分散性、黏度、黏接性能、糊的透明度、凝胶化能力、成膜性等)发生一系列变化，以适应应用领域对其性质的不同要求。变性的目的主要有三个：一是改善产品的加工性能，如现代食品加工的高温杀菌要求淀粉糊化后能耐高温，纺织工业浆纱过程中要求淀粉做到高浓低黏；二是提高产品的质量，如肉制品中添加变性淀粉与添加原淀粉相比，不但前者的口感要好于后者，同时，其储藏性能远胜于后者；三是扩大淀粉的用途，在很多领域，本不能使用原淀粉，但变性淀粉却有很好的使用效果，如纺织上使用淀粉，羟乙基淀粉、羟丙基淀粉代替血浆，高交联淀粉代替外科手套用滑石粉等。以上绝大部分新应用是天然淀粉所不能满足或不能同时满足的，因此要变性，且变性目的主要是改变糊的性质，如糊化温度、热黏度及其稳定性、冻融稳定性、凝胶力、成膜性、透明性等。

(三) 变性的内容

淀粉变性的内容包括以下几点：

(1) 破坏淀粉分子的部分或者全部结构、松动颗粒组织、降低分子质量；

(2) 引入化学改性基团，使淀粉具有阴、阳或两性离子的特性，从而降低糊化温度，增加糊的透明度，减缓凝胶的形成，改善冻融稳定性与保水性；

(3) 通过交联技术提高糊化温度，在剧烈蒸煮或在高剪切、低 pH 的条件下，提高淀粉糊黏度稳定性，改善冻融和保水性，降低淀粉糊的透明度；

(4)通过氧化或者酸催化水解，淀粉链的断裂会引起淀粉黏度的降低；

(5)通过物理或化学诱发，与其他不饱和高分子单体进行接枝共聚，从而引进合成高分子的特性；

(6)通过遗传育种或者分离方法，改变直链淀粉和支链淀粉比例。

二、变性淀粉的分类

目前，变性淀粉的品种、规格达 2000 多种，变性淀粉的分类一般是根据变性方法和工艺路线来进行的。

(一)按照变性方法分类

1. 物理变性

物理变性包括预糊化淀粉、湿热处理淀粉、射线照射淀粉、机械研磨处理淀粉等。

2. 化学变性

化学变性是指用各种化学试剂处理得到的变性淀粉。其中分为两大类：一类是淀粉分子质量下降的淀粉，如酸化淀粉、氧化淀粉、焙烤糊精等；另一类是使淀粉分子质量上升的淀粉，如酯化淀粉、醚化淀粉、交联淀粉、接枝共聚淀粉等。

3. 生物变性(酶法变性)

生物变性(酶法变性)是指通过生物的方法(如各种酶)处理得到的变性淀粉，包括多孔淀粉、酶法糊精等。

4. 复合变性淀粉

采用两种或者两种以上处理方法得到的变性淀粉为复合变性淀粉，如氧化-交联淀粉、交联-酯化淀粉等。采用复合变性得到的变性淀粉具有两种或两种以上变性淀粉的各自优点。

(二)按照变性淀粉制备工艺路线分类

1. 湿法

湿法也称浆法，是将淀粉分散在水中，配成一定浓度的悬浮液，在一定的温度下与化学试剂进行氧化、酸解、酯化、醚化、交联等改性反应，生成变性淀粉。如果采用的分散介质不是水，而是有机溶剂或含水的混合溶剂时，又称为溶剂法。

湿法工艺过程主要包括调浆、反应、洗涤、脱水、干燥、粉碎和过筛。反应调浆的淀粉干基浓度一般在 40%(质量分数)左右，工业上运用波美计进行度量；反应时最关键的因素，如温度、时间、pH 等的不同可得到不同反应程度的产物。反应结束后需要进行中和，并通过洗涤将反应结束后的产物中含有未反应的化学品和其他生成物去除，最常用的洗涤介质是水。洗涤后的变性淀粉乳的浓度在 34%～38%(质量分数)，需要进行脱水后才能干燥。脱水后的变性淀粉的含水量通常在 40%(质量分数)左右，采用工业上常用的气流干燥进行干燥得到粉末状变性淀粉。最后根据品种、应用场合、产品的不同，对产品进行粉碎和筛分。

湿法生产变性淀粉是工业上应用最普遍的方法，几乎所有的变性淀粉都可以采用湿法生产。湿法生产工艺反应均匀，产品质量稳定，易于去除杂质，但与干法相比，产品得率低并产生废水。

2. 干法

干法是指淀粉在含有少水量(20%)或者少量溶剂的情况下，与化学试剂发生反应生成变性淀粉的一种生产方法。干法是在“干”的状态下完成变性反应，并非没有水的参与，含水20%以下的淀粉，几乎看不出有水分存在。它的工艺阶段主要包括混合、反应、增湿和筛分等，在干法生产中，系统中所含的水分很少，淀粉与化学试剂极难混合均匀，因此混合是干法生产的关键工序，可采用专门的混合器将淀粉和化学品在干的状态下进行混合后导入反应器进行反应；还可采用在湿的状态下混合、干的状态下反应，分两步完成变性淀粉的生产。干法反应的温度比较高，多采用蒸汽和导热油进行加热。反应结束后物料的水分通常较低，而商品变性淀粉和水分一般在14%，因此需对产品进行增湿，目的是增加产品的水分含量，纯属经济目的，由专门的增湿设备来完成。最后将干反应的物料进行筛分达到成品要求。

干法制备变性淀粉工艺简单，产品得率高，也不产生废水，无污染，是一种有发展前途的生产方法。但是采用干法生产的变性淀粉类别较少；反应不易均匀；因不经洗涤工艺，不易去除杂质；生产品质不稳定。

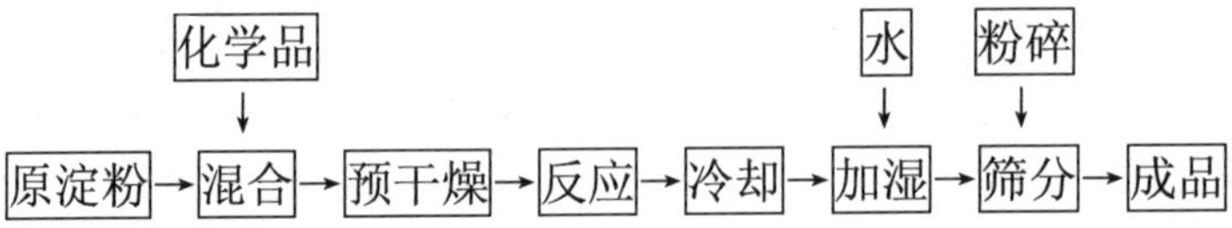

化学品 ↓（混合）　　水 ↓（加湿）　　粉碎 ↓（筛分）

原淀粉→混合→预干燥→反应→冷却→加湿→筛分→成品

3. 有机溶剂法

有机溶剂法是指淀粉分散在有机溶剂或者含水的混合溶剂中，配成一定浓度的悬浮液，在一定的温度下与化学试剂进行变性反应，生成变性淀粉。有机溶剂是为了区别水相体系而称为溶剂法，其实质与湿法相同。由于有机溶剂的价格昂贵，多数又有易燃易爆的危险，回收相对繁琐，所以只有生产高取代度、高附加值产品才采用。

4. 滚筒干燥法

滚筒干燥法是工业中主要用来生产预糊化淀粉的一种生产工艺。它是将淀粉在调浆罐中调成一定浓度的淀粉乳，也可以按要求加入化学试剂，混合均匀后，用泵打入预先已经加热的滚筒表面上，将淀粉乳在滚筒表面形成一层均匀的薄层，滚筒内蒸汽加热，使表面的淀粉乳薄层迅速糊化，随着滚筒的转动，水分不断蒸发，最后形成一层干燥的淀粉糊化薄膜，用刮刀刮下，经过粉碎和筛分而得到产品。

三、变性条件及变性程度的衡量

1. 变性条件

1) *淀粉浓度*　在变性淀粉生产中，用湿法生产时，淀粉乳固形物含量一般在35%～40%(质量分数，干基)；干法生产水分含量控制在1%～25%。

2) *温度*　反应的温度按照变性淀粉品种及变性要求的不同而不同，总体而言，湿法反应一般在20～60℃，一般低于淀粉的糊化温度；而干法反应所需要的温度则较高，在100～180℃，有的反应还要求在真空下进行。

3) pH　不同的变性淀粉，其生产所需的pH有所不同，除酸解反应外，pH控制在7～12，一般用稀盐酸、稀硫酸及3%氢氧化钠溶液进行调节，在反应过程中为避免O_2对淀粉产生的降解作用，可考虑通入N_2。

4）试剂用量　试剂用量的多少取决于变性淀粉的取代度（DS）要求的残留量等卫生指标，不同试剂用量可以生产不同取代度的系列产品，食品用变性淀粉对试剂用量及残留量有具体要求。

5）反应介质　一般生产低取代度的产品用水作为介质，成本相对低；高取代度的产品采用有机溶剂作为反应介质，成本较高，有时在反应时还需要通过添加少量盐（如 NaCl、Na_2SO_4等），其作用主要为：避免淀粉糊化；避免试剂分解，如 $POCl_2$；遇水分解，加入 NaCl 可避免其在水中分解；盐可以破坏水化层，使试剂容易进去，从而提高反应效率。

6）洗涤、脱水、干燥　干法变性一般没有洗涤的过程，如果将干法反应的变性淀粉用于食品中，产品必须通过洗涤，使产品残留试剂符合卫生性质指标；湿法改性根据产品质量要求，反应完后用水或溶剂洗涤 2～3 次。脱水后的淀粉水分含量在 40%左右，高水分含量的淀粉不便储藏和运输，必须干燥，使水分含量降于安全水分以下，一般采用气流干燥，一些中小型工厂也有采用烘房干燥或带式干燥机干燥。

2. 变性程度的衡量

不同种类的变性淀粉有不同的变性程度衡量方法，如下所述。

（1）预糊化淀粉的评价指标为糊化度。

（2）酸解淀粉用流度来衡量水解程度，水解程度越高，黏度越低，流度越大，分子质量越小。

（3）酶法糊精的评价指标为 DE 值，即还原糖含量占总固形物含量的比例，DE 越高酶解程度越高。

（4）氧化淀粉用流度或者羧基含量衡量其氧化程度，羧基含量越高，流度越大，氧化程度越高。

（5）接枝淀粉用接枝百分率来评价接枝程度，接枝百分率是指接枝共聚物分子上单体聚合的量占接枝共聚物总量的百分比，它反映了接枝共聚物分子中合成高分子部分占整体接枝共聚物分子的比例。

（6）交联淀粉用溶胀或者降解体积表示交联程度，溶胀度或者沉降体积越小，交联程度越高。

（7）酯化淀粉或者醚化淀粉用取代度来表示。取代度（degree of substitution，DS）的平均数量计算公式为

$$DS = \frac{162W}{100M - (M-1)W}$$

式中，W 表示取代基质量分数；M 表示取代基分子质量；DS 表示分子中葡萄糖残基中羟基被取代基团取代的平均数。例如，取代度为 0.02 表示每 50 个葡萄糖单位有一个羟基被取代。淀粉中大多数 D-吡喃葡萄糖基上有 3 个羟基（C-2、C-3 和 C-6）能够被取代，因此，DS 最大值为 3。

若取代基之间进一步聚合，则用摩尔取代基（MS）来表示变性淀粉的变性程度，即 MS 表示平均每摩尔葡萄糖残基上结合的取代基物质的量，这样 MS 便可大于 3，即 MS≥DS。例如，羟丙基淀粉，环氧丙烷可以与已经取代的羟丙基淀粉进行反应，反应产物如下所示。

```
淀粉—O—CH—CH2—CH2—CH—CH2—CH3
        |              |
        OH             OH
```

环氧丙烷与已经取代的羟丙基淀粉的反应产物

通常高取代度淀粉取代度大于 2.0，低取代度淀粉取代度小于 0.2，工业上使用的多为低取代度产品。很低程度的取代即可改善如黏度、稳定性、溶解度、膨胀性和凝沉性等性质。较高取代度的淀粉衍生物具有取代基的性质。

四、主要变性淀粉的制备

（一）预糊化淀粉

1. 制备与原理

淀粉经过糊化后，放在室温下冷却的过程中，分子间会以氢键形式重新排列发生回生，回生后的淀粉很难溶于水，复水性较差，使用不方便。预糊化淀粉（pregelatinized starch）是将糊化的淀粉快速脱水干燥，使淀粉分子来不及以氢键重新缔合，产品加入水中仍能复水成黏稠溶液，又称 α 化淀粉。

2. 制备工艺

根据生产预糊化淀粉所使用的设备不同，其生产方法可分为喷雾干燥法、挤压膨化法、微波法和滚筒干燥法。

3. 性质

预糊化淀粉由于生产方法不同，其颗粒形状等都有区别。喷雾干燥法生产的产品为空心球状，微波法生产的产品为不规则的类球形，挤压膨化法和滚筒法生产的产品为薄片状。但无论哪种方法生产的预糊化淀粉，都有其共同的性质，如下所述。

（1）淀粉颗粒完全被破坏，半结晶性消失。

（2）除挤压膨化法外，淀粉的分子质量基本不变。

（3）具有冷水可分散复水性，在冷水中溶胀溶解，形成具有一定黏度的糊液，而且凝沉性比原淀粉小，使用方便。

（二）酸变性淀粉

1. 制备原理

酸变性淀粉（acid-modified starch）又称酸解淀粉、稀沸淀粉，它是利用稀酸处理淀粉乳，在低于糊化温度的条件下搅拌至所要求的程度，然后用水洗至中性或先用碳酸钠中和后再用水洗，最后干燥，即得到酸变性淀粉。本反应中，稀酸随机水解淀粉分子中的 α-1,4 糖苷键和 α-1,6 糖苷键，使淀粉分子链长减少、颗粒削弱，但是并没有使淀粉分子发生实质的化学变化。酸变性淀粉与原淀粉有同样的团粒外形，黏度比原淀粉低，在热水中糊化时颗粒膨胀较小，不溶于冷水，易溶于热水。糊化物冷却后可形成结实的胶体。

2. 制备工艺

目前，酸变性淀粉都是采用湿法生产，将淀粉调成质量分数为 35%～40%，在 1.0%～3.0%的酸催化作用下，温度控制在 40～55℃，反应 0.5 h 到数小时达到所需要的水解程度，有时在反应中可添加一些添加剂来促进反应速度，降低水溶物的生成量而得到高流度产品。它的工艺路线如下。

水↓　酸↓　碱↓

淀粉→淀粉乳→反应→中和→洗涤→脱水→干燥→成品

（水加入淀粉乳，酸加入反应，碱加入洗涤）

3. 性质

对轻度酸解的淀粉而言，其性质主要发生了以下变化。

(1) 淀粉仍以颗粒形态出现，仍保留有半结晶性，酸水解发生在颗粒无定形区，从显微镜观察到的淀粉颗粒表面有许多空洞。

(2) 淀粉分子的分子质量下降，在水解过程中，直链淀粉和支链淀粉分子变小，聚合度降低。

(3) 黏度下降，流度增加。酸解淀粉具有较低的热黏糊度和较高的冷黏糊度。一般用冷黏糊度和热黏糊度的比值来表示淀粉形成凝胶的能力。酸解淀粉的冷热黏度比值加大，凝胶性增强，冷却易于形成强度高的凝胶。

(4) 碘亲和力不变或者略有提高。碘亲和力可反映淀粉中直链淀粉的含量，各种直链淀粉所结合的碘量随其链长增加而增加，酸解淀粉的碘亲和力显示很小的变化，是因为酸优先作用于支链淀粉，对直链淀粉的影响较小。

(5) 溶解度增大。在酸解过程中，随着流度增加，热水中可溶解的淀粉量也增加，高流度时，已有相当数量淀粉转化为可溶性淀粉。

(6) 糊化温度略有上升。酸解后分子变小，颗粒内部分子之间的氢键力增加，破坏氢键的活化能增大，水分子较难侵入，使得淀粉分子的糊化温度有所上升。

(7) 成膜性变好。酸解淀粉的热糊黏度较低，可以达到高浓低黏的效果，只需吸收或者蒸发少量的水分，薄膜可很快地形成，从而可供快速黏合。

(三) 氧 化 淀 粉

1. 制备原理

氧化淀粉(oxidized starch)是利用氧化剂氧化淀粉分子，使淀粉分子的 α-1,4 糖苷键和 α-1,6 糖苷键断裂，同时葡萄糖残基上的 C-2、C-3 和 C-6 上的—OH 被氧化成羰基(—C═O)、醛基(—CHO)和羧基(—COOH)。

特性：氧化剂同时能使淀粉杂质(如含氮物质、色素物质)被氧化，随着洗涤被去除，所以氧化剂对淀粉具有漂白作用，产品色泽较白。

氧化剂种类：氧化剂可分为酸性氧化剂、碱性氧化剂和中性氧化剂。其中，酸性氧化剂如硝酸、铬酸、高锰酸钾、过氧化氢、卤氧酸、过氧乙酸等，碱性氧化剂如碱性次卤酸盐、碱性高锰酸盐、碱性过氧化物、碱性过硫酸盐等，中性氧化剂如溴、碘等。

目前常用的氧化剂有次氯酸盐、过氧化氢、高锰酸盐、过碘酸及其盐、过硫酸盐等。

2. 制备工艺

氧化淀粉的生产工艺以湿法为主，现在有一些厂家采用干法生产。商业上使用最广泛的氧化剂是次氯酸钠，工厂一般自行制备，通过 Cl_2 于冷的 10% NaOH 中，或在漂白粉中加入碳酸钠，反应方程式为

$$2NaOH + Cl_2 \xrightarrow{4℃} NaOCl + H_2O + NaCl + 103.14J$$

$$Ca(OCl)_2 + Na_2CO_3 \longrightarrow 2NaOCl + CaCO_3\downarrow$$

该反应为放热反应，在制备时需要冷却，并保持碱性，以减少 NaOCl 分解和 $CaCO_3$ 生成量。

氧化淀粉制备工艺：将淀粉调成水悬浮液，在连续搅拌的条件下，加入一定量稀释的次

氯酸钠，用 NaOH 调节 pH 为 8～10，温度控制在 21～38℃，达到理想的反应程度时，用酸性亚硫酸钠处理淀粉浆液，终止氧化反应，调节 pH 至中性，然后进行过滤、冲洗并干燥，即得到氧化淀粉成品。

3. 性质

对轻度氧化的淀粉而言，其性质主要发生以下变化。

(1) 氧化反应发生在淀粉颗粒的无定形区域，淀粉仍以颗粒形态出现，保留偏光十字及碘染色特征，有半结晶性，但是表面有空洞。

(2) 淀粉分子的分子质量下降。氧化过程中的淀粉分子中的 α-1,4 糖苷键和 α-1,6 糖苷键断裂，分子变小，且羧基及羰基的生成量、糖苷键切断量等取决于处理程度。

(3) 黏度下降，氧化过程中淀粉热黏度下降，冷糊黏度也相对降低。冷糊黏度和热糊黏度的比值减小，凝胶性下降，氧化淀粉的回生程度小于原淀粉。原因是—COOH 在碱性条件下形成钠盐后以离子形式存在，分子带负电荷，与水分子形成氢键能力增加，同时同性相斥，分子与分子之间形成位阻，分子重新排列的可能性降低，回生程度降低。

(4) 成膜性变好。和酸解淀粉相比，氧化淀粉也可以达到高浓低黏的要求，固形物含量高，形成的薄膜可以很快干燥，但—COOH 的引入使得膜的保水性能增加，膜柔软，速度要有所减慢。

(5) 白度大大提高。氧化剂具有漂白作用，一些杂质被氧化后洗涤除去，氧化淀粉的色泽变白。

(6) 淀粉糊的透明度提高。—COOH 是亲水性基团，它使淀粉周围周围结合大量的水分子，凝沉性减弱，淀粉和水分子形成一个均匀质构的溶胀体，透明度上升。

(四) 交 联 淀 粉

1. 制备原理

交联淀粉(cross-linked starch)是利用化学试剂具有的双官能团，使一个淀粉分子的两个部位或者两个淀粉之间联结起来，即分子内架桥或分子间架桥，使分子之间形成交联，从而获得的淀粉。

2. 制备工艺

通常采用湿法工艺制备交联淀粉。交联淀粉的反应条件在很大程度上取决于使用的双官能团试剂。一般情况下，大多数的反应温度从室温到 50℃，pH 条件从中性到碱性。但用醛作交联剂时，则在酸性条件下进行。反应进行到所需时间之后，进行过滤水洗和干燥，回收淀粉。交联的程度随交联剂、反应时间等因素的不同而不同。交联剂的用量一般为淀粉质量的 0.005%～0.1%。交联的程度可用淀粉糊的沉降体积来表示，即调干基浓度为 10 g/L 的淀粉糊 100 mL，置于 100 mL 具塞量筒中，观察一段时间内淀粉凝沉的体积，将量筒中沉降下来的下部分淀粉体积称为沉降体积。沉降体积越小，意味着交联程度越高。

3. 性能

交联淀粉的颗粒形状仍与原淀粉相同，未发生变化，但团粒结构的抗高温、耐剪切、耐酸性明显增加，高度交联的淀粉在高温蒸煮条件下都难以糊化。交联淀粉的最高黏度值高于天然淀粉，黏度下降很小，同时具有较高的冷冻稳定性和冻融稳定性。

（五）酯 化 淀 粉

酯化淀粉(starch ester)是指淀粉上的羟基与无机酸或者有机酸等化学试剂发生反应，从而在淀粉上引入新的官能团，改变淀粉的性质，如淀粉回生、糊的透明度等一系列特性。根据酯化剂的不同，可将酯化淀粉分为淀粉无机酸酯和淀粉有机酸酯，淀粉无机酸酯包括磷酸酯、硫酸酯、硝酸酯等，淀粉有机酸酯包括乙酸酯、黄原酸酯、顺丁烯二酸酯等。这里重点介绍常见的淀粉乙酸酯、淀粉磷酸酯及新型的淀粉烯基琥珀酸酯。

1. 淀粉乙酸酯

淀粉乙酸酯(acetylated starch)又名乙酰化淀粉、乙酸酯淀粉、醋酸酯淀粉，在食品工业上应用的都是低取代度的产品(取代度在0.2以下)。高取代度的淀粉乙酸酯(取代度在2～3)性质和醋酸纤维素相似，可溶于有机溶剂，具有热塑性和成膜性。

1) 制备原理　淀粉醋酸酯是乙酰化试剂与淀粉发生酯化反应，淀粉分子中的葡萄糖单位的C2、C3、C6上—OH中的氢被乙酰基所取代。淀粉醋酸酯的结构式为

$$\text{淀粉}-O-\underset{\underset{O}{\|}}{C}-CH_3$$

常用的乙酰化试剂有乙酸、乙酸酐(醋酐)、乙酸乙烯酯等。通常而言，乙酸与淀粉的反应活性较低，一般用乙酸酐和乙酸乙烯酯作为乙酰化试剂。

2) 制备工艺　乙酸酯淀粉的制备采用湿法生产，该反应需要在微碱性条件下进行，属于放热反应。以乙酸酐为例进行说明：将淀粉用水调成35%～40%的淀粉乳，不停搅拌，滴入3%氢氧化钠溶液调到pH 8.0～9.0。并根据pH变化情况随时加氢氧化钠进行调整。如使用过高浓度的氢氧化钠溶液会引起淀粉颗粒局部糊化，使得以后过滤困难，应当避免。缓慢加入需要量的乙酸酐。反应一定时间之后用0.5 moL/L的盐酸调节pH到4.5，过滤后加水洗涤干燥即得淀粉乙酸酯。乙酸酐的用量取决于要求的取代度。

反应方程式如下：

$$\text{淀粉}-OH+(CH_3CO)_2O\xrightarrow{NaOH}\text{淀粉}-O-\overset{\overset{O}{\|}}{C}-CH_3+CH_3COONa+H_2O$$

在制备酯化淀粉中，需要注意以下两点。

(1) 为增加反应速度、提高反应效果，常需要对淀粉进行预处理，如对淀粉颗粒进行机械破损，化学试剂易进入；也可事先用碱碱化，破坏淀粉颗粒的氢键。

(2) 制备高取代度的乙酰化淀粉常采用乙酸酐-吡啶体系，即在淀粉乳液中加入吡啶，通过控制反应时间、温度和乙酸酐浓度来得到高取代度产品。这种方法亦可用来制备取代度范围广阔的淀粉乙酸酯。

3) 性能　低取代度淀粉乙酸酯的颗粒形状在显微镜下观察与原淀粉无差别，淀粉乙酸酯是在淀粉中引入少量的酯基团，因而阻止或减少了直链淀粉分子间氢键缔合，使淀粉乙酸酯的许多性质优于天然淀粉，如糊化温度降低、糊化容易。乙酰化程度越高，糊化温度越低。糊稳定性增加，凝沉性减弱，透明度好。取代度为2～3的淀粉乙酸酯的溶解度随着乙酰基含量的增加而降低，15%乙酰基含量的产品可溶于50～100℃水中，而乙酰基含量大于40%时则不溶于水、乙醚、脂肪醇等，能溶于丙酮、乙二醚、苯等溶剂中。

2. 淀粉磷酸酯

1) 制备原理　淀粉磷酸酯(phosphated starch)是磷酸化试剂与淀粉发生酯化反应，淀粉上—OH 中的氢被磷酸根所取代，是磷酸的酯化衍生物，有单酯型和交联型两种。通常将单酯称为淀粉磷酸单酯或简称为磷酸淀粉，而将多酯称为淀粉磷酸双酯或者交联淀粉。磷酸酯淀粉一般以盐的形式存在，带负电荷。常用的磷酸化试剂有：正磷酸盐(Na_3PO_4、Na_2HPO_4、NaH_2PO_4)，焦磷酸盐($Na_4P_2O_7\cdot 10H_2O$)，三聚磷酸盐($Na_5P_3O_{10}$)。

反应方程式如下式所示：

$$\text{淀粉}—OH + (NaO)(HO)P(=O)OH \longrightarrow (NaO)(HO)P(=O)O—\text{淀粉} + H_2O$$

2) 制备工艺　磷酸酯淀粉必须采用干法制备工艺，典型例子如下：将淀粉和正磷酸盐(主要是磷酸氢二钠和磷酸二氢钠的混合物)加水搅拌，调成浆状，水分约 40%，在搅拌下调节 pH 到 5.0～6.5，过滤，滤饼在 40～45℃下将水分预干燥到 10%以下，升温到 120～170℃加热 0.5～6 h，冷却，经粉碎即得单酯型磷酸淀粉。制取淀粉磷酸酯时的反应条件显著地影响着最终产品的黏度。温度、时间、pH、催化剂、磷酸盐的量、取代度及原淀粉等不同，将会生成具有不同特性的产品。

3) 性能　淀粉磷酸酯仍为颗粒状，与原淀粉相比，其糊液具有较高的透明度、较高的黏度、较强的黏胶性，糊的稳定性高、凝沉性弱，冷却或长期储存也不致凝结成胶冻。

3. 淀粉烯基琥珀酸酯

1) 基本原理　在碱性条件下，淀粉与烯基琥珀酸酐反应生成淀粉烯基琥珀酸酯，反应式如下：

$$StOH + \text{(环状酸酐：O 连接两个 C(=O)，与 R—R′ 成环)} \xrightarrow{OH^-} St—O—C(=O)—R(—C(=O)—ONa)—R'$$

烯基琥珀酸酐与淀粉进行酯化反应时，酸酐的环被打开，其中一端以酯键与淀粉分子的羟基相结合，另一端则产生一个羧酸，整个反应的 pH 随反应的进行而下降，反应中需用碱性试剂去中和产生的这个羧酸，维持反应体系的微碱化，使反应向酯化反应的方向进行。

2) 生产工艺　制备淀粉烯基琥珀酸酯的方法有三种：湿法、有机溶剂法和干法。

(1) 湿法。一定温度条件下，用氢氧化钠或碳酸钠溶液调淀粉乳至 pH8～10，向淀粉乳中加入烯基琥珀酸酐(可先用有机溶剂稀释，如乙醇、异丙醇等)，反应体系在反应过程中调至微碱性，反应一段时间后调至 pH6～7，过滤，水洗，干燥得到成品。

(2) 干法。淀粉和一定量的碱混合，再喷水至淀粉含水 15%～30%，喷入用有机溶剂事先稀释的烯基琥珀酸酐，混匀后加热反应。还可先将淀粉悬浮于 0.7%～1%的氢氧化钠溶液中，过滤，待淀粉干至所需水分，喷入烯基琥珀酸酐，混匀后加热。

(3) 有机溶剂法。把淀粉悬浮于惰性有机溶剂介质(或有机溶剂的水溶液，如苯、丙酮)中，再加入烯基琥珀酸酐进行反应，同时加入吡啶等碱性有机溶剂或无机碱溶液维持反应的

pH，反应一段时间后中和、洗涤、干燥得到成品。

3）性质　烯基琥珀酸酯化淀粉是一大类变性淀粉，被允许使用于食品业的仅有一种，即辛烯基琥珀酸淀粉酯（starch octenylsuccinate，OSA starch），商品名为纯胶，是一种安全性高的乳化增稠剂，已被美国及欧洲、亚太地区的主要国家批准使用。联合国粮农组织和世界卫生组织（FAO/WHO）评价“日许量无需特殊规定，可将其用于食品，使用范围没有限制”。我国政府在 1997 年批准使用该变性淀粉作为食品添加剂后，2001 年又批准扩大了该产品在食品中使用的范围，用量可根据需求添加，无需控制。其具有以下 4 个主要特点。①分子质量大，在油水界面处可形成一层较坚韧的、有较大内聚力的连续的且不易破裂的液膜。这就使得分散相的聚结和分离都比较困难；②优良的自由流动疏水性，它的黏度随着剪切速率的升高而降低，具有剪切变稀现象，取代度的不同对辛烯基琥珀酸淀粉酯的表观黏度也有较大影响，在相同的剪切速率下，随着取代度的增大，淀粉糊的表观黏度值增加；③与其他的表面活性剂有很好的协同增效作用，没有配伍禁忌；④淀粉经过辛烯基琥珀酸酐酯化后，会导致黏度升高和糊化温度降低，黏度增大，因此又可作为增稠剂。

（六）醚 化 淀 粉

醚化淀粉是指淀粉分子上的羟基与化学试剂发生醚化反应，通过醚键接上一个新的官能团，使淀粉的性质发生改变。由于淀粉的醚化作用提高了黏度和稳定性，且在强碱条件下醚键不容易发生水解，因此，醚化淀粉在工业上应用很广。根据醚化剂的不同，醚化淀粉主要分为羟烷基淀粉、羧甲基淀粉和阳离子淀粉。其中，阳离子淀粉因醚化剂多为剧毒物质，不能用于食品行业。本节主要介绍羟烷基淀粉（hydroxyalkyl starch）和羧甲基淀粉（carboxymethyl starch）。

1. 羟烷基淀粉

在碱性条件下，淀粉与环氧乙烷或者环氧丙烷反应，可以分别制得羟乙基淀粉和羟丙基淀粉。

羟乙基淀粉的分子式为

$$\text{淀粉—O—CH}_2\text{—CH}_2\text{—OH}$$

羟丙基淀粉的分子式为

$$\text{淀粉—O—CH}_2\text{—}\underset{\displaystyle \text{OH}}{\underset{|}{\text{CH}}}\text{—OH}$$

1）制备原理　羟乙基淀粉是环氧乙烷在碱性条件下发生开环反应后，再与淀粉分子发生亲核取代反应。在羟乙基化反应中，环氧乙烷还能与已反应的羟乙基淀粉反应，反应方程式如下。

$$\text{淀粉—O—CH}_2\text{CH}_2\text{OH} + n\,\text{H}_2\text{C}\overset{\text{O}}{\text{—}}\text{CH}_2 \longrightarrow \text{淀粉—O(CH}_2\text{—CH}_2\text{O)}_n\text{CH}_2\text{CH}_2\text{OH}$$

环氧丙烷的环张力大，反应活性高，在碱性条件下发生开环反应，主要与淀粉分子中脱水葡萄糖单位的 C-2 位上的羟基发生亲核取代反应。环氧丙烷也可与取代的羟丙基淀粉反应生成多羟丙基侧链，反应方程式如下所示。

$$St—O—CH_2CH(OH)CH_3 + n\ CH_2—CH(—O—)—CH_3 \xrightarrow{OH^-} St—O(—CH_2—CH(CH_3)—O—)_n—CH_2CH(CH_3)—OH$$

2) 制备工艺　羟乙基淀粉和羟丙基淀粉的制备工艺可根据产品的要求选择湿法(低取代度产品)、有机溶剂法(高取代度产品)，也可采用干法。但在制备时都要注意防爆。

(1) 湿法制备羟烷基淀粉时，先在淀粉乳液中加入一定量碱液，并在充氮隔氧后才能加入环氧乙烷和环氧丙烷。

(2) 干法需要在密闭的容器中完成反应，反应需在碱性条件下完成，在将环氧乙烷和环氧丙烷充入到反应器工作之前，也要先充氮将容器中的氧气排空。

(3) 由于羟烷基淀粉的糊化温度下降较多，为了防止反应过程中淀粉的膨胀或糊化给反应和脱水带来困难，在湿法反应中可以加入膨胀抑制剂，如 Na_2SO_4、NaCl 等。

但是要注意，当将该淀粉应用于食品中时，抑制剂不能选择 NaCl，这是因为 Cl^-可与环氧丙烷生成具有致癌性的氯丙醇($CH_2Cl—CHOH—CH_3$)，FDA 规定其含量不能大于 5 mg/kg。

3) 性质　对轻度醚化的羟烷基淀粉，其性质主要发生了如下变化。

(1) 淀粉仍以颗粒形态出现，仍保留有半结晶性，反应主要发生在淀粉颗粒的无定形区，颗粒表面有微小空洞。

(2) 醚键的引入，使得分子上有新的官能团，导致分子变大，分子质量上升。

(3) 分子质量变大，黏度上升，醚键的引入使得淀粉分子的亲水性增强，糊化温度下降，透明度变好，回生程度变小，分子不易凝沉。通常伴随取代度的提高，羟丙基淀粉的糊化温度呈下降趋势。

(4) 形成的薄膜比原淀粉清晰、较易弯曲，薄膜柔软、光滑均匀，水溶性好。

2. 羧甲基淀粉

羧甲基淀粉也称 CMS，是一种非常重要的醚化淀粉，主要是以钠盐的形式存在，属于阴离子淀粉醚。其具有很多优异的性质，广泛应用于工业的各个方面。分子式为淀粉—O—CH_2COO^-，主要以钠盐形式存在，属于阴离子淀粉醚。

1) 制备原理　羧甲基淀粉是在碱性介质中，淀粉与氯乙酸发生双分子亲核取代反应而得，产物以钠盐形式存在。其化学方程式如下。

$$St—ONa+ClCH_2COOH \longrightarrow St—O—CH_2COONa+NaCl+H_2O$$

2) 制备工艺　羧甲基淀粉的制备工艺可根据产品的取代度及性质进行选择，一般低取代度(DS＜0.1)、冷水不溶的羧甲基淀粉可采用湿法制备，高取代度、冷水可溶的羧甲基淀粉可选择有机溶剂法或者干法制备。以水为介质的工艺过程为：在反应器中加入水作为分散剂，在搅拌下加入淀粉，然后加入氢氧化钠进行活化，再加入适量一氯乙酸进行醚化反应。反应结束后进行洗涤、分离、干燥即得 CMS 产品。水、淀粉、碱、一氯乙酸之比为 100∶(25～40)∶(0.6～0.8)∶(1.3～1.6)，反应时间为 5～6 h，反应温度为 65～75℃。在用有机溶剂法制备羧甲基淀粉，当将淀粉分散在有机溶剂中时，反应在碱性条件下，同时需有少量水存在，有利于醚化反应的进行，制备高取代度的羧甲基淀粉。干法克服了湿法和有机溶剂法中生成的羧甲基淀粉易吸水膨胀的缺点，在少量水的条件下，将一氯乙酸溶解于乙醇中，喷洒于淀粉上，混合均匀后，加热反应制得。

3) 性质　与原淀粉相比，羧甲基淀粉的性质主要发生了以下变化。

(1)反应不但发生在淀粉颗粒的无定形区，在结晶区也有反应。淀粉颗粒结构已被破坏，半结晶性消失。

(2)分子变大，淀粉分子质量上升。

(3)羧甲基淀粉中含有亲水性的羧基，且带负电荷，淀粉分子与水分子的结合力增强，易于糊化，糊化温度下降。分子内部重排机会减少，分子回生程度降低。

(4)具有较高的黏度，且黏度随取代度的增加而增大。

(七)接枝共聚淀粉

利用化学或物理的方法进行引发，把淀粉分子引发成自由基，自由基与具有不饱和键的高分子单体(如丙烯腈、丙烯酸等)进行接枝共聚反应。淀粉分子链连接上这些高分子单体的支链后，形成新的高分子即接枝共聚淀粉(grafted starch)或淀粉接枝共聚物。这种变性淀粉既具有天然高分子淀粉的性质，又具有合成高分子的性质，并可根据接枝链的长短与接枝的数量来控制产物的特性。

1. 制备原理

制备接枝共聚淀粉要具备把淀粉引发成自由基和具有不饱和键的单体两个条件。

(1)引发淀粉成自由基的方法有物理方法和化学方法。

a. 物理方法：通过紫外线、γ射线、^{60}Co放射元素等进行照射，使淀粉产生自由基。

b. 化学方法：通过氧化还原反应，如用硝酸铈铵作为氧化剂，与淀粉反应；Ce^{4+}被还原成Ce^{3+}，淀粉被引发成自由基；也可用Mn^{3+}、$KMnO_4$、$K_2S_2O_7$、$NH_4S_2O_7$、Fe^{2+}+H_2O_2等作为引发剂，将淀粉引发成自由基。

(2)与淀粉自由基发生接枝共聚反应的单体必须具有不饱和键，才能进行链传递形成高分子。

单体分为亲水性单体和疏水性单体，亲水性单体有丙烯酸($CH_2{=\!=}CHCOOH$)、丙烯酰胺($CH_2{=\!=}CHCONH_2$)等，疏水性单体有丙烯腈($CH_2{=\!=}CHCN$)、丁二烯($CH_2{=\!=}CH—CH{=\!=}CH_2$)、苯乙烯($CH_2{=\!=}CH—C_6H_5$)及具有不饱和键的酯等。单体性质不同，所制备的接枝共聚淀粉的性质也不同。

2. 制备工艺

接枝共聚淀粉一般采取湿法制备。但引发剂和单体不同，其反应条件不一样。

3. 性质

接枝共聚淀粉的性质取决于所用的单体。目前，接枝共聚淀粉主要有疏水性和亲水性两大类。与丙烯酸、丙烯酰胺等亲水性单体接枝形成的共聚物为亲水性，而与丙烯腈、丙烯酸甲酯、丁酯或乙酯、丁二烯、苯乙烯等疏水性单体接枝形成的共聚物为疏水性。

思 考 题

1. 淀粉生产的主要原料有哪些？为什么玉米是淀粉工业最主要的原料？
2. 简述玉米淀粉湿磨法加工工艺流程。
3. 湿法生产玉米淀粉过程中，浸泡的目的和作用是什么？
4. 生产中为何普遍采用逆流浸泡法？其优点是什么？
5. 湿法生产玉米淀粉过程中，要获得好的破碎和精磨效果要注意哪些因素？
6. 亚硫酸水的作用有哪些？

7. 利用曲筛筛洗皮渣的优点有哪些?

8. 玉米淀粉生产有哪些副产品? 如何合理利用?

9. 马铃薯淀粉的提取工艺为什么不同于玉米淀粉?

10. 豆类淀粉的生产工艺有哪几种? 各有什么优缺点?

11. 简述常见淀粉糖的种类、性质及特点。

12. 简述淀粉酸糖化原理，以及影响淀粉酸糖化的因素。

13. 比较间断糖化法和连续糖化法的特点。

14. 常用的淀粉酶包括哪些? 各有什么作用和特点?

15. 简述酶法生产淀粉糖的液化机理及工艺控制要点。

16. 什么是变性淀粉? 变性淀粉有哪些种类?

17. 变性淀粉生产有哪几种工艺方法?

18. 生产变性淀粉的湿法工艺流程主要包括哪些过程? 与干法工艺流程的主要区别是什么?

19. 试述取代度的概念。

20. 试述预糊化淀粉的生产方法及其制备机理。

21. 酸变性淀粉和氧化淀粉在性质上有哪些不同? 解释其原因。

22. 简述淀粉烯基琥珀酸酯的生产方法。

23. 交联淀粉的性质及其在食品工业中的应用有哪些?

24. 接枝共聚淀粉的性质有哪些?

参考文献

曹龙奎, 李凤林. 2008. 淀粉制品生产工艺学. 北京: 中国轻工业出版社.
邓宇. 2002. 淀粉化学品及应用. 北京: 化学工业出版社.
二国二郎. 1990. 淀粉科学手册. 王微青等译. 北京: 轻工业出版社.
高嘉安. 2001. 淀粉与淀粉制品工艺学北京: 中国农业出版社.
金征宇, 顾正彪, 童群义, 等. 2008. 碳水化合物化学原理及应用. 北京: 化学工业出版社.
李新华, 董海洲. 2009. 粮油加工学(2 版). 北京: 中国农业大学出版社.
刘亚伟. 2001. 淀粉生产及其深加工技术. 北京: 中国轻工出版社.
刘亚伟. 2003. 玉米淀粉生产及转化技术. 北京: 化学工业出版社.
卢声宇, 温其标, 陈玲. 2000. 抗性淀粉的酶分析方法. 粮食与饲料工业, (2): 43,44.
秦波涛, 李和平, 王晓曦. 1996. 薯类的综合加工及利用. 北京: 中国轻工出版社.
谢文磊. 1998. 粮油化工产品化学与工艺学. 北京: 科学出版社.
尤新. 1997. 淀粉糖品生产与应用手册. 北京: 中国轻工业出版社.
尤新. 1999. 玉米深加工技术. 北京: 中国轻工业出版社.
张力田, 高群玉. 2011. 淀粉糖(3 版). 北京:中国轻工业出版社.
张力田. 1999. 变性淀粉(2 版). 广州: 华南理工大学出版社.
张燕萍. 2001. 变性淀粉制造与应用. 北京: 化学工业出版社.
张友松. 1999. 变性淀粉生产与应用手册. 北京: 中国轻工业出版社.
赵凯, 张守文, 方桂珍. 2002. 抗性淀粉的特性研究. 哈尔滨商业大学学报(自然科学版), 18(5): 550-553.
赵凯. 2005. 抗性淀粉形成机理及对面团流变学特性影响研究. 哈尔滨: 哈尔滨商业大学.

第八章 植物蛋白的加工生产

第一节 概　述

蛋白质是人类生命活动的重要物质基础。据联合国粮农组织(FAO)资料显示，成年人每日应摄取蛋白质的量在75 g以上，而世界人均水平仅为68.8 g。中国医学科学院卫生研究所研究认定，我国人民的营养标准为每人每天应摄取蛋白质72 g以上，美国在100 g以上，日本90 g以上，而我国目前实际平均摄取量仅60 g，与世界平均摄取量还存在一定差距。

一、植物蛋白的营养及功能性质

植物蛋白和其他食用蛋白一样，具有营养性、功能性等特点。植物蛋白的营养性体现在蛋白质中所含的必需氨基酸是否平衡。一般来说，动物蛋白中的必需氨基酸比较平衡，而植物蛋白往往是赖氨酸、苏氨酸、色氨酸和甲硫氨酸的含量相对不足。通常谷物蛋白赖氨酸含量较少，油料蛋白中主要是甲硫氨酸不足。例如，小麦蛋白主要是赖氨酸和苏氨酸含量少，花生蛋白主要是缺乏甲硫氨酸。但是植物蛋白中的大豆蛋白，其必需氨基酸接近人体所需的比例，除甲硫氨酸和半胱氨酸含量略低于FAO推荐值外，氨基酸组成基本平衡，接近于全价蛋白，是仅次于动物蛋白的优质蛋白质资源。菜籽蛋白中氨基酸组成更优于大豆蛋白，几乎不含在限制性氨基酸，尤其是甲硫氨酸和半胱氨酸含量高于其他植物蛋白，其蛋白质消化率达到了95%～100%，而鸡蛋为92%～94%，大豆蛋白为88%～95%。

从功能性质方面来看，植物蛋白及其制品具有溶解性、保水性、吸油性、起泡性、乳化性、凝胶形成性、弹性和黏结性等良好的加工特性。植物性蛋白质，特别是各种油料蛋白质具有良好的加工特性，既可以单独制成食品，也可以与蔬菜或肉类等相组合加工成各种各样的食品，组合制作的食品不仅具有安全可靠性，且微生物含量极少。各种植物蛋白在加工过程中，赋予产品优良的保水性和保型性，防止加热调理收缩变形，使产品具有良好的物性品质。这些良好的加工特性为植物蛋白在食品工业中的应用奠定了坚实的基础。

二、植物蛋白的种类及其特点

(一)油料种子蛋白质

油料是植物制油原料的统称，油脂工业中通常将含油率在10%以上且具有取油价值的植物某些器官称为油料，如大豆、棉花、芝麻、油菜的种子，花生、椰子的果仁，油棕、油橄榄的果实，玉米、小麦的胚，稻谷的米糠等都是常见的油料。植物油料按其经济用途可分为食用油料和非食用油料两大类。凡可用于提取食用油的制油原料，如大豆、花生、棉籽、芝麻、菜籽、茶籽、玉米胚、米糠等，都称为食用油料；而非食用油料是指因有怪味或毒素，提取的油脂不宜供人食用的油料。按植物学属性，植物油料可分为木本油料和草本油料，凡是乔木或灌木所生产的油料都称为木本油料，如茶籽、油桐、油橄榄等；凡是草本植物所生产的油料，称之为草本油料，如芝麻、花生、菜籽等。草本油料的种子是油料的最主要来源。

(二)谷物蛋白质

谷物蛋白的产量约占植物蛋白总量的70%，相当于世界蛋白质总产量的半数以上。目前被广泛应用的主要是小麦蛋白、大米蛋白和玉米蛋白。谷物蛋白主要是指从谷物的胚乳和胚中分离提取出来的蛋白质。谷物种子是多种化学成分的复合体，它的主要有效成分是淀粉、蛋白质、脂肪等。

谷物蛋白按其溶解性可分为清蛋白、球蛋白、谷蛋白和醇溶蛋白。谷物中清蛋白和球蛋白是由单链组成的低分子质量蛋白质，它们为代谢活性蛋白质；谷蛋白和醇溶蛋白也叫储藏蛋白，谷蛋白是由多肽链彼此通过二硫键连接而成的，而醇溶蛋白是由一条单肽链通过分子内二硫键连接而成。

醇溶蛋白含量最多的是黍类植物。玉米、黍子种子蛋白质中含有50%～60%醇溶蛋白，30%～45%谷蛋白。小麦、大麦、黑麦等禾谷类作物种子的蛋白质中，醇溶蛋白与谷蛋白的含量基本相同，为30%～50%。在种子灌浆成熟过程中，这些蛋白质存在于蛋白质体中，一旦种子成熟后，蛋白质体消失，蛋白质便存在于种子的胚乳中。

大麦和稻米的蛋白质已能溶解于碱性溶液的谷蛋白为主要成分。在稻谷中，它作为一种储存蛋白质存在于内胚乳的蛋白质中。荞麦种子中的蛋白质，以具有水溶性和盐溶性的蛋白质为主要成分。虽然荞麦不属于禾本作物，但因为其性质及用途与谷类相似，所以在食品科学中，荞麦被纳入谷物类中。

(三)新植物蛋白资源

1. 螺旋藻蛋白

螺旋藻中蛋白质含量高达60%～70%，基本含有人体所需的所有氨基酸，包括8种必需氨基酸。其中，苏氨酸、赖氨酸、甲硫氨酸、胱氨酸又是谷物所缺乏的。螺旋藻在提供蛋白质的同时，又很少有脂肪、胆固醇等副产品产生。因此，美国食品药品监督管理局(FDA)认定螺旋藻是“最佳蛋白质来源之一”。螺旋藻除可作食品、食品添加剂、饲料外，还可作为医药原料。现在市场上有许多螺旋藻保健品和添加了螺旋藻成分的食品。

2. 叶蛋白

叶蛋白是以新鲜的青绿植物茎叶为原料，经压榨取汁、汁液中蛋白质分离和浓缩干燥而制备的蛋白质浓缩物。绿色植物的叶片是地球上最大的一种可再生资源，它富含多种蛋白质、维生素及色素，在畜牧业和食品业方面用途广泛。

绿色的植物茎叶中的蛋白质可以分为两类。一类为固态蛋白，它存在于经粉碎、压榨后分离出的绿色沉淀物中，主要包括不溶性的叶绿体及线粒体构造蛋白、核蛋白、细胞壁蛋白，这类蛋白质一般难溶于水。另一类为可溶性蛋白，它存在于经离心分离出的上清液中，包括细胞质蛋白、线粒体蛋白的可溶性部分，以及叶绿体基质蛋白。叶蛋白就是可溶性蛋白的凝聚物。可溶性蛋白可以进一步分为大分子质量和小分子质量两种蛋白质。

第二节 大豆蛋白的生产

一、大豆蛋白粉的制取

在大豆实际加工和应用领域，大豆蛋白粉的制取包括全脱脂大豆蛋白粉、半脱脂大豆蛋白粉和全脂大豆蛋白粉。

(一)全脱脂大豆蛋白粉

全脱脂大豆蛋白粉是用低温脱溶豆粕(低温豆粕)为原料加工生产的粉状产品，产品中蛋白质含量50%～60%、脂肪含量≤2%。

全脱脂大豆蛋白粉生产工艺简单、占地面积小，适用于小规模企业生产。根据粉碎设备和应用要求的不同，可将低温豆粕粉碎至90～300目，即可满足不同企业的需求。例如，90目的全脱脂大豆粉可用于加工组织化蛋白，200～300目的产品可用于制作豆腐等传统豆制品。

全脱脂大豆蛋白粉生产工艺流程为：

低温豆粕→粉碎→全脱脂大豆蛋白粉

(二)半脱脂大豆蛋白粉

脱皮豆瓣经机械热榨或冷榨得到的半脱脂的豆饼，粉碎后的产品即为“半脱脂大豆蛋白粉”。由冷榨饼制得的蛋白粉产品为“活性半脱脂大豆蛋白粉”，而以热榨饼为原料生产的蛋白粉为“非活性蛋白粉”。这里所提到的“活性”是指大豆蛋白粉中“酶”是否存活。在大豆中含有多种酶类，包括脲酶、脂肪氧化酶、胰蛋白酶等，这些酶均由水溶性蛋白质构成，在加热过程中能够被杀灭和钝化，即为“非活性”；经冷榨加工工艺生产的豆饼没有经高温处理过程，其中含有没有被杀灭的酶，即为“活性”。“活性豆粉”主要的应用领域为在后续加工中需进行热处理的豆制品生产中，如豆腐、豆浆或作为食品添加剂用于面制品、肉制品的生产中。“非活性豆粉”由于其中的酶已经过前期的热处理，其活性已经失去，可直接添加到食用的食品中，如冰淇淋等。

1. 生产工艺流程

原料大豆→去杂→烘干→脱皮→压榨→豆油

压榨↓

含油豆饼→粉碎→半脂大豆蛋白粉

2. 生产工艺要点

1)选豆　选取无霉变、无蛀虫、籽粒饱满、蛋白质含量高的大豆为原料。

2)去杂　去除草屑、泥沙、石头和金属碎屑。经前处理后，烘干前的大豆原料水分含量应低于13%。

3)烘干　经过前处理的大豆被送入烘干机中，烘干机的工作温度为68～70℃、工作气压为0.15～0.2 MPa、处理时间为45 min。

烘干机中的大豆，其表层的水分首先汽化，烘干机中的湿热空气通过引风机排出，由于热交换的作用，大豆内层的水分不断扩散到表层被汽化后排出，大豆得到干燥。干燥后的大豆要求其水分含量小于10%。

4) 脱皮　将烘干处理后含水量小于或等于10%的原料大豆，送入脱皮分离机中，经磨盘搓动和风机分选，使大豆脱皮率大于或等于95%。脱皮后的大豆进行破碎，采用破碎机将脱皮大豆破成6～10瓣。

5) 压榨　将脱皮豆瓣经过机械热榨或冷榨得到半脱脂的豆饼。

6) 制粉　制粉是加工大豆蛋白粉最关键的工序，脱皮破碎后的大豆需经制粉机进行粉碎。

7) 评价　从色泽、滋气味、组织形态等方面对制作的产品进行质量评定。

(三) 全脂大豆蛋白粉

全脂大豆蛋白粉是不经过油脂提取工艺，而直接将全脂大豆脱皮粉碎后得到的大豆蛋白粉。它主要用于生产豆腐脑粉、快餐豆花粉、无糖豆浆粉和营养米粉等产品。

1. 生产工艺流程

原料大豆→去杂→烘干→脱皮→破碎→超微粉碎→全脂大豆蛋白粉

2. 生产工艺要点

1) 选豆　选取无霉变、无蛀虫、籽粒饱满、蛋白质含量高的大豆为原料。

2) 去杂　去除草屑、泥沙、石头和金属碎屑。

3) 烘干　68～70℃、工作气压为0.15～0.2 MPa、处理时间为45 min。

4) 脱皮　将烘干处理后含水量小于或等于10%的原料大豆，送入脱皮分离机中，经磨盘搓动和风机分选，使大豆脱皮率大于或等于95%，脱皮后的大豆进行破碎，采用破碎机将脱皮大豆破成6～10瓣。

5) 制粉　制粉是加工大豆蛋白粉最关键的工序，脱皮破碎后的大豆需经制粉机进行粉碎。经制粉机处理后，全脂大豆粉的粒度可达到250～300目(相当于直径40～60 μm)，达到味觉在细胞粉碎后的量级水平，基本感觉不到食物的粗糙感。

(四) 大豆蛋白粉的脱腥技术

大豆中产生的豆腥味主要来源于大豆中脂肪氧化酶的活性。当大豆表皮破碎后，空气进入大豆中，只要有少量水分就会发生氧化反应，产生醛、酮、醇类物质，这些物质挥发，或与其他成分相结合便会产生豆腥味。

酶是一种蛋白质，经加热后会失去活性，所以湿热法加工豆奶、豆浆等产品，由于有加热过程，产品的豆腥味很小。但是干法生产的活性大豆蛋白粉由于没有受热过程，因此会产生严重的豆腥味。

生产味道较淡的大豆蛋白粉应进行脱腥处理。脱腥的方法有多种，如下所述。

1. 全脂脱腥豆粉

目前国内类似产品的工艺方法多采用湿法，而国外多为干法。速溶脱腥全脂豆粉的工艺方法则是“干湿结合法”。其工艺流程为：

大豆→精选→干燥→脱皮→破碎→磨粉→调浆→研磨→均质→脱腥→杀菌→浓缩→喷雾干燥

干湿结合法的特点是灭酶脱腥效果明显优于干法，而工艺路线较湿法简便，占地面积和耗水量少于湿法，而且全部工艺设备国内均能解决，不需从国外引进。

2. 挤压膨化法

将脱皮大豆粉碎后，调质至16%的水分，送入挤压膨化机中，机筒温度达到270℃左右，压强达到1.5 MPa，物料由模孔排出至常压条件下，腥味物质随气化的水分排出。大豆中的生理活性有害物质在高温高压下被灭活，排出的物料经超微粉碎后即成“脱腥大豆蛋白粉”。

二、大豆浓缩蛋白的制取

大豆浓缩蛋白(soy protein concentrate，SPC)主要是以低温脱溶的豆粕为原料，除去其中水溶性非蛋白成分(主要是可溶性糖类、灰分及其他可溶性的微量成分和各种气味成分等)，制得的蛋白质含量在70%(以干基计)以上的大豆蛋白制品。此外，近年来又开发出来一种新产品，称为全脂大豆浓缩蛋白，该产品是以全脂脱皮大豆为原料，除去其中的水溶性非蛋白质成分，制得的蛋白质含量在50%以上的大豆蛋白制品。同大豆粉相比，该类产品脱除了绝大部分棉子糖、水苏糖等低聚糖类，消除了肠内胀气因子，同时，产品的滋、气味和色泽也得到了改善。因此，其作为食品工业的基础原料，特别是在婴幼儿食品开发方面，受到很大的重视。

将脱脂豆粕中的可溶性碳水化合物及一些风味化合物除去后制得大豆浓缩蛋白的基本方法有三种：醇浸提法、酸浸提法(pH4.5)、湿热浸提法。通过这样的处理，将不溶的大豆蛋白与可溶的碳水化合物通过离心进行分离，分离后沉淀物为大豆蛋白及部分不可溶的碳水化合物，将它们分散于水中，若需要可中和至 pH7.0，然后，喷雾干燥制得大豆分离蛋白。大多数用于商业生产的大豆浓缩蛋白都是使用醇提或酸提的方法制得的。

1. 醇浸提法

1)*醇浸提法浓缩蛋白的提取*　醇浸提法通常用于SPC的商业化生产，具有生产过程污染小、价位低、功能性强、豆腥味低等诸多优点。低变性脱脂豆粕(粉)中的可溶性蛋白能溶于水，但不能溶于乙醇，而且当乙醇浓度为50%～60%(体积分数)时，可溶性蛋白的溶解度最低。根据这一特性，利用含水乙醇溶液对豆粕中的非蛋白质可溶性物质进行浸出、洗涤，剩下的不溶物经脱溶、干燥即可获得浓缩蛋白，其蛋白质干基含量在65%以上。与此相反，乙醇对豆粕(粉)中的低聚糖类、某些异味成分和色素却有较好的溶解性。因此，可以选择适当浓度的乙醇溶液处理脱脂豆粕(粉)，然后经分离(并回收乙醇)、干燥，就可以获得色泽、气味较好的大豆浓缩蛋白。在乙醇提取过程中蛋白质发生了变性，因此这样制得的浓缩蛋白溶解指数很低。

2)*醇浸法大豆浓缩蛋白功能改性工艺*　醇浸法制备的 SPC 是一种高蛋白质的大豆制品，其氨基酸组成合理，而且醇溶液具有较强的有机物溶解能力，可将更多的呈色、呈味物质带走，产品的风味清淡、色泽较浅，蛋白质损失较少，营养优于酸法制备的大豆浓缩蛋白且生产过程中无污水排放，避免了环境污染；提取液的浓缩物还可进一步加工成大豆低聚糖、皂苷等产品，较受人欢迎。但是由于醇溶液的变性、沉淀作用，使得产品中的蛋白质溶解度或分散性降低，导致它的某些功能性质不如大豆分离蛋白。通过物理、化学、酶法等手段对SPC进行改性处理可以提高其产品的功能性。改性醇法SPC应用于食品工业具有实际的意义。

该工艺流程与大豆分离蛋白的部分生产工艺相似，在实际生产中改性浓缩蛋白和大豆分离蛋白可以共线生产。浓缩蛋白的功能改性(或称“复性”)并非真正意义上的恢复蛋白质分子的天然状态，而是通过高压均质使物料经历多次剪切、空化作用，使醇变性蛋白质的次级键断开，再经过高温短时热处理，使蛋白质分子重排、缔合，转变为大分子质量的蛋白质分子聚集物。目前改性浓缩大豆蛋白粉的蛋白质分散指数（PDI）一般为40～60，与分离蛋白（PDI≥80）相比还有不小的差距，但通过采用在蛋白粉产品表面上喷涂磷脂的方法，可以有效改善产品的润湿性及分散性，在一定程度上克服这一缺陷，并且能起到抑制粉尘、方便使用的目的。

2. 酸浸提法

酸浸提法制备浓缩蛋白的原理是：根据大豆蛋白质溶解度曲线，用稀酸溶液调节pH，利用蛋白质在pH4.5时溶解度最低，将脱脂豆粕中的低分子可溶性非蛋白质成分浸洗出来。其加工工艺流程如下。

豆粕粉→酸洗→固液分离（→废水）→一次水洗→固液分离（→废水）→二次水洗→固液分离（→废水）→中和→干燥→产品

用水将脱脂豆粕溶解（比例是10∶1～20∶1），用酸调节pH到4.5，在等电点处除去可溶性的碳水化合物，40℃条件下，提取30～45 min，把含有蛋白质的不溶物用倾注器或离心机分离出来，调节pH到7.0，然后喷雾干燥，由此制得高氮溶解指数且微生物数很低的浓缩大豆蛋白。

与醇浸提法和湿热浸提法制备的大豆浓缩蛋白相比，酸法制备的大豆浓缩蛋白的水溶性蛋白含量更高。这是由于热水和乙醇水浸提法可导致大豆蛋白质有不同程度的变性，而酸法引起的蛋白质变性小，使产品有较好的溶解性，但产品风味稍逊于醇浸提法。酸浸提法生产浓缩蛋白的缺点是在生产过程中需耗用大量的酸和碱溶液，排出的废水较难处理。

3. 湿热浸提法

将脱脂豆粕进行湿热处理后，蛋白质会发生变性而不溶于水，因此可除去其中的可溶性碳水化合物、盐及糖类，干燥后即制得浓缩大豆蛋白。湿热处理后的脱脂豆粕也可以用类似水的有机溶剂溶解，温度为66～93℃，pH范围为5.3～7.5。

湿热浸提法工艺流程如下：

豆粕粉→粉碎→热处理→水洗→固液分离（→废水）→干燥→产品

该工艺由于蛋白质得率低、色泽较深、豆腥味重等不足，且在生产过程中蛋白质发生严重热变性，使产品的功能性极差，湿热水浸出法目前已基本被淘汰。

三、大豆分离蛋白的制取

大豆分离蛋白（soy protein isolate，SPI）是存在于大豆籽粒中的储藏性蛋白的总称。它是以大豆为原料，采用先进的加工技术制取的一种蛋白质含量高达90%以上，蛋白质溶解指数在80%～90%的高含量大豆球蛋白制品（粉状），通常称为大豆分离蛋白。由于其具有良好的功能，已广泛应用于食品加工领域。大豆分离蛋白的制取工艺有多种，如碱溶酸沉法、膜分离法、离子交换法等。

(一)碱溶酸沉法生产大豆分离蛋白

碱溶酸沉法生产 SPI 是目前生产上最稳定、可靠的工艺，按流程的自动化程度不同，可分为三种工艺，即连续式、半连续式和间歇式工艺。

1. 生产工艺

碱溶酸沉法生产大豆分离蛋白的三种工艺如下。

(1) 间歇式工艺生产流程：

低温豆粕→罐间歇提取→离心分离→罐间歇酸沉→离心分离→罐间歇中和→杀菌干燥→大豆分离蛋白

(2) 半连续式生产工艺流程：

低温豆粕→罐间歇提取→离心分离→连续酸沉→离心分离→连续中和→杀菌干燥→大豆分离蛋白

(3) 连续式生产工艺流程：

低温豆粕→连续提取→离心分离→连续酸沉→离心分离→连续中和→杀菌干燥→大豆分离蛋白

2. 工艺说明

1) 间歇式生产操作要点

(1) 选料。豆粕质量的好坏直接影响分离蛋白的提取率和功能特性。用于分离蛋白生产的原料豆粕应是经清洗、去皮、溶剂脱脂、低温或闪蒸脱溶后的低变性豆粕。这种豆粕含杂质少，蛋白质含量较高(45%以上)，尤其是蛋白质分散指数(PDI)应高于 80%。蛋白质变性程度低，适于大豆分离蛋白的生产。

(2) 罐间歇式提取。低变性脱脂大豆粕先经锤片式粉碎机粉碎至通过 100 目筛，粉碎后的物料送入反应罐，加水使水与豆粕质量比为 10∶1～14∶1，加入稀碱调 pH 为 7.0～7.5。溶解温度一般控制在 50～55℃，溶解时间控制在 120 min 以内，搅拌速度以 30～35 r/min 为宜，提取终止前 30 min 停止搅拌。

(3) 离心分离。采用转速为 1000 r/min 的卧式离心机分离出蛋白浆和豆渣，豆渣可直接进行干燥或进行二次浸提。豆渣二次浸提时加入物料质量 5～6 倍的水，再用稀碱液调 pH 至 7.1±0.1 于 50℃下进行二次浸提，然后离心分离出豆渣和萃取液。

(4) 酸沉。将浸提液输入酸沉罐中，边搅拌边缓慢加入 10%～35%盐酸溶液，调 pH 至 4.3～4.6。在加酸时要不断抽测 pH，当溶液达等电点时停止搅拌，静置 20～30 min 使蛋白质能形成较大颗粒而沉淀下来，沉淀速度越快越好，一般搅拌速度为 30～40 r/min。

(5) 二次分离与洗涤。在离心机转速为 3000 r/min 的条件下，用离心机将酸沉下来的沉淀物离心沉淀，弃上清液。固体部分用温水冲洗，洗后蛋白质溶液 pH 应在 6 左右。

(6) 中和。为进行喷雾干燥需充分打散蛋白质的絮状沉淀，搅打成匀浆。加入 5%的氢氧化钠溶液进行中和回调，使 pH 达到 6.8～7.2，以便提高凝乳蛋白的分散性和产品的实用性。

(7) 杀菌干燥。将分离大豆蛋白浆液在 90℃加热 10 min 或 80℃加热 15 min，这样不仅可以起到杀菌作用，而且可明显提高产品的凝胶性。杀菌后的蛋白液经闪蒸罐，在真空度

0.07 MPa 下脱臭，此时物料温度降到 50～60℃。物料经泵抽并过滤后，用高压泵在 16 MPa 下泵入喷雾干燥塔，经 150℃的热风进行干燥。

2) 半连续式生产操作要点

(1) 罐间歇式萃取、离心分离、杀菌干燥，这三个工序与间歇式生产工艺相同。

(2) 连续酸沉。蛋白浆送入连续酸沉器中，酸沉器能够使物料保留时间达到 20～40 min。酸沉器的上部可连续喷入盐酸，调节浆液的 pH，使其达到 4.3～4.6，同时不断搅拌，然后料液用泵送入卧式螺旋分离机中。

(3) 连续中和。酸沉工段送来的蛋白质凝胶，在中和器中加入碱液，中和器能够保证物料滞留时间达到 20～40 min，罐上部连续不断喷入 5%的液体碱，调整料液的 pH 为 6.8～7.2，同时不断搅拌，然后送入杀菌器。其余工序与间歇式生产工艺相同。

3) 连续式生产操作要点

(1) 连续萃取。原料豆粕经计量称计量后送入连续式反应器，反应器能够保证物料滞留时间达到 30～60 min，在反应器中加入软化后的热水（料水比为 1∶10～1∶14），同时用浓度为 5%的氢氧化钠溶液连续从罐的顶部喷入，调节浆液 pH 到 7.0～7.5。通过控制加入热水的温度来控制反应罐中的反应温度在 50～55℃，同时不断搅拌，然后用泵送入卧式螺旋分离机中。

(2) 其他工序。与半连续式工艺相同。

(二) 超滤法生产大豆分离蛋白

超过滤技术又叫超滤膜过滤技术，简称膜过滤技术，它是 20 世纪 70 年代初发展起来的新技术。超滤技术具有无相变、能耗低、常温下进行操作等特点。将其应用到大豆分离蛋白生产中，不但可有效地改善产品质地，提高蛋白质的得率，而且对高效回收大豆低聚糖、缓解污水排放和水的再利用都具有十分重要的意义。目前超过滤技术已用于大豆分离蛋白的工业化生产，我国目前还处于实验阶段，未形成大规模工业生产。

所谓超过滤是指以压力差为推动力，利用超滤膜对分离组分的选择性截留，截留粒径范围为 0.001～0.02 μm，相当于分子质量为 500～300 000 Da 的各种蛋白质分子或相当粒径的胶体微粒，而溶剂或小分子溶质则可通过滤膜。大分子蛋白质经过超滤可以得到浓缩，小分子可溶性物质可随超滤液被滤出，从而达到浓缩与分离的目的。

1. 生产工艺

该生产方法的工艺流程如下。

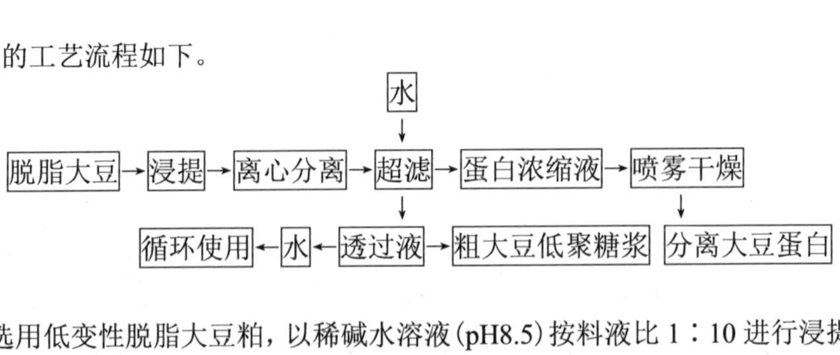

水↓
脱脂大豆→浸提→离心分离→超滤→蛋白浓缩液→喷雾干燥→分离大豆蛋白
超滤↓透过液→粗大豆低聚糖浆
透过液→水→循环使用

2. 工艺说明

原料选择应选用低变性脱脂大豆粕，以稀碱水溶液(pH8.5)按料液比 1∶10 进行浸提，在 50℃条件下恒温 1 h。然后将蛋白质萃取液由泵送至超滤膜组进行循环超滤。随着透过液不断地透过，应及时向循环液料罐补充新的料液，直至全部料液加完后，再加水进行洗滤。透过液送至反渗析膜进行反渗析后得到净化水，净化水可重新用于从低变性脱脂豆粕萃取大豆蛋白。而由反渗析膜截留的低分子质量蛋白质和低聚糖等，经干燥器干燥后得次级产品。

采用膜分离技术生产大豆分离蛋白具有产品功能特性好、提取率高、工艺简单、投资少、酸碱消耗少、无废水污染等优点。采用膜分离技术不但可解决废水污染问题，而且还有利于对乳清回收及合理利用。过去由于乳清的量大、浓度低，尽管其中含有很多有用成分，但一直未找到经济合理的方法回收它，若采用膜技术不仅可以回收乳清蛋白和低聚糖，还可使废水循环利用，从而大大节约了水资源，同时对反渗透截留物经脱色、脱盐、浓缩及喷粉处理后，可获得使用价值较高的大豆低聚糖产品。

采用膜技术遇到的主要难题是防止膜表面蛋白浓差极化、分子截留量降低及膜材料的清洗和灭菌等问题。美国等国家或地区已有两家企业采用这一技术生产大豆分离蛋白。我国在近几年也兴建了几家膜法生产大豆蛋白的生产线，但设备配套、膜分离过程的污染等问题尚未得到解决。

（三）离子交换法

离子交换法生产大豆分离蛋白的原理与碱提酸沉法类似。所不同的是，离子交换法是采用离子交换调节 pH，从而使蛋白质从豆粕中分离。

脱脂豆粕中含有一定量的有机酸盐[R(COOK)$_3$]。当用阴离子交换树脂（碱性）处理大豆浆料时，会发生离子交换反应。交换一定时间后，提取液呈碱性，大豆中的蛋白质已溶解到碱性溶液中，而阴离子交换树脂将脱脂大豆中的有机酸根吸附住，这样通过固液分离就可以得到含有蛋白质的提取液。然后再用阳离子交换树脂（酸性）把含蛋白质的提取液交换出来。

粉碎后的豆粕用 1∶8～1∶10 比例加水调匀，送入阴离子交换树脂罐中，直至提取液 pH 达 9 以上，停止交换。除渣后再用阳离子交换树脂使料液的 pH 降至 6.5～7.0 后停止交换，其余工序与碱提酸沉法一样。这种方法生产的大豆蛋白质纯度高、色泽好，但生产周期长，目前还没有应用到大规模生产中。

四、组织化蛋白的制取

组织化蛋白（structured protein）是指蛋白质经加工成型后其分子发生了重新排列，形成具有同方向组织结构的纤维状蛋白。使植物蛋白组织化的方法有多种，如纺丝法、挤压蒸煮法、湿式加热法、冻结法及胶化法等，其中挤压蒸煮法应用最广泛。

挤压蒸煮法生产组织化蛋白是在挤压机里完成的。物料通过挤压机内螺杆原件的挤压、剪切、高温、高压的作用，改变了蛋白质分子的组织结构，使其成为一种易被人体消化吸收的食品。生产组织化蛋白产品的设备分为单螺杆挤压机和双螺杆挤压机。按照加工条件可分为低水分组织化蛋白产品和高水分组织化蛋白产品。

由于产品的组织化构造与加工中的热处理过程，使大豆组织蛋白产品有以下特点。

（1）蛋白质结构呈粒状，具有多孔性（低水分）、肉样组织，并有优良的保水性与咀嚼感，可进行烹饪食品、罐头、溜肠、仿真肉等产品的加工。

（2）经过短时、高温、高压及剪切的作用，消除了大豆中所含的多种有害物质（胰蛋白酶抑制素、尿素酶、皂素及血细胞凝集素等），提高对蛋白质的吸收消化能力，经过湿热处理，使大豆中淀粉的营养价值有显著提高且必需氨基酸成分的破坏轻微。

(3) 膨化时，由于物料在出口处由高温高压迅速降低到常温常压条件下，物料中的水分迅速汽化，因而去除了大豆中的不良气味物质，降低大豆蛋白食用后因多糖作用而出现的产气性。

第三节 油料种子蛋白的生产

在各类植物蛋白中，研究最深入、开发和应用最广泛的莫过于大豆蛋白了，在上一节中详细介绍了大豆蛋白的提取技术，下面介绍除大豆以外的其他油料种子蛋白的提取工艺和方法。

一、花生蛋白的制取

花生蛋白含有人体所需的全部必需氨基酸，除了赖氨酸和甲硫氨酸含量较低外，其他必需氨基酸含量都接近或超过联合国粮农组织(FAO)和世界卫生组织(WHO)于 1973 年发布的必需氨基酸需要量模式。由于甲硫氨酸和赖氨酸为花生蛋白的限制性氨基酸，所以将花生蛋白与动物蛋白配合使用可以大大提高其营养价值。

(一) 溶剂提取法

先将花生仁切成 0.178～0.25 mm 厚的薄片，在 12%湿度下加热至 82℃，加热时间为 30 min，使其去掉生味，然后用乙烷提取花生油。花生仁薄片与乙烷的用量比例为 1∶2，提取时间为 2 h。提取结束后，将提油后的花生仁薄片脱去溶剂并磨成粉，即得花生蛋白粉。此粉含蛋白质 80%以上，不含胆固醇和饱和脂肪酸，具有良好的水溶性、乳化性和起泡性，可作生产面包、饼干、人造奶油和酸牛奶等食品的生产原料。

(二) 低温预榨-浸出法

花生中蛋白质含量丰富，但是不同方法制备的花生蛋白营养价值并不相同。采用低温脱脂压榨工艺制备的花生蛋白粉，具有较高的营养价值，能够满足机体的营养需求，其在体内的吸收利用率及生理功能均明显优于传统高温脱脂工艺获得的花生饼粕粉。

该工艺的具体方法是：花生仁清除杂质后烘干，调整水分降至 4%～5%，破碎花生至 2～4 瓣，脱去胚芽(50%以上)和红衣(脱除率需在 90%以上)，粉碎后在 115℃ 蒸炒 40 min，然后进行低温预榨。用溶剂正己烷浸出油脂(粕温不高于 105℃)， 最后脱除溶剂并磨碎，即得花生粕粉。通过该法制得的花生粉蛋白质含量在 55%以上，细度能过 110 目筛，除油率可达到 99%。该方法除了保证“多出油、出好油”外，制得的花生粕粉可直接食用或用作食品添加剂，还可用来生产花生组织蛋白或花生分离蛋白。

(三) 低温预榨-水溶提取法

低温预榨-水溶提取法是利用花生蛋白溶于水的特点，将花生仁磨碎，而后用水将油和蛋白质进行分离，并除去纤维，即可得到用于加工各种食品的低变性花生蛋白。这种方法比溶剂浸出法安全，设备也较简单，出油率可达 91%以上，蛋白质提取率也可达 90%。提取花生蛋白和花生油的具体工序如下所述。

1) *原料准备*　先除花生壳，将花生仁仔细除杂，然后在 60℃左右温度下烘干，再脱除花生红衣(红衣可作为止血剂原料)，务必使红衣脱除率在 98%以上。

2) *磨碎原料*　方法有两种：一是将花生仁用 30℃温水浸泡 2 h，而后用中低速磨浆机制成花生浆(出浆温度在 70℃之内)；二是用石磨直接将花生仁磨成干粉。

3) *提取方法*　花生蛋白质的等电点为 pH4.2～4.7。此时花生粉、花生分离蛋白的氮溶解度是最小的。如果将花生仁蛋白的水溶液 pH 调高，黏度就会增加，如 pH 调到 6.6 时的发泡黏度是 pH4.0 时的 5 倍。要得到理想的乳化液和饱和性能，可调整花生蛋白的悬浮液，将溶液 pH 从 6.7 调至 4.0，然后再调至 8.2。

提取花生蛋白有两种方法：一是将磨碎的花生仁加 8 倍水制成花生浆，放入水溶罐中，加碱调 pH 到 9，目的是使蛋白质扩散溶解在水中，而后升温至 60℃并不断搅拌，使乳浆均匀保持颗粒悬浮状，而后静置 2～3 h，使乳状油分层，将上层乳油置入乳油罐，下层蛋白质溶液另用罐子储存；二是将花生粉加 8 倍水制成花生浆，不作静置处理，而是用过滤机除去纤维等渣质，制得精制花生仁浆，再将精制浆加热至 60℃，用高速离心机分离出乳浊状花生毛油和花生蛋白浆。

4) *精制加工*　将沉淀的残渣或滤出的残渣，用压榨机除去油和蛋白液等残余可溶物，把可溶物进一步加工提取。毛油通过精炼工艺制成食用油，蛋白液制成花生蛋白粉。

其加工有两种方法：一是喷雾干燥法，先将蛋白液(含干物质 5%～6%)通过真空浓缩(50℃)，使蛋白浆浓度保持在 18%，而后进行喷雾干燥，得到成品花生蛋白粉；二是离析法，将蛋白液通过冷却器(20℃)，而后加盐酸使蛋白质沉淀(pH4.7)，再通过篮式离心机分离得干物质含量 40%～50%的蛋白浆。

水溶法提取的产品计算：1 t 花生仁按 40%出油率计算，可出 400 kg 花生油、250 kg 花生蛋白粉(按提取 5%蛋白质计算)；可用花生红衣制血宁片 62 瓶；含碳水化合物、纤维等的花生残渣 250 kg(按 25%计)，可作为糕点、面制品的添加剂；花生壳可作饲料及他用。

(四)水化法+超滤膜反渗透法

先将花生仁磨碎，加水 20～30 倍，保持 60℃，不断搅拌 40 min，使油和蛋白质充分均匀分散。然后用 NaOH 将该乳液调 pH 至 8.0，用三相离心分离机分离出蛋白质、油脂及不溶物质，再利用超滤技术提取蛋白质，最后用反渗透处理废液，得到氮溶解指数为 96.1%的蛋白质抽提液。该方法较溶剂提取法更为安全，成本也较低，但提油效率比较差，需要用反乳化剂提高提油效率，并要防止微生物生长。

(五)压榨-蒸汽对流法

将花生仁粗略磨碎后，调节湿度，进入蒸煮机略微蒸煮后送入压榨机榨油，得到含油 8%～12%的花生饼。将花生饼研磨后调节湿度至 10%，压片，送入连续提油器，经提油后的花生片进入一系列的蒸汽夹套管中，用直接蒸汽对流处理，此时物料温度从 65℃缓缓升至 107℃。物料通过真空转换管，落入收集器中，温度从 107℃降到 38℃，再通过振筛，即可得到花生蛋白粉。得到的花生蛋白粉具有良好的膨化特性，适用于谷类食品和快餐食品的加工。

二、油菜籽蛋白的制取

油菜籽是油菜的种子，我国栽培的油菜有三大类型，即芥菜(或称辣油菜)类、白菜(或称甜油菜)类及甘蓝类，优良品种多属后者，而且全部是含高芥酸的品种。近年来，学习国外油菜品质育种的成功经验，许多研究单位已开始了含低芥酸和低硫代葡萄糖苷油菜籽的品种育种工作。

油菜籽制油后会产生大量的菜籽饼粕，粗蛋白含量可达 35%～45%，为全价蛋白质，是一种理想的优质蛋白，具有很高的开发利用价值。油菜籽蛋白的制取方法主要有后处理法和前处理法两大类，两种方法的核心原理就是去除油菜籽当中的芥子苷和芥子碱等有毒成分，其中后处理法较为常用。

(一)高温蒸煮脱毒法

将粉碎后的菜籽饼粕以 1∶1 左右的清水搅拌均匀，加热蒸煮 2～3 h，或将粉碎的粕加入清水，使其形成稀糊状，再用大火烧煮，注意要一边煮一边搅拌，并随时补充蒸发失去的水分，煮沸 2～3 h。经蒸发后的饼粕加水稀释，搅拌，静置沉淀，滤去上层液体，经此方法处理的饼粕可作为饲料。

(二)热 处 理 法

用干热、湿热处理菜籽饼粕，在高温下可使硫葡萄糖苷酶失活，有的用 50℃热水浸泡 8～12 h，中间换水两次，然后滤去废水，加水煮沸 1 h，边煮边搅拌；或将粉碎饼粕蒸 30 min。此法的缺点是使饼粕中蛋白质利用率下降，且由于硫葡萄糖苷仍留在饼粕中，饲喂后可能被动物肠内某些细菌的酶分解而产生毒性。

(三)发酵中和法

此工艺依据的基本原理是芥子苷在适量的水和适宜温度条件下通过酶水解毒素，产生的挥发性部分在搅动下被挥发排除，不挥发部分在烧碱作用下氧化转变成无毒的物质。

在发酵池内加入清水，升温至 40℃，然后投入粉碎的菜籽饼粕进行发酵，饼粕与水之比为 1∶3.7～1∶4。保持温度在 38～40℃，每隔 2 h 搅拌 1 次。芥子苷恢复活性后，被饼粕中的芥子酶水解，形成挥发性的异硫氰酸酯。在 16 h 后，pH 达 3.8，再继续发酵 6～8 h，滤去发酵水，其中大部分芥子苷分解物会随水流出。加清水到原有量，搅拌均匀，经 10%的 NaOH 中和至 pH 7～8，然后再沉淀 2 h 滤去废液，所得湿饼粕即为脱毒菜籽饼，脱毒率可达 90%～98.5%。如需长期储存，需再将其烘干。

(四)坑　埋　法

将菜籽饼粕用水搅拌后封埋于土坑中 30～60 天，可去除大部分毒物，此法简单，成本低，但应用受地区限制，一般在水位低、气候干燥的地区比较适宜。

(五)碱法脱毒法

碱法脱毒原理是芥子苷在较高温度和湿度下与碱作用，其分子结构中的硫苷键“—S—”和硫酸酯的“—C—O—”键发生水解而断裂生成了硫氨酸酯、异硫氰酸酯和硫化氢等，生成物中的大多数挥发性物质可以随蒸汽逸出，而异硫氰酸酯类化合物与菜籽饼粕中的蛋白质结合生成无毒的硫脲型化合物。

碱法脱毒的具体做法是把压榨或浸出的脱脂菜籽饼粕粉碎，过筛除去粗块，均匀喷洒碱液(纯碱比烧碱效果好)，碱的用量为喷洒前湿饼粕质量的2%～3%，控制水分在18%～20%，用间接蒸汽预热至80℃，保持30 min，再用直接蒸汽蒸和间接蒸汽保温45 min，使温度维持在105～110℃，最后进行烘干，使水分降至13%以下。该法脱毒率可达96%以上。

(六)有机溶剂浸出法

用0.1 mol/L的NaOH-乙醇溶液、85%甲醇溶液及70%丙酮水溶液都能有效地除去整粒菜籽中的芥子苷。如果先将菜籽煮沸2 min，再用碱性乙醇多级浸取效果会更好。

三、葵花籽蛋白的制取

葵花籽油是一种高质量植物油，这种油不仅风味柔和、芳香可口，而且有利于人体健康，目前它已成为国际上公认的高品质食用油。提油后的葵花籽粕含有高于谷类的优质蛋白质，是植物蛋白的重要来源之一。近年来许多国家积极开展葵花籽蛋白的研究，并取得了一定的进展。我国相关大专院校和科研单位在实验室进行了提取葵花籽蛋白的研究。这些研究成果，对我国开发葵花籽蛋白提供了实验数据和现实依据。

从脱脂饼粕中提取葵花籽分离蛋白的先决条件是制取低变性脱脂饼粕。采用压榨法或预榨-浸出取油生产工艺得到饼粕作为原料，由于在生产中多次加热，致使蛋白质变性程度高，生产分离蛋白得率低，仅为9%～15%，而且色泽深、质量差，不宜作为生产蛋白质的原料。生产葵花籽蛋白最好以一次浸出粕作为原料或水剂法生产工艺制取葵花籽食用蛋白。

(一)葵花籽浓缩蛋白

利用70%乙醇、酸性溶液等溶剂来提取原料中的绿原酸、水溶性糖及无机盐等物质，然后用常规的方法加工成葵花籽浓缩蛋白。

(二)葵花籽分离蛋白

葵花籽分离蛋白的生产工艺和大豆分离蛋白的生产工艺类似，采用低温脱溶的葵花籽粕，利用蛋白质的溶解性，用稀盐或稀碱溶液进行萃取，滤液用酸调节pH至等电点，使蛋白质沉淀出来，经过水洗、中和、干燥，即可得到葵花籽分离蛋白。

低温脱溶葵花籽粕筛经磨粉机碾磨除去壳皮后放入绿原酸萃取罐内，在真空条件下用1∶40乙醇水溶液进行萃取，温度控制在50℃，pH小于6，维持介电常数等于水的一半即可。萃取液用离心分离机分离，分离的渣放入蛋白质萃取罐内，加入50℃的NaCl水溶液，使葵花籽粕与NaCl水溶液的比例为1∶8，并维持pH为3～8。萃取罐安装有夹层和搅拌器，保持萃取温度45～50℃，不断搅拌，萃取时间为30 min。

当萃取完毕后，悬浊液自流到初滤罐分出大部分残渣，滤液进入离心分离机进行离心分离，离心出的蛋白液依靠离心机压力进入沉淀罐。在温度45～50℃、搅拌速度45～50 r/min的情况下缓缓加入0.5 mol/L HCl，调节pH在4～4.2，使蛋白质沉淀，静置30 min，然后用水洗涤沉淀蛋白，洗涤后的蛋白质用泵打入离心机，分离掉洗涤水。离心出的蛋白质膏进入均质罐内进行均质。浓度为13%～15%的蛋白液经泵打入离心喷雾器内，与离心喷雾干燥塔内的净化热风(温度150～160℃)相接触，进行干燥。干燥后的蛋白粉进行包装。

经第一次萃取的葵花籽粕的沉淀物，在放出上面的悬浊液后，进行第二次萃取，萃取用

2%的 NaOH 溶液，沉淀物与 NaOH 溶液的比例为 1∶8，萃取温度为 20～25℃。第二次萃取后的其他过程与第一次类似。

采用该法制取的葵花籽分离蛋白是白色或浅灰白色的粉末，具有纯正的葵花籽特有的香气，无异味。蛋白质的纯度在 85%以上，蛋白质分散系数在 80%以上，粗纤维含量在 30%以内，灰分在 3.0%以内，残油在 1.5%以内，是一种优质的植物蛋白质。

近年来国内学者进行了葵花籽分离蛋白的大量研究，分别以含粗蛋白约 45%的高温脱脂饼粕和低温脱脂粕为原料，经粉碎后过 60 目筛，加入一定比例的 NaCl 溶液和 0.5%的硫酸钠还原剂，提取时用 0.5 mol/L 的 NaOH 维持 pH 小于 7，在 45℃下连续搅拌提取。分离出的提取液用 0.5 mol/L HCl 调至等电点，然后进行分离和真空干燥，即得到葵花籽分离蛋白。用一次压榨饼或预榨浸出粕作原料的蛋白质提取率为 12%，利用低温脱脂粕作原料为 37.5%。由此可见，用低温脱脂粕作原料提取分离蛋白更为经济。

第四节　谷物蛋白的生产

谷物蛋白主要是指从谷物的胚乳及胚中分离提取出来的蛋白质。目前已经或正在开发利用的主要有小麦蛋白、大米蛋白和玉米蛋白。世界上绝大多数人的食品蛋白质都来源于谷物，因此开发和利用谷物蛋白对解决人类食用蛋白的缺乏具有重大的现实意义。

一、小麦蛋白的制取

小麦蛋白具有经济性、营养性和功能性等优点，因此在市场上非常热销。面食制品中我们常说的面筋就是由小麦中所含的麦醇溶蛋白和麦谷蛋白构成的，活性面筋经过加工仍可保持黏弹性。小麦蛋白在美国和澳大利亚主要作为糕点及早餐食物中的蛋白质添加剂，在日本则作为肉、鱼制品的填充剂使用。

（一）小麦蛋白制品的制取

小麦蛋白制品可大致分为粉末状、膏状、粒状和纤维状 4 种状态。小麦蛋白制品与大豆蛋白制品一样具有广泛的用途，利用其凝胶性、保水性、持油性、乳化性等功能特性可添加到水产品、畜肉及鱼肉香肠、冷冻食品、面条、面包等制品中。尤其是小麦蛋白具有优良的黏弹性且颜色接近于白色，很适合添加到鱼糜制品中。还可添加到面包和面条类中，用来调整小麦粉所需要的黏弹性。

1. 粉末状小麦蛋白生产

根据粉末状小麦蛋白生产原理的不同，可将其生产工艺分为两种：一种是通过添加还原剂等降低凝胶化温度的变性面筋的生产工艺，此工艺可获得变性粉末状小麦蛋白；另一种是通过加水挥发面筋特有的黏弹性而生产活性面筋的生产工艺，该工艺可获得活性粉末状小麦蛋白。

粉末状小麦蛋白可应用于水产炼制品制备的食品中，其中，复水后能够形成小麦面筋特有功能性质的粉状产品被称为活性粉末状小麦蛋白（又称谷朊粉），在实际的食品生产中应用非常广泛。随着生活水平的提高，世界食品转向营养化、多样化、方便化，特别是活性粉末状小麦蛋白作为一种天然植物蛋白，更赢得人们的青睐。活性粉末状小麦蛋白消费量增加极快，也引起我国的重视，我国小麦产量占世界第一位，进一步开发活性粉末状小麦蛋白已具备了丰富的物质基础，它必将成为一个潜在的新市场，具有强大的竞争能力。

生产活性粉末状小麦蛋白主要有以下两种方法。

1)分散干燥法　该方法的原理是先将面筋分散于分散剂(酸、碱等)中，然后再进行干燥的一种生产方法。国外生产活性面筋基本上都采用喷雾干燥法，它是分散干燥法的一种，通过喷嘴向热风中喷雾并干燥。

利用此工艺生产的产品呈粉末状，不像直接干燥法或滚筒干燥法那样必须经过粉碎。喷雾干燥法的干燥时间短，而且只要选择正确的制造条件，就能在一定程度上抑制蛋白质发生变性。

分散干燥法生产中常用的分散剂是酸、碱和二氧化碳等。酸性分散剂主要使用乙酸，碱性分散剂一般使用氨。在使用氨作为分散剂时，应将面筋的固体含量调整为11%～13%，pH调整为9～10，在300～350 kgf/cm^2的高压下向230～240℃的热风中喷雾，使其干燥。

氨分散液与乙酸分散液相比，强度低，更易于喷雾干燥。除采用喷雾干燥法之外，分散干燥法中还经常采用滚筒干燥法。滚筒干燥法是一种用滚筒干燥机干燥面筋分散液的方法，此法生产中常采用的分散剂有乙酸、乙醇、二氧化碳等。通常情况下都使用乙酸，但无论使用什么样的分散剂，喷雾干燥法的制品品质都较滚筒干燥法的制品差。

2)直接干燥法　直接干燥法有三种。第一种是棚式真空干燥法。这种方法是将面筋拉薄、拉长并送入真空器内，在比较温和的条件下一边加热一边干燥，然后粉碎、筛分，进而制成粉末状蛋白质产品。该工艺由于采用温和的条件，所以干燥时间长，而且很难将面筋均匀拉长，制品的品质欠均匀。第二种方法是冷冻真空干燥法，就是将用稀乙酸等调制的面筋分散液进行冷冻真空干燥的方法。该法是在低温下进行的，是使蛋白质不发生变性的最佳方法之一。但该方法存在设备造价高、干燥时间长、成本高等缺点。第三种方法是闪蒸干燥法，利用水分含量越少越能防止热变性的原理，将干燥活性面筋与水面筋混合，使水分下降至约30%，再利用热风进行干燥。

2. 糊状小麦蛋白生产

生面筋由于多数分子间及分子内的二硫键作用，具有独特的三、四级结构，呈现出很强的黏弹性和高热变性温度。如果将生面筋直接用于水产炼制品或畜肉制品中，不能与鱼肉糜或畜肉均匀混合。为了解决这一问题，可将面筋还原处理，通过切断二硫键降低面筋的黏弹性，然后再进行利用。这与加工粒状和纤维状小麦蛋白食品不同，由于不经加热变性即可加工成制品，因此制作方法比较简单，只需将水面筋与适量的还原剂及其他辅料进行机械混合、冷冻包装即可，这种制品称为变性面筋或加工面筋。

3. 粒状小麦蛋白生产

粒状制品的制法是根据需要向面筋中混合淀粉、增黏剂、盐类、表面活性剂、脂质和酶等原料，经过搅拌等操作使面筋的三级结构发生变化，再经过加热凝胶作用，使其具有肉状组织的触感。粒状制品的形状根据用途而定，有肉糜状、肉块状等多种类型的产品。在所有面筋制品中，粒状制品的复水速度是最快的。

4. 纤维状小麦蛋白的生产

纤维状小麦制品有分散方式和纺丝方式两种，分散方式与捏和方式同为充分发挥面筋特性的方法。构成面筋三级网状结构的关键是分子间的二硫键，还原切断分子间二硫键，使面筋的大分子低分子化，同时使面筋具有流动性和溶解性。如果在水溶液中边施加剪切力边加热使之凝胶化，组织就会开始有方向性，得到具有纤维状的胶状物。此时既可添加食盐，利用其脱水作用，又可添加糊料，促进纤维化。如果根据需要将胶状物切断成型，便可得到所需的制品。纤维状制品可用作各种肉的代用品。纺丝方式是调制纯蛋白质，制成碱性纺丝液后，使纺丝液通过大量细孔进入酸凝结浴槽中形成蛋白纤维的制法，因生产成本高而不实用。

(二)小麦面筋蛋白的分离提取工艺

小麦面筋蛋白的分离提取依据原理不同有湿法、干法、溶剂法等多种方法，而目前普遍采用的是湿法分离，其基本原理是利用面筋蛋白与淀粉两者密度不同，通过离心(或其他分离技术)来将两者分离，以获得所需要的面筋产品。

在小麦面筋的加工过程中，影响面筋质量的因素很多，如小麦种类、产地、种植季节、储藏条件和期限、制粉工艺、面筋分离工艺等。影响面筋产出率的因素也很多，如静置时间、水温、溶液酸碱度、食盐量等，与分离工艺也密切相关。

1. 马丁法

马丁法(Martin)又叫面团法，在加工中使用的原料是面粉而不是麦粒，加工过程的几个基本步骤为和面、清洗淀粉、干燥面筋、淀粉提纯和淀粉干燥。

在各地实际应用中，这种加工方法的程序常有改变。面粉和水以 2∶1 的比例放入和面机中，从而得到光滑、均匀、较硬但无硬块的面团。面粉和水的比例视所用面粉的种类而定。硬质小麦面粉能和成弹性很强的面团，所以要比用软质小麦面粉多使用水；软质小麦面粉和成的面团容易断裂、撕开，和面所用的水须在 200℃左右，并含有某些矿物盐。用含盐量低的软水和面使面筋变得黏滑。面团在进入洗粉阶段之前应放置一定时间，使面筋饱吸水分，以提高其强度。

马丁法操作比较简便，面筋质量好、得出率较高，但此方法在水洗过程中有 8%～10%甚至更多的蛋白质、可溶性盐及糖类会随水流失，并且耗水量大，一般要用面粉量的 10 倍以上。目前我国普遍都采用该种方法进行面筋和淀粉的分离。

2. 水力旋流法

荷兰的 K.S.霍尼公司提出了一种水力旋流法，用于从面粉中提取淀粉和面筋。面糊和循环水放入多段 10 mm 水力旋流器组。清洗出的 A 级淀粉与麦麸随最后一段底流排出。纤维经多级曲筛系统去除，A 级淀粉的脱水和干燥前要经三段水力旋流器浓缩成 21°Be'。多段水力旋流系统的溢流液送入三段水力旋流器，溢流液中含有凝块状和最长可超过 10 cm 的线状凝集面筋、B 级淀粉和可溶物质。底流中的 A 级淀粉重返多级清洗系统。面筋采用网眼间隙 0.5 mm 的滚动式面筋过滤器收集并进行气流干燥。面筋清洗机中部分滤出液再循环至第一道工序，用于将面粉搅成糊状，其余部分经回收 B 级淀粉后再蒸发。

3. 拜特法

拜特法与马丁法的区别在于熟面团的处理，马丁法是水洗面团得到面筋，拜特法是将面团浸在水中切成面筋粒，用筛子筛理而得到面筋。

将小麦粉与温水(1∶0.7～1∶1.8)连续加入双螺旋搅拌器，混合后的浆液静置片刻之后进入切割泵，同时加入冷水(水与混合液之比为 2∶1～5∶1)，在泵叶的激烈搅拌下分离面筋与淀粉，面筋呈小粒凝乳状，经 60～150 目振动筛筛理，筛出面筋凝乳，再用水喷洒使面筋从筛上落下，获得干基蛋白质含量为 65%的面筋，经第二道振动筛水洗后的面筋干基蛋白质含量为 75%～80%。此法的用水量最多为小麦粉质量的 10 倍，蛋白质、可溶性盐和糖类的流失也要少于马丁法，比较经济，而且设备较马丁法先进。

4. 氨法

1966 年由加拿大国家研究中心发明了用氢氧化铵分离面筋的方法。在剧烈的机械搅拌下将面粉喷入 5%的氢氧化铵溶液，然后用循环磨进行细磨，经振动筛除去麦麸与粗纤维部分，用连续分离机将面筋蛋白与淀粉分开，然后对面筋蛋白清液进行喷雾干燥，从而得到具有良好烘烤性能、蛋白质含量 75%的干粉状产品。经离心分离，分离出的淀粉需用氢氧化铵溶液再次清洗，尽可能多地除去淀粉中的蛋白质。

5. 雷肖法

雷肖法是一种新型的面筋蛋白分离方法，这种方法的特点是不但可以得到含量在 80%以上比较纯的面筋蛋白，而且还可以得到纯淀粉，降低生产成本，缩短工艺时间，还可以减少细菌的污染，用水量也少，工艺水可循环使用。

将小麦粉与水以 1∶1.2～1∶2.0 比例放在卧式搅拌器内混合成均匀的液浆，用离心器将液浆分成轻相(面筋相)和重相(淀粉相)两部分，淀粉相经水冲洗后干燥得到一级淀粉；面筋相用泵打入静置器中，在 30～50℃静置 10～90 min，使面筋水解成线状物，最后再加水进入第二级混合器，然后进行激烈搅拌，混合生成大块面筋后分离取出。

6. 全麦粒分离法

前述几种分离法均以面粉为原料，而全麦粒分离法是以麦粒为原料进行面筋分离的。该法工艺简单，而且可以同时分离出多种产品，产品成本低。

二、玉米蛋白的制取

中国是世界上玉米的主产国，年产量约占全世界总产量的 1/4，目前玉米除直接食用外，多用于制作饲料和加工淀粉，经济附加值较低。而玉米中富含丰富的蛋白质，将玉米蛋白进行深加工或利用蛋白酶的水解可以产生高营养的肽类食品，既提高了其营养价值，又为玉米深加工提供了新的途径。

(一)湿法提取玉米蛋白

1. 玉米蛋白生产工艺

在进行玉米淀粉加工时，玉米中的蛋白质都转移到麸质水中形成副产物，将离心机分离出的麸质水，经沉降、过滤、干燥后可得到黄色的玉米粗蛋白，其中含有 40%～60%粗蛋白、10%～15%淀粉和 20～400 mg/kg 的叶黄素。

2. 生产工艺要点

(1)将麸质水搅拌均匀，沉降 6 h 以上，用布袋过滤，将滤液抽入 5000 mL 烧杯中，一边搅拌一边缓慢加入 106 °Be′ 石灰水清液，调节 pH 在 6.0～6.5。停止搅拌，自然沉降 12 h，弃去清液，用 80℃温水洗 1～2 次，通过布袋过滤，将沉淀物在 70～80℃条件下烘干，得到植酸成品。

(2)将经分离的玉米蛋白粉称量一定数量，放试样于烧瓶中，加入 3 倍量的 70%乙醇，加盖，于室温振荡浸提 5～6 h 后过滤。合并上一步的滤液，以 3000 r/min 速度离心分离，过滤除渣。将滤液用水浴进行减压蒸馏，回收乙醇，当乙醇蒸出量极少时，升温浓缩至形成胶体，即可得色价大于 1.00 的玉米黄色素。

(3) 将经浸提后的蛋白粉残渣用清水洗涤 2～3 次，调节 pH 至中性，加入 20%的麦麸皮进行拌匀，用灭菌锅蒸煮 30 min，再闷 1 h，然后拿出锅冷却，接入 3.042 米曲霉，加入 14 °Be' 盐水，用量为与原料比为 1∶1，在恒温箱内发酵 20 天，温度为 45℃。再加入 20 °Be'的盐水，用量与原料比为 1∶1.5，搅拌均匀，控制温度于 40℃，发酵 10 天成熟，然后将熟料装入布袋，压榨出油。

(二) 玉米蛋白碱法提取

利用 pH11.7 的 NaOH 溶液对磨过的全部玉米进行提取，然后再用酸调节 pH 至 4.7，则可沉淀出 52%的蛋白质，且回收得到的固体物中含有 71%的蛋白质。高赖氨酸含量的玉米可生产出比普通玉米更好的蛋白质。

(三) 玉米醇溶蛋白的提取

研究利用玉米蛋白粉中所含的醇溶蛋白，开发醇溶蛋白的新用途，得到国内外研究工作者的注意。据日本报道，用 60%的乙醇 100 mL 可溶入 30 g 的玉米醇溶蛋白，这种醇溶蛋白具有很强的耐水性、耐热性和耐脂性。在食品工业中，醇溶蛋白可以作为被膜剂，即以喷雾方式在食品表面形成一个涂层，可防潮、防氧化，从而延长食品货架期；喷在水果上，还能增加光泽。据报道，以 90%的乙醇萃取液，可直接用于食品工业。

将玉米淀粉生产的副产品玉米蛋白粉，用 4 倍体积的热异丙醇溶液(浓度 86%)，混合搅拌以溶出蛋白质。用离心机分离除去不溶性残渣，回收浸出液，其醇溶蛋白的浓度为 6%。以 NaOH 溶液(50%)处理浸出液，使 pH 达 11.5，在 70℃保持 30 min，防止凝胶。冷却后用盐酸调节 pH 至 5.6，过滤，将同体积的己烷和滤液混合，溶液将分成两层，上层为己烷层，含有溶入的油脂、胡萝卜素等，下层为 50%异丙醇层，含醇溶蛋白 25.0%，泵入迅速冷却的 10℃的水中，醇溶蛋白沉淀，过滤，用冷水洗涤，经喷雾干燥得到玉米醇溶蛋白。

(四) 玉米蛋白发泡粉生产

玉米蛋白发泡粉是蛋白糖、蛋白糕点、固体饮料、冰淇淋等食品的常用添加剂，主要起发泡、酥松、增白、乳化等作用，并可提高食品中蛋白质的含量。玉米蛋白发泡粉是玉米蛋白主要产品之一。

玉米淀粉生产的净淀粉乳，经滑槽分离淀粉而得到的物质称为黄浆水(也称蛋白质水)。利用间歇式沉降罐将黄浆水静置 24～26 h，除掉上清液。然后采用水解罐进行液化，加入 $CaCl_2$ 和液化型淀粉酶(酶/淀粉) 7.5 g/kg，两者比例为 1∶2；加入 NaOH 调节 pH 至 6.2～6.5；加热温度为 88～90℃，时间 40～50min。之后升温至 100℃，保持 10 min。趁热用板框压滤机压平，除去糖液，然后采用水解罐进行水解，投入压干滤饼，按干物质计：蛋白质＞60%，淀粉＜20%。石灰乳由生石灰用水冲洗制得，生石灰与水之比为 1∶3。配料比例为：玉米蛋白、水和石灰乳之比为 100∶200∶3。控制 pH，水解前 pH 为 12～13，水解后 pH 为 9.0～9.5；压力 0.2 MPa，温度为 121℃，时间为 8 h。再次趁热采用板框压滤机压干，收集滤液。最后采用石墨外循环式真空浓缩锅蒸发。生产中最好用升膜式蒸发器，打入滤液，真空度为0.086～0.092 MPa，出料浓度10～12 °Be'。利用离心式喷雾干燥塔，进料温度为50℃左右，热风温度为120～180℃，排风温度为80℃。产品采用80目振动筛进行筛分，用塑料袋进行小包装、瓦楞纸盒大包装。

得到的产品呈粉末状，颜色为均匀的浅黄色，具有植物蛋白发泡粉所带有的正常气味，无异味和杂质。搅打后为泡沫状，颜色是均匀的奶白色。

三、大米蛋白的制取

大米蛋白提取的目的是为了获取高纯度的大米蛋白产品，一般分为大米浓缩蛋白(RPC，蛋白质含量50%～89%)和大米分离蛋白(RPI，蛋白质含量90%以上)。碎米、米糟、米糠等原料都可以用来制备大米蛋白。从目前国内外研究进展看，以大米为原料，大米蛋白提取方法主要有碱法提取、酶法提取、溶剂提取、物理分离法和复合提取法等。

(一)碱法提取

碱法提取是根据大米蛋白中有80%以上的蛋白质可以溶于碱溶液的原理，利用强酸性或强碱性条件下大米蛋白溶解度较高，而在等电点条件下溶解度很低的特性，通过调节分散体系pH将蛋白质与淀粉和纤维素分离出来。科学家以籼米为原料进行碱法提取大米浓缩蛋白，其工艺流程为：

早籼米→碱液浸泡→磨浆→加碱液搅拌→离心分离→调沉淀pH至中性→离心分离→干燥→蛋白粉

碱法提取大米蛋白一般直接利用大米提取，工艺比较成熟、简单。但用碱量大，液固比也大，且高碱会引起蛋白质的剧烈变性，美拉德反应加剧。同时，高碱使非蛋白物质溶解，某些氨基酸，如赖氨酸与丙氨酸或胱氨酸之间会发生缩合反应，生成有毒物质，赖氨酸营养价值大大降低，且所得到的成品颜色深、味道苦、食用性较差。

(二)酶法提取

酶法提取主要利用蛋白酶、淀粉酶等对大米蛋白的降解及修饰作用，使其变成可溶性的肽，然后再被抽提出来。按照蛋白酶作用方式的不同，蛋白酶分为内切蛋白酶和外切蛋白酶。其中，外切蛋白酶是从肽链的任意一端切下一个单位氨基酸残基；内切蛋白酶是在多肽链的内部破坏肽键，依赖不同水解程度产生一系列分子质量不同的多肽，工业用蛋白酶主要是内切蛋白酶。内切蛋白酶和外切蛋白酶因对底物的作用方式差异而影响蛋白质的提取。按照蛋白酶的作用条件不同，蛋白酶可分为酸性蛋白酶、中性蛋白酶和碱性蛋白酶等，其中用碱性蛋白酶提取大米蛋白的研究居多。利用酶法提取大米蛋白的研究中，因原料和提取工艺不同，以及蛋白酶的种类、生产厂商、酶活力和组成等诸多因素差异，蛋白质提取结果也各不相同。

酶法提取的另一种是利用“排杂”的思路，具体做法是将诸如淀粉液化酶、纤维素酶、果胶酶、木质素酶、脂肪酶等把原料中的非蛋白物质除去，而保存蛋白质，从而提高成品的蛋白质含量。

酶法提取蛋白质反应的优点是条件温和、液固比小、蛋白质多肽链可水解为短肽链，提高了蛋白质的溶解性。但因酶的价格较高，生产成本也要大幅度提高，该种方法要实现产业化还需要进一步优化设计，若将酶法和碱法提取法相结合，会为今后的大米蛋白提取提供新思路，但作为工业化生产还应优先考虑碱法提取蛋白质。

将碱法和酶法提取大米蛋白工艺及产品的功能特性进行比较，可发现碱法提取得到大米蛋白纯度可达到90%，提取率为55%；酶法提取大米蛋白纯度为45%，提取率为40%。碱法提取大米蛋白的持水性、吸油性和起泡性均优于酶法提取大米蛋白，而酶法提取大米蛋白溶解性、乳化稳定性和泡沫稳定性优于碱法提取大米蛋白，两种方法提取得到产品的乳化能力相当。从本质上来讲，碱法提取的米渣中的蛋白质是占蛋白质总量80%以上的碱溶性蛋白，是蛋白质大分子，但强碱可能使氨基酸之间缩合产生有毒物质，且产生苦涩怪味。而酶法提取则可提取更多水溶性蛋白、醇溶性蛋白、难溶性蛋白，以及经降解和修饰的水溶性小分子活性肽与游离氨基酸，不仅不会破坏大米蛋白的生物功能、降低提取物营养价值、产生怪味，而且还可以提高和促进人体对其的消化与吸收。因此，结合营养、风味及生物功能等多方面综合考虑，酶法水解米渣提取蛋白水解物要优于碱法提取大米蛋白。

（三）溶剂提取

可用于提取大米蛋白的溶剂有五大类：第一类是表面活性剂类的十二烷基硫酸钠、十六烷基三甲基溴化胺；第二类是脂肪酸盐；第三类是弱酸类的乙酸、乳酸；第四类是作为氢键破坏剂的尿素、盐酸胍；第五类是作为还原剂的巯基乙醇和二硫苏糖醇（DTT）等。有研究对比由米渣为原料，分别采用非碱性溶剂和碱法提取大米蛋白效果，结果发现，非碱性溶剂提取所得产品蛋白质含量与碱法提取相当，但其蛋白回收率明显提高，可达 95.2%；而碱法提取回收率最高时也仅 40%左右。显然，采用非碱性溶剂提取大米蛋白具有一定优势；但提取溶剂不易去除，产品应用时存在安全问题，特别在应用于食品时；况且生产成本会因使用溶剂提取而上升不少。

（四）物理分离法

物理分离法是一种效价比较高的新方法，是指利用胶体磨和均质机，对大米中淀粉和蛋白质聚成块后进行分解。大米只需要一次性通过该设备，就可以产生水状的、颗粒均匀的淀粉和蛋白质微分子，然后通过基于密度的传统分离工艺，对其中的淀粉和蛋白质进行分离，生产出的蛋白质和淀粉与传统的加工方法相比具有更好的完整性及功能性。通过该方法，蛋白质溶出浓度比单纯水溶液提取率提高 75%，脱脂米糠经物理方法处理，其蛋白质溶出浓度可提高 18.7%，且磨浆和均质可使溶出组分分子质量差别加大，所以利用物理方法可以提高米糠蛋白的提取效率。

由于单纯使用碱法或酶法都存在各自的问题，为了尽可能降低生产成本、提高产品质量，可以采用复合提取的方法将碱法和酶法结合，物理方法与酶水解技术结合使用。

思考题

1. 植物蛋白营养及功能性质包括哪些方面？
2. 油料种子蛋白质一般包括哪几种？各种蛋白质原料各有哪些特性？
3. 大豆蛋白有哪些应用？

4. 小麦蛋白、玉米蛋白、大米蛋白各有哪些组成？各有哪些应用？
5. 大豆蛋白粉的加工工艺、操作要点是什么？
6. 大豆蛋白粉的脱腥技术有哪些？
7. 大豆浓缩蛋白、大豆分离蛋白的生产方法有哪些？
8. 组织化蛋白产品有哪些分类？
9. 花生蛋白的制取方法有哪些？
10. 油菜籽蛋白的制取方法有哪些？
11. 小麦蛋白制品的制取方法有哪些？
12. 玉米蛋白的制取方法有哪些？
13. 大米蛋白的制取方法有哪些？

参考文献

陈大淦, 倪培德. 1988. 植物蛋白的加工和利用. 北京: 中国食品出版社.
郝俊光, 周志娟, 顾国贤. 2005. 大麦蛋白质组成. 啤酒科技, 4: 24-27.
江连洲. 2011. 植物蛋白工艺学. 北京: 科学出版社.
雷席珍. 1986. 花生蛋白的抽提方法及对食品的应用. 广州食品工业科技, 7: 22-23.
李荣和, 姜浩奎. 2010. 大豆深加工技术. 北京: 中国轻工业出版社.
李新华, 董海洲. 2009. 粮油加工学(2 版). 北京: 中国农业大学出版社.
李正明, 王兰君. 1998. 植物蛋白生产工艺与配方. 北京: 中国轻工业出版社.
刘大川. 1993. 植物蛋白工艺学. 北京: 中国商业出版社.
刘冬儿. 1999. 小麦蛋白制品的开发与利用. 食品科技, 1(8): 22-25.
刘玉田. 2002. 蛋白类食品新工艺与新配方. 山东: 山东科技技术出版社.
吕立志, 范喜梅. 2011. 小麦面筋蛋白及其乳化性研究概述. 湖北农业科学, 50(6): 1088-1090.
彭清辉, 林亲录, 陈亚泉. 2008. 大米蛋白研究与利用概述. 中国食物与营养, 8: 34-36.
王良东. 2008. 小麦面筋蛋白应用概述. 粮食加工, 33(4): 45-47.
王晓凡, 熊光权, 汪兰, 等. 2010. 菜籽蛋白提取及应用研究进展. 粮食与油脂, 12: 5-9.
徐维艳, 王卫东, 秦卫. 2010. 花生蛋白的制备、功能性质及应用. 食品科学, 231: 17.
张宇昊, 王强. 2005. 花生蛋白的开发与利用. 花生学报, 34(4): 12-16.
钟丽玉. 1992. 活性面筋粉的生产与应用. 粮食储藏, (3): 46-50.
周瑞宝. 2007. 植物蛋白功能原理与工艺. 北京: 化学工业出版社.
Rosenthal A, Pyle D L, Niranjan K, et al. 2001. Combined effect of operational variables and enzyme activity on aqueous enzymatic extraction of oil and protein from soybean. Enzyme Microb Tech, 28: 499-509.
Wu M C, Yuan J, Shao J H, et al. 1999. Studies of comprehensive processing and utilization of rapeseed. J Huazhong Agric Univ, 18(6): 589-591.

第九章 其他谷物的加工

第一节 大 麦 加 工

大麦(*Hordeum vulgare* L.)是最古老的栽培作物之一，在我国大约有5000年的历史。大麦属禾本科、小麦族、大麦属。中国大麦种植面积居稻、小麦、玉米和粟之后列第五位，主产区比较集中，主要分布在长江、黄河流域各省和青藏高原，黑龙江省和台湾地区也有部分种植。大麦产量仅次于小麦、水稻和玉米，位居第四位。

一、大麦的分类及营养价值

(一)大麦的种类

大麦又称饭麦、倮麦、赤膊麦，为一年生禾本科植物，分为稃大麦(又称皮大麦)和裸大麦。一般所说的大麦是指有稃大麦，其特征是稃壳和籽粒粘连；裸大麦的稃壳和籽粒易分离，称其为裸麦，也称为青稞。大麦根据大麦穗的式样分为六棱大麦和二棱大麦。三联小穗都发育的大麦是六棱大麦，只有中间小穗发育的大麦是二棱大麦。六棱大麦多用于制造麦曲，二棱大麦供制麦芽和酿造啤酒。

(二)籽 粒 结 构

大麦籽粒包括内稃、外稃、颖果和小穗轴。其中内、外稃是籽粒的外壳。颖果由果皮、种皮、珠心表皮、胚乳和胚组成。其中，胚乳包括糊粉层、亚糊粉层和淀粉胚乳。胚乳中充满了大大小小的淀粉粒，这些淀粉粒被深埋在蛋白质的基质中。

(三)营 养 组 成

食物中加入适量的大麦及大麦制品，有助于降低人体总胆固醇和低密度脂蛋白胆固醇水平，减少冠心病发病风险。大麦营养丰富，淀粉、纤维和蛋白质占大麦籽粒主要部分。除此之外还含有类脂、维生素类、矿物质和植物化学物质。大麦中的碳水化合物(淀粉、糖类和纤维)约占大麦干重的80%。大麦淀粉是一种可溶性多糖，由支链淀粉和直链淀粉组成。其中，支链淀粉是大麦主要淀粉类型，占总淀粉72%～78%，其余为直链淀粉。大麦淀粉可分为常规淀粉、高直淀粉和蜡质淀粉。大麦籽粒除淀粉外，还含有少量单糖和寡糖。与其他谷物相比，大麦蛋白质含量相对较低。大麦蛋白质组分中醇溶蛋白和麦谷蛋白的含量低，这是大麦蛋白不能形成面筋网络的主要原因。大麦中赖氨酸含量较高。大麦蛋白质按照其可溶性分为清蛋白(含量小于10%)、球蛋白(约20%)、大麦醇溶蛋白(30%)和谷蛋白(40%)。大麦灰分含量一般为2%～3%。麦粒中存在14种矿物质元素，按照含量多少分为大量元素和微量元素。

大麦中大量元素为钙、磷、钾、镁、钠、氯和硫；微量元素有钴、铜、铁、碘、锰、硒和锌。研究表明，大麦中存在甾醇类、生育三烯酚、黄烷醇类和多酚化合物等，这些植物化学物质具有抗氧化性，对抗肿瘤、心血管疾病、关节炎、老年痴呆症等衰老性疾病具有一定的保护作用。其中，大麦 β-葡聚糖主要存在于大麦胚乳及糊粉层细胞壁中。β-葡聚糖的生理功能主要有降低胆固醇和降血糖两个方面。生育三烯酚是大麦中另一重要生理活性成分，属于维生素 E 类化合物，具有抗氧化作用。大麦中含有丰富的多酚类物质，大部分存在于大麦麸皮中，具有抗脂质过氧化和清除自由基的功能。

二、大 麦 制 米

大麦加工工序主要有脱壳(去皮)、碾皮、磨片、碎麦、粗磨、精磨，以及气流分级、筛分、挤压膨化和红外干燥等。大麦加工第一步是清理，这一工序需要用筛、去石机、重力桌、分离器等专业设备。大小均一、色泽乳白、硬度中等的麦粒适合碾磨。在谷物加工过程中，各种碾磨是最常用的加工方式。籽粒经过清理后，会进行脱壳。脱壳的目的是去掉大麦的稃壳。脱壳之后经过碾皮，碾皮的过程去除大麦麸皮。碾皮加工后的主要食品为大麦米。大麦可以制作出大麦米和珍珠米。大麦经碾磨，可以加工成糙大麦米(脱壳大麦)、珠形大麦米、整大麦米。大麦的脱壳和碾米都是用研磨材料进行摩擦加工的，各有不同的作用。脱壳是除去大麦的外壳，碾米是除去残留的谷壳及部分胚乳。大麦米可用珠形大麦米、糙大麦米或原料大麦加工而成。

大麦米的生产工艺流程为：

大麦籽粒→清理→调节水分→漂白→脱壳→谷壳分离→碾米→风选→分级→大麦米

德国生产的大麦米，主要用于做汤，加入调料制成膨化食品和速食早餐食品。日本和朝鲜的大麦米通常与大米混在一起食用，作为大米的代用品。

珠形大麦米的加工工艺为：

清理→水分调节→漂白→脱壳→谷壳分离→筛理分级→切断→碾制珠形大麦米→精碾→风选→分级和筛理磨光

三、大 麦 制 粉

与小麦籽粒不同，大麦籽粒外部除了有种皮和果皮之外，还有稃壳包裹。大麦粉是大麦经脱壳碾磨制成的粉。大麦也是生产通心粉的原料。大麦粉的加工通常是珠形大麦米或脱壳大麦磨粉。清理大麦用的机器包括筛选机、滚筒或碟片精选机、风选机、去石机等。水分调节包括将大麦加水或干燥，使水分达到 15%，润麦 24 h。大麦的漂白是将脱壳大麦(有时是完整大麦)放入耐火材料或陶器滚筒内，喷入蒸汽和二氧化硫，二氧化硫含量不得超过 0.04%。

大麦粉加工工艺流程为：

大麦籽粒→清理→调节水分→漂白→脱壳→谷壳分离→碾米→风选→分级→大麦米→磨粉→大麦粉

上述这种工艺是通过大麦米磨粉制得大麦粉。另一种大麦面粉的制备工艺如下：

大麦→清理→润麦→皮磨(皮粉和麦麸)→麦心→心磨→心粉和细麸

取适量大麦籽粒，清洗，除杂，在 50℃条件下烘干，烘干后的大麦籽粒进行润麦(水分润至 15%)并储存 12 h，将润好的大麦籽粒用肖邦磨制粉，得到皮粉、心粉、细麸和麦麸 4 种成分，将大麦皮粉和心粉进行混合后得到大麦面粉。

四、大麦产品加工工艺技术

(一)啤　酒

大麦最主要的用途有两种：品质较好的大麦制成大麦芽，用作啤酒酿造的原料；品质较差的大麦一般用作饲料。啤酒含有易被人体吸收的低分子氨基酸、糖类、大量 B 族维生素等丰富营养成分。我国啤酒用大麦主要分布在西北、华北和东北部分地区。啤酒用大麦的品质要求：颗粒大而饱满，粒形短，色较浅，皮较薄；水分含量在 13%以下，二棱大麦千粒重不小于 40 g，六棱大麦千粒重不小于 34 g；大麦粉质率 85%～95%，淀粉含量不低于 60%，蛋白质含量 9%～12%，浸出物含量在 75%以上，无水敏性，酶活性较好。

啤酒生产工艺过程有四大工序：制麦芽，糖化(制麦芽汁)，发酵，后处理(包装)。制备麦芽的过程分为：大麦清选分级，浸麦，发芽，干燥，干燥麦芽除根。

大麦啤酒的加工工艺流程为：

大麦→浸提发芽→干燥→大麦芽→捣碎加水煮(添加辅料)→过滤→麦芽汁→酵母发酵→啤酒

(二)用作啤酒酿造的液体辅料

通常采用非酿造大麦作啤酒酿造的液体辅料，由于非酿造大麦的蛋白质含量和β-葡聚糖含量较高，发芽率低，不适合制造麦芽。实际生产中，通过添加淀粉酶、细菌蛋白酶、β-葡聚糖酶等多种酶制剂，所制成大麦糖浆与全麦芽汁非常接近。

工艺流程为：

大麦→浸泡→粉碎→调浆→糊化→糖化→过滤→煮沸→脱色→过滤→真空浓缩→包装→成品

(三)大　麦　片

大麦片作为一种即食早餐食品，风味独特。大麦片食用简便，营养平衡，是目前市场上很受消费者欢迎的一种方便食品。

大麦片的生产工艺流程为：

大麦米→加水→蒸烘→压片→烘干→调味→包装→成品

(四)大麦膨化粉

大麦膨化食品常以大麦米或大麦粉，配合其他谷物和豆类的碎粒或粉作为原料，通过膨化制成种类繁多的膨化食品。大麦及其他谷物或豆类，在膨化过程中糊化率可达 97%以上。大麦膨化粉营养全面，易被人体消化吸收利用。

大麦膨化粉生产工艺流程为：

主料(大麦或大麦粉或加其他谷物豆类的米或粉)→搅拌混合→进机膨化→膨化颗粒→粉碎→膨化粉→配料→混匀筛粉→干燥灭菌→无菌冷却→计量包装→抽样检验→成品

(五)大麦糖浆

以大麦为原料，通过酶作用，将大麦淀粉糖化分解为较小的低聚糖、糊精、麦芽糖和葡萄糖等。由于其固形物大部分是以麦芽糖为主的碳水化合物，故称之为大麦糖浆。

生产工艺流程为：

大麦→清洗→浸泡→粉碎→调浆→糊化→糖化→后处理→大麦糖浆

原料大麦经过除杂，粗选，清洗，在45℃左右的水中浸泡25～30 min，麦皮含水量约为25%，浸泡水中的甲醛加入量约为200 μL/L。采用湿法粉碎，粉碎后加温水调浆。调节料液pH为6.5，加入耐高温细菌α-淀粉酶，起始温度50℃，保持10 min，升高至84～86℃，待料液糊化和液化完全。降温至50～52℃，调节pH为5.5，边搅拌边加入细菌蛋白酶、葡聚糖酶和异淀粉酶，此后温度变化过程为：50～52℃(90 min)→62～63℃(90～120 min)→70～75℃→糖化完全。大麦糖浆的后处理大致可以分为两种。一种是生产后即时使用，后处理简单，过滤后即可分批次加入。第二种是处理成商品化的浓缩大麦糖浆，煮沸灭菌，煮沸过程添加酒花，蒸发浓缩或真空浓缩到规定浓度。一般糖浆固形物含量为70%～72%，使用时可以灵活稀释。商品化后处理的过程为：

糖化→过滤→煮沸(加酒花)→脱色→过滤→浓缩→包装→成品

(六)大麦饮料

大麦嫩苗固体饮料，是将大麦嫩苗粉、大麦芽粉、螺旋藻、黄原胶、蔗糖酯粉、海藻酸钠、羟甲基纤维素钠和无定形二氧化硅经预处理、干燥、粉碎、复配、灭菌和包装等工序加工而成。

工艺流程为：

浓缩大麦糖浆→稀释→接种(乳酸菌或啤酒酵母)→发酵→过滤→调味→充CO_2气→灌装

(七)大麦茶

我国民间医疗偏方认为大麦水能预防肠胃炎、中暑等很多疾病。在亚洲国家，大麦茶很流行。大麦也常用作咖啡的替代物。历史上，大麦茶因能作为治疗各种疾病的辅助物和能预防心力衰竭及脱水而出名。

制作方法：大麦中加水，煮沸后加盖小火慢炖一整夜或8 h(也可用砂锅)。从水中捞出大麦。水中加入糖及其他甜味剂或柠檬汁。由于大麦品种不一，其所含的天然色素不一致，得到的大麦水颜色亦不同，有时呈浅色。若是裸大麦，各种食物中可以用煮熟的麦粒。

日本开发的浓醇味麦茶，是将大麦在不同加热条件下焙烧后混合，经在水共存下萃取，取萃取液，再澄清后制得。

(八)双歧大麦速食粥

双歧大麦速食粥是以大麦为主要原料，配以双歧因子等辅料，以加压膨化工艺加工而成，充分保留了大麦的营养保健价值，并改善了大麦的不良口味，食用方便，为消费者提供了一种很好的大麦速食食品。产品以双歧糖调整口味，不仅改善了口感，还能促进双歧杆菌增殖，提高机体抵抗力，激活人体免疫系统。由于双歧因子的低热值性能，属难消化糖，可作为糖尿病、高血脂患者的理想糖源。

双歧大麦速食粥加工工艺流程为：

原料→粉碎→调整→挤压膨化→烘干→粉碎→调配→包装→成品

工艺要点如下所述。①原料，大麦选择无霉变的新鲜大麦，去杂质，去皮。为改善产品外观及口感，原料中添加10%左右的大米粉。②粉碎，适应挤压膨化设备要求，大麦大米都要粉碎至60目左右。③调整，将大麦粉、大米粉按照比例混合，搅拌均匀，测其水分含量，为保证膨化时有足够的汽化含水量，最终调整水分含量为14%，搅拌5～10 min，使物料着水均匀。④为改善产品的即时冲调性，在物料中加入适量的卵磷脂，可提高产品的冲溶性。⑤挤压膨化，选用双螺杆挤压膨化机，设定好工艺参数，将大麦等原料进行膨化处理，使物料在高温高压状态挤压、膨化，物料的蛋白质、淀粉发生降解，完成熟化的过程。⑥后处理，膨化后产品水分含量在8%左右，通过进一步烘干处理，可使水分达5%以下，利于长期保存，干燥后的产品应及时粉碎，细度在80目以上。⑦调配，膨化后米粉为原味大麦产品，略带糊香味，无甜味，通过添加10%～15%双歧因子(低聚麦芽糖等低聚糖)来改善口感。⑧包装，调配好的产品应立即称重，包装，密封，防止产品吸潮。

(九)大麦膨化小食品

大麦膨化小食品主要为大麦粉和其他谷米、豆粉等。辅料按照产品的需要，有蔗糖、葡萄糖、奶粉、蛋类、各种果蔬粉类、柠檬酸、精盐、可可脂、咖喱粉、花椒粉及各种营养强化剂等。膨化休闲食品是以大麦粉配以其他谷米粉或豆类为原料，用膨化机挤压成薄片、棒状、环形灯各种形状，再喷洒糖浆、盐、味精等调味，干燥包装而成。要获得质量好的膨化产品，需掌握以下几个方面。①原料水分含量在7%～16%。若水分含量低，则挤压过程淀粉不易变形，物料流动性差，产品膨化度低；若水分含量高于16%，挤压温度低，产品膨化度也低。②原料粒度的大小应该根据原料和配料的特性，灵活掌握。粒度大质地硬的物料，摩擦力负荷大，升温快；粒度小质地软的物料，进料困难，易阻塞喷咀。③进料速度应主要根据物料的水分、粒度、质地、压力和温度等灵活控制。

生产工艺流程为：

原料→混合→调理→挤压膨化→切割→烘焙→调味→冷却→计量→包装→成品

(十)大麦功能成分提取

大麦淀粉：大麦淀粉经过针磨、研磨后，用空气分级机处理可得到高纯度的大颗粒淀粉，经过短时的湿法萃取过程可以得到几乎是纯的淀粉，来制作变性淀粉产品。大麦淀粉是制作天然淀粉、淀粉衍生物、果葡糖浆等的主要原料。

大麦膳食纤维：大麦中可溶性膳食纤维含量高于小麦。大麦的可溶性膳食纤维具有降低胆固醇、降低血糖的作用，有助于糖尿病患者控制血糖；同时可以改善消化功能、促进肠胃蠕动，改善便秘。

β-葡聚糖是一种非淀粉多糖，是复合的葡萄糖聚合糖，分子质量小于纤维素。β-葡聚糖提取方法分为酶法、碱法和热法等。由于β-葡聚糖具有降血脂、降胆固醇、调节血糖、抗肿瘤等作用，故目前β-葡聚糖的制成品主要集中在保健品上，可开发成β-葡聚糖胶囊、片剂、粉剂和咀嚼片等。

大麦黄酮类化合物：大麦黄酮类化合物是大麦中重要的生物活性物质，并赋予大麦多种生理功能。大麦黄酮的主要成分为黄酮醇、黄烷酮和儿茶酸。该类物质为橙黄色粉末，微溶于水，溶于甲醇、乙醇和油脂等，属于脂溶性化合物，具有清热解毒、清除自由基、抗衰老、增强免疫力等功能。

麦绿素：麦绿素以越冬大麦嫩苗为原料，通过细胞破壁技术及常温真空干燥技术完全保留了大麦嫩苗营养素活性。青稞麦绿素以青稞麦苗为原料提取。麦绿素中含有18种氨基酸、70余种矿物质、20多种维生素，具有强大的抗氧化作用。经常食用麦绿素可以改善人体细胞健康和活力，全面增强身体素质和机体免疫力。麦绿素产品的开发，可拓宽大麦用途，提高麦农的经济效益。

大麦麦绿素生产工艺流程为：

大麦嫩苗→前处理→破壁打浆→离子低温护绿→浸提→榨汁过滤→提取液→浓缩→常温干燥→麦绿素

原料前处理包括麦苗清洗、挑选、双氧水溶液消毒等，真空浓缩一般在常温下进行。

(十一) 饲用大麦

大麦作为优质饲料，其营养价值高于小麦、水稻和玉米。饲用大麦加工方法为：

大麦粉→膨化大麦粉→饲料制粒

大麦粉采用砂盘粉碎机粉碎，粉碎粒度为过0.3 mm筛，膨化机湿法膨化，膨化出口温度达135～145℃，选择颗粒饲料机组制粒，粒径为2.0 mm和3.5 mm。

第二节 燕麦加工

一、概 述

燕麦(*Avena* L.)是禾本科(Gramineae)禾亚科(Pooideae)燕麦属(*Avena*)燕麦种(*A. sativa*)一年生草本植物。燕麦适应性强、产量高，耐干旱，抗盐碱。燕麦原产于我国华北高寒地区，又称雀麦、野麦、铃铛麦。

(一) 燕麦的种类

燕麦一般分为稃型和裸粒型两大类。燕麦包括普通燕麦(皮燕麦)、裸燕麦(莜麦)、野生燕麦等品种。我国以裸燕麦为主，主要集中在内蒙古、河北、青海、河南、陕西、山西、甘肃等地种植。从用途上看，燕麦可以分为饲草燕麦和食用燕麦两大类，世界燕麦总产量大部分被用于饲料，世界平均食用消费量在20%左右，随着燕麦的营养与保健功能逐渐被大家所认识，近几年，世界平均消费量呈稳步上升趋势。另外，根据燕麦的播种季节，分为春燕麦和冬燕麦，世界种植品种以春燕麦为主。

(二)籽粒结构

燕麦果实为颖果。燕麦籽粒瘦长有腹沟，常见有筒形、卵圆形和纺锤形，籽粒长 0.8～1 cm，宽 0.16～0.32 cm。籽粒大小因品种不同差别很大，常见籽粒颜色为白色、浅黄色和黄色。籽粒按照其化学成分和形态差异，可以分为皮层、胚乳和胚芽。其中，燕麦的皮层是由果皮、种皮和珠心层结合在一起形成皮层。燕麦籽粒的内部构造与小麦大致相同，不同的是燕麦有两层糊粉层，小麦只有一层。糊粉层从植物学观点来看属于胚乳的最外层，包围着整个胚乳和大部分的胚芽。糊粉层因其含有丰富的酶，在种子萌发过程中起着重要的作用。胚乳占成熟燕麦籽粒质量的 55%～70%，包含淀粉、蛋白质、脂肪和 β-葡聚糖。胚乳由一种类型的细胞组成，相对代谢活性比较低，各种酶活性也低。燕麦的胚也是新陈代谢活动旺盛的器官。胚位于籽粒背面基部，一面挨着胚乳，一面被皮层覆盖。胚与胚乳之间的盾片具有重要作用，在胚萌发过程中提供可降解营养物质的酶。

(三)燕麦的营养成分

燕麦籽粒中富含蛋白质、脂肪、纤维、矿物质。其蛋白质含量为 15%～20%，脂肪含量为 5%～10%。根据中国预防医学科学院营养与食品卫生研究所对食物成分的分析结果显示，裸燕麦中蛋白质含量为 15.6%、脂肪含量为 8.8%，居谷类作物首位。燕麦蛋白分为清蛋白(11%)、球蛋白(56%)、醇溶蛋白(9%)和谷蛋白(23%)四大类。对燕麦籽粒氨基酸分析显示，燕麦中含有 17 种氨基酸，且人体必需氨基酸种类齐全，包含 9 种非必需氨基酸。燕麦淀粉含量低，属于低血糖指数食品。燕麦膳食纤维包括非水溶性膳食纤维(IDF)和水溶性膳食纤维(SDF)，燕麦非水溶性膳食纤维则包括纤维素、半纤维素和木质素。燕麦膳食纤维含量高且组成成分多，燕麦中的重要成分可溶性膳食纤维含量高达 3.6%，可溶性膳食纤维是胃溃疡患者的良好食物，能够降低人体 20%的低密度胆固醇。燕麦水溶性膳食纤维主要成分是 β-葡聚糖，具有降胆固醇、降血糖、增强免疫力等多种生理功能。燕麦中还含有维生素 E、维生素 B_1、维生素 B_2、尼克酸、叶酸等。燕麦中微量元素钙、铁、磷、硒等含量也较其他谷物高。此外，燕麦中还含有多种活性植物化学物质，如皂苷、多酚等。

二、燕麦制米

燕麦米是指燕麦籽粒经过去皮或部分去皮加工的燕麦产品。燕麦米从外观上看与燕麦籽粒没有明显区别。燕麦米的食用方法与大米相同，蒸煮后具有麦类独特的香味，具有和大米一样的实用性和适口性。调查显示，以燕麦米部分取代大米蒸煮米饭或粥被大多数人接受。燕麦米的加工相对简单，商品燕麦米应具有形态完整、色泽光亮、口感好、保质期长等特点。

燕麦米工艺流程为：

燕麦原粮→预清理→储存→清理→分级→打毛→湿热处理→烘干→包装

操作要点如下所述。①清理，目的是去除燕麦中的皮燕麦、草籽、石头、沙子、金属碎片、树枝灰尘等。②打毛，通过相互摩擦，磨掉燕麦表面的绒毛。③湿热处理，通常采用汽蒸，以达到杀菌灭酶的目的。④烘干，通过风冷的办法，降低燕麦米的温度与水分，达到标准后进行包装。

三、燕麦制粉

燕麦制粉是生产燕麦食品的基础。燕麦粉按照成分分为燕麦全粉、燕麦精粉、方便营养燕麦粉和燕麦专用粉。按照加工工艺，燕麦粉分为生燕麦粉、熟燕麦粉和膨化燕麦粉。

燕麦传统制粉工艺流程为：

裸燕麦籽粒→清理→洗麦→润麦→炒制→清理→研磨→成品

操作要点如下所述。①洗麦，通过洗麦除去燕麦表面杂质并吸收一定水分。②润麦，通过洗麦后的燕麦籽粒，需要经过润麦才能达到加工和食用的良好品质，此过程需要18～24 h。③炒制，炒制是裸燕麦制粉的关键，炒制的好坏直接影响成品的质量。裸燕麦炒熟后要求色泽均匀，白中透黄，酥而脆。

燕麦专用粉是指经过处理的燕麦籽粒经过磨粉处理，按照一定的比例，与小麦粉混合而成的燕麦-小麦混合粉。

燕麦专用粉工艺流程为：

燕麦籽粒→灭酶→皮层碾磨→筛选→心磨碾磨→筛选→配粉→包装

燕麦现代制粉工艺主要分四部分：第一部分为毛粮清理部分；第二部分为净粮清理部分；第三部分为炒制冷却部分；第四部分为制粉部分。

具体工艺流程如下：

提升机→高频振动筛→吸式去石机→提升机→磁选器→打麦机→提升机→
平面回转筛→谷糙分离筛→提升机→洗麦机→入仓润麦

净粮清理工艺流程为：

润麦仓→卧式绞龙→提升机→磁选器→打麦机→平面回转筛

国外燕麦制粉通常采用切割后燕麦籽粒和燕麦片进行制粉。

制粉部分工艺流程为：

切割籽粒→辊式磨粉机一次制粉→输送→辊式磨粉机二次制粉→筛理→燕麦粉、燕麦麸

四、燕麦产品加工工艺技术

(一)燕麦面条

燕麦面条加工工艺流程为：

燕麦→挑选→清洗→高压蒸汽灭酶→烘干→粉碎→过筛→辅料添加→和面→熟化→
压片→切条→干燥→包装→成品

燕麦灭酶处理，磨粉前对燕麦进行121℃，10 min高压蒸汽灭酶处理，以使燕麦中含有的脂肪酶、过氧化氢酶失活。

(二)燕麦方便面

燕麦方便面加工工艺流程为：

原辅料称量→混合→和面→熟化→轧片→切条→蒸煮→干燥→计量→包装→成品

操作要点如下所述。①和面，用 30℃左右的温水，和面时间 10 min。②熟化，在 30℃的保温箱，熟化 35 min。③轧片切条，面团先通过两组轧辊压成两条面带，再次复合为一条面带，面带经 5～6 组直径逐渐减小转速逐渐增加的轧辊辊轧，将面片厚度压延至 0.8～1.0 mm，面片达到规定厚度后，直接导入压条机压成一定规格的湿面条。④蒸煮，常压蒸煮 8 min。⑤干燥，微波功率 480 W 下干燥 3 min 后，热风 90℃干燥 35 min。

（三）燕麦面包

燕麦籽粒蛋白含量高，营养全面，用燕麦粉制作的面包具有坚果般的香气，目前国内外主要是将燕麦粉作为辅料添加到小麦粉中制作面包。

原料配方：燕麦粉 2 kg，小麦粉 3 kg，酵母 100 g，白砂糖 250 g，食盐 100 g，起酥油 200 g。

燕麦面包生产工艺流程为：

原辅料处理→面团调制→面团发酵→分块、搓圆→中间发酵→整形→醒发→烘烤→冷却→包装→成品

操作要点：①原辅料处理，分别按照制作面包的要求，配制原辅料，再按照配方比例称取。②面团调制，将卫生和质量合格并经过预处理的糖、食盐配成溶液倒入调粉机，加适量的水，倒入全部面粉(燕麦粉和小麦粉)，加酵母液，搅拌均匀，加入起酥油，继续搅拌至面团软硬适中均匀为止，面团调制时间为 40～50 min。③面团发酵，调制好的面团置于温度 28～30℃、空气湿度为 75%～80%的条件下，发酵 2～3 h，至面团完全发酵成熟为止。

（四）燕麦馒头

馒头是我国北方小麦生产地区人们的主要食物之一，在南方也很受欢迎。研究表明，在传统的馒头加工过程中可添加一定量的燕麦粉。通过对馒头感官品质和质构的测定，馒头加工过程中，燕麦粉的添加量为 20%～25%。

馒头加工方法如下所述。将燕麦粉以 20%～25%的比例与面粉混匀，在已预热（30℃）的和面钵中加入燕麦混粉。在烧杯中加入混粉质量 0.6%的干酵母量，然后倒入全部面粉样品计算的用水量(30℃)。按最佳加水量以混粉质量的 56%加水，将酵母制成悬浮液，倒入和面钵中，手工和面达到无生粉、面筋形成为止，取出和好的面团，在面案上手工揉搓成球状，置无盖瓷盆中，送入温度为 29～30℃、相对湿度 80%～85%的发酵箱中，发酵 2.5 h，最后揉成光滑半球形，将揉好的面团放在铺有湿布的蒸屉上，送入发酵箱中饧发 15 min 后，置沸水锅中蒸 40 min，取出冷却。

（五）燕麦饼干

饼干因易携带、耐储藏、口味多样等特点，深受消费者喜爱。燕麦具有降低血脂等作用，以燕麦为原料生产的饼干，受到消费者的认可。

原料配方：燕麦粉 1000 g，奶油 600 g，红糖 500 g，糕点粉 1500 g，食盐 20 g，鸡蛋 150 g，香兰素 2 g，焙烤粉 60 g，碳酸氢钠 30 g，牛奶 60 g。

燕麦饼干生产工艺流程为：

原辅料预处理→面团调制→辊轧→成型→烘烤→冷却→检验→包装→成品

操作要点如下所述。①原辅料预处理，将糕点粉、焙烤粉、碳酸氢钠和燕麦粉分别过筛，按配方比例称出备用。将奶油、红糖和食盐放入浆式搅拌机内低速搅打 15～20 min，然后加入鸡蛋、牛奶和香兰素，再低速搅拌至物料完全混合均匀为止，备用。②面团调制，将之前称好的糕点粉、焙烤粉和碳酸氢钠先混合均匀，然后加入燕麦粉，最后加入之前搅拌好的浆液，揉成软面团。③辊轧成型，将面团放入饼干成型机，辊轧成型。④烘烤，成型好的饼干放入 190℃烘烤箱，烘烤 10～12 min，即可成熟。

（六）燕　麦　片

燕麦片根据其原料、生产工艺、食用方法及产品针对的人群进行分类命名。按照原料的不同，分为原味燕麦片和复合营养麦片；按照工艺和食用方法，分为传统燕麦片、快熟燕麦片及即食燕麦片；根据适用的人群，分为婴幼儿燕麦片、女性专用燕麦片和老年人专用燕麦片等。原味燕麦片不含有任何食品添加剂，保留了燕麦原有的风味和绝大部分营养物质；复合燕麦片是在原味麦片的基础上，添加了奶粉、大枣、核桃、杏仁、蔗糖等一种或多种原辅料，让燕麦片具有不同的风味，并促进燕麦片的速溶。

原味燕麦片加工工艺为：

燕麦→预处理→清理→分级→清洗→甩干→湿热处理→烘干→轧片→烘烤→包装

复合营养麦片加工工艺为

燕麦粉及其他粉状原料预处理→混合→调浆→磨浆→糖化、预糊化→滚筒干燥→造粒→冷却→原辅料复配→包装

即食燕麦片的工艺流程为：

裸燕麦→多道清理→碾皮增白→清洗、甩干→灭酶热处理→切粒→汽蒸→压片→干燥和冷却→包装→成品

操作要点如下所述。①多道清理，燕麦清理过程跟小麦清理相似，一般根据籽粒大小和密度，经过多道清理，通常使用的设备有初清机、振动筛、去石机、除铁器、回转筛、比重筛等，获得干净的燕麦籽粒。②碾皮增白，燕麦碾皮的目的是为了增白和除去表面的灰尘，只需要轻轻摩擦燕麦籽粒，除去其麦毛和表皮即可。③清洗甩干，若使用皮燕麦做燕麦片，脱壳后燕麦比较干净，一般不需要清洗。选择裸燕麦做燕麦片，需要在去皮后进行清洗，方能达到卫生标准。④灭酶热处理，由于燕麦中含有多种酶，特别是脂肪氧化酶，若不进行灭酶处理，脂肪氧化酶会在燕麦片加工过程中氧化脂肪，影响产品的品质与货架期。通过加热的方式，既可以达到灭酶的目的，同时可以使燕麦淀粉糊化，增加烘烤的香味。灭酶处理的温度不能低于 90℃。加热处理后的燕麦需及时进入下道工序加工或及时强制冷却，防止燕麦中油脂氧化，降低产品质量。⑤切粒，燕麦片的加工有整粒压片和切粒压片。切粒压片是通过转筒切粒机将燕麦切成 1/2～1/3 大小的颗粒。切粒压片的燕麦片，片形整齐一致，且容易形成薄片。⑥汽蒸，汽蒸的目的有三个：一是使燕麦进一步灭酶和灭菌；二是使淀粉充分糊化达到即食或速煮的要求；三是使燕麦调润变软易于压片。⑦压片，蒸煮调润后的燕麦通过双辊压片机压成薄片，片厚控制在 0.5 mm 左右。这个厚度的燕麦片，产品既符合蒸煮时间，又不会因为太薄而易碎。

(七) 燕麦饮品

1. 燕麦乳

燕麦乳加工工艺流程为：

燕麦→清洗→浸润→微波处理→制浆→液化→糖化→过筛→均质→灌装→灭菌→燕麦乳

微波处理的目的是灭酶和产香。在微波载物量为 33.3 W/g 的条件下，微波处理时间为 3 min。

2. 燕麦豆乳

燕麦豆乳采用裸燕麦和大豆为原料，燕麦和大豆可以同时加工处理，工艺简单方便，且燕麦豆乳产品口感光滑圆润，香味浑厚浓郁，弥补了普通豆乳腥味浓、口感淡的缺点。

燕麦豆乳加工工艺流程为：

裸燕麦籽粒和大豆→筛选→配比→浸泡→打浆→均质→煮浆→均质→调配→包装

操作要点如下所述。①裸燕麦籽粒与大豆筛选，裸燕麦籽粒选择颗粒较大的，大豆选择皮薄、籽粒均匀的作为原料。对筛选的籽粒进行去杂，称重。②配比、浸泡，将燕麦籽粒与大豆按照需要的比例进行配比，加入原料干重 20 倍体积的清水进行浸泡。③打浆，采用打浆机对浸泡过的大豆和燕麦进行粉碎打浆，打浆过程中加入籽粒干重 15 倍的清水混合打浆。打浆后分开收集。④均质，用均质机对浆液进行均质，保证浆液成为均匀的乳浊液。均质可以使料液中颗粒分散均一，提高饮料稳定性。⑤煮浆，高温瞬时灭菌对浆液进行灭菌处理。⑥均质，再一次用均质机对浆液进行均质，保证浆液均匀稳定。⑦调配，以葡聚糖含量为控制指标，对豆乳产品进行质量控制。⑧包装，按照商品饮料规格要求进行包装。

3. 燕麦酒

燕麦酒是以燕麦为原料，采用传统的粮食酒生产工艺制作出燕麦基础白酒。燕麦通过蒸馏、冷凝得到香气液，燕麦残渣得到燕麦营养液体，燕麦通过糊化得到燕麦加浆用水。燕麦基础白酒与香气液、营养液体和加浆用水混合勾兑制成燕麦酒。燕麦酒既具有谷物的特有香味，又具备多种营养成分。

燕麦酒加工具体过程如下所述。

(1) 以燕麦为原料，采用大曲为糖化剂和发酵剂，泥酵发酵、蒸馏传统粮食酒工艺生产燕麦基础白酒。

(2) 取 8～10 重量份的燕麦，粉碎成渣状，装入蒸馏皿中，再向蒸馏皿中加入 7～8 重量份的软化水，用沸水蒸馏 2.5～3.5 h，通过冷凝得到香气液。

(3) 在分离出香气后的燕麦残渣水溶液中添加燕麦基础白酒 17～22 重量份，充分搅拌，静置 45～50 h，取澄清液体，过滤得到燕麦营养液体。

(4) 取 80～120 重量份燕麦粉碎成粉状，加水进行润料，水分含量为燕麦质量的 30%～40%，糊化 30～40 min，加入 700～900 重量份的软化水，充分搅拌 11～13 h，得到燕麦加浆用水。

(5) 取步骤(1) 获得的燕麦基础白酒 900～1200 重量份，与香气液、营养液和加浆用水混合勾兑制成燕麦酒。

4. 燕麦茶

燕麦茶饮料加工工艺流程为：

燕麦米→炒制→浸提→过滤→装瓶→杀菌→冷却→成品

研究表明，燕麦茶饮料制作最佳工艺条件为：炒制温度175.4℃，炒制时间9.4 min，浸提比例为1∶10.7。在此条件下，燕麦茶汤原料黄亮清澈，无浑浊，香气浓郁且持久，并且滋味醇、不苦涩。

（八）燕麦分离蛋白

燕麦分离蛋白的提取流程为：

脱脂燕麦→浸提→浸提液离心→取上清液→用盐酸缓慢调节pH至等电点→离心→去沉淀→水洗（两次）→喷雾干燥→燕麦分离蛋白

采用碱提酸沉法对燕麦分离蛋白进行提取，最佳工艺条件为：浸提液料比为9，浸提pH为10.0，浸提温度为50℃，浸提时间为90 min，此条件下燕麦分离蛋白提取率达60.37%。

（九）燕麦β-葡聚糖

燕麦β-葡聚糖是由单体β-D-吡喃葡聚糖，通过β-(1-3)和β-(1-4)糖苷键连接起来，形成的一种高分子聚合物。通过现代加工工艺，β-葡聚糖大部分集中于碾磨后的副产品麸皮中。燕麦β-葡聚糖具有调节人体免疫功能、预防和治疗由高脂血引起的心脑血管疾病，同时还能控制非胰岛素依赖型糖尿病，预防直肠癌、胆结石、龋齿等。

燕麦β-葡聚糖制备工艺流程为：

燕麦麸→低温浸提→高温浸提→果胶酶与淀粉酶处理→一次醇析→真空干燥→二次醇析→真空干燥→燕麦β-葡聚糖

操作要点如下所述。①低温浸提，燕麦麸按照1∶8～1∶12的质量比例加入0.005～0.05 mol/L的NaOH溶液，25～30℃恒温振荡1～3 h。此步骤能够去除原料中大部分的淀粉。②高温浸提，调混合液pH为10.0，80℃恒温水浴振荡3 h，冷却至室温，4000 r/min离心20 min，弃去沉淀。③果胶酶与淀粉酶处理，调提取液pH为4.5～6.5，加入果胶酶0.01～1 mg/5 g燕麦麸，50～65℃搅拌5～30 min，冷却至室温离心，弃去沉淀。调提取液pH为5.5～6.5，加入耐高温的α-淀粉酶10～20 U/5 g燕麦麸，85～95℃搅拌5～30 min，冷却至室温。在提取液中加入淀粉酶和果胶酶在去除提取液果胶的同时离心除去蛋白质等杂质，比传统的去除蛋白质的方法更加简便、有效。④一次醇析，调节pH为7.0，加入95%乙醇至溶液中乙醇浓度达到70%，静置过夜。真空干燥，一次醇析后的提取液离心弃去上清液，用无水乙醇使沉淀脱水，离心弃上清，旋转蒸发干燥。⑤二次醇析，干燥后的样品配成1%～5%(*m*/*m*)的溶液，加入95%～100%乙醇至溶液中乙醇浓度达到70%～90%，静置过夜，进一步纯化产品。

（十）燕麦膳食纤维

膳食纤维对人体具有有益作用，西方发达国家及日本生产应用膳食纤维作为保健食品基料。

燕麦膳食纤维制备工艺流程为：

燕麦麸皮→筛选、清洗→热水煮沸→淀粉酶水解→碱水解→水洗→漂白→水洗→干燥→粉碎→膳食纤维

操作要点如下所述。①酶水解处理，将燕麦麸皮加入预先煮沸的清水中，按料液比为1∶8，煮10～20 min，然后加入适量的冷水冷却至55℃，再加入淀粉酶和糖化酶混合制剂0.5%（*m*/*m*），保温条件下搅拌水解100 min，使存留在麸皮中的淀粉水解变成可溶性的糊精等以利于水洗除去。②碱处理，将酶水解后的燕麦麸皮加入NaOH 5.0%（*m*/*m*）于 60℃下水解100 min，使燕麦充分软化。③水洗，将软化后的燕麦用自来水洗涤至呈中性为止。④漂白，将冲洗好的燕麦麸皮按料液比为20∶1，放入H_2O_2 5%（*m*/*m*）的水溶液中，在50℃的条件下浸泡120 min漂白，然后用清水将燕麦麸皮冲洗净。⑤脱水干燥，将洗好的燕麦膳食纤维装入纱布袋中，置入离心式甩干机中，以3000 r/min的转速脱水10 min，取出后均匀置于烘盘中，放入鼓风干燥箱中在80℃的条件下干燥，至干透为止。

（十一）燕麦脂肪替代品

由于燕麦淀粉不易老化，经过改性后可以使食品呈现致密、滑润的奶油状结构，可用作脂肪替代物。以燕麦淀粉为原料，采用耐高温α-淀粉酶水解制备脂肪替代品，它赋予食品爽滑感、持水性和质感，具备口感佳、热量低的特点。

第三节　荞 麦 加 工

荞麦又称乌麦、甜荞、花荞、荞子等，为蓼科（Polygonacea）荞麦属（*Fagopyrum* Mill.）一年生草本植物荞麦种子的通称，因其籽实呈三棱卵圆形，又称三角米。荞麦在世界粮食作物中属小宗作物，由于其生育期短、耐冷冻瘠薄，是粮食作物中比较理想的填闲补种作物，在亚洲和欧洲一些国家，特别是在食物构成中蛋白质匮乏的发展中国家和以素食为主的国家是重要的粮源。

荞麦起源于我国，栽培历史悠久，是世界荞麦主要的生产国之一，但是近年来我国和世界荞麦种植面积和产量均呈现降低趋势。2010年，中国荞麦的种植面积为70万公顷，占世界总种植面积的37.2%，总产量为59万吨，占世界荞麦总产量的38.88%。另外，我国是世界苦荞第一生产大国，世界上90%以上的苦荞产自于中国，多分布在干旱、半干旱的冷凉高原山区，以及少数民族聚集的边远山区。荞麦在我国山西、陕西、内蒙古、四川、贵州、云南等24个省（自治区）均有种植。我国有四大荞麦产区为：内蒙古西部阴山丘陵白花甜荞产区，内蒙古东部白花甜荞产区，陕甘宁红花甜荞产区，中国西南（川、贵、云）苦荞产区。

荞麦栽培及野生资源十分丰富，按照荞麦的形态和品质，可将荞麦分为甜荞（*F. esculentum*）、苦荞（*F. tataricum*）、金荞（*F. dibotrys*）等种类，以甜荞的食用品质最好，以苦荞的保健功效最为突出。

一、荞麦的特性与营养价值

（一）荞麦的结构特性

荞麦为一年生草本植物，为直根系，有一条较粗大、垂直向下生长的主根，其上长有

侧根和毛根。在茎的基部或者匍匐于地面的茎上也可产生不定根。根一般入土深度为30～50 cm。大部分荞麦种类的茎直立，有些多年生野生种的基部分枝呈匍匐状。茎光滑，无毛或具细绒毛，圆形，稍有棱角，幼嫩时实心，成熟时呈空腔。茎粗一般0.4～0.6 cm，茎高60～150 cm，最高可达300 cm。有膨大的节，节数因种或品种而不同，为10～30个不等。茎色有绿色、紫红色或红色。茎可形成分枝，因种、品种、生长环境、营养状况不同而数量不等，通常为2～10个。多年生种有肥大的球块状或根茎状的茎。

叶包括叶片和叶柄。叶片呈圆肾形，基部微凹，具掌状网脉；叶柄细长。真叶分叶片、叶柄和托叶鞘三个部分。单叶，互生，三角形、卵状三角形、戟形或线形，稍有角裂，全缘，掌状网脉。叶片大小在不同类型中差异较大，一年生种一般长6～10 cm，宽3.5～6 cm，中下部叶柄较长，上部叶叶柄渐短，至顶部则几乎无叶柄。托叶鞘膜质，鞘状，包茎。

花序为有限和无限的混生花序，顶生和腋生。簇状的螺状聚伞花序，呈总状、圆锥状或伞房状，着生于花序轴或分枝的花序轴上。花多为两性花。单被，花冠状，常为5枚，只基部连合，绿色、黄绿色、白色、玫瑰色、红色、紫红色等。雄蕊不外伸或稍外露，常为8枚，成两轮：内轮3枚，外轮5枚。雌蕊1枚，三心皮联合，子房上位，1室，具3个花柱，柱头头状。蜜腺常为8个，发达或退化。有雌雄蕊等长花型，或长花柱短雄蕊和短花柱长雄蕊花型。

果实大部为三棱形，少有两或多棱不规则形。形状有三角形、长卵圆形等，先端渐尖，基部有5裂宿存花被。果实的棱间纵沟有或无，果皮光滑或粗糙，颜色的变化，翅或刺的有无，是鉴别种和品种的主要特征。瘦果中有种子一枚，胚藏于胚乳内，具对生子叶。

（二）荞麦的营养价值

荞麦营养成分全面，富含蛋白质、淀粉、脂肪、粗纤维、维生素、矿物元素等，与其他的大宗粮食作物相比，具有许多独特的优势。荞麦种子的蛋白质、脂肪含量高于大米和小麦，维生素B含量高于其他粮食的4～24倍。无论是常量元素磷、钙、镁、钾，还是微量元素铜、铁、锰，其含量均高于其他禾谷类作物，并且含有其他禾谷类粮食所没有的叶绿素、维生素P等。

1. 蛋白质

荞麦籽粒中蛋白质含量一般为10%～12%，高于大米、小麦、玉米和高粱；荞麦粉的蛋白质含量为8.51%～18.87%，明显高于水稻、小麦、玉米、谷子和高粱面粉含量。荞麦粉是食用蛋白的一个重要来源。荞麦蛋白和小麦蛋白之间最大的差异体现在荞麦蛋白中清蛋白和球蛋白的含量高，而醇溶蛋白和谷蛋白的含量低。苦荞中水溶性清蛋白和盐溶性球蛋白占蛋白质总量50%以上，与豆类蛋白组成相似。荞麦蛋白提取物在一些慢性病中具有很好的治疗作用，如糖尿病、高血压、高胆固醇和其他一些心脑血管疾病。苦荞蛋白提取物能够改善小鼠体内胆固醇的代谢，具有降低小鼠体内胆固醇过高的作用；此外，还具有通过降低小鼠体内雌二醇而延缓乳腺癌的作用。

荞麦面粉含有18种氨基酸，氨基酸的组分与豆类作物蛋白质氨基酸的组分相似。荞麦蛋白的氨基酸组成均衡，配比合理，符合或超过联合国粮食及农业组织和世界卫生组织对食物蛋白质中必需氨基酸含量规定的指标，甜荞氨基酸的化学评分为63分，苦荞氨基酸的化学评分为55分，均高于大米(49)、小麦(38)和玉米(40)。荞麦蛋白中富含赖氨酸和精氨酸，而赖氨酸是其他谷类蛋白的第一限制性氨基酸。荞麦蛋白中苏氨酸和甲硫氨酸含量较低，而这两种氨基酸在其他谷物蛋白中含量相当丰富，使得荞麦蛋白与其他谷类蛋白之间有很强的互补性，搭配食用可改善氨基酸平衡。

2. 淀粉

荞麦中淀粉含量较高，一般为60%～70%，而甜荞和苦荞粉中总淀粉的含量分别为78.4%和79.4%。荞麦淀粉粒呈多角形单粒体，很小，单粒淀粉直径比普通淀粉粒小5～14倍，表面存在一些空洞和缺陷，甜荞和苦荞在淀粉颗粒粒度大小方面没有明显差异，与一般谷类淀粉比较，荞麦淀粉食用后易被人体消化吸收。荞麦淀粉的糊化曲线与小麦相似，苦荞淀粉在80℃有最高溶解度，甜荞淀粉则在60℃有最高溶解度，苦荞淀粉膨胀过程与绿豆淀粉相似，而甜荞淀粉的膨胀曲线与小麦淀粉相似，荞麦淀粉的冻融析水率高于小麦和绿豆但低于大麦淀粉。

3. 脂肪

脱壳的荞麦籽粒中脂肪含量为2.6%～3.2%，与大宗粮食作物相近，其中81%～85%是中性脂肪，8%～11%为磷脂，3%～5%为糖脂类。从籽粒外层到中心，荞麦脂肪含量逐渐减少，商业上的荞麦面粉主要来自荞麦中心的胚乳层部分，其脂肪含量为1%，荞麦麸皮中脂肪含量为11%。荞麦脂肪在常温下为固形物，呈黄绿色。荞麦的脂肪酸有9种（棕榈酸、硬脂酸、油酸、亚油酸、亚麻酸、花生酸、二十碳烯酸、山俞酸、芥酸），其种类及含量因产地而异，主要为油酸和亚油酸，北方荞麦油酸和亚油酸约占总脂肪酸80%，四川荞麦油酸和亚油酸约占总脂肪酸的75%。同时，荞麦脂肪中对人有害的芥酸含量极低，具极高食用价值。

由于含有约80%不饱和脂肪酸、40%以上的多元不饱和必需脂肪酸（亚油酸），在脂肪酸组成上，荞麦比其他谷类化合物更有营养价值。花生四烯酸在体内可通过亚油酸加长碳链进行合成，它不仅能降低血脂，而且是合成对人体生理调节方面起必需作用的前列腺素和脑神经组分的重要成分之一。同时，食用荞麦使人体增加多不饱和脂肪酸，有助于降低血清胆固醇和抑制动脉血栓的形成，在预防动脉硬化和心肌梗死等心血管疾病方面具有良好的作用。

4. 膳食纤维

荞麦中总的膳食纤维含量与其他谷类作物相似，荞麦籽粒中膳食纤维含量为3.4%～5.2%，有20%～30%是可溶性膳食纤维。荞麦麸皮中总的膳食纤维含量与燕麦麸皮中膳食纤维含量类似（17%），但是荞麦麸皮中水溶性膳食纤维含量（7.7%～9.2%）比小麦麸皮（4.3%）和燕麦麸皮中含量都高（7.2%），且荞麦中纤维不含有植酸。不同荞麦品种籽粒中总膳食纤维含量差异较大，主要受籽粒大小、栽培条件和栽培品种差异的影响，籽粒较小的荞麦胚乳部分比例少、种皮部分比例大，从而导致小粒荞麦含有更多的膳食纤维。

现代研究表明，食用荞麦纤维具有降低血脂，特别是降低血清总胆固醇和低密度脂蛋白胆固醇含量的功效，同时有降血糖和改善糖耐量的作用。饮食中的膳食纤维可能与矿质元素和蛋白质结合，减少了它们各自在小肠中的吸收和消化率，研究表明，小麦蛋白比荞麦蛋白更容易消化利用，可能由于荞麦中高含量的膳食纤维在起作用。

5. 矿质元素

荞麦中矿质元素含量十分丰富，主要有钾、锰、铁、钙、铜、锌、硒、钡、硼、碘、铂和钴等微量元素，这些微量元素主要集中于荞麦种子的外层和壳中。荞麦中钾、镁、铜、铬、锌、钙、锰、铁等含量都大大高于禾谷类作物，其含量受栽培品种、种植地区的影响较大。例如，四川有些甜荞含钙量高达0.63%，苦荞为0.742%，是大米的80倍，可作为天然补钙食品食用。荞麦中镁含量是小麦和大米的 3～4 倍，摄食富镁荞麦可以调节人体心肌活动，预防动脉硬化和心肌梗死，此外还有防治高血压和镇静神经系统等作用。

6. 维生素

荞麦中富含大量的维生素，如维生素 B_1、维生素 B_2、维生素 B_3、维生素 E 和芦丁等，荞麦含有其他谷物中所没有的芦丁、维生素 C 和叶绿素。荞麦中维生素 B_2 高于大米、玉米 2～10 倍；芦丁是组成维生素 P 的主要成分，它与维生素 C 并存，具有重要的生理功能和抗氧化活性。荞麦维生素 E 中 γ-生育酚含量最多，其抗氧化能力强，对动脉硬化、心脏病、肝脏病等老年病有预防和治疗效果，对过氧化脂质所引起的疾病有一定疗效。

二、荞 麦 制 米

荞麦是我国独特的药食两用粮食作物，其药用价值、营养价值越来越被人们所重视。现有的荞麦米生产中多采用搓擦式荞麦剥壳方式，针对待加工荞麦粒径调节砂盘间隙，在固定的砂盘间隙下使荞麦经碾搓而剥壳，故需使用分级筛将荞麦分成多级。荞麦分级直接影响着以后各工序的加工效果及整个生产线的性能指标。分级效果差，不仅造成碎米率高、出米率低、能耗增加，还会增加剥壳后混合物筛分的负荷。目前荞麦米加工生产中主要使用圆孔筛分级荞麦。

荞麦制米工艺流程为：

毛粮→清理→去石→分级→剥壳→风筛组合→荞麦米和未剥壳的荞麦→筛分→荞麦米→成品米

三、荞 麦 制 粉

荞麦粉是荞麦加工利用的主要产品，大多数荞麦加工厂都将荞麦加工成荞麦粉。荞麦粉是制作其他荞麦食品的主要原料。目前，荞麦制粉的方法有“冷”碾磨和钢辊磨制粉两种。“冷”碾磨制粉用钢辊磨破碎，筛理分级后用砂盘磨磨成荞麦粗粉，所得产品是天然健康食品，比只纯用钢辊碾磨的产品含有更多有益于健康的活性营养成分。钢辊磨制粉，老的制粉工艺是将荞麦籽粒经过清理后入磨制粉，荞麦粉质量较差；新的制粉工艺是将荞麦籽粒脱壳后分离出种子入磨，制得的荞麦粉质量较好。目前国际上多采用新的制粉工艺。新的制粉工艺采用 1 皮、1 渣、4 心工艺；种子经 1 皮磨碎后，分离出渣和心，渣进入渣磨，该制粉工艺原理与小麦制粉基本相同，但路程较短。新的工艺有多种产品，如全荞粉、荞麦颗粒粉、荞麦外层粉(疗效粉)和荞麦精粉。

四、荞麦产品加工工艺技术

(一)荞 麦 面 包

由于荞麦面粉淀粉含量高，面筋含量少，不适宜制作面包。但荞麦粉可以作为添加粉和小麦粉一起做成面包，不仅具有荞麦特殊的风味，且面包的营养价值大大提高。

1. 原料配方

小麦粉 450 g，苦荞粉 50 g，食盐 7.5 g，糖 20 g，起酥油 20 g，脱脂奶粉 10 g，酵母 6 g，水 400 mL。

2. 生产工艺

原辅料处理→计量比例→第一次面团调制→第一次发酵→第二次面团调制→第二次发酵→分块、搓圆→静置→整形→醒发→烘烤→冷却→包装

3. 操作要点

小麦粉选用湿面筋含量在35%～45%的硬麦粉，荞麦粉选用当年产的荞麦磨制，且要随用随加工，存放时间不宜超过两周。使用前，小麦粉、荞麦粉均需过筛、打碎团块；食盐和糖需要用开水化开；脱脂奶粉需加适量水调成乳状液；酵母放入温水中，静置活化；水选用洁净的中等硬度微酸水。按照配方要求，称取好原配料。将称取好的小麦粉和荞麦粉混合均匀，平均分成两份备用。

调粉前先将预先准备好的温水的40%倒入调粉机，然后投入一半的混合粉和混合好的全部酵母液，搅拌成软硬均匀一致的面团，将调好的面团放入发酵室进行发酵，温度控制在28～30℃，相对湿度75%，发酵2～4 h，期间掀分1～2次，发酵成熟后再进行第二次调粉。

第二次调制面团是把第一次发酵成熟的种子面团和剩余的原辅料(除起酥油外)在和面机中一起搅拌，快要成熟时放入起酥油，继续搅拌，直至面团温度为26～38℃，且面团不粘手、均匀有弹性。

然后放入发酵室进行二次发酵。温度控制在28～32℃，发酵2～3 h即可成熟。判断是否发酵成熟，可用手指轻轻插入面团内部，再拿出后，四周的面团向凹处周围略微下落，即标志成熟。

将发酵成熟的面团切成150～155 g的小面快，揉成表面光滑的圆球形，静置3～5 min，便可整形。将揉圆的面团压薄、搓卷，再做成所需制品的形状。

将整形后的面包坯放入醒发室或醒发箱内进行发酵。醒发室温度控制在38～40℃，空气相对湿度85%左右，醒发55～65 min，使醒发后的体积达到整形后体积的1.5～2倍，用手指在其表面轻轻一按，按下去，慢慢起来，表示醒发完毕，应立即进行烘烤。

烘烤设置上火140℃，下火260℃烤2～3 min，再将上下火均调到250～270℃烘烤定型。然后上火控制在180～200℃，下火控制在140～160℃，总烘烤时间为7～9 min。

面包出炉后，立即出盘自然冷却或吹风冷却至面包中心温度为36℃左右，及时包装。

(二)荞 麦 饼 干

1. 原料配方

荞麦淀粉990 g，糖1200 g，起酥油740 g，起发粉 40 g，食盐25 g，脱脂奶粉78 g，羧甲基纤维素钠84 g，水1 L，全蛋750 g。

2. 生产工艺

荞麦淀粉的制作→计量配比→面团调制→辊轧→成型→烘烤→冷却→检验→包装

3. 操作要点

1) 制作荞麦淀粉　　将荞麦与水配为1∶24 的水量浸泡荞麦粉20 h后，换一次水再浸泡20 h，然后捞出荞麦磨碎，过220目的筛后沉淀24 h，除去上清液，再加水沉淀后过80目的细包布，最后干燥粉碎过筛，备用。

2) 加入辅料　　按配方比例称原辅料。

3）面团的调制　先将全部荞麦粉、糖、起酥油、起发粉、食盐、脱脂奶粉倒入和面机中搅拌混合45 min，再加入预先用100 mL水所溶解的5.2 g羧甲基纤维素钠水溶液，搅拌5 min，最后加入750 g蛋溶解的3.7 g羧甲基纤维素钠，搅拌5 min，面团即可调成。

4）辊轧、成型　将调制好的面团送入饼干成型机，进行辊轧和冲印成型。为防止面带粘轧辊，可在表面撒少许面粉或液体油，此外，辊轧时面团的压延比不要超过1∶4。

5）烘烤　将成型后的饼干放入转炉烘烤，温度控制在275℃，烘烤15 min，即可成熟。

6）冷却　烘烤结束后，采用自然冷却或吹冷风的方式，冷却至35℃左右，去除不合格制品，经包装即为成品。

（三）荞 麦 蛋 糕

1. 原料配方

荞麦粉200 g，小麦粉500 g，小米粉300 g，鸡蛋1000 g，白糖1000 g，蛋白糖、蛋糕油、香兰素、精盐少许，水560 mL。

2. 生产工艺流程

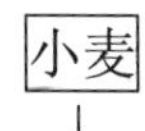

↓

原辅料处理→打蛋→调制面蛋糊→注模成型→焙烤→冷却→检验→包装

3. 操作要点

1）原辅料处理　将小米淘洗干净，用水浸泡3 h，晾干，粉碎，备用。将荞麦粉、小麦粉、小米粉分别过筛除杂，要求全部通过CB30号筛绢，除去粗粒及杂质。

2）打蛋　先将蛋液、白糖、蛋白糖放入打蛋机中，用中速打搅至白糖溶化后，放入蛋糕油，快速搅拌3 min后，将总水量的1/3徐徐加入，搅拌3 min，再徐徐加入1/3水，搅拌3 min后加入余下的水，然后将香兰素、食盐、荞麦粉、小米粉加入打蛋机中，再搅打6 min。搅打好的蛋糊表面微白而有光泽，泡沫细腻，均匀体积膨胀比原来大两倍左右，用手指拈取，末端呈尖峰，弯曲手指，尖峰也随着弯曲。

3）调制面蛋糊　将小麦粉徐徐加入蛋糊中，边加入边用手搅拌，搅拌均匀即可。面糊调制完成后立即使用，不宜放得过久；否则，面糊中的淀粉粒及糖易下沉，使烤制的蛋糕组织不均匀。

4）注模成型　将蛋糕模先刷些植物油，用手勺将蛋糕糊注入蛋糕模具中，注入量为模具容积的2/3。成型后的蛋糕糊也要立即入炉。

5）焙烤　将电烤箱升温至200℃，放入模具8 min后，关掉底火，打开顶火，烘烤至蛋糕表面呈棕黄色，然后在其表面刷上植物油。

6）冷却、检验、包装　将蛋糕脱膜，自然冷却至室温，挑除不合格的制品，成品包装。

（四）荞 麦 挂 面

1. 原料配方

荞麦面粉30%～50%，小麦粉50%～70%，复合添加剂（魔芋微细精粉∶瓜尔豆胶∶黄原胶=3∶3∶2）0.5%～1.5%。

2. 生产工艺流程

小麦粉 复合添加剂
↓ ↓
原辅料选择→计量配比→预糊化→和面→熟化→复合压延→切条→烘干→切断→计量→包装→成品

3. 操作要点

1) 原辅料选择、计量配比　小麦粉要求品质为硬质冬小麦粉达到特一级标准，湿面筋含量达到35%以上，蛋白质含量12.5%以上。荞麦粉要求品质为蛋白质≥12.5%，灰分≤1.5%，水分≤14%。粗细度为CB30全部能通过。另外，与小麦粉“伏仓”2～4周的要求相反，荞麦粉要随用随加工，存放时间以不超过2周为宜。这样生产的荞麦挂面味道浓。

2) 预糊化　将称好的荞麦粉放入蒸拌机中边搅拌边通蒸汽。控制蒸汽量、蒸汽温度及通汽时间，使荞麦粉充分糊化。一般糊化润水量为50%左右，糊化时间以10 min左右为宜。

3) 和面　将小麦粉与复合添加剂充分预混合后加入预糊化的荞麦粉中，加入30℃左右的自来水充分搅和，调水至28%～30%。和面时间约25 min。同时在确定加水量之前，还要考虑原料中蛋白质、水分含量高低，小麦为硬质麦时，原料吸水率高，加水量要相应高一些，反之亦然。

4) 熟化　面团和好后放入熟化器熟化20 min左右，在熟化时，面团不要全部放入熟化器中，应在封闭的传送带上静置待用。随用随往熟化器中输送，以免面团表面风干形成硬壳。

5) 烘干　首先低温定条，控制烘干时温度为18～26℃，空气相对湿度为80%～86%，接着升温至37～39℃，控制空气相对湿度60%左右进行低温冷却。

（五）荞麦方便面

1. 原配料

荞麦粉选用当年产的荞麦，出粉率70%，粗蛋白质≥12%，灰分≤1.5%；小麦粉选择特一粉，湿面筋含量36.5%。水用软水，硬度8度；精盐，食用纯碱，棕榈油。添加剂选择黏结剂(含海藻胶和SH86胶等)、分离大豆蛋白(蛋白质≥96%)、山药粉、玉米淀粉、乳化剂(含单硬脂酸甘油酯等)。

2. 原料配方

荞麦粉60 kg，小麦粉40 kg，盐1.8 kg，碱0.15 kg，水32～35 L，分离大豆蛋白2 kg，山药粉2 kg，淀粉2 kg，多聚磷酸盐0.1 kg，黏结剂适量，乳化剂适量。

3. 生产工艺流程

荞麦粉、小麦粉→和面→熟化→复合压延→切条折花→蒸面→定量切断→油炸→冷却→包装→成品

4. 操作要点

1) 配料　原料按所给配方称好，将盐、碱水、黏结剂配成溶液冷却后待用。

2) 和面　先把荞麦粉、小麦粉、淀粉、分离大豆蛋白、山药粉倒入和面机中，搅拌2 min，然后逐渐加入配好的溶液，同时搅拌和面10 min左右。面团温度20～30℃。

3) 熟化　即醒面，室温下静置30 min左右。面团温度保持在20～30℃。

4) *复合压延* 熟化后的面团先通过两组轧辊，压成两条面带。再通过复合机复合两次，合为一条面带；面带经 5～6 组直径逐渐减小、转速逐渐增加的轧辊辊轧，将面片厚度压延至 1.0 mm 左右。

5) *切条折花* 面刀切割出来的面条前后往复摆动，将面条与成形网带的线速度比调节至 6～8，面条扭曲堆积成一种波峰竖起，前后波峰相靠的波浪形面层。

6) *蒸面* 切条折花后送入连续蒸面机中蒸面，蒸汽压力 0.1 MPa，蒸面 80 s。

7) *定量切断* 从连续蒸面机中出来的熟面带，通过相对旋转的切刀和托辊按一定长度切断。在切断的同时，利用装在曲轴柄连杆机构上的折叠板把蒸熟切断的面对折起来分排输出送往油炸锅。

8) *油炸* 油面至油锅底 160 mm 左右时，把蒸熟的面块放入自动油炸机的链盒中，在温度为 135～160℃下，油炸 1 min 左右。

9) *冷却* 将方便面冷却到接近室温或高于室温 5℃左右进入自动包装机，如未经冷却直接包装会使面块及附加的汤料加快变质。

10) *包装* 把冷却后的方便面块通过输送装置送在包装薄膜上，加上汤料，通过薄膜传送装置和成型装置包装，然后装箱捆包。

(六)荞麦通心粉

1. 生产工艺流程

原辅料混合→搅拌挤压→烘干→冷却→包装

2. 操作要点

1) *原辅料混合* 将 25%的荞麦粉与 75%的小麦粉分别倒入储料槽内，然后将百分比配比调节器调到适当的位置，两种面粉则按给定的比例混合，经过滤后，由风机压入式输送至挤压台储粉罐内待用。恒温水箱内的水温保持在 30～35℃。

2) *搅拌挤压* 百分比定时器按规定时间开启预搅拌器和供水管路阀门，使一定温度的水与储粉罐内的待用面粉，按给定的水、粉比例进入预搅拌器内配比混合，然后送至挤压搅拌槽内。搅拌桨呈条状螺旋排列，双桨组合，一边搅拌一边送入挤腔内。经强力挤压，从规定的模具中挤出成型，由切刀切断后落在输送带上送入预烘干室。更换不同的模具可以挤出不同形状的通心粉。

3) *烘干* 预烘室温度为 70～80℃，蛇形盘旋 4～5 min，利用蒸汽加温加湿烘干。进入预烘干室的通心粉型坯，由于内部结构致密，水分散发缓慢，一般只能使表皮的水分大部分散发。型坯进入后均匀散布在网带上，由高向下逐渐盘旋，由于温度与湿度的严格控制和较长的烘干时间，使型坯内部分水分逐渐散发。

4) *冷却、包装* 烘干后的产品温度尚较高，为使其尽快散热，产品落在振动网带上进行产品骤冷，约 10 min 后即可进入包装工序。

(七)苦荞麦营养麦片

1. 原料配方

小麦粉 48 kg，苦荞麦粉 12 kg，玉米粉 8 kg，米粉 10 kg，麦片粉 6 kg，白糖 8 kg，食盐 0.5 kg，香兰素 0.1 kg，β-环状糊精 0.6 kg，增稠剂 0.7 kg，麦芽糖浆 18 kg，水 125 L。

营养麦片：原麦片 18 kg，白砂糖 16 kg，植脂末 8 kg，奶粉 6 kg，香兰素 0.3 kg，乙基麦芽酚 0.015 kg。

2. 生产工艺流程

原料检查→原料预处理→调浆→糖化预糊化→辊筒干燥→粉碎→原麦片包装→原麦片、植脂末→混合→计量装包→封口装箱→营养麦片

3. 操作要点

1) 原料检查　原料进厂时按原料验收标准验收，经检验合格才允许入库和使用。对粉料其细度应在 100 目筛网的通过率为 80%，细度直接影响预糊化和原料的利用率。

2) 原料预处理　称取料粉加入干粉搅拌机充分混合均匀，时间为 20 min，称取增稠剂加适量的水，再高速搅拌机中以 1400 r/min 打至无粒状物即可，时间约为 10 min。

3) 调浆　调料槽中放入定量水，开动搅拌浆，边搅边加入已混匀的料粉和浆料。为提高原料吸水涨润效果，搅拌用水以 35℃为宜，加水控制在原料的 60%～70%，搅拌时间为 10～15 min。搅拌均匀后将浆料进胶体磨使浆料细化均匀，备用。

4) 糖化预糊化　浆料被输送至蒸汽滚筒干燥机蓄料槽中，当浆料积累到一定量时，干燥机表面温度控制在 140℃以上，即产生糖化和预糊化反应。糖化反应可改善原麦片的色泽和口感，预糊化有利于干燥成型，提高原麦片产量和热能利用率。

5) 辊筒干燥　这是原麦片生产中最关键的工序，它直接影响原麦片的色香味形和干燥效果。操作的要领是掌握好转速与温度之间的关系，干燥时将蒸汽压力控制在 0.4～0.75 MPa，滚筒转速保持在 1～1.3 r/min。根据麦片颜色深浅，调整转筒速度。如果深则快，浅则慢。烘烤后麦片应厚薄均匀，色泽呈浅棕黄色，对个别烤焦麦片应及时拣除掉。

6) 粉碎　先在输送带上挑出有黑点、焦黄、焦黑的麦片，将大的碎化处理，麦片经输送带送至细碎机细碎，细碎机筛网有 5 目和 10 目供选择。

7) 原麦片包装　用电子定量秤称量，包装后扎紧袋口，装入塑料箱中，入库待用。

8) 搅拌混合　称取原麦片、白糖、植脂末倒入干粉搅拌机中，搅拌至粉、片均匀，时间 4～5 min，混匀后放入储料桶中备用。

9) 计重装包　内包装采用定量机包装。包装要求封线平直均匀、封口紧密、重量准确。包装中应经常校准包装机。单包重量控制在 29.5～30.5 g，平均重量不小于 30 g。外包装用激光喷墨机打好日期。

第四节　粟 米 加 工

粟类作物(millet)是种子籽粒较小的一类作物的总称，主要包括珍珠粟(pearl millet)、龙爪稷(finger millet)、黍稷(proso millet 或 broom corn millet)、谷子(foxtail millet)、小黍(little millet)、圆果雀稗(kodo millet)、稗子(barnyard millet)等，有 7300 多年的栽培史。粟类为世界第六大谷物，脱壳后统称粟米或小米，其种植主要分布在我国北方干旱和半干旱地区，总产量约占世界的 80%。其中，谷子起源于我国，现今我国是世界上栽培谷子面积最大的国家。目前全国谷子年种植面积约为 140 万公顷，年总产量 280 万吨左右，种植面积较大的省区有河北、山西和内蒙古等。

一、小米的特性与营养价值

(一)谷子的形态

谷子又称粟，为禾本科狗尾草属。带壳的谷子是假果，粒形圆或卵圆。壳由内外稃组成(与稻谷的壳结构相似)，色泽有黄色、乳白色、灰色、褐色等多种。谷子在五谷中是颗粒最小的，其外形近似圆形，从顶端到基部长约3 mm，宽2.2～2.5 mm，侧面宽2.0～2.3 mm。谷子去壳后的颖果即为小米，色泽有黄色、灰白色、褐色或黑色。小米粒的背面凸起，腹面扁平，顶端略圆。胚位于背面，长形，胚的长度往往超过籽粒的一半。脐位于腹面基部，为圆形。小米正面从顶端到基部高2.0～2.5 mm，宽2.0～2.2 mm，侧面宽1.5～1.7 mm。

(二)谷子的加工特性

谷子的千粒重一般在3.6～3.9 g，粒形较大的或角质淀粉的谷子千粒重在3.8～4.1 g。谷子的壳占籽粒重量的5%～8%，谷子壳薄，表面光滑，内外稃结合也比较松，碾脱比较容易。谷子的出糙率为88%～92%，糙米的出米率一般为75%～85%。黑小米由于保留或部分保留了黑色种皮，出米率类似于出糙率。小米的千粒重一般在3.0～3.2 g，黑小米的千粒重为3.1～3.3 g。

小米淀粉也有粉质与角质之别，这与品种及作物在生长期的长势有关。角质淀粉结构紧密，质地硬，耐碾压，碎米率低，粉质淀粉则不耐碾压，碎米率高。

(三)小米的营养价值

小米营养丰富，含有多种维生素、蛋白质、脂肪、糖类及钙、磷、铁等人体所必需的营养物质，同时还具有一定的药用价值。小米蛋白质含量较大米、玉米高；脂肪不及玉米高，但高出大米、小麦粉1倍；碳水化合物相差不大，但B族维生素和铁、锌、镁、铜等矿物质均高于其他三种谷物，钙和镁的含量也高于大米和玉米。人体必需的8种氨基酸除赖氨酸稍逊外，其余均高于大米、玉米和小麦粉，色氨酸和甲硫氨酸含量尤为丰富。

从总体上讲，小米的营养价值有如下特点。

(1)小米营养成分齐全、丰富，并且各种营养素的吸收率高。食物的营养价值通常是指食品所含营养素和热能满足人体营养需要之程度。食物的营养价值高低是相对的，小米营养价值高是指小米所含营养素齐全、丰富，且易消化吸收，提供热能大。说小米含有较多的蛋白质、脂肪、维生素B族和多种矿物盐，是指与几种主要粮食谷物类相对比，如与豆类植物或蛋奶类动物产品相比，其蛋白质价值就属较低了，只是热能和碳水化合物的营养价值比较高。据资料显示，小米蛋白质的消化吸收率为83.4%，脂肪为90.8%，碳水化合物为99.4%，这就是小米成为优质营养源的基础。

(2)小米的生热营养素比例较适宜。小米的三种生热营养素的热比分别为：蛋白质14.2%、脂肪4.5%、碳水化合物81.34%。一般认为这三种生热营养素在膳食中的适宜热比分别为：12%～14%，17%～25%，60%～70%。上列数字表明，小米蛋白质所提供的热量正好符合适宜比例，而碳水化合物供热较多，脂肪供热较少。三种生热营养素在人体中虽有特殊生理功能，但又可相互影响，特别是碳水化合物与脂肪之间的转化，它们对蛋白质有节约作用。小米丰富的碳水化合物可免于过多地用蛋白质作为机体的热源而消耗，有利于小米蛋白被人体吸收利用而构成机体蛋白，并且小米中脂肪的低热比，使得它成为作保健(减肥)食品的良好原料。

(3) 小米蛋白是人体必需氨基酸的良好来源。小米蛋白中氨基酸种类齐全，含有人体必需的 8 种氨基酸，只是赖氨酸含量稍低。同时，小米蛋白是一种低过敏性蛋白，可谓是一种安全性较高的食品基料，特别适宜于孕产妇和婴幼儿食用。

(4) 小米中必需氨基酸的(模式)比例较合适，但不够理想。主要原因是赖氨酸限制，小米蛋白质中 8 种必需氨基酸除赖氨酸外，其模式值与人体接近。可以说，低赖氨酸是限制小米蛋白充分发挥其营养价值的一种原因，如果把小米强化一定的赖氨酸，或与富含赖氨酸的食物相组合，根据蛋白质互补的原理，就可提高其营养价值和利用率。

二、小米食品的开发

粟米不是人们的主体食品，对其加工大多处于传统的作坊式加工阶段且加工工艺简单。而小米产业发展的现状是产业化程度较低，消费市场也相应较小，小米的深加工尚处在初级阶段。近年来，随着人们生活水平不断提高，以精米和精面为主食产生的富裕病逐渐暴露出来，小米作为饮食粗精搭配的载体，越来越受到人们消费的需求。小米除了传统的煮粥等食用方法外，人们要求粗粮细做，通过精深加工，研究出新一代功能型食品。因此，小米的加工产品正向多样化方向发展。

以小米为原料，可加工成多种儿童营养食品、方便食品，以及老年、产妇保健型食物。

(一) 小米粉的加工

小米粉是以小米为原料经粉碎制得。小米制粉方法可分为干磨和湿磨两种。干磨即直接将净化后的小米用粉碎机一次性粉碎，其粉称为粗米粉；湿磨即先将小米用清水捞过，待米吸水并稍干，用磨面机粉碎过筛，称为细米粉。面粉细度正常通过 80 目以上筛孔的均匀细粉为精粉。小米制成粉后，达到了颗粒细化，更易于深加工，且有利于人体更好地吸收。另外，还有膨化小米粉，是将小米经高温高压膨化，再经深加工而制成的粉状产品，膨化小米粉可广泛用于保健食品、乳制品、冲剂营养品、休闲食品、营养早餐、婴儿食品、调味食品、固体饮料、婴儿食品、蛋糕、糕点、饼干和面食等产品中。小米除了可作为原料来加工食品外，还可用作辅料研制各种多营养复合面粉、小米深加工产品等，为小米杂粮保健食品的开发开辟新途径。

小米粉加工工艺流程一般如下：

小米→浸泡→粉碎→制粉

选用新鲜没有霉变的小米，用水浸泡 2 h，取出晾干，用锤片式粉碎吹粉机粉碎，过 80 目以上筛，即可。稍微更改配方、工艺即可生产小米营养粉、小米方便米粉。

(二) 小米蛋白的加工

小米中含有丰富的营养成分，特别是蛋白质含量较高，占干质量的 9.7%。小米中氨基酸种类齐全，含有人体必需的 8 种氨基酸。与大米相比，除赖氨酸稍逊色外，其他 7 种氨基酸都超过了大米，如甲硫氨酸含量是大米的3.2倍、色氨酸是大米的1.6倍。据报道，小米蛋白无过敏原物质发现，具有提高血浆中高密度脂蛋白胆固醇水平的效果，对预防动脉粥样硬化有益，且具有调节胆固醇新陈代谢的功能。可见小米蛋白是一种良好的蛋白质来源，可作为食用植物蛋白营养强化剂或食品添加剂进行开发。

目前小米蛋白粉主要作为饲料添加剂应用。饲料用的小米蛋白粉是小米经加工提取药物物质后的副产品，色泽为金黄色，其蛋白质含量较高且富含钙、磷、铁等动物所需的营养成分，具有对禽畜助长和抗病的功能，增强动物的诱食性和皮毛的着色，增加动物对饲料的利用率。

（三）小米方便食品

现在已出现了各种小米方便食品，如小米锅巴、小米方便粥、小米方便米饭和小米方便米粉等方便食品。

1. 小米锅巴

小米锅巴是一种备受广大群众欢迎的休闲食品，用小米为原料制作的锅巴，既可利用小米中的营养物质，又可以达到长期食用的目的。其加工过程主要是，小米粉碎后，再加入淀粉进行膨化，最后油炸制成。小米锅巴体积膨松，口感酥脆，加工方便。

1）小米锅巴加工工艺流程

米粉、淀粉、奶粉→混合→加水搅拌→膨化→晒冷→切段→油炸→调味→包装→成品

2）操作要点

（1）首先将小米磨成粉，　再将粉料按配方在搅拌机内充分混合，在混合时要边搅拌边喷水，可根据实际情况加入约30%的水。在加水时，应缓慢加入，使其均匀混合成松散的湿粉。

（2）开机膨化前，先配些水分较多的米粉放入机器中，再开动机器，使湿料不膨化，容易通过出口。机器运转正常后，将混合好的物料放入螺旋膨化机内进行膨化。如果出料太膨松，说明加水量少，出来的料软、白、无弹性。如果出来的料不膨化，说明粉料中含水量多。要求出料呈半膨化状态，有弹性和熟面颜色，并有均匀小孔。

（3）将膨化出来的半成品晾几分钟，然后用刀切成所需要的长度。

（4）在油炸锅内装满油加热，当油温为130～140℃时，放入切好的半成品，料层约厚3 cm。下锅后将料打散，几分钟后打料有声响，　便可出锅。由于油温较高，在出锅前为白色，放一段时间后变成黄白色。

（5）当炸好后的锅巴出锅后，应趁热一边搅拌，一边加入各种调味料，使得调味料能均匀地撒在锅巴表面上。

2. 小米方便粥

小米方便粥是以小米为原料，经膨化、烘干而成。

1）小米方便粥加工工艺流程

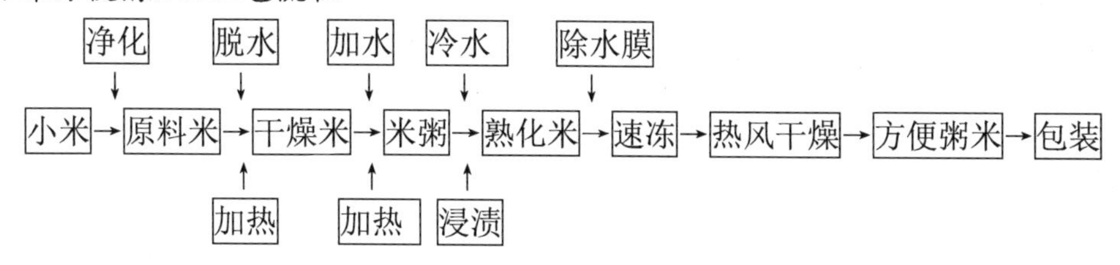

2）操作要点

（1）选单一品种新鲜糯性小米（含水量为 13%～14%），去除杂质，放在烘箱中（80℃）烘 30 min，使水分降低 6%左右，也可用小火炒，使水分降低。

（2）将烘干的米放入沸水中（米水比 1∶4），加盖煮沸 1 min，继续在 95℃以下保持 5～8 min，使米粒既不爆腰，淀粉又基本糊化。等水被吸完，再加 4 倍的 90℃温水，加盖保持 5～8 min，进一步吸水膨胀和糊化。

（3）将膨胀完全的米捞到凉水中浸渍（17℃或不同风味的溶液）1 min 左右，避免成品黏结成块。

（4）将浸渍过的米捞出用热微风吹干米表水膜，放入–30℃冰箱中速冻 4～8 h。

（5）将冰冻的米放在烘干箱 80℃烘干 6～10 h，真空干燥更好。

（6）将米 20～50 g 装入塑料袋中密封储存。

（四）米糠的加工

小米米糠的主要成分是小米的表皮和胚芽，占谷子质量的 8%，而米糠中的维生素、柠檬酸质量分数达 95%。在过去很长的时间内米糠只是直接或经过粗加工后用于家畜、家禽饲料。这样简单加工的产品附加值很低，没有很好地发挥其特有的价值。因此，米糠深加工是很有意义的。张玉宗等发明了一种小米糠膳食纤维的制作方法，该发明采用化学和物理相结合的方法制作小米糠膳食纤维，采用超微粉碎方法改变了小米糠膳食纤维的分子结构和适口性，使之更容易为人们食用，该法所制得的膳食纤维制品既可用作多种食品的膳食纤维营养强化剂，又可制成胶囊或片剂直接食用补充人体所需的膳食纤维。

除膳食纤维外，新鲜小米细糠中含有 6%的米糠油，米糠油具有很高的营养价值，且能在医药及化妆品行业发挥重大作用。据《本草纲目》记载，米糠油可用来治疗牛皮癣、神经性皮炎、慢性湿疹、银屑病、溃疡散等疾病，近代也有谷糠油治疗皮肤癣的报道。由小米细糠所制取的毛油中含有 10%左右的糠蜡。糠蜡是由高级脂肪酸和高级一元醇组成的酯类混合物，其用途较为广泛，需求量极大，国内尚不能自给，仍需进口。李艳福等采用正交试验法优化了提取小米细糠糠蜡的工艺条件，使得小米细糠糠蜡的提取率达到 14%以上。

（五）小米发酵产品

小米营养全面且丰富，是微生物生长的优良培养基。解喜明等采用高蛋白质、高维生素 B_1 的“平相谷”小米作为培养基，使凤尾菇得到较快较好的生长。解喜明等还利用“优质 1 号谷”小米为培养基，通过生物发酵法制备成红曲小米，并产生了 α-淀粉酶，该酶可以水解淀粉并将其转化为葡萄糖，或作为食品着色剂和调味品，还可作为降血压药的原料和生物农药制剂等。此外，利用来源丰富的小米、果蔬资源，在传统黄酒制作工艺的基础上，已经成功开发生产小米发酵饮料。

1. 小米发酵饮料加工工艺

小米→清洗→浸泡→蒸煮→摊凉→发酵→灌装→过滤→储罐→杀菌→澄清→榨酒→二次杀菌→
↑（原浆→发酵）
成品→果蔬→清洗→热烫→打浆→原浆

2. 小米发酵饮料加工操作要点

1) 小米洗泡　选用无虫蛀、籽粒饱满的小米，用清水漂洗干净，在水池中浸泡 24 h 左右。

2) 蒸米　将泡透的小米放入蒸锅内，通蒸汽。待全部上汽后 5～10 min，喷水再蒸。蒸出的米饭以均匀、不夹生、不发糊为宜。

3) 发酵　发酵分两步。首先，将冷却好的米饭加入甜酒曲拌匀，装缸搭窝，控制温度在 32℃左右进行第一次发酵。经 36～48 h 后，窝内有甜液产生，米饭发甜即可。然后将米装入发酵罐，加 2.5 倍的水，加入 Y-ADDY 0.06%左右(以每 100 g 原料小米为基准，以下相同)。糖化酶 0.17%左右，红曲 2%，搅拌均匀进行第二次发酵。保持品温 26～28℃发酵 3～5 天。每天开耙 3 次。在 20～25℃下发酵 15～25 天。

4) 压榨过滤　发酵好的醪液，用压榨机压榨。澄清 2～3 天，上清液用板框压滤机过滤。在生产含果汁型酒时，在压榨前两天，将加工好的果浆加入到发酵罐中。果浆可用苹果、梨、山楂、胡萝卜等加工，加量为 2%～5%。

5) 杀菌罐装　成品酒经杀菌后，用自动罐装机装瓶，包装入库。

三、小米食品的营养强化

虽然小米的营养价值较高，但也存在着不足，如蛋白质质量不高、赖氨酸含量低等。而且小米在加工食品的过程中，由于浸泡、加热等工艺过程会使许多营养成分损失。所以，要想加工出营养价值很高的小米食品必须进行营养强化。对小米食品进行营养强化可从以下两个方面进行。一方面，根据蛋白质互补原理进行补偿。小米中赖氨酸缺乏，而玉米、大豆中赖氨酸丰富，若在小米中适当添加玉米、大豆等，其蛋白质生物价将明显提高，从而使加工出的产品蛋白质的营养价值提高。另一方面，营养素的强化，其中包括赖氨酸、维生素和矿物质的强化。小米中第一限制性氨基酸为赖氨酸，因此需对其进行强化，强化的标准依据 FAO/WHO 的氨基酸构成比例模式，使强化后的赖氨酸水平达到或接近 FAO/WHO 模式规定的数值。强化时应注意，必须使赖氨酸强化后与其他氨基酸配比接近平衡，同时应考虑赖氨酸在强化、加工及储藏中的损失。对维生素的强化主要是维生素 B_1 和维生素 B_2，因为小米中的这两种维生素在加工过程中损失率较高，强化的标准是在扣除强化工艺、加工及储藏损失后，可定为日供应量的 50%(成年人维生素 B_1、维生素 B_2 的供给量为 1.2～2.1 mg/d)。小米中磷、铁、镁的含量丰富，但钙的含量不足，而钙是儿童、青少年、妇女及老年人所普遍缺乏的矿物质，因此，主要是对钙强化，强化的标准以日供应量的 25%为宜。

第五节　高粱加工

高粱[*Sorghum bicolor* (L.) Moench]，又称乌禾、蜀黍，是禾本科高粱属一年生草本植物。秆较粗壮，直立，基部节上具支撑根；叶鞘无毛或稍有白粉；叶舌硬膜质，先端圆，边缘有纤毛。由于其产量高、具有较强的适应性和抗逆性，在全球干旱、涝洼和盐碱等地区广泛种植，是世界上种植面积仅次于小麦、玉米、水稻、大麦的第五大谷类作物。在我国，高粱种植地域广泛，以东北、西北、华北种植为多，常年播种面积 120 万公顷，是我国重要的旱粮作物，在国民经济中占有极其重要的地位。

一、高粱的特性与营养价值

(一) 高粱的结构特性

高粱为一年生草本植物。秆较粗壮，直立，高 3～5 m，横径 2～5 cm，基部节上具支撑根。叶鞘无毛或稍有白粉；叶舌硬膜质，先端圆，边缘有纤毛；叶片线形至线状披针形，长 40～70 cm，宽 3～8 cm，先端渐尖，基部圆或微呈耳形，表面暗绿色，背面淡绿色或有白粉，两面无毛，边缘软骨质，具微细小刺毛，中脉较宽，白色。

圆锥花序疏松，主轴裸露，长 15～45 cm，宽 4～10 cm，总梗直立或微弯曲；主轴具纵棱，疏生细柔毛，分枝 3～7 枚，轮生，粗糙或有细毛，基部较密；每一总状花序具 3～6 节，节间粗糙或稍扁；无柄小穗倒卵形或倒卵状椭圆形，长 4.5～6 mm，宽 3.5～4.5 mm，基盘纯，有髯毛；两颖均革质，上部及边缘通常具毛，初时黄绿色，成熟后为淡红色至暗棕色；第一颖背部圆凸，上部 1/3 质地较薄，边缘内折而具狭翼，向下变硬而有光泽，具 12～16 脉，仅达中部，有横脉，顶端尖或具 3 小齿；第二颖 7～9 脉，背部圆凸，近顶端具不明显的脊，略呈舟形，边缘有细毛；外稃透明膜质，第一外稃披针形，边缘有长纤毛；第二外稃披针形至长椭圆形，具 2～4 脉，顶端稍 2 裂，自裂齿间伸出一膝曲的芒，芒长约 14 mm；雄蕊 3 枚，花药长约 3 mm；子房倒卵形；花柱分离，柱头帚状。

(二) 高粱的籽粒结构特性

高粱籽粒通常长 4 mm、宽 2 mm、厚 2.5 mm，单粒重 25～35 mg，密度为 1.28～1.36 g/cm^3。从解剖学角度看，高粱籽粒分为三个部分：种皮部分，也称之为麸皮，占籽粒重的 7.3%～9.3%；胚乳部分是种子的最主要部分，含有大量淀粉及一些蛋白质，占籽粒总重的 80%～84%；胚占籽粒总重 7.8%～12.1%。每一部分的比例还与品种和栽培条件有关。

高粱种皮分为四个部分，最外层部分分为上皮与下皮，上皮通常为色素部分；中间层部分的厚度取决于品种；内种皮由窄而长的细胞组成，是制粉工艺中种皮从种子其他部分分离的部位；第四部分(层)是位于内种皮与胚乳之间的部分，有的品种有，有的则没有。外种皮由管状细胞组成，且含有丹宁酸。

高粱胚乳含有明显的两层，第一层是糊粉层，含有厚壁的方形细胞，细胞含有大量的蛋白质、灰分与油，胚乳的外围组织由几层细胞组成，含有蛋白质和少量淀粉；在这紧密的蛋白质层之下是角质与粉质的胚乳细胞，主要含有淀粉。胚由两部分组成：胚轴与角质鳞片。胚轴是一个新植物之源，角质鳞片是胚的储藏组织，含有大量的油、蛋白质、酶与微量元素。

(三) 高粱的营养价值

高粱的化学组成为约 75%的淀粉、12%的蛋白质、3.6%的脂肪、2.7%的纤维(纤维素与半纤维素)、1.6%的灰分与 0.2%的蜡质。种皮(麸皮)部分主要富含纤维与蜡质，胚部分主要富含粗蛋白质、脂类与灰分，胚乳部分则主要富含淀粉、蛋白质及少量脂类与纤维。

1. 碳水化合物

高粱中最主要的营养成分是碳水化合物，其中支链淀粉质量分数为 70%～80%，直链淀粉质量分数为 20%～30%。直链淀粉与支链淀粉之间的比例决定了高粱淀粉的蒸煮特性，也决定了不同高粱品种淀粉的加工适应性。此外，高粱淀粉中含有数量可观的抗性淀粉，其含量存在显著差异，与品种、种植等有很大关系，但总的来说，与玉米、大米、小麦等其他谷物相比较，高粱中的抗性淀粉含量要高得多，处于较高的水平，能够作为糖尿病患者和肥胖患者的健康食品。

2. 蛋白质

高粱同其他谷物一样，蛋白质含量较高，不同品种间存在差异，质量分数在6%～8%，并且高粱蛋白质中氨基酸的种类齐全，含有人体所需的多种必需氨基酸，与其他食物组合可以充分发挥食物的互补作用。其中，除色氨酸、赖氨酸外，均高于小麦、水稻、玉米等大宗粮油作物。高粱中赖氨酸和色氨酸的含量相对缺乏，蛋白质消化率低。高粱的蛋白质品质较差，但可以通过简单的处理(如发芽、挤压加工)来提高蛋白质消化率，从而改善品质。

3. 脂肪

高粱的脂类分布和脂肪酸组成都与玉米相似，其中，非极性或中性脂含量最为丰富，亚油酸及各类不饱和脂肪酸的含量占50%以上。亚油酸能够在人体内合成降低血脂、改变胆固醇中脂肪酸的类型，对治疗糖尿病具有重要意义。

4. 维生素和矿物质

高粱中含有丰富的维生素，如高粱籽粒中B族维生素含量较高，特别是维生素B_1和维生素B_6；高粱中的矿物质主要是钙、铁、锌、镁、硒、钾和磷，含量大多高于其他谷物，特别是铁含量为玉米、小麦等的2～3倍。

5. 生理活性成分

高粱含有多种酚类化合物、植物甾醇、高级烷醇等多种活性物质，能够预防癌症与改善心血管疾病，增强人体免疫力，对人体健康有很好的帮助。通过对多种谷物多酚含量进行测定分析表明，高粱中多酚类物质含量是最高的，且种类最为齐全，几乎囊括了所有的植物多酚类物质。现代医学研究证明，高粱多酚具有抗氧化、抗诱变、抗癌、抑菌等功效，已在食品、药品、化妆品等工业领域中得到广泛的应用。

6. 抗营养成分

高粱的表皮中含有一种具有涩味的多酚化合物——单宁，它是一种抗营养因子，可以与高粱中的蛋白质、酶、矿物质(如铁)、B族维生素(如硫胺素和维生素B_6)结合，不仅降低了高粱的营养价值，也降低了高粱的适口性，影响高粱资源的开发利用，但可以通过浸泡、发芽和挤压加工处理的方式来降低单宁含量。试验研究表明，挤压加工处理后，单宁含量降低了50%以上，明显改善了高粱的食用品质。

二、高粱制品的开发

随着人们物质生活的不断改善与提高，饮食习惯与膳食结构有了明显的改观，更加注重五谷杂粮的地位和作用，更加追求食物的多样化、营养化和功能化。高粱与其他大宗粮食相比较，多年来对它的加工、利用、研究一直没有引起足够的重视。目前市场上主要以原粮形式流通、销售，以米面、米粥、米糕等简单形式食用，主要用作酿酒，缺乏具有现代生活气息、适宜大众化的方便高粱食品。下面主要介绍生产和生活中高粱的食品和饮品的开发。

高粱自古以来就作为主食为人们所食用，在非洲有“救命之谷”之称。其加工技术主要为以下几个方面。

(1) 制粉。高粱制粉方法可分为干磨、湿磨两种，俗称高粱面。

(2) 膨化。利用加热加压法，将纯净高粱米在定温定压下膨胀熟化。

(3) 蒸煮。主要是将高粱加水加温煮熟，用于发酵产品的生产。

(一) 传统高粱食品

高粱在日常生活中可食用、饲用、酿造用、工艺用，是综合利用价值高的作物。高粱籽粒是人类的口粮，某些地区以高粱米和高粱面为主食，传统的高粱食品有米饭、米粥、窝头、发糕、年糕、炒面、面条等。

(二) 高粱加工食品

1. 高粱面包

随着人们对营养全面、食物多样化和粗粮食品需求的增加，在不改变风味的情况下，在面包中加入适量的高粱面，将有助于身体健康，预防营养过剩导致的肥胖病、高血压病、糖尿病、心脏病等“富贵病”的发生。同时，合理利用高粱的营养特点，还可充分发挥食物的互补作用。一般来说，高粱面粉所占的比例应为10%左右，此比例的高粱面包受到消费者的欢迎。

2. 高粱甜点

在点心的制作过程中加入 10%～20%高粱面，经过精加工和制糕点技术的工艺处理，可生产出适口性好、营养价值高，是一种适合不同需要的大众化新型糕点。同时，利用高粱淀粉以麦芽作为酶源水解得到麦芽糖和糊精的混合物，即饴糖，很受广大消费者的欢迎。

3. 高粱早餐食品

目前很多早餐食品以粗粮为主要原料，如燕麦片、玉米片等。已研制出各种高粱早餐食品。例如，通过合理的营养强化，生产功能性的营养高粱米粉(片)或与玉米、小麦粉、燕麦、豆类、牛奶等合理搭配生产速溶的早餐食品，市场前景广阔。

4. 高粱休闲食品

充分利用生物技术手段改良高粱的品质，从而生产出高粱膨化食品、高粱锅巴、高粱挤压食品(虾条、虾球、雪米饼)、饼干、速溶茶汤等一系列符合高营养需求的精加工产品，使之具有营养、快捷、方便、安全的特点。

(三) 高　粱　茶

高粱中富含原花青素等多酚类物质，是开发天然保健食品的理想资源。以脱壳高粱为原料，以高粱茶的质量指标为考察对象，确定制作高粱茶的最佳工艺条件为：筛选除杂的脱壳红高粱在室温下浸泡 60 min(料水比为 1∶8)，然后沥掉表面的水，均匀平铺在纱布上，在蒸屉上蒸煮 20 min，将蒸煮过的高粱米在 150℃条件下烘焙 60 min，得到有清新谷物香味、色泽光亮的高粱茶。

(四) 高　粱　醋

我国是世界上谷物酿醋最早的国家，其中最好的醋就是由高粱酿造的。食醋具有保健功能的一个重要方面就是食醋的高抗氧化性，其中对食醋抗氧化能力影响最大的就是酿造原材料的选择。以带壳高粱、带皮高粱、高粱米为原料，采用液态深层发酵工艺酿制不同的高粱食醋，分析不同高粱醋的体外抗氧化活性。结果发现，高粱醋有较强的抗氧化能力。经常食用高粱醋，能够起到减肥、降血脂的作用。

1. 高粱醋生产的工艺流程

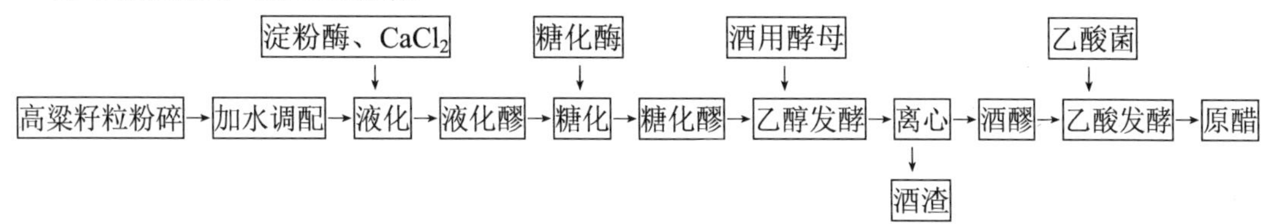

2. 操作要点

将原料粉碎后与水以 1∶6(*m*/*V*)比例混合，加入氯化钙(2 g/kg 原料)，加淀粉酶(20 U/g 原料)液化，碘试呈红棕色时为液化终点。再加糖化酶(100 U/g 原料)，在 60～62℃温度下，糖化 6 h 即得糖化醪。将糖化醪温度降至 35℃，加耐高温酒用酵母(2 g/kg)，搅拌均匀，发酵 3 天，离心得到酒醪，然后乙酸化，采用液态深层发酵工艺，温度(34±2)℃，得到乙酸度≥40 g/kg 的原醋。

(五)高粱作酿酒用

高粱是酿造工业的重要原料，在我国以高粱为原料蒸馏白酒已有 700 多年的历史，俗语道“好酒离不开红粮”，驰名中外的中国名酒多是以高粱为主料或作辅料酿制而成的。同时也可用高粱籽粒酿制啤酒，用高粱茎秆造酒等。因此，酿酒是高粱的一个主要方向。

高粱酒的制作工艺如下所述。

1. 原料处理

高粱必须粉碎，粉碎度应该为通过 20 目孔筛的占 70%～75%，麦曲粉碎度应该通过 20 目孔筛的占 60%～70%。稻壳清蒸，使用熟糠。根据气温条件，进行调整投料量、用曲量、水量和填充料量，严格控制入窖淀粉的浓度。

2. 拌糟

浓香型大曲酒是采用混蒸续糟法工艺，配料中的母糟能够给予成品酒特殊风格，提供发酵成香的前体物质，可以调节酸度，有利于淀粉糊化，也为发酵提供比较合适的酸度，可以调节淀粉含量。在蒸粮前 50～60 min，用扒梳挖出约够一甑的母糟，倒入粮粉，拌和两次。要求是拌散、和匀，不得有疙瘩、灰包。收堆后，随即撒上熟糠。上甑之前 10～15 min 进行第二次拌和，把糠壳搅匀，堆圆，准备上甑。配料时，如果母糟水分过大，就不能将粮粉与稻壳同时倒入，以免粮粉装入稻壳内，拌和不匀。拌和时要低翻快拌，次数不宜过多，时间不宜太长，以减少乙醇挥发。

3. 蒸粮蒸酒

窖上面是 1～2 甑面糟(回糟)，故先蒸面糟。蒸面糟时，可在底锅中倒入黄水，蒸出的酒，称为“丢糟黄水酒”。蒸后的面糟成为丢糟，可作为饲料出售。

蒸完面糟，即蒸粮糟(大渣)。需要更换底锅水。上甑时严格遵守操作规程，做到轻撒匀铺，避免塌气。开始流酒时截去酒头 0.5 kg，然后量质摘酒，分质储存，严格把关，流酒温度以 25～35℃为好。蒸酒时要求缓火蒸酒，火力均匀，断花摘酒，从流酒到摘酒的时间为 15～

20 min，吊尾时间为 25～30 min。然后加大火力蒸粮，以达到粮食糊化和降低酸度的目的。蒸粮时间从流酒到出甑为 60～70 min。酒尾回入下甑重蒸。

4. 打量水

粮糟蒸后挖出，堆在甑边，立即打入 85℃以上的热水，称为打量水。因为出甑粮糟虽吸收了一部分水分，但尚不能达到入窖的最适水分，因此必须打量水，以增加水分，有利发酵。打量水温度不低于 85℃，才能使水中杂菌钝化，同时促进淀粉细胞粒迅速吸收水分，使其进一步糊化，所以量水温度越高越好。

量水用量视季节不同而异。一般出甑粮糟的含水量为 50%左右，打量水以后，入窖粮糟的含水量应为 53%～55%。量水用量，系指全窖平均数，在实际操作中，有的是全窖上、下层一样，有的是底层较少，逐层增加，上层最多，即所谓“梯梯水”。

5. 摊凉

摊凉的传统操作方法是将酒醅用木锨拉入晾堂甩散甩平，厚 3～4 cm，趟成拢，以木齿耙反复拉 3～5 次。摊凉是将出甑粮糟迅速均匀后冷却至适当的入窖温度，并尽可能地促使糟子的挥发酸和表面的水分大量挥发，但不可摊凉过久，以免感染更多的杂菌。摊凉时间，一般夏季为 40 min，冬季为 20～25 min，时间越短越好。

6. 撒曲

泥窖一般为 10～15 m^3，1 m^3 可容粮糟 800 kg。当酒醅冷却到撒曲温度时，即可撒曲入窖，用曲量为每 100 kg 粮粉下曲 18～21 kg，每甑红糟撒曲 4～5 kg，根据季节变化而增减。

7. 入窖发酵

摊凉撒曲完毕即可入窖。在糟子达到入窖温度要求时，用车或行车将糟子运入窖内。入窖时，先在窖底均匀撒入曲粉 1～1.5 kg。入窖的第一甑粮糟比入窖品温要提高 3～4℃，每入一甑即要扒平踩紧一次。装完粮糟再扒平、踩窖。粮糟平地面(跌窖后)，不铺出坎外。在粮糟面上放隔篾两块(或撒稻壳一层)，以区分面糟。面糟入窖温度比粮糟略高。

装完面糟后，用黄泥密封，泥厚 8～10 cm。封窖的目的是杜绝空气与杂菌的侵入，并抑制大部分好气菌的生酸作用；同时，酵母在空气充足时，会繁殖迅速，大量消耗糖分，发酵不良。在空气缺乏时，才能起到正常的缓慢发酵作用。

加强发酵期间窖池的管理是极为重要的，每日要清窖一次，不让裂缝。发酵期间，在清窖的同时，检查一次窖内温度的变化和观察吹口的变化情况。发酵完成后就可出窖堆放，所得到发酵糟即母糟。母糟与高粱粉、稻壳按一定比例配料搅拌，上甑，蒸粮蒸酒。

8. 勾兑

不同层次的粮糟蒸出的酒，醇、香、甜、回味等各有突出的特点，质量差异很大。因此，必须进行勾兑，使出厂的酒质量一致。

9. 储存

新蒸馏出来的酒只能算半成品，具辛辣和冲味，饮后感到燥而不醇和，必须经过一定时间的储存才能作为成品。经过储存的酒，它的香气和味道都比新酒有明显的醇厚感，此储存过程在白酒生产工艺上称为白酒的“老熟”或“陈酿”。名酒规定储存期一般为三年。而一般大曲酒亦应储存半年以上，这样才能提高酒的质量。

“回酒发酵”，是将成品酒稀释到一定浓度，泼入酒醅中，再次发酵，这是浓香型曲酒提高质量的传统措施。

回酒发酵必须注意：①上排母糟发酵正常，风格好；②回酒不宜过多，一般每甑回酒3～4 kg，入窖糟含酒量不超过2%，否则妨碍发酵；③回酒时要窖边多泼，泼散泼匀，并应从量水中扣除。

回酒发酵的作用：①使入窖糟有一定的乙醇含量，抑制产酸菌的生长繁殖；②己酸发酵需要有乙醇作为基质，因此回酒，特别是窖壁泼入，有利于己酸菌的生长繁殖；③有利于酯化作用的进行。

（六）高粱作饲料用

高粱籽粒作为饲料，历史比较长，一般饲养畜、禽等，而且由于高粱籽粒中含有单宁，具有预防幼畜、幼禽的白痢病，并可以增加畜禽的瘦肉比，提高肉的质量；高粱茎秆多糖、多汁，做青饲、青储饲料均可，非常适合做奶牛、肉牛等的饲料，提高牛奶、牛肉的产量和质量，是一种非常有发展前景的饲料作物。同时茎秆可以做板材、穗茎可作扫帚等，所以说，高粱作物浑身都是宝。随着人们研究的深入和高粱品质的改善，高粱用于配方饲料的前景广阔。同时，可以有效地保护草场资源，具有良好的环境效益。因此，应积极开展对高粱综合利用的研究。

（七）高粱提取天然色素

随着人们生活水平的不断提高，人们更加崇尚天然、健康、安全的理念，如饮料、糕点、罐头、蜜饯糖果、冰激凌、调料、熟肉制品等加工食品行业，对食用色素的要求越来越高，因此天然色素以其“天然、营养、多功能”等优势而备受欢迎。不同品种高粱壳颜色各异，由浅到深，色素含量差异悬殊，但以紫黑色为佳。以高粱壳为原料提取色素，来源方便、价格便宜、供应丰富、色泽自然、安全可靠。经过多年的研究，从高粱壳中提取色素技术已经应用于大规模生产，研制出的多种色素产品已经应用到食品、化妆品、医药等多种领域。

（八）提取高粱纤维

高粱纤维的平均长度和直径之比大于针叶和落叶树纤维的相应比值，因而高粱纤维是制取纤维素、纸浆及工业用化学制品的优良原料；高粱纤维还可以加工成建筑材料和纤维板。同时，高粱中含有的膳食纤维具有防癌及预防心血管疾病发生的功效，可以保持身体健康。

思考题

1. 大麦制米的加工工艺是什么？
2. 大麦制粉的加工工艺是什么？
3. 大麦含有哪些营养成分？可进行什么途径的功能成分提取？
4. 大麦食品加工有哪些途径？
5. 燕麦制米的加工工艺是什么？
6. 燕麦制粉的加工工艺是什么？
7. 燕麦食品加工有哪些途径？
8. 荞麦食品加工有哪些途径？

9. 小米食品加工有哪些途径?
10. 高粱酒的加工工艺过程是什么? 有哪些操作要点?
11. 高粱醋的加工工艺过程是什么? 有哪些操作要点?
12. 试分析杂粮食品加工的原料特点、技术途径和发展趋势。

参考文献

蔡金星, 刘秀凤. 1999. 论小米的营养及其食品开发. 西部粮油科技, 24(1): 38-39.
曹辉, 李蕾, 马海乐. 2009. 燕麦分离蛋白提取工艺研究. 安徽农业科学, 37(22): 10681-10683.
曹蕊. 2008. 米糠营养成分分析及其应用研究. 无锡: 江南大学.
柴继宽, 胡凯军, 赵桂琴, 等. 2009. 燕麦 β-葡聚糖研究进展. 草业科学, 26(11): 57-63.
陈茂彬. 1999. 非酿造大麦的开发利用和加工技术研究. 粮食与饲料工业, (10): 49-50.
陈汝群. 2014. 燕麦系列食品生产工艺研究. 西安: 陕西科技大学.
陈相艳. 2011. 我国小米加工产业现状及发展趋势. 农产品加工(学刊), (7): 131-133.
崔婷. 2013. 粟米淀粉特性及其化学改性研究. 长沙: 中南林业科技大学.
高士杰, 李继洪, 刘勤来, 等. 2012. 高粱的食品与饮品. 现代农业科技, 22: 177.
龚院生, 姚艾东. 1999. 小米发酵饮料的研制. 郑州粮食学院学报, 20(3): 41-44.
贺连智, 王建伟, 颜廷和. 2007. 燕麦膳食纤维的制备工艺及物理特性研究. 山东食品发酵, 147: 16-18.
寇兴凯, 徐同成, 宗爱珍, 等. 2015. 高粱营养及其制品研究进展. 粮食与饲料工业, (12): 45-48.
勒开维. 2005. 荞麦加工开发的意义、现状、建议. 农产品加工, (9): 18-19.
李凤翔, 张俭波. 1993. 小米方便粥的研制. 食品科学, 10: 70-71.
李良, 李欣格. 2015. 燕麦茶饮料制作工艺研究. 哈尔滨工业大学学报, 47(4): 111-114.
李艺璇, 李志西. 2012. 高粱醋的抗氧化能力研究. 农业与技术, 32(12): 161-162.
刘闯. 2014. 荞麦米分离过程中筛分性能参数的分析与试验研究. 呼和浩特: 内蒙古农业大学.
刘玉德. 2000. 小米方便食品的加工. 食品科学, 21(12): 143-145.
卢敏, 王成刚. 1998. 高粱的综合利用与开发. 西部粮油科技, 23(6): 51-52.
卢敏, 王成刚, 徐文龙, 等. 1998. 大麦的食用价值及加工. 吉林粮食高等专科学校校报, 13(4): 9-12.
马萨日娜. 2011. 方便燕麦面加工工艺的研究. 呼和浩特: 内蒙古农业大学.
全亚静, 杜文亮, 刘闯, 等. 2014. 长圆孔筛分级对荞麦剥壳效果的影响试验. 食品工业, 35(10): 205-208.
任嘉嘉, 孟少华, 曹永政, 等. 2014. 大麦品种籽粒、制粉和黏度特性研究. 粮油加工, 6: 50-53, 56.
任嘉嘉, 相海, 王强, 等. 2009. 大麦食品加工及功能特性研究进展. 粮油加工, 4: 99-102.
宋东晓, 高德成. 2005. 小米的营养价值与产品开发. 粮食加工, 30(1): 21-24.
谭斌. 2007. 利用高粱的特性及其在食品工业中开发利用前景. 粮食与饲料工业, (7): 16-19.
王海滨, 夏建新. 2010. 小米的营养成分及产品研究开发进展. 粮食科技与经济, 35(4): 36-38.
王红育, 李颖. 2006. 高粱营养价值及资源的开发利用. 食品研究与开发, 27(2): 91-93.
夏明亮, 邹仕庚, 程璐, 等. 2015. 大麦营养价值及其在猪生产中的合理使用. 粮食与饲料工业, (8): 57-60.
夏岩石, 冯海兰. 2010. 大麦食品及其生理活性成分的研究进展. 粮食与饲料工业, 6: 27-30.
谢申伍, 田姣. 2014. 大麦在猪饲料生产应用中的研究进展. 畜牧兽医, 7: 7-10.
尹礼国, 钟耕, 曾凡坤, 等. 2002. 荞麦加工利用. 粮食与油脂, 9: 39-41.
张超, 张晖, 李冀新. 2007. 小米的营养以及应用研究进展. 中国粮油学报, 22(1): 51-55.
张玲, 高飞虎, 高伦江, 等. 2011. 荞麦营养功能及其利用研究进展. 南方农业, 5(11): 74-77.
章华伟. 2003. 荞麦淀粉的加工工艺、特性及其改性研究. 杨凌: 西北农林科技大学.
赵刚. 2010. 荞麦加工与产品开发新技术. 北京: 科学出版社.
邹剑秋, 黄先伟. 2002. 国内外高粱深加工研究现状与发展前景. 杂粮作物, 22(5): 296-298.